KUKA（库卡）工业机器人编程与操作

韩鸿鸾　王海军　王鸿亮　主编

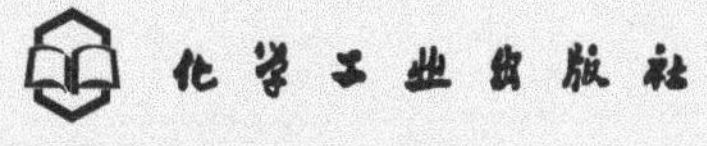

·北京·

图书在版编目（CIP）数据

KUKA（库卡）工业机器人编程与操作/韩鸿鸾，王海军，王鸿亮主编. —北京：化学工业出版社，2020.3（2024.5重印）

ISBN 978-7-122-36059-5

Ⅰ.①K… Ⅱ.①韩… ②王…③王… Ⅲ.①工业机器人-程序设计②工业机器人-操作 Ⅳ.①TP242.2

中国版本图书馆 CIP 数据核字（2020）第 002316 号

责任编辑：王 烨　　装帧设计：刘丽华

责任校对：王 静

出版发行：化学工业出版社（北京市东城区青年湖南街 13 号 邮政编码 100011）

印 装：北京科印技术咨询服务有限公司数码印刷分部

787mm×1092mm 1/16 印张 18½ 字数 485 千字 2024 年 5 月北京第 1 版第 7 次印刷

购书咨询：010-64518888　　售后服务：010-64518899

网 址：http://www.cip.com.cn

凡购买本书，如有缺损质量问题，本社销售中心负责调换。

定 价：79.00 元

PREFACE

前言

近年来，我国机器人行业在国家政策的支持下，顺势而为，发展迅速，已连续两年成为世界第一大工业机器人市场。

随着机器人技术及智能化水平的提高，工业机器人已在众多领域得到了广泛的应用。其中，汽车、电子、冶金、化工是我国使用机器人最多的几个行业。未来几年，随着行业需要和劳动力成本的不断提高，我国机器人市场增长潜力巨大。尽管我国已成为当今世界最大的机器人市场，但每万名制造业工人拥有的机器人数量却远低于发达国家水平和国际平均水平。工信部组织制定了我国机器人技术路线图及机器人产业“十三五”规划，到 2020 年，工业机器人密度达到每万名员工使用 100 台以上。我国工业机器人市场将高倍速增长，未来十年，工业机器人是看不到天花板的行业。

虽然多种因素推动着我国工业机器人行业不断发展，但应用人才严重缺失的问题清晰地摆在我们面前，这是我国推行工业机器人技术的最大瓶颈。

工业机器人作为一种高科技集成装备，对专业人才有着多层次的需求，主要分为研发工程师、系统设计与应用工程师、调试工程师和操作及维护人员四个层次。其中，需求量最大的是基础的操作及维护人员以及掌握基本工业机器人应用技术的调试工程师和更高层次的应用工程师，工业机器人专业人才的培养，要更加着力于应用型人才的培养。

为了适应机器人行业发展的形势，满足从业人员学习机器人技术相关知识的需求，我们从生产实际出发，组织业内专家编写了本书。本书详细讲解了工业机器人的应用基础、KUKA 工业机器人的现场编程与操作、WorkVisual 的编程与操作、KUKA 工业机器人的运输与安装、KUKA 工业机器的调整与保养等内容，以期给从业人员和高等院校相关专业师生提供实用性指导与帮助。

本书由韩鸿鸾、王海军、王鸿亮主编，乔冠军、卢超、刘洁、王建绪副主编，丛军滋、沈宇亮、张靖宇、丛华娟、王敏、张悦、王天娇、周蔚、郇芳媛、王晓龙、赵子云、丛培兰、王吉明参编。全书由韩鸿鸾统稿。在本书编写过程中得到了山东省、河南省、河北省、江苏省、上海市等技能鉴定部门的大力支持，此外，山东立人智能科技有限公司、青岛利博尔电子有限公司、青岛时代焊接设备有限公司、山东鲁南机床有限公司、山东山推工程机械有限公司、西安乐博士机器人有限公司、诺博泰智能科技有限公司等企业为本书的编写提供了大量帮助，在此深表谢意。

在本书编写过程中，参考了《工业机器人装调维修工》《工业机器人操作调整工》职业技能标准的相关要求，以助读者考取技能等级；同时还借鉴了全国及多省工业机器人大赛的相关要求，为读者参加相应的大赛提供参考。

由于水平所限，书中不足之处在所难免，恳请广大读者给予批评指正。

编　者

CONTENTS

目录

第1章 工业机器人的应用基础

工业机器人的研究工作是20世纪50年代初从美国开始的。日本、欧洲的研制工作比美国大约晚10年，但日本的发展速度比美国快。欧洲各国比较注重工业机器人的研制和应用，其中英国、德国、瑞典、挪威等国家的技术水平较高，产量也较大。

第二次世界大战期间，由于核工业和军事工业的发展，美国原子能委员会的阿尔贡研究所研制了“遥控机械手”，用于代替人生产和处理放射性材料。1948年，这种较简单的机械装置被改进，开发出了机械式的主从机械手（见图1-1）。它由两个结构相似的机械手组成，主机械手在控制室，从机械手在有辐射的作业现场，两者之间有透明的防辐射墙相隔。操作者用手操纵主机械手，控制系统会自动检测主机械手的运动状态，并控制从机械手跟随主机械手运动，从而解决对放射性材料的远距离操作问题。这种被称为主从控制的机器人控制方式，至今仍在很多场合中应用。

由于航空工业的需求，1952年美国麻省理工学院（MIT）成功开发了第一代数控机床（CNC），并进行了与CNC机床相关的控制技术及机械零部件的研究，为机器人的开发奠定了技术基础。

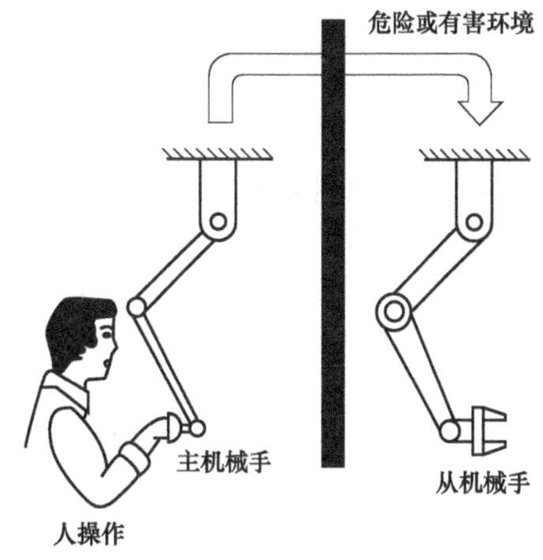

图1-1 主从机械手

1954年，美国人乔治·德沃尔（George Devol）提出了一个关于工业机器人的技术方案，设计并研制了世界上第一台可编程的工业机器人样机，将之命名为“Universal Automation”，并申请了该项机器人专利。这种机器人是一种可编程的零部件操作装置，其工作方式为首先移动机械手的末端执行器，并记录下整个动作过程；然后，机器人反复再现整个动作过程。后来，在此基础上，Devol与Engerlberge合作创建了美国万能自动化公司（Unimation），于1962年生产了第一台机器人，取名Unimate（见图1-2）。这种机器人采用极坐标式结构，外形完全像坦克炮塔，可以实

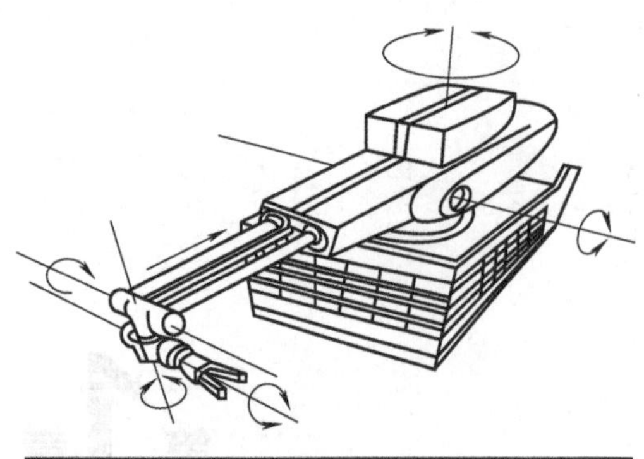

图1-2 Unimate 机器人

现回转、伸缩、俯仰等动作。

在从 Devol 申请专利到真正实现设想的这 8 年时间里，美国机床与铸造公司（AMF）也在从事机器人的研究工作，并于 1960 年生产了一台被命名为 Versation 的圆柱坐标型的数控自动机械，并以 Industrial Robot（工业机器人）的名称进行宣传，通常认为这是世界上最早的工业机器人。

Unimate 和 Versation 这两种型号的机器人以“示教再现”的方式在汽车生产线上成功地代替工人进行传送、焊接、喷漆等作业，它们在工作中反映出来的经济效益、可靠性、灵活性，令其他发达国家工业界为之叹服。于是，Unimate 和 Versation 作为商品开始在世界市场上销售。

1.1 工业机器人概述

1.1.1 工业机器人的应用领域

(1) 喷漆机器人

如图 1-3 所示，喷漆机器人能在恶劣环境下连续工作，并具有工作灵活、工作精度高等特点，因此喷漆机器人被广泛应用于汽车、大型结构件等喷漆生产线，以保证产品的加工质量、提高生产效率、减轻操作人员的劳动强度。

图1-3 喷漆机器人

(2) 焊接机器人

用于焊接的机器人一般分为图 1-4 所示的点焊机器人和图 1-5 所示的弧焊机器人两种。焊接机器人作业精确，可以连续不知疲劳地进行工作，但在作业中会遇到部件稍有偏位或焊缝形状有所改变的情况，人工作业时，因能看到焊缝，可以随时作出调整；而焊接机器人，因为是按事先编好的程序工作，不能很快调整。

(3) 上下料机器人

如图 1-6 所示，目前我国大部分生产线上的机床装卸工件仍由人工完成，其劳动强度大，生产效率低，而且具有一定的危险性，已经满足不了生产自动化的发展趋势，为提高工作效率、降低成本，并使生产线发展为柔性生产系统，应现代机械行业自动化生产的要求，越来越多的企业已经开始利用工业机器人进行上下料了。

图1-4　FANUC S-420 点焊机器人

图1-5　弧焊机器人实例

图1-6　数控机床用上下料机器人

(4) 装配机器人

如图 1-7 所示，装配机器人是专门为装配而设计的工业机器人，与一般工业机器人比较，它具有精度高、柔顺性好、工作范围小、能与其他系统配套使用等特点。使用装配机器人可以保证产品质量、降低成本、提高生产自动化水平。

(5) 搬运机器人

在建筑工地，在海港码头，总能看到大吊车的身影，应当说吊车装运比起以前工人肩扛手抬已经进步多了，但这只是机械代替了人力，或者说吊车只是机器人的雏形，它还得完全依靠人操作和控制定位等，不能自主作业。图 1-8 所示的搬运机器人可进行自主的搬运。

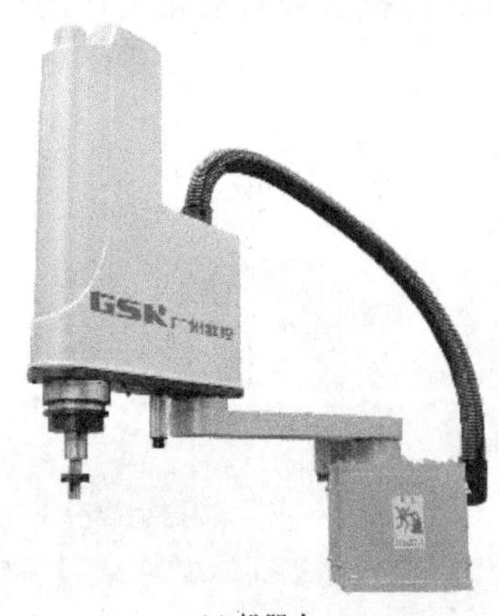

(a) 机器人

(b) 装配工业机器人的应用

图1-7　装配工业机器人

图1-8　搬运机器人

图1-9　码垛工业机器人

(6) 码垛工业机器人

如图 1-9 所示，码垛工业机器人主要用于工业码垛。

(7) 喷丸机器人

如图 1-10 所示，喷丸机器人比人工清理效率高出 10 倍以上，而且工人可以避开污浊、嘈

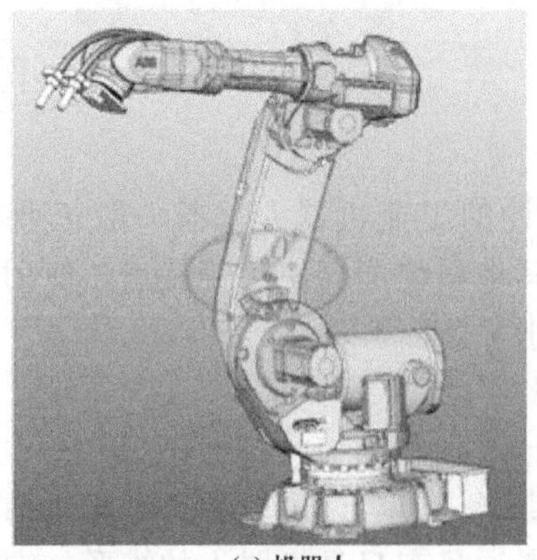

(a) 机器人

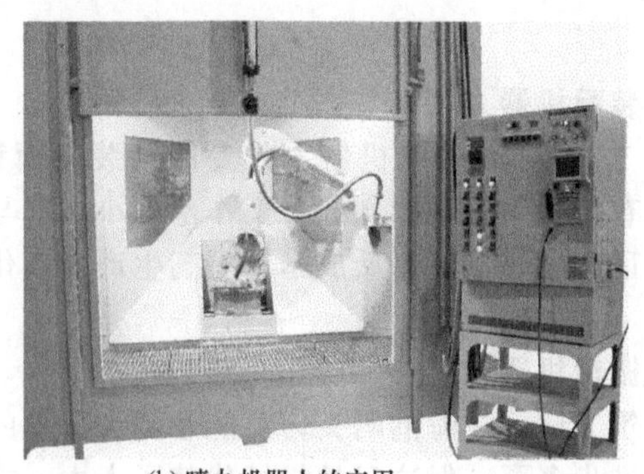

(b) 喷丸机器人的应用

图1-10　喷丸机器人

杂的工作环境，操作者只要改变计算机程序，就可以轻松改变不同的清理工艺。

图1-11　核工业中的机器人

(8) 吹玻璃机器人

类似灯泡一类的玻璃制品，都是先将玻璃熔化，然后人工吹起成形的，熔化的玻璃温度高达 1100℃以上，无论是搬运，还是吹制，工人不仅劳动强度很大，而且伤害身体，工作的技术难度要求还很高。法国赛博格拉斯公司开发了两种 6 轴工业机器人，应用于“采集”（搬运）和“吹制”玻璃两项工作。

(9) 核工业中的机器人

如图 1-11 所示，核工业机器人主要用于以核工业为背景的危险、恶劣场所，特别针对核电站、核燃料后处理厂及三废处理厂等放射性环境现场，可以对其核设施中的设备装置进行检查、维修和处理简单事故等工作。

(10) 机械加工工业机器人

这类机器人具有加工能力，本身具有加工工具，比如刀具等，刀具的运动是由工业机器人的控制系统控制的，主要用于切割（图 1-12）、去毛刺（图 1-13）、抛光与雕刻等轻型加工。这样的加工比较复杂，一般采用离线编程来完成。这类工业机器人有的已经具有了加工中心的某些特性，如刀库等。图 1-14 所示为雕刻工业机器人，其刀库如图 1-15 所示。这类工业机器人的机械加工能力是远远低于数控机床的，因为刚度、强度等都没有数控机床好。

图1-12　激光切割机器人工作站

图1-13 去毛刺机器人工作站

图1-14 雕刻工业机器人

图1-15 雕刻工业机器人的刀库

1.1.2 机器人的分类

机器人的分类方式很多，并已有众多类型机器人。关于机器人的分类，国际上没有制定统一的标准，从不同的角度可以有不同的分类。

按照日本工业机器人协会（JIRA）的标准，可将机器人进行如下分类：

第一类：人工操作机器人。此类机器人由操作员操作，具有多自由度。

第二类：固定顺序机器人。此类机器人可以按预定的方法有步骤地依次执行任务，其执行顺序难以修改。

第三类：可变顺序机器人。同第二类，但其顺序易于修改。

第四类：示教再现（playback）机器人。操作员引导机器人手动执行任务，记录下这些动作并由机器人以后再现执行，即机器人按照记录下的信息重复执行同样的动作。

第五类：数控机器人。操作员为机器人提供运动程序，并不是手动示教执行任务。

第六类：智能机器人。机器人具有感知外部环境的能力，即使其工作环境发生变化，也能够成功地完成任务。

美国机器人工业协会（RIA）只将以上第三类至第六类视作机器人。

法国工业机器人协会（AFRI）将机器人进行如下分类：

类型 A：手动控制远程机器人的操作装置。

类型 B：具有预定周期的自动操作装置。

类型 C：具有连续性轨迹或点轨迹的可编程伺服控制机器人。

类型 D：同类型 C，但能够获取环境信息。

(1) 按照机器人的发展阶段分类

① 第一代机器人——示教再现型机器人　1947 年，为了搬运和处理核燃料，美国橡树岭国家实验室研发了世界上第一台遥控的机器人。1962 年美国又研制成功 PUMA 通用示教再现型机器人，这种机器人通过一台计算机来控制一个多自由度的机械，通过示教存储程序和信息，工作时把信息读取出来，然后发出指令，这样机器人可以重复地根据人当时示教的结果，再现出这种动作。比方说汽车的点焊机器人，只要把这个点焊的过程示教完以后，它就总是重复这样一种工作。

② 第二代机器人——感觉型机器人　示教再现型机器人对于外界的环境没有感知，操作力的大小、工件存在不存在，焊接的好与坏，它并不知道。因此，在 20 世纪 70 年代后期，人们开始研究第二代机器人，叫感觉型机器人，这种机器人拥有类似人在某种功能中的感觉，如力觉、触觉、滑觉、视觉、听觉等，它能够通过感觉来感受和识别工件的形状、大小、颜色。

③ 第三代机器人——智能型机器人　20 世纪 90 年代以来发明的机器人。这种机器人带有多种传感器，可以进行复杂的逻辑推理、判断及决策，在变化的内部状态与外部环境中，自主决定自身的行为。

(2) 按照控制方式分类

① 操作型机器人　能自动控制，可重复编程，多功能，有几个自由度，可固定或运动，用于相关自动化系统中。

② 程控型机器人　按预先要求的顺序及条件，依次控制机器人的机械动作。

③ 示教再现型机器人　通过引导或其他方式，先教会机器人动作，输入工作程序，机器人则自动重复进行作业。

④ 数控型机器人　不必使机器人动作，通过数值、语言等对机器人进行示教，机器人根据示教后的信息进行作业。

⑤ 感觉控制型机器人　利用传感器获取的信息控制机器人的动作。

⑥ 适应控制型机器人　机器人能适应环境的变化，控制其自身的行动。

⑦ 学习控制型机器人　机器人能“体会”工作的经验，具有一定的学习功能，并将所“学”的经验用于工作中。

⑧ 智能机器人　以人工智能决定其行动的机器人。

(3) 从应用环境角度分类

目前，国际上的机器人学者，从应用环境出发将机器人分为三类：制造环境下的工业机器人、非制造环境下的服务与仿人型机器人和网络机器人。

（4）按照机器人的运动形式分类

可分为直角坐标型机器人、圆柱坐标型机器人、球（极）坐标型机器人、平面关节坐标型机器人、多关节坐标型机器人。

对于不同坐标型的机器人，其特点、工作范围及其性能也不同，如表1-1所示。

表1-1　不同坐标型机器人的性能比较

项目	特点	工作空间
直角坐标型	在直线方向上移动，运动容易想象 通过计算机控制实现，容易达到高精度 占地面积大，运动速度低 直线驱动部分难以密封、防尘，容易被污染	水平极限伸长；水平行程；横向行程；垂直行程；垂直极限升高
圆柱坐标型	容易想象和计算，直线部分可采用液压驱动，可输出较大的动力 能够伸入型腔式机器内部，它的手臂可以到达的空间受到限制，不能到达近立柱或近地面的空间 直线驱动部分难以密封、防尘 后臂工作时，手臂后端会碰到工作范围内的其他物体	水平行程；平面图；摆动；水平极限伸长；水平行程；垂直行程；垂直极限升高；正视图
极坐标型	中心支架附近的工作范围大，两个转动驱动装置容易密封，覆盖工作空间较大 坐标复杂，难以控制 直线驱动装置仍存在密封及工作死区的问题	水平极限伸长；水平行程；垂直行程；垂直极限升高；正视图；水平行程；平面图；摆动
多关节坐标型	关节全都是旋转的，类似于人的手臂，是工业机器人中最常见的结构 它的工作范围较为复杂	水平极限伸长；平面图；摆动；水平极限伸长；垂直行程；正视图

续表

项目	特点	工作空间
平面关节坐标型	前两个关节（肩关节和肘关节）全都是平面旋转的，最后一个关节（腕关节）是工业机器人中最常见的结构 它的工作范围较为复杂	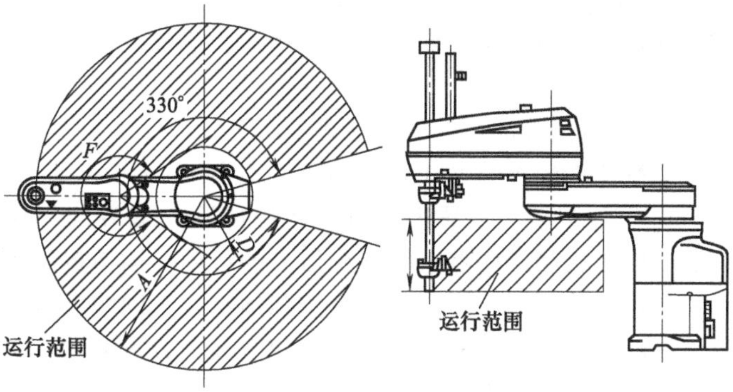 330°　F　D　A　运行范围　运行范围

(5) 按照机器人的移动性来分类

可分为半移动式机器人（机器人整体固定在某个位置，只有部分可以运动，例如机械手）和移动式机器人。

(6) 按照机器人的移动方式来分类

可分为轮式移动机器人、步行移动机器人（单腿式、双腿式和多腿式）、履带式移动机器人、爬行机器人、蠕动式机器人和游动式机器人等。

(7) 按照机器人的功能和用途来分类

可分为医疗机器人、军用机器人、海洋机器人、助残机器人、清洁机器人和管道检测机器人等。

(8) 按照机器人的作业空间分类

可分为陆地室内移动机器人、陆地室外移动机器人、水下机器人、无人飞机和空间机器人等。

(9) 按机器人的驱动方式分类

① 气动式机器人　气动式机器人以压缩空气来驱动其执行机构。这种驱动方式的优点是空气来源方便、动作迅速、结构简单、造价低；缺点是空气具有可压缩性，致使工作速度的稳定性较差。因气源压力一般只有 60MPa 左右，故此类机器人适宜抓举力要求较小的场合。

② 液动式机器人　相对于气力驱动，液力驱动的机器人具有大得多的抓举能力，可高达上百千克。液力驱动式机器人结构紧凑，传动平稳且动作灵敏，但对密封的要求较高，且不宜在高温或低温的场合工作，要求的制造精度较高，成本较高。

③ 电动式机器人　目前越来越多的机器人采用电力驱动式，这不仅是因为电动机可供选择的品种众多，更因为可以运用多种灵活的控制方法。

电力驱动是利用各种电动机产生的力或力矩，直接或经过减速机构驱动机器人，以获得所需的位置、速度、加速度。电力驱动具有无污染、易于控制、运动精度高、成本低、驱动效率高等优点，其应用最为广泛。

电力驱动又可分为步进电动机驱动、直流伺服电动机驱动、无刷伺服电动机驱动等。

④ 新型驱动方式机器人　伴随着机器人技术的发展，出现了利用新的工作原理制造的新型驱动器，如静电驱动器、压电驱动器、形状记忆合金驱动器、人工肌肉及光驱动器等。

（10）按机器人的控制方式分类

按照机器人的控制方式可分为如下几类。

① 非伺服机器人　非伺服机器人按照预先编好的程序顺序进行工作，使用限位开关、制动器、插销板和定序器来控制机器人的运动。插销板用来预先规定机器人的工作顺序，而且往往是可调的。定序器的作用是按照预定的正确顺序接通驱动装置的能源。驱动装置接通能源后，就带动机器人的手臂、腕部和手部等装置运动。

当它们移动到由限位开关所规定的位置时，限位开关切换工作状态，给定序器送去一个工作任务已经完成的信号，并使终端制动器动作，切断驱动能源，使机器人停止运动。非伺服机器人工作能力比较有限。

② 伺服控制机器人　伺服控制机器人通过传感器取得的反馈信号与来自给定装置的综合信号比较后，得到误差信号，经过放大后用以激发机器人的驱动装置，进而带动手部执行装置以一定规律运动，到达规定的位置或速度等，这是一个反馈控制系统。伺服系统的被控量可为机器人手部执行装置的位置、速度、加速度和力等。伺服控制机器人比非伺服机器人有更强的工作能力。

伺服控制机器人按照控制的空间位置不同，又可以分为点位伺服控制机器人和连续轨迹伺服控制机器人。

a. 点位伺服控制机器人。点位伺服控制机器人的受控运动方式为从一个点位目标移向另一个点位目标，只在目标点上完成操作。机器人可以以最快和最直接的路径从一个端点移到另一端点。

按点位方式进行控制的机器人，其运动为空间点到点之间的直线运动，在作业过程中只控制几个特定工作点的位置，不对点与点之间的运动过程进行控制。在点位伺服控制的机器人中，所能控制点数的多少取决于控制系统的复杂程度。

通常，点位伺服控制机器人适用于只需要确定终端位置而对编程点之间的路径和速度不做主要考虑的场合。点位伺服控制机器人主要用于点焊、搬运。

b. 连续轨迹伺服控制机器人。连续轨迹伺服控制机器人能够平滑地跟随某个规定的路径，其轨迹往往是某条不在预编程端点停留的曲线路径。

按连续轨迹方式进行控制的机器人，其运动轨迹可以是空间的任意连续曲线。机器人在空间的整个运动过程都处于控制之下，能同时控制两个以上的运动轴，使得手部位置可沿任意形状的空间曲线运动，而手部的姿态也可以通过腕关节的运动得以控制，这对于焊接和喷涂作业是十分有利的。

连续轨迹伺服控制机器人具有良好的控制和运行特性，由于数据是依时间采样的，而不是依预先规定的空间采样，因此机器人的运行速度较快、功率较小、负载能力也较小。连续轨迹伺服控制机器人主要用于弧焊、喷涂、打飞边毛刺和检测。

（11）按机器人关节连接布置形式分类

按机器人关节连接布置形式，机器人可分为串联机器人和并联机器人（图 1-16）两类。从运动形式来看，并联机构可分为平面机构和空间机构，细分可分为平面移动机构、平面移动转动机构、空间纯移动机构、空间纯转动机构和空间混合运动机构。

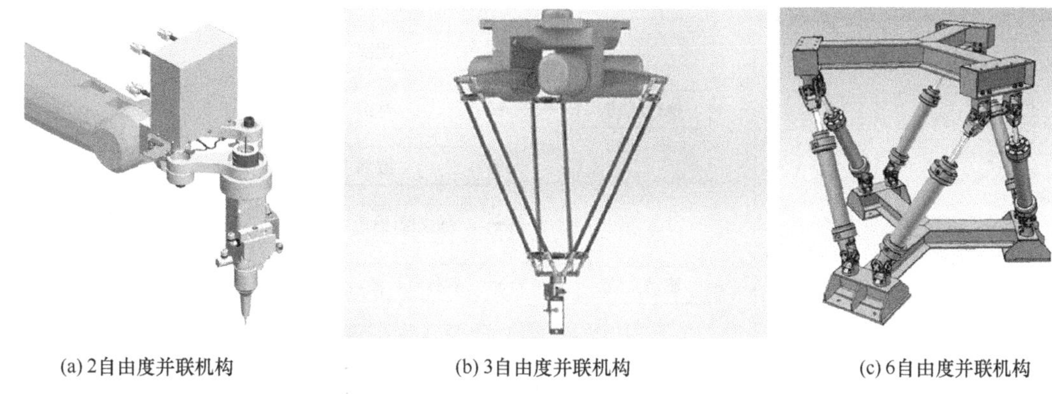

(a) 2自由度并联机构　(b) 3自由度并联机构　(c) 6自由度并联机构

图1-16　并联机器人

1.2　机器人的组成与工作原理

1.2.1　工业机器人的基本组成

工业机器人通常由执行机构、驱动系统、控制系统和传感系统四部分组成，如图 1-17 所示。工业机器人各组成部分之间的相互作用关系如图 1-18 所示。

(1) 执行机构

执行机构是机器人赖以完成工作任务的实体，通常由一系列连杆、关节或其他形式的运动副所组成。从功能的角度可分为手部、腕部、臂部、腰部和基座，如图 1-19 所示。

① 手部　工业机器人的手部也叫作末端执行器，是装在机器人手腕上直接抓握工件或执行作业的部件。手部对于机器人来说是完成作业好坏、作业柔性好坏的关键部件之一。

手部可以像人手那样具有手指，也可以不具备手指；可以是类似人手的手爪，也可以是进行某种作业的专用工具，比如机器人手腕上的焊枪、油漆喷头等。各种手部的工作原理不同，结构形式各异，常用的手部按其夹持原理的不同，可分为机械式、磁力式和真空式三种。

② 腕部　工业机器人的腕部是连接手部和臂部的部件，起支撑手部的作用。机器人一般具有 6 个自由度才能使手部达到目标位置和处于期望的姿态，腕部的自由度主要是实现所期望的姿态，并扩大臂部运动范围。手腕按自由度个数可分为单自由度手腕、2 自由度手腕和 3 自由度手腕。腕部实际所需要的自由度数目应根据机器人的工作性能要求来确定。在有些情况下，腕部具有 2 个自由度：翻转和俯仰或翻转和偏转。有些专用机器人没有手腕部件，而是直接将手部安装在手部的前端；有的腕部为了特殊要求还有横向移动自由度。

③ 臂部　工业机器人的臂部是连接腰部和腕部的部件，用来支撑腕部和手部，实现较大运动范围。臂部一般由大臂、小臂（或多臂）所组成。臂部总质量较大，受力一般比较复

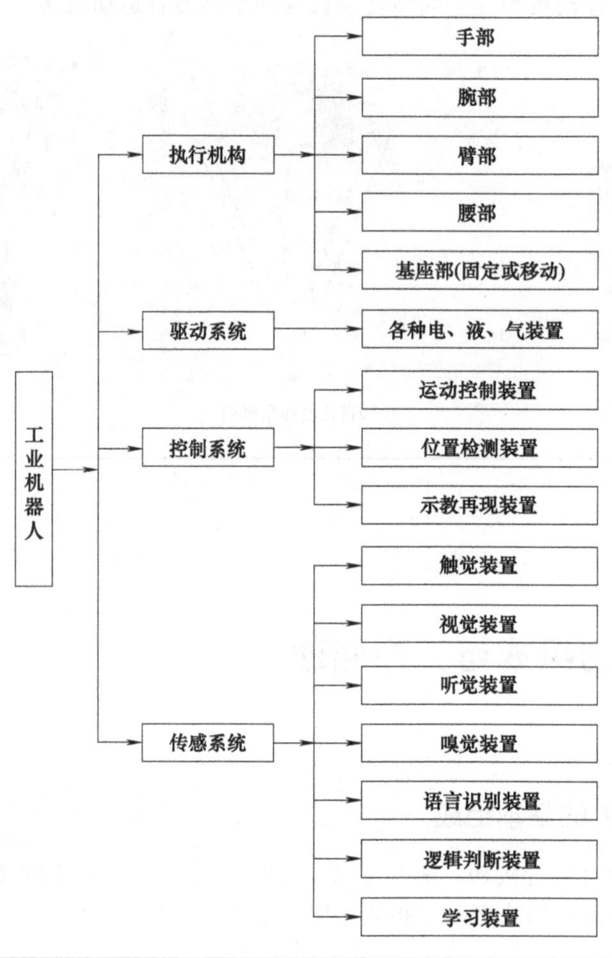

图1-17 工业机器人的组成

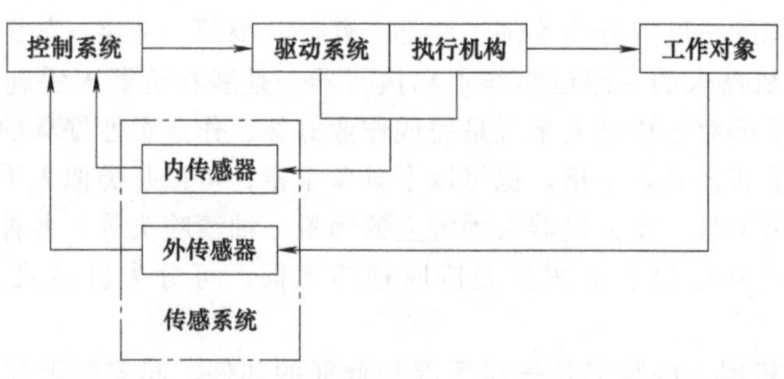

图1-18 机器人各组成部分之间的关系

杂，在运动时，直接承受腕部、手部和工件的静、动载荷，尤其在高速运动时，将产生较大的惯性力（或惯性力矩），引起冲击，影响定位精度。

④ 腰部 腰部是连接臂部和基座的部件，通常是回转部件。由于它的回转，再加上臂部的运动，就能使腕部作空间运动。腰部是执行机构的关键部件，它的制作误差、运动精度和平稳性对机器人的定位精度有决定性的影响。

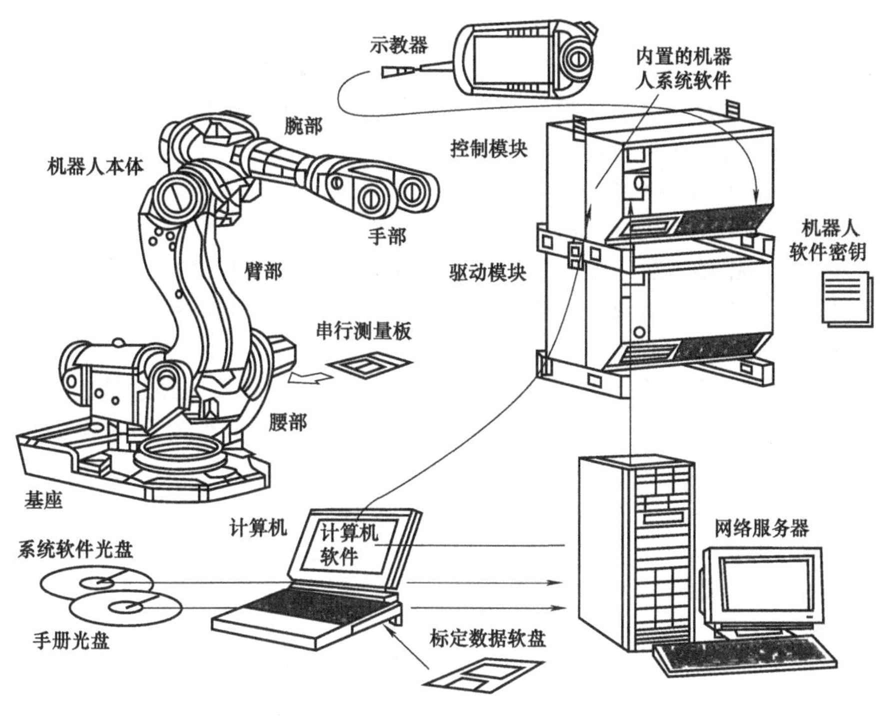

图1-19　工业机器人执行机构

⑤ 基座　基座是整个机器人的支持部分，有固定式和移动式两类。移动式基座用来扩大机器人的活动范围，有的是专门的行走装置，有的是轨道、滚轮机构。基座必须有足够的刚度和稳定性。

(2) 驱动系统

工业机器人的驱动系统是向执行系统各部件提供动力的装置，包括驱动器和传动机构两部分，它们通常与执行机构连成一体。驱动器通常有电动、液压、气动装置以及把它们结合起来应用的综合系统。常用的传动机构有谐波传动、螺旋传动、链传动、带传动以及各种齿轮传动等机构。工业机器人驱动系统的组成如图 1-20 所示。

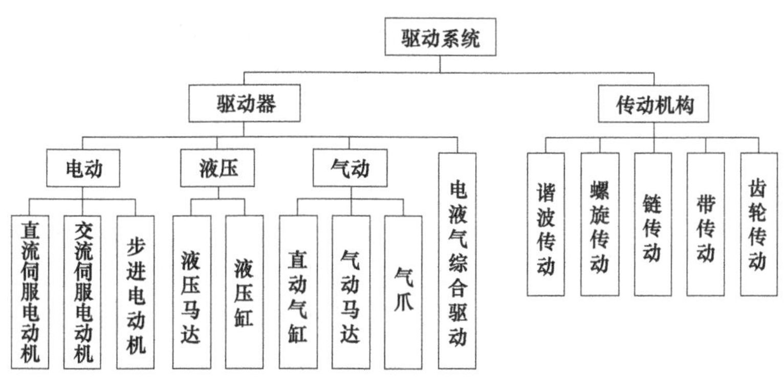

图1-20　工业机器人驱动系统的组成

① 气力驱动　气力驱动系统通常由气缸、气阀、气罐和空压机（或由气压站直接供给）等组成，以压缩空气来驱动执行机构进行工作。其优点是空气来源方便、动作迅速、结构简单、造价低、维修方便、防火防爆、漏气对环境无影响，缺点是操作力小、体积大，且空气的压缩性大、速度不易控制、响应慢、动作不平稳、有冲击。因气源压力一般只有 60MPa 左右，故此类机器人适宜抓举力要求较小的场合。

② 液压驱动　液压驱动系统通常由液动机（各种油缸、油马达）、伺服阀、油泵、油箱等组成，以压缩机油来驱动执行机构进行工作。其特点是操作力大、体积小、传动平稳且动作灵敏、耐冲击、耐振动、防爆性好。相对于气力驱动，液压驱动的机器人具有大得多的抓举能力，可高达上百千克。但液压驱动系统对密封的要求较高，且不宜在高温或低温的场合工作，要求的制造精度较高，成本较高。

③ 电力驱动　电力驱动是利用电动机产生的力或力矩，直接或经过减速机构驱动机器人，以获得所需的位置、速度和加速度。电力驱动具有电源易取得，无环境污染，响应快，驱动力较大，信号检测、传输、处理方便，可采用多种灵活的控制方案，运动精度高，成本低，驱动效率高等优点，是目前机器人使用最多的一种驱动方式。驱动电动机一般采用步进电动机、直流伺服电动机以及交流伺服电动机。由于电动机转速高，通常还需采用减速机构。目前有些机构已开始采用无需减速机构的特制电动机直接驱动，这样既可简化机构，又可提高控制精度。

④ 其他驱动方式　采用混合驱动，即液、气或电、气混合驱动。

(3) 控制系统

控制系统的任务是根据机器人的作业指令程序以及从传感器反馈回来的信号支配机器人的执行机构完成固定的运动和功能。工业机器人若不具备信息反馈特征，则为开环控制系统；若具备信息反馈特征，则为闭环控制系统。

工业机器人的控制系统主要由主控计算机和关节伺服控制器组成，如图 1-21 所示。上位主控计算机主要根据作业要求完成编程，并发出指令控制各伺服驱动装置使各杆件协调工作，同时还要完成环境状况、周边设备之间的信息传递和协调工作。关节伺服控制器用于实现驱动单元的伺服控制、轨迹插补计算以及系统状态监测。机器人的测量单元一般安装在执行部件的位置检测元件（如光电编码器）和速度检测元件（如测速电动机）中，这些检测量反馈到控制器中，用于闭环控制、用于监测或者进行示教操作。人机接口除了包括一般的计算机键盘、鼠标外，通常还包括手持控制器（示教盒），通过手持控制器可以对机器人进行控制和示教操作。

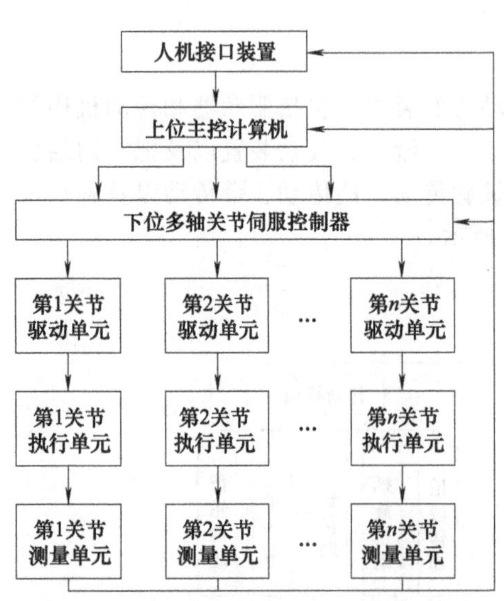

图1-21　工业机器人控制系统一般构成

工业机器人通常具有示教再现和位置控制两种方式。示教再现控制就是操作人员通过示教装置把作业程序内容编制成程序，输入到记忆装置中，在外部给出启动命令后，机器人从记忆装置中读出信息并送到控制装置，发出控制信号，由驱动机构控制机械手的运动，在一定精度范围内按照记忆装置中的内容完成给定的动作。实质上，工业机器人与一般自动化机械的最大区别就是它具有“示教再现”功能，因而表现出通用、灵活的“柔性”特点。

工业机器人的位置控制方式有点位控制和连续路径控制两种。其中，点位控制这种方式只关心机器人末端执行器的起点和终点位置，而不关心这两点之间的运动轨迹，这种控制方式可完成无障碍条件下的点焊、上下料、搬运等操作。连续路径控制方式不仅要求机器人以一定的精度达到目标点，而且对移动轨迹也有一定的精度要求，如机器人喷漆、弧焊等操作。实质上这种控制方式是以点位控制方式为基础，在每两点之间用满足精度要求的位置轨迹插补算法实现轨迹连续化的。

(4) 传感系统

传感系统是机器人的重要组成部分，按其采集信息的位置，一般可分为内部和外部两类传感器。内部传感器是完成机器人运动控制所必需的传感器，如位置、速度传感器等，用于采集机器人内部信息，是构成机器人不可缺少的基本元件。外部传感器检测机器人所处环境、外部物体状态或机器人与外部物体的关系。常用的外部传感器有力觉传感器、触觉传感器、接近觉传感器、视觉传感器等。一些特殊领域应用的机器人还可能需要具有温度、湿度、压力、滑动量、化学性质等感觉能力方面的传感器。机器人传感器的分类如表1-2所示。

传统的工业机器人仅采用内部传感器，用于对机器人运动、位置及姿态进行精确控制。使用外部传感器，使得机器人对外部环境具有一定程度的适应能力，从而表现出一定程度的智能。

表1-2　机器人传感器的分类

内部传感器	用途	机器人的精确控制
	检测的信息	位置、角度、速度、加速度、姿态、方向等
	所用传感器	微动开关、光电开关、差动变压器、编码器、电位计、旋转变压器、测速发电机、加速度计、陀螺、倾角传感器、力(或力矩)传感器等
外部传感器	用途	了解工件、环境或机器人在环境中的状态，对工件灵活、有效地操作
	检测的信息	工件和环境：形状、位置、范围、质量、姿态、运动、速度等 机器人与环境：位置、速度、加速度、姿态等 对工件的操作：非接触(间隔、位置、姿态等)、接触(障碍检测、碰撞检测等)、触觉(接触觉、压觉、滑觉)、夹持力等
	所用传感器	视觉传感器、光学测距传感器、超声测距传感器、触觉传感器、电容传感器、电磁感应传感器、限位传感器、压敏导电橡胶、弹性体加应变片等

1.2.2　机器人的基本工作原理

现在广泛应用的工业机器人都属于第一代机器人，它的基本工作原理是示教再现，如图1-22所示。

示教也称为导引，即由用户引导机器人，一步步将实际任务操作一遍，机器人在引导过程中自动记忆示教的每个动作的位置、姿态、运动参数、工艺参数等，并自动生成一个连续执行全部操作的程序。

完成示教后，只需给机器人一个启动命令，机器人将精确地按示教动作，一步步完成全部操作，这就是示教与再现。

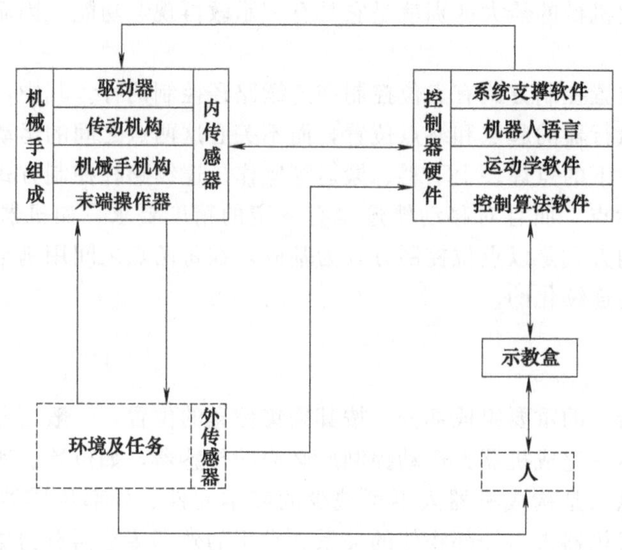

图1-22 机器人工作原理

（1）机器人手臂的运动

机器人的机械臂由数个刚性杆体和旋转或移动的关节连接而成，是一个开环关节链，开链的一端固接在基座上，另一端是自由的，安装着末端执行器（如焊枪），在机器人操作时，机器人手臂前端的末端执行器必须与被加工工件处于相适应的位置和姿态，而这些位置和姿态是由若干个臂关节的运动所合成的。

因此，机器人运动控制中，必须要知道机械臂各关节变量空间与末端执行器的位置和姿态之间的关系，这就是机器人运动学模型。一台机器人机械臂的几何结构确定后，其运动学模型即可确定，这是机器人运动控制的基础。

（2）机器人轨迹规划

机器人机械手端部从起点的位置与姿态到终点的位置和姿态的运动轨迹空间曲线叫作路径。

轨迹规划的任务是用一种函数来“内插”或“逼近”给定的路径，并沿时间轴产生一系列“控制设定点”，用于控制机械手运动。目前常用的轨迹规划方法有空间关节插值法和笛卡儿空间规划法。

（3）机器人机械手的控制

当一台机器人机械手的动态运动方程已给定，它的控制目的就是按预定性能要求保持机械手的动态响应。但是由于机器人机械手的惯性力、耦合反应力和重力负载都随运动空间的变化而变化，因此要对它进行高精度、高速度、高动态品质的控制是相当复杂而困难的。

目前工业机器人上采用的控制方法是把机械手上每一个关节都当作一个单独的伺服机构，即把一个非线性的、关节间耦合的变负载系统简化为线性的非耦合单独系统。

1.2.3 机器人应用与外部的关系

机器人技术是集机械工程学、计算机科学、控制工程、电子技术、传感器技术、人工智能、仿生学等学科为一体的综合技术，它是多学科科技革命的必然结果。每一台机器人，都是一个知识密集和技术密集的高科技机电一体化产品。机器人与外部的关系如图 1-23 所示，机器人技术涉及的研究领域有如下几个。

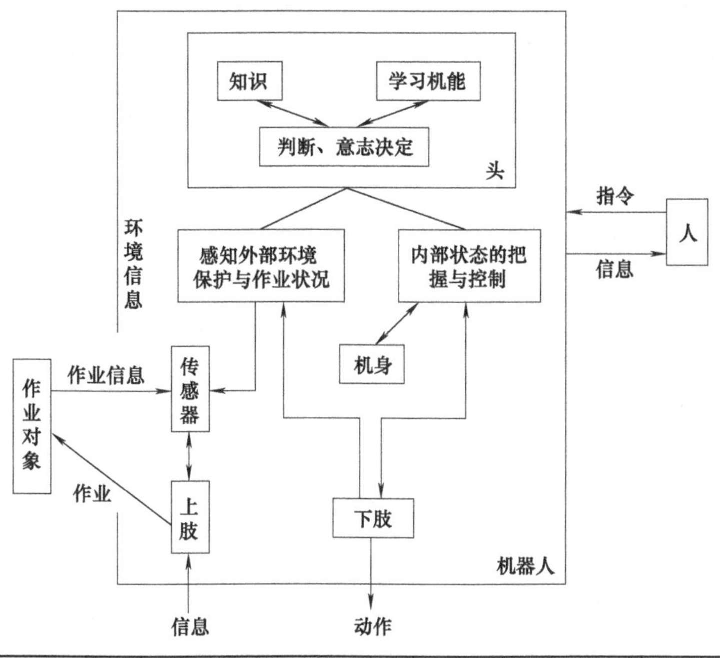

图1-23　机器人与外部的关系

① 传感器技术：得到与人类感觉机能相似能力的传感器技术。

② 人工智能计算机科学：得到与人类智能或控制机能相似能力的人工智能或计算机科学。

③ 假肢技术。

④ 工业机器人技术：把人类作业技能具体化的工业机器人技术。

⑤ 移动机械技术：实现动物行走机能的行走技术。

⑥ 生物功能：以实现生物机能为目的的生物学技术。

1.3　机器人的基本术语与图形符号

1.3.1　机器人的基本术语

(1) 关节

关节（joint）：即运动副，是允许机器人手臂各零件之间发生相对运动的机构，是两构件直接接触并能产生相对运动的活动连接，如图 1-24 所示。A、B 两部件可以做互动连接。

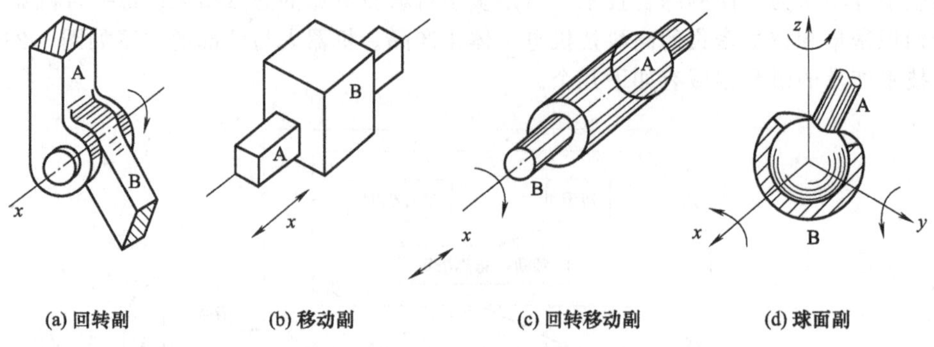

图1-24 机器人的关节

高副机构（higher pair），简称高副，指的是运动机构的两构件通过点或线的接触而构成的运动副。例如齿轮副和凸轮副就属于高副机构。平面高副机构拥有两个自由度，即相对接触面切线方向的移动和相对接触点的转动。相对而言，通过面的接触而构成的运动副叫作低副机构。

关节是各杆件间的结合部分，是实现机器人各种运动的运动副，由于机器人的种类很多，其功能要求不同，关节的配置和传动系统的形式都不同。机器人常用的关节有移动、旋转运动副。一个关节系统包括驱动器、传动器和控制器，属于机器人的基础部件，是整个机器人伺服系统中的一个重要环节，其结构、重量、尺寸对机器人性能有直接影响。

① 回转关节　回转关节，又叫作回转副、旋转关节，是使连接两杆件的组件中的一件相对于另一件绕固定轴线转动的关节，两个构件之间只作相对转动的运动副，如手臂与基座、手臂与手腕，并实现相对回转或摆动的关节机构，由驱动器、回转轴和轴承组成。多数电动机能直接产生旋转运动，但常需各种齿轮、链、带传动或其他减速装置，以获取较大的转矩。

② 移动关节　移动关节，又叫作移动副、滑动关节、棱柱关节，是使两杆件的组件中的一件相对于另一件作直线运动的关节，两个构件之间只作相对移动。它采用直线驱动方式传递运动，包括直角坐标结构的驱动，圆柱坐标结构的径向驱动和垂直升降驱动，以及极坐标结构的径向伸缩驱动。直线运动可以直接由气缸或液压缸和活塞产生，也可以采用齿轮齿条、丝杠、螺母等传动元件把旋转运动转换成直线运动。

③ 圆柱关节　圆柱关节，又叫作回转移动副，是使两杆件的组件中的一件相对于另一件移动或绕一个移动轴线转动的关节，两个构件之间除了作相对转动之外，还可以同时作相对移动。

④ 球关节　球关节，又叫作球面副，是使两杆件的组件中的一件相对于另一件在 3 个自由度上绕一固定点转动的关节，即组成运动副的两构件能绕一球心作三个独立的相对转动的运动副。

(2) 连杆

连杆（link）指机器人手臂上被相邻两关节分开的部分，是保持各关节间固定关系的刚体，是机械连杆机构中两端分别与主动和从动构件铰接以传递运动和力的杆件。例如在往复活塞式动力机械和压缩机中，用连杆来连接活塞与曲柄。连杆多为钢件，其主体部分的截面多为圆形或工字形，两端有孔，孔内装有青铜衬套或滚针轴承，供装入轴销而构成铰接。

连杆是机器人中的重要部件，它连接着关节，其作用是将一种运动形式转变为另一种运动形式，并把作用在主动构件上的力传给从动构件以输出功率。

(3) 刚度

刚度（stiffness）是机器人机身或臂部在外力作用下抵抗变形的能力。它是用外力和在外力作用方向上的变形量（位移）之比来度量。在弹性范围内，刚度是零件载荷与位移成正比的比例系数，即引起单位位移所需的力。它的倒数称为柔度，即单位力引起的位移。刚度可分为静刚度和动刚度。

在任何力的作用下，体积和形状都不发生改变的物体叫作刚体（rigid body）。在物理学上，理想的刚体是一个固体的、尺寸值有限的、形变情况可以被忽略的物体。不论是否受力，在刚体内任意两点的距离都不会改变。在运动中，刚体任意一条直线在各个时刻的位置都保持平行。

1.3.2　机器人的图形符号体系

(1) 运动副的图形符号

机器人所用的零件和材料以及装配方法等与现有的各种机械完全相同。机器人常用的关节有移动、旋转运动副，常用的运动副图形符号如表 1-3 所示。

表 1-3　常用的运动副图形符号

运动副名称		运动副符号	
	项目	两运动构件构成的运动副	两构件之一为固定时的运动副
平面运动副	转动副	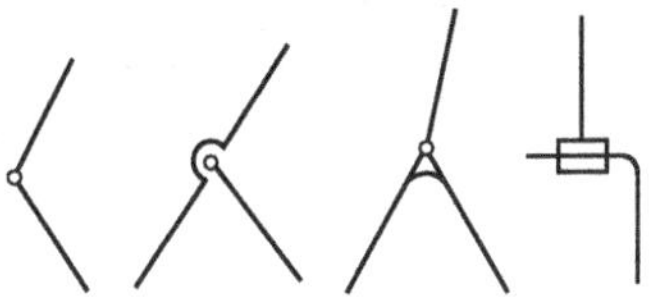	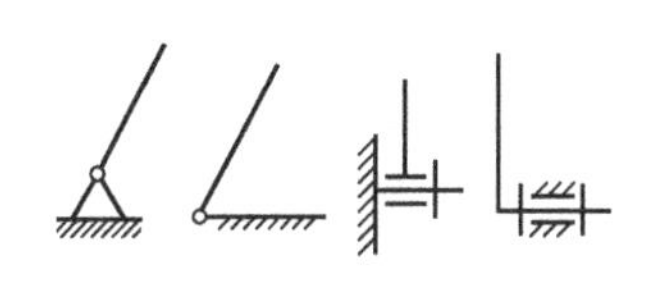
	移动副	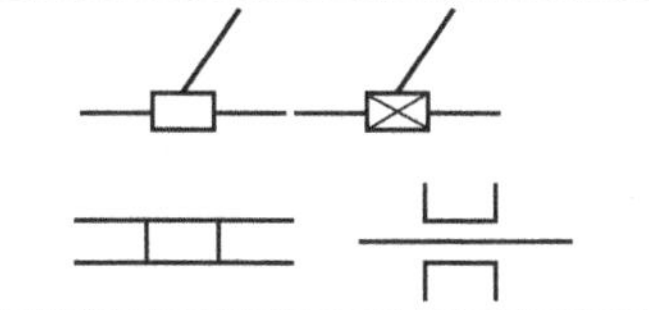	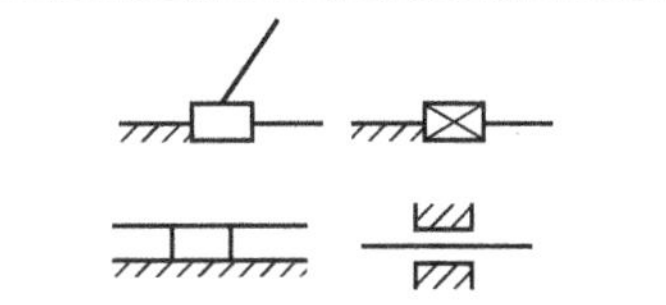
	平面高副		
空间运动副	螺旋副	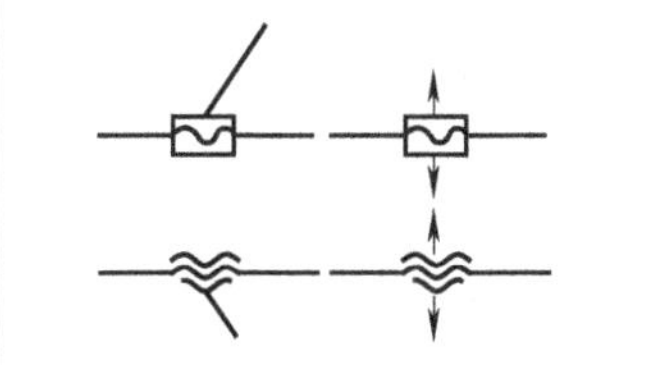	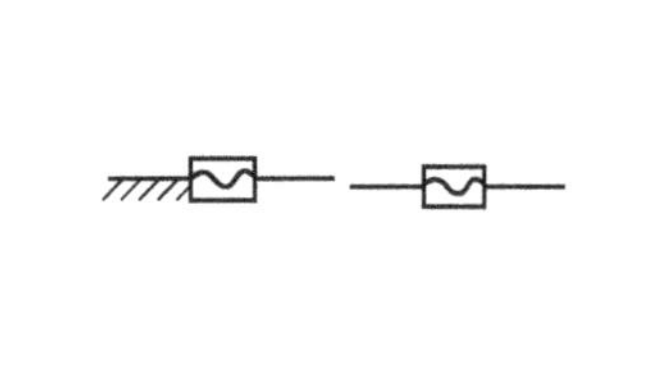
	球面副及球销副	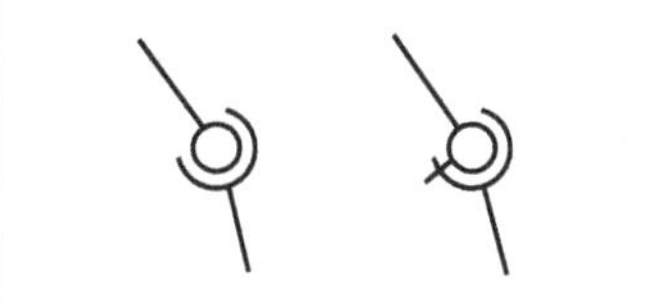	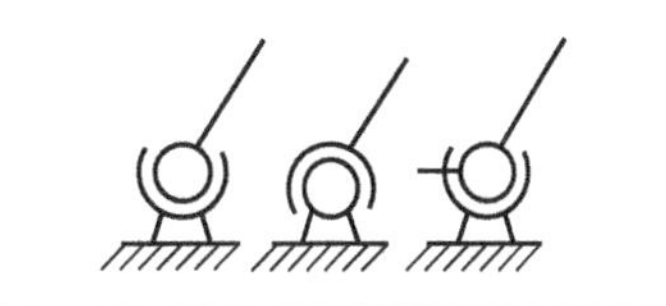

(2) 基本运动的图形符号

机器人的基本运动与现有的各种机械表示也完全相同。常用的基本运动图形符号如表1-4所示。

表 1-4　常用的基本运动图形符号

序号	名　称	符　号
1	直线运动方向	 单向　双向
2	旋转运动方向	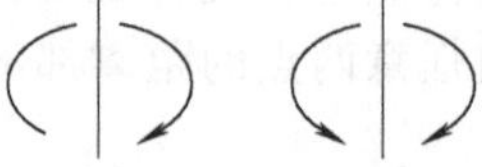 单向　双向
3	连杆、轴关节的轴	
4	刚性连接	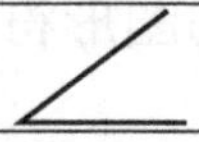
5	固定基础	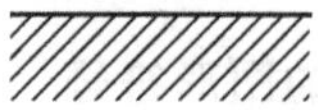
6	机械联锁	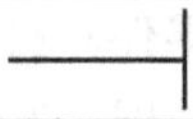

(3) 运动机能的图形符号

机器人的运动机能常用的图形符号如表 1-5 所示。

表 1-5　机器人的运动机能常用的图形符号

编号	名称	图形符号	参考运动方向	备　注
1	移动(1)			
2	移动(2)	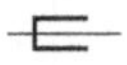	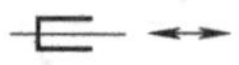	
3	回转机构			
4	旋转(1)	① 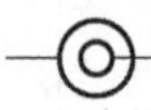 ② 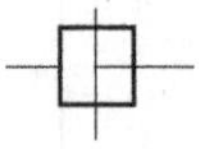	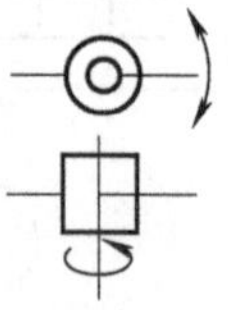	①一般常用的图形符号 ②表示①的侧向的图形符号
5	旋转(2)	① 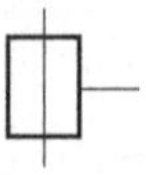 ② 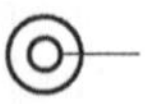	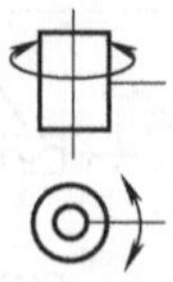	①一般常用的图形符号 ②表示①的侧向的图形符号
6	差动齿轮	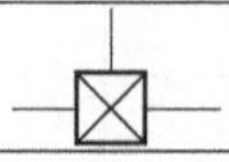		
7	球关节			
8	握持	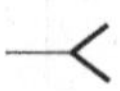	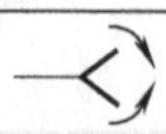	

续表

编号	名称	图形符号	参考运动方向	备　注
9	保持			包括已成为工具的装置。工业机器人的工具此处未作规定
10	基座			

(4) 运动机构的图形符号

机器人的运动机构常用的图形符号如表 1-6 所示。

表 1-6　机器人的运动机构常用的图形符号

序号	名称	自由度	符号	参考运动方向	备注
1	直线运动关节(1)	1	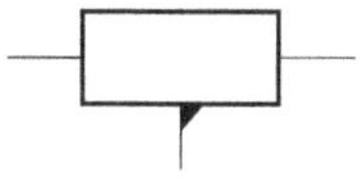	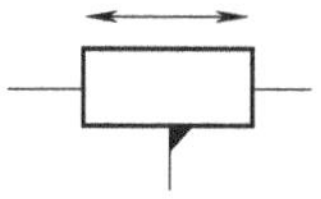	
2	直线运动关节(2)	1		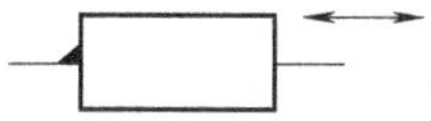	
3	旋转运动关节(1)	1			
4	旋转运动关节(2)	1			平面
5		1	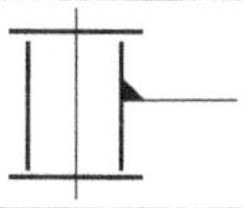	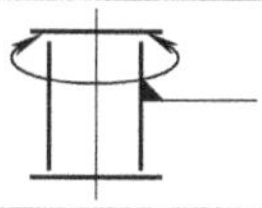	立体
6	轴套式关节	2		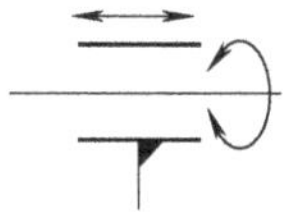	
7	球关节	3			
8	末端操作器		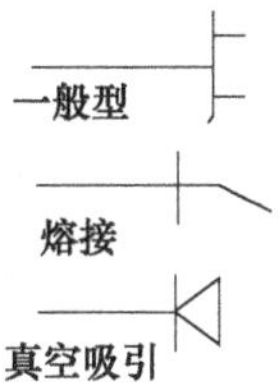 一般型 熔接 真空吸引		用途示例

1.3.3　机器人的图形符号表示

机器人的描述方法可分为机器人机构简图、机器人运动原理图、机器人传动原理图、机器人速度描述方程、机器人位姿运动学方程、机器人静力学描述方程等。

机器人的机构简图是描述机器人组成机构的直观图形表达形式，是将机器人的各个运动部件用简便的符号和图形表达出来，此图可用上述图形符号体系中的文字与代号表示。常见四种坐标机器人的机构简图如图 1-25 所示。

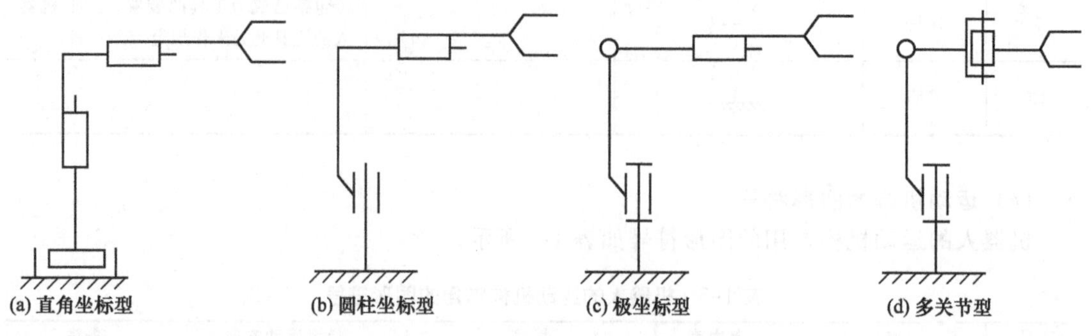

图1-25 典型机器人机构简图

1.4 工业机器人运动轴与坐标系的确定

1.4.1 机器人运动轴

工业机器人在生产中，一般需要配备除了自身性能特点要求作业外的外围设备，如转动工件的回转台、移动工件的移动台等。这些外围设备的运动和位置控制都需要与工业机器人相配合并要求相应的精度。通常机器人运动轴按其功能可划分为机器人轴、基座轴和工装轴，基座轴和工装轴统称为外部轴，如图 1-26 所示。

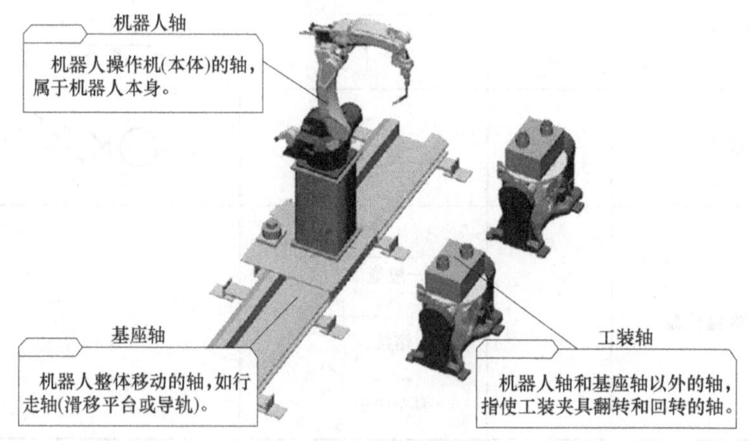

图1-26 机器人系统中各运动轴

工业机器人轴是指操作本体的轴，属于机器人本身，目前商用的工业机器人大多以 8 轴为主；基座轴是使机器人移动的轴的总称，主要指行走轴（移动滑台或导轨）；工装轴是除机器人轴、基座轴以外轴的总称，指使工件、工装夹具翻转和回转的轴，如回转台、翻转台等。实际生产中常用的是 6 轴关节工业机器人，操作机有 6 个可活动的关节（轴）。表 1-7

与图 1-27 为常见工业机器人本体运动轴的定义，不同的工业机器人本体运动轴的定义是不同的，KUKA 机器人 6 轴分别定义为 A1、A2、A3、A4、A5 和 A6；ABB 工业机器人则定义为轴 1、轴 2、轴 3、轴 4、轴 5 和轴 6。其中 A1、A2 和 A3 轴（轴 1、轴 2 和轴 3）称为基本轴或主轴，用于保证末端执行器到达工作空间的任意位置；A4、A5 和 A6 轴（轴 4、轴 5 和轴 6）称为腕部轴或次轴，用于实现末端执行器的任意空间姿态。

表 1-7　常见工业机器人本体运动轴的定义

轴类型	轴名称				动作说明
	ABB	FANUC	YASKAWA	KUKA	
主轴(基本轴)	轴 1	J1	S+E 轴	A1	本体回旋
	轴 2	J2	L 轴	A2	大臂运动
	轴 3	J3	U 轴	A3	小臂运动
次轴(腕部运动)	轴 4	J4	R 轴	A4	手腕旋转运动
	轴 5	J5	B 轴	A5	手腕上下摆动
	轴 6	J6	T 轴	A6	手腕圆周运动

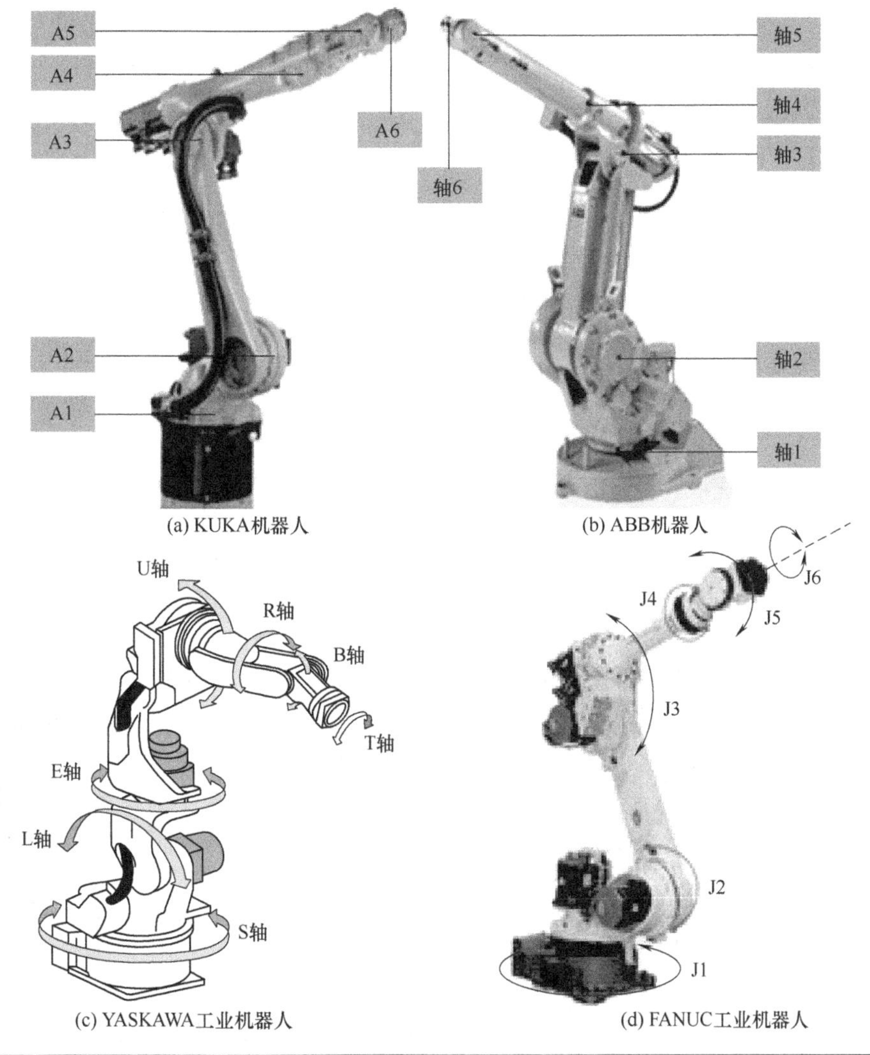

图1-27　典型机器人各运动轴

1.4.2 机器人坐标系的确定

（1）机器人坐标系的确定原则

机器人程序中所有点的位置都是和一个坐标系相联系的，同时，这个坐标系也可能和另外一个坐标系有联系。

机器人的各种坐标系都由正交的右手定则来决定，如图 1-28 所示。当围绕平行于 X、Y、Z 轴线的各轴旋转时，分别定义为 A、B、C。A、B、C 的正方向分别为 X、Y、Z 的正方向上右手螺旋前进的方向（如图 1-29 所示）。

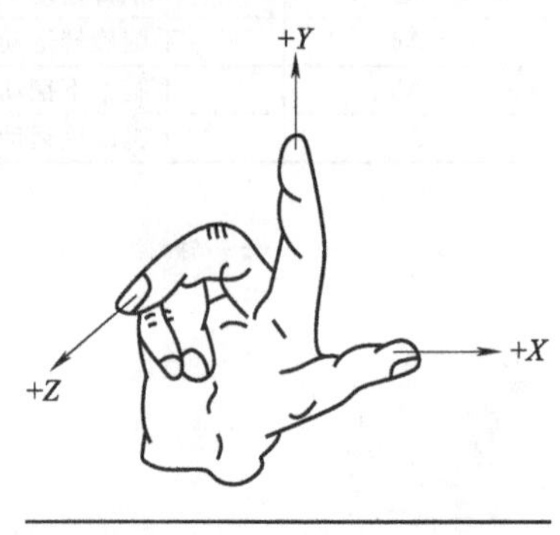

图1-28 右手坐标系

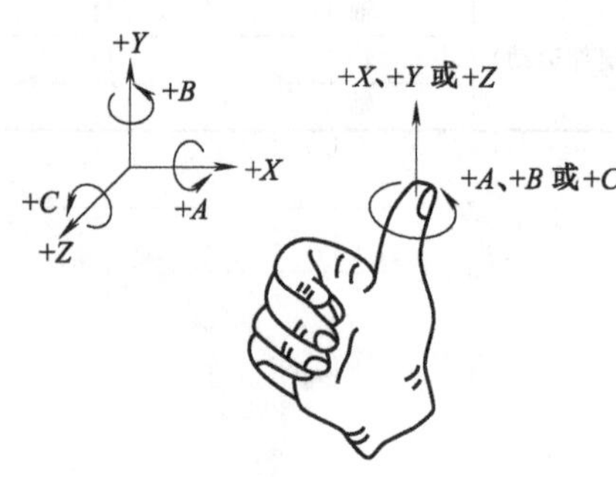

图1-29 旋转坐标系

（2）常用坐标系的确定

常用的坐标系是绝对坐标系、基座坐标系、机械接口坐标系和工具坐标系。如图 1-30 所示。

① 绝对坐标系 绝对坐标系是与机器人的运动无关，以地球为参照系的固定坐标系。其符号：O_0-X_0-Y_0-Z_0，如图 1-30 所示。

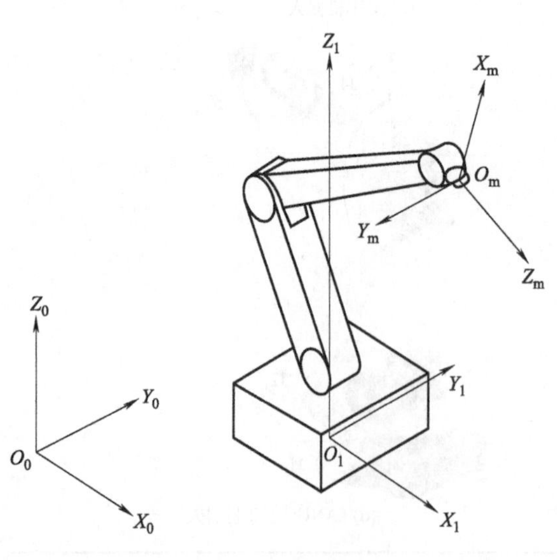

图1-30 坐标系示例

a. 原点 O_0。绝对坐标系的原点 O_0 是由用户根据需要来确定。

b. $+Z_0$ 轴。$+Z_0$ 轴与重力加速度的矢量共线，但与其方向相反。

c. $+X_0$ 轴。$+X_0$ 轴是根据用户的使用要求来确定。

② 基座坐标系 基座坐标系是以机器人基座安装平面为参照系的坐标系。其符号：O_1-X_1-Y_1-Z_1。

a. 原点 O_1。基座坐标系的原点由机器人制造厂规定。

b. $+Z_1$ 轴。$+Z_1$ 轴垂直于机器人基座安装面，指向机器人机体。

c. $+X_1$ 轴。$+X_1$ 轴的方向是由原点指向机器人工作空间中心点 C_w（见 GB/T

12644—2001）在基座安装面上的投影（见图 1-31）。当机器人的构造不能实现此约定时，X_1 轴的方向可由制造厂规定。

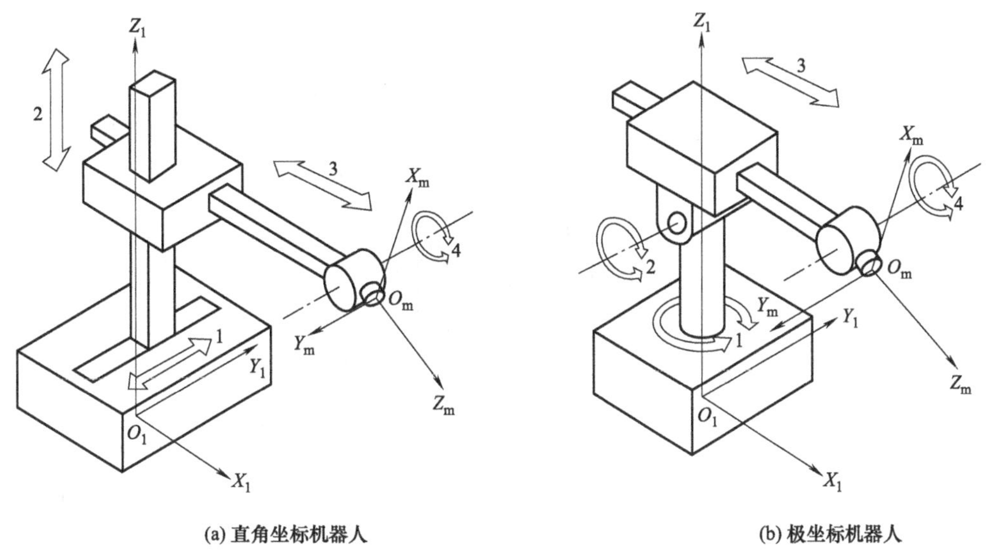

(a) 直角坐标机器人　　(b) 极坐标机器人

图1-31　基座坐标系

③ 机械接口坐标系　如图 1-32 所示，机械接口坐标系是以机械接口为参照系的坐标系。其符号：O_m-X_m-Y_m-Z_m。

a. 原点 O_m。机械接口坐标系的原点 O_m 是机械接口的中心。

b. $+Z_m$ 轴。$+Z_m$ 轴的方向，垂直于机械接口中心，并由此指向末端执行器。

c. $+X_m$ 轴。$+X_m$ 轴是由机械接口平面和 X_1、Z_1 平面（或平行于 X_1、Z_1 的平面）的交线来定义的。同时机器人的主、副关节轴处于运动范围的中间位置。当机器人的构造不

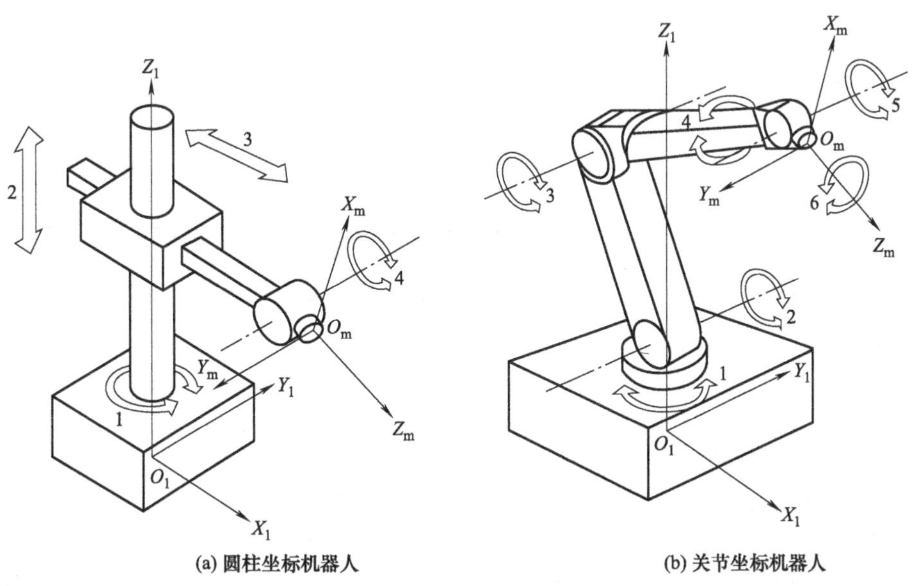

(a) 圆柱坐标机器人　　(b) 关节坐标机器人

图1-32

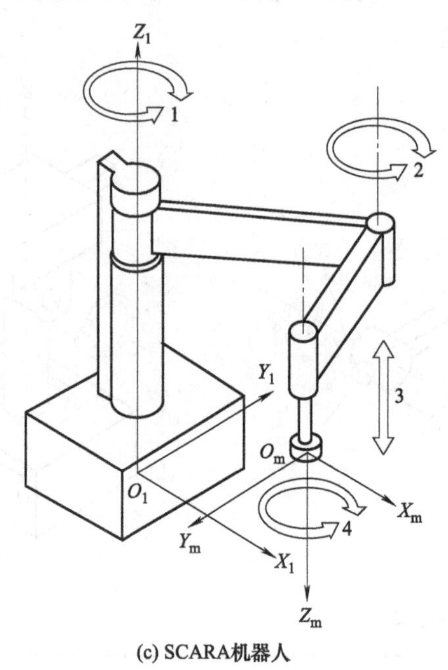

(c) SCARA机器人

图1-32 机械接口坐标系

能实现此约定时，应由制造厂规定主关节轴的位置。$+X_m$ 轴的指向是远离 $+Z_1$ 轴。

④ 工具坐标系 工具坐标系是以安装在机械接口上的末端执行器为参照系的坐标系。其符号：O_t-X_t-Y_t-Z_t。

a. 原点 O_t。原点 O_t 是工具中心点（TCP），见图 1-33。

b. $+Z_t$ 轴。$+Z_t$ 轴与工具有关，通常是工具的指向。

c. $+Y_t$ 轴。在平板式夹爪型夹持器夹持时，$+Y_t$ 是在手指运动平面的方向。

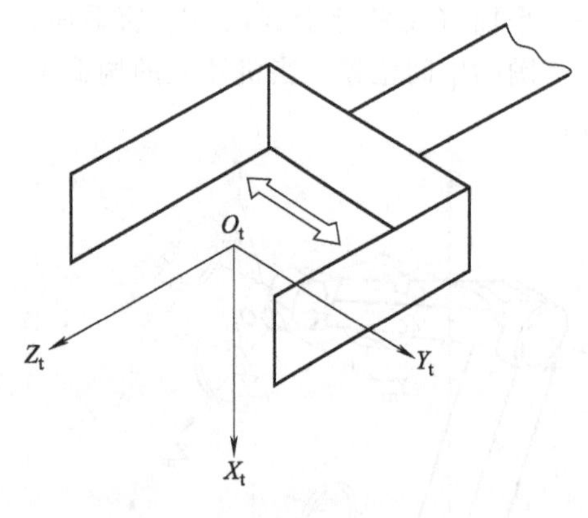

图1-33 工具坐标系（末端执行器）

1.4.3 工业机器人常用坐标系

机器人系统常用的坐标系有如下几种。

(1) 基坐标系（base coordinate system）

基坐标系，又称为基座坐标系，位于机器人基座。如图 1-31 与图 1-34 所示，它是最便于机器人从一个位置移动到另一个位置的坐标系。基坐标系在机器人基座中有相应的零点，这使固定安装的机器人的移动具有可预测性。因此它对于将机器人从一个位置移动到另一个位置很有帮助。在正常配置的机器人系统中，当人站在机器人的前方并在基坐标系中微动控制，将控制杆拉向自己一方时，机器人将沿 X 轴移动；向两侧移动控制杆时，机器人将沿 Y 轴移动；扭动控制杆时，机器人将沿 Z 轴移动。

(2) **世界坐标系**（world coordinate system）

世界坐标系又称为大地坐标系或绝对坐标系。如果机器人安装在地面，在基坐标系下示教编程很容易。然而，当机器人吊装时，机器人末端移动直观性差，因而示教编程较为困难。另外，如果两台或更多台机器人共同协作完成一项任务时，例如，一台安装于地面，另一台倒置，倒置机器人的基坐标系也将上下颠倒。如果分别在两台机器人的基坐标系中进行运动控制，则很难预测相互协作运动的情况。在此情况下，可以定义一个世界坐标系，选择共同的世界坐标系取而代之。若无特殊说明，单台机器人世界坐标系和基坐标系是重合的。如图 1-30 与图 1-35 所示，当在工作空间内同时有几台机器人时，使用公共的世界坐标系进行编程有利于机器人程序间的交互。

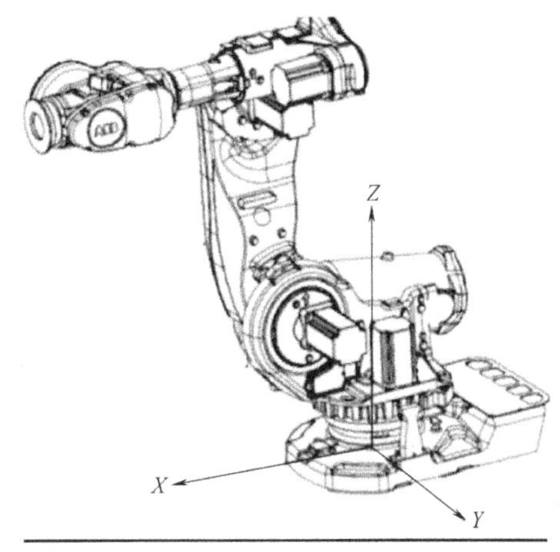

图1-34　基坐标系

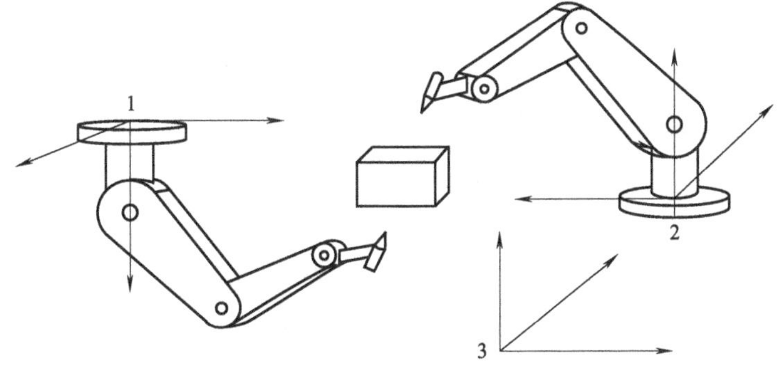

图1-35　世界坐标系

1,2—基坐标系；3—世界坐标系

(3) **用户坐标系**（user coordinate system）

机器人可以和不同的工作台或夹具配合工作，在每个工作台上建立一个用户坐标系。机器人大部分采用示教编程的方式，步骤烦琐，对于相同的工件，如果放置在不同的工作台上，在一个工作台上完成工件加工示教编程后，如果用户的工作台发生变化，不必重新编程，只需相应地变换到当前的用户坐标系下。用户坐标系是在基坐标系或者世界坐标系下建立的。如图 1-36 所示，用两个用户坐标系来表示不同的工作平台。

(4) **工件坐标系**（object coordinate system）

工件坐标系与工件相关，通常是最适合对机器人进行编程的坐标系。

工件坐标系对应工件：它定义工件相对于大地坐标系（或其他坐标系）的位置，如图 1-37 所示。

工件坐标系是拥有特定附加属性的坐标系。它主要用于简化编程，工件坐标系拥有两个框架：用户框架（与大地基座相关）和工件框架（与用户框架相关）。机器人可以拥有若干工件坐标系，或者表示不同工件，或者表示同一工件在不同位置的若干副本。对机器人进行编程时就是在工件坐标系中创建目标和路径。这带来很多优点：重新定位工作站中的工件

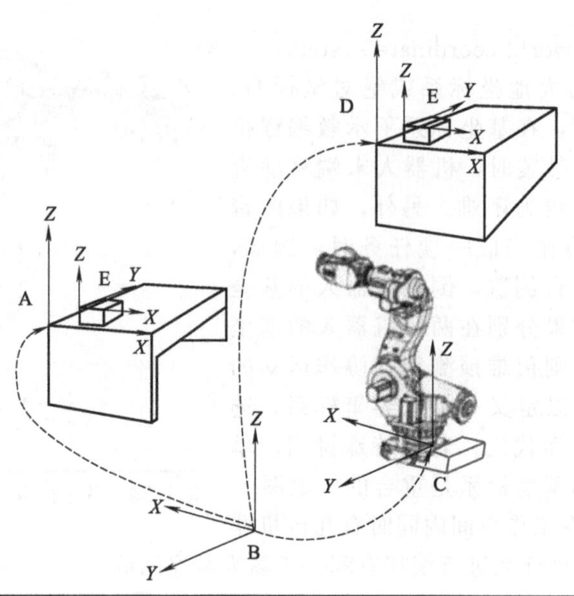

图1-36 用户坐标系

A—用户坐标系；B—大地坐标系；C—基坐标系；D—移动用户坐标系；E—工件坐标系

时，只需更改工件坐标系的位置，所有路径将即刻随之更新；允许操作以外轴或传送导轨移动的工件，因为整个工件可连同其路径一起移动。

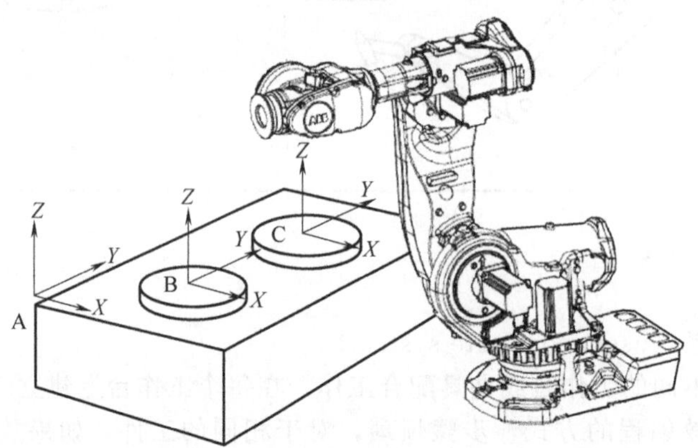

图1-37 工件坐标系

A—大地坐标系；B—工件坐标系 1；C—工件坐标系 2

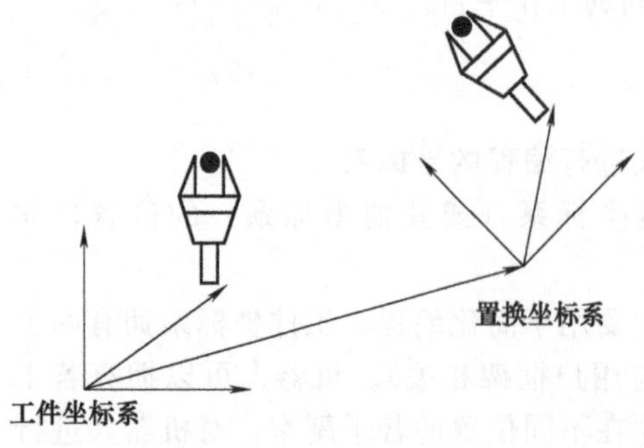

图1-38 置换坐标系

(5) 置换坐标系（displacement coordinate system）

置换坐标系又称为位移坐标系，有时需要对同一个工件、同一段轨迹在不同的工位上加工，为了避免每次重新编程，可以定义一个置换坐标系。置换坐标系是基于工件坐标系定义的。如图 1-38 所示，当置换坐标系被激活后，程序中的所有点都将被置换。

(6) **腕坐标系**（wrist coordinate system）

腕坐标系和工具坐标系都是用来定义工具方向的。在简单的应用中，腕坐标系可以定义为工具坐标系，腕坐标系和工具坐标系重合。腕坐标系的 z 轴和机器人的第 6 根轴重合，如图 1-39 所示，坐标系的原点位于末端法兰盘的中心，x 轴的方向与法兰盘上标识孔的方向相同或相反，z 轴垂直向外，y 轴符合右手定则。

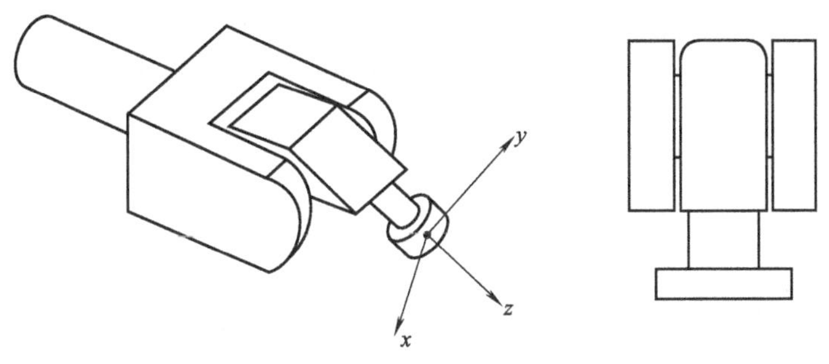

图1-39　腕坐标系

(7) **工具坐标系**（tool coordinate system）

安装在末端法兰盘上的工具需要在其中心点（TCP）定义一个工具坐标系，通过坐标系的转换，可以操作机器人在工具坐标系下运动，以方便操作。如果工具磨损或更换，只需重新定义工具坐标系，而不用更改程序。工具坐标系建立在腕坐标系下，即两者之间的相对位置和姿态是确定的。图 1-33 与图 1-40 表示不同工具的工具坐标系的定义。

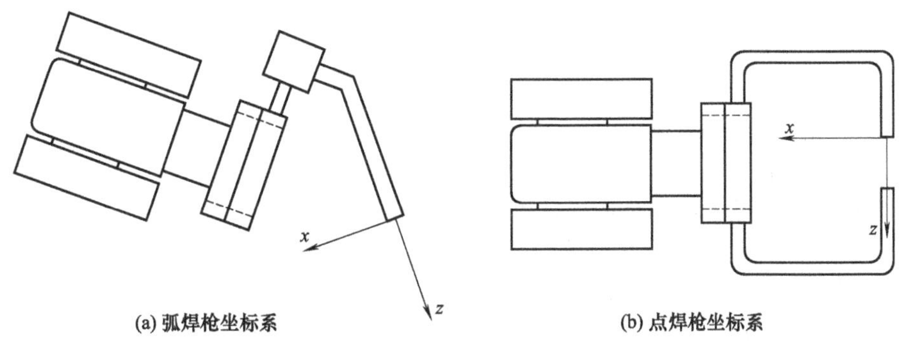

图1-40　工具坐标系（末端法兰盘）

(8) **关节坐标系**（joint coordinate system）

关节坐标系用来描述机器人每个独立关节的运动，如图 1-41 所示。所有关节类型可能不同（如移动关节、转动关节等）。假设将机器人末端移动到期望的位置，如果在关节坐标系下操作，可以依次驱动各关节运动，从而引导机器人末端到达指定的位置。

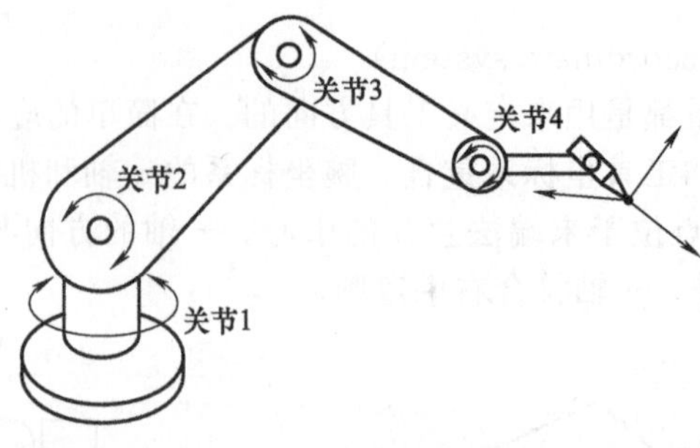

图1-41 关节坐标系

1.5 对工业机器人的安全要求

1.5.1 安全注意事项

（1）操作人员

机器人独自状态下，不能工作。只有当它装备了机械手臂或者其他设备，并且连接到外围设备，组成一个系统以后，机器人才能运转。

不仅仅要考虑到机器人的安全，而且要保证整个系统的安全。使用机器人时，需要提供安全护栏和采用其他的安全措施。

机器人需要的系统工作人员及工作任务：

① 普通操作者的工作

a. 打开和关闭系统。

b. 开始和停止机器人程序。

c. 从警报状态恢复系统。

禁止普通操作者进入由安全护栏封闭的区域进行相应操作。

② 程序员或者示教操作者以及维护工程师

a. 程序员或者示教操作者。工作任务包括了普通操作员和如下条款的内容：示教机器人、调整外围设备和其他必须在由安全护栏封闭的区域里进行的工作。程序员或者示教操作者必须接受专门的机器人课程的培训。

b. 维护工程师。工作包括程序员的工作和如下内容：修理和维护机器人的维护工程师必须接受专门的机器人课程的培训。

（2）一般安全防护

在开始使用机器人前，请阅读本条例，手册在随后会指出其他的防护措施，请注意每一个条款。

① 一般规则 使用机器人时，需要采取以下防护措施。否则，机器人和外围设备会受到不利影响，或者工人会受到严重伤害。

a. 禁止在易燃环境中使用机器人。

b. 禁止在易爆环境中使用机器人。

c. 禁止在放射性环境中使用机器人。

d. 禁止在水中或者十分潮湿的环境中使用机器人。

e. 禁止使用机器人搭载人或者动物。

f. 禁止利用机器人作为梯子（不要攀爬或者在机器人上悬挂）。

② 安全用品　机器人工作人员必须穿戴如下安全用品：

a. 根据每一个工作穿着合适的衣服。

b. 安全工作鞋。

c. 安全头盔。

说明：程序员和维护人员必须接受适当的培训。

(3) 安装注意事项

警告：运输和安装机器人，应该严格地按照建议的程序进行。错误的运输和安装可能会导致机器人滑落，对工人造成严重的伤害。

注意：机器人安装后的第一次运行，应该限制在低速运转。然后，再逐渐增加速度，检查机器人的运行情况。

(4) 安全操作规程

① 操作者在操作控制面板或者教导盒时不能戴手套，佩戴手套可能会引起操作失误。

② 在点动操作机器人时要采用较低的倍率速度以便增加机器人的控制安全性。

③ 在按下示教盘的点动键之前要考虑机器人的运行趋势。

④ 要预先选择好机器人的运行线路，要保证该线路不受干扰。

⑤ 机器人周围必须清洁、无油、无水和其他杂质等。

(5) 运行注意事项

① 在开机运行前，须知晓机器人程序将要执行的全部任务。

② 须知晓所有会影响机器人移动的开关、传感器和控制信号的位置及状态。

③ 必须知道机器人控制器和外围控制设备上紧急停止按钮的位置。

④ 不要认为机器人不移动其程序就已经运行完毕，因为这时机器人可能在等待使其继续移动的信号。

警告：在机器人运行前，应该确认没有人在安全护栏区内。同时，要检查确认不存在危险位置的风险。如果检测到这样的位置，应该在运行前消除隐患。

(6) 编程注意事项

警告：应该在安全护栏区域外、尽可能远的地方编程。如果程序需要在安全护栏区域内完成，程序员应该遵守如下事项：

① 在进入安全护栏区域内前，确认在区域中没有危险位置的风险。

② 随时准备按紧急停机按钮。

③ 机器人应该在低速运行。

④ 程序运行前，检查整个系统状态，确认没有到外围设备的远程指令，确认没有动作对使用者有威胁。

注意：编程结束后，根据制定的步骤，给出相应的文字说明。在文字说明中，工人必须在安全护栏区域外。

说明：程序员应该接受适当的培训。

(7) 维护注意事项

① 保证断电　在维护中，机器人和系统应该在断电状态。如果系统和机器人在电源开的状态下，一个维护操作可能会引起冲击性的危害。如果有必要，应该提供相应的安全锁，以防止其他人打开机器人或者系统的电源。如果维护需要在电源开的状态下进行，需要保证紧急停机按钮可用。

② 看手册　替换零件时，维护工人应该阅读维护手册，预先学习复位步骤。如果进行了错误的步骤，可能会引起事故，导致对机器人的损伤并伤害到工人。

③ 进入安全护栏　当要进入到由安全护栏封闭的区域时，维护工人应该检查整个系统，确认没有危险位置。在存在危险位置时，如果工人需要进入这个区域，工人必须时刻保持十分小心，检查当前系统状态。

④ 更换配件　零件的更换应该按照工业机器人公司的建议执行。如果应用其他零件，可能会发生故障或者损害。特别指出的是，请不要应用工业机器人公司没有推荐的熔丝，这样的熔丝可能会导致火灾。

⑤ 移动重件　当移除一个电动机或者制动器时，应该用起重机或者其他设备预先支撑机器人的手臂，这样在装卸中，手臂不会坠落。

⑥ 让工业机器人动作　如果在维护中需要让一个机器人进行一个动作，应该采取以下的保护措施：

a. 维护工作中，使逃离通道顺畅，时刻检查整个系统的动作，以便通道不被机器人或者外围设备阻挡。

b. 时刻注意危险位置的威胁，做好随时按紧急停机按钮的准备。

⑦ 拧动负载　当拧动电动机、制动器或者其他重的负载时，应该用起重机或者其他装备保护维护工人不承受过量负载。否则，维护工人可能会受到严重伤害。

⑧ 擦除油脂　只要有油脂洒落在地面，就应该尽快擦除以避免滑倒的危险。

⑨ 不要攀爬机器人　在维护过程中，不要攀爬机器人。这样的尝试会导致对机器人的不利的影响。此外，失足会导致对维护工人的伤害。

⑩ 接触发热件　以下零件会发热。如果维护工人需要接触发热的零件，需要佩戴防热手套或者用保护性的工具：

a. 伺服电动机。

b. 控制单元内部。

⑪ 归位　当更换了一个零件后，所有的螺钉和其他相关的组成部分应该放回各自原来的地方。必须做仔细的检查，确保没有组件丢失或者未被安装。

⑫ 关闭供压系统　在对气动系统进行维护前，应该关闭供压系统并且排放管道内的气体使气压降至零。

⑬ 说明　在零件被更换后，根据预先设定的方法，应该对机器人给出相应的文字说明。在制作文字说明时，维护人员应该工作在安全护栏外。

⑭ 维护结束　维护结束后，机器人周围和安全护栏区域内的地板，应该清理干净洒落的油脂或者水、金属片等。

⑮ 小心防止灰尘进入机器人　替换零件时，小心防止灰尘进入机器人。

说明：

a. 应该在适当的光线下进行维护。

b. 应该对机器人进行周期性的检查。不正确执行周期性的维护，会对机器人造成不利的影响或者影响机器人的服役时间，同时会导致事故。

1.5.2 工业机器人的主要危险

工业机器人的主要危险见表 1-8。

表 1-8　工业机器人的主要危险

序号	描述		相关危险状况示例	相关危险区域
1	机械危险	压碎	机器人手臂或附加轴的任一部件的运动（正常或奇异）	限定空间
2		剪切	附加轴的运动	配套设备的周围
3		切割或切断	产生剪切动作的移动或旋转	限定空间
4		缠结	腕部或附加轴的旋转	限定空间
5		拉人或陷进	机器人手臂和任何固定物体之间	限定空间近处的固定物体周围
6		冲撞	机器人手臂的任一部件的运动（正常或奇异）	限定空间
7	电气危险	人与带电部件的接触（直接接触）	与带电部件或连接件的接触	电气控制柜、终端箱、机器上的控制面板
8	设计过程中由于忽视人体工程学原理而导致的危险	不健康的姿势或过度用力（反复用力）	不良设计的示教盒	示教盒
9		对手臂或腿脚在解剖学上的考虑不足	控制装置的不合适位置	在装/卸工件和安装或设置工具处
10		手动控制装置的设计、位置及标识不当	控制装置的无意操作	位于或接近机器人单元处
11		视觉显示单元的设计或位置不当	对显示信息的误解	位于或接近机器人单元处
12	意外启动，意外超限运动/超速	能源的故障/紊乱	对机器人附加轴的机械危害	位于或接近机器人单元处
13		能源中断后的恢复	机器人或附加轴的意外运动	位于或接近机器人单元处
14		对电气设备的外部影响	因电磁干扰，电控装置的不可预见行为	位于或接近机器人单元处
15		电源故障（外部电源）	因机器人手臂制动的释放引起的控制失效，制动的释放导致机器人部件在残余力（惯性力、重力、弹性/储能装置）的作用下意外运动	位于或接近机器人单元处，其中机器人部件是通过应用电能或液压维持安全状态的
16		控制电路故障（硬件或软件）	机器人或附加轴的意外运动	位于或接近机器人单元处
17		机器失稳或翻转	无约束的机器人或附加轴（它们靠重力保持其位置）跌落或翻倒	位于或接近机器人单元处

1.5.3 采取的措施

(1) 单点控制

机器人控制系统的设计和制造应使在本机示教盒或其他示教装置控制下的机器人不能被

任何别的控制源启动其运动或改变本机控制方式。

(2) 与安全相关的控制系统性能（软件/硬件）

当需要与安全相关的控制系统时，与安全相关的部件应按如下设计：

① 任何部件的单个故障不应导致安全功能的丧失；

② 只要合理可行，单个故障应在提出下一项安全功能需求之时或之前被检测出来；

③ 出现单个故障时，始终具有安全功能，且安全状态应维持到出现的故障已得到解决；

④ 所有可合理预见的故障应被检测到。

1.5.4 机器人停止功能

(1) 保护性停止功能

每台机器人都应有保护性停止功能和独立的急停功能，这些功能应具有与外部保护装置连接的措施。

① 使能装置特性

a. 使能装置输出功能把使能装置连接到控制多台机器人及设备的公共电路。

b. 能把多个附加的使能装置连接到一个使能电路。

② 方式选择　能向安全控制系统提供方式选择状态的信息。

③ 避碰传感器　为了最有效地防止人员伤害，当传感器察觉到碰撞时，机器人应停止运动并且发出一个明确信号，并且若没有操作员的干预，机器人不会运动到另一个位置。

④ 保持所有速度下的路径准确度　这会减少从危险处监视机器人运动的观察需求。

⑤ 安全软限位　这些限位将允许进行专有空间和包容空间的编程。

可以有选择性地提供急停输出信号。表 1-9 对急停和保护性停止功能做了对比。

表 1-9　急停和保护性停止功能的对比

说明	急停功能	保护性停止功能
场合	操作者有快速的无障碍通道	由安全距离规则决定
启动	手动	自动或手动
安全系统性能	GB/T 16855.1—2008 中的类别 3，或由风险评估决定	GB/T 16855.1—2008 中的类别 3，或由风险评估决定
复位	只能手动	手动或自动
使用频率	不频繁：仅在紧急情况下使用	可变的：每个循环中使用或不频繁使用
作用	去除所有危险的能源	控制可被防护的危险

(2) 急停功能

① 功能　每个能启动机器人运动或造成其他危险状况的控制站都应有手动的急停功能，该急停功能应：

a. 优先于机器人的其他控制；

b. 中止所有的危险；

c. 切断机器人驱动器的驱动源；

d. 消除可由机器人控制的任何其他危险；

e. 保持有效直至复位；

f. 只能手动复位，复位后不会重启，只允许再次启动。

② 作用 当提供急停输出信号时：

a. 输出信号在撤除机器人动力后一直有效；

b. 如果撤除机器人动力后输出信号不起作用，应产生一个急停信号。

(3) 保护性停止

机器人应具有一个或多个保护性停止电路，可用来连接外部保护装置。此停止电路应通过停止机器人的所有运动、撤除机器人驱动器的动力、中止可由机器人系统控制的任何其他危险等方式来控制安全防护的风险。停止功能可由手动或控制逻辑启动。

(4) 降速控制

在降速控制方式下操作时，末端执行器的安装法兰和工具中心点（TCP）的速度不应超过 250mm/s，应有可能选择低于 250mm/s 的速度。

降速控制功能应设计和构建成任何单个可合理预见的故障出现时，安装法兰和工具中心点的速度不超过降速功能的限定速度。

应具有偏置功能，使得可调 TCP 速度。

1.5.5 操作方式

(1) 选择

应采用安全的方法选择操作方式，该方法只使选定的操作方式起作用。例如，用一个按键操作开关或具有同等安全性的其他方法（即监督控制）。这些方法应：

① 明确表明所选定的操作方式；

② 本身不会启动机器人运动或造成其他危险。

(2) 自动方式

在自动方式下，机器人应执行任务程序。机器人控制器不应处于手动方式下，且安全措施应起作用。

① 如果检测到任何停机条件，自动操作方式应被阻止；

② 从此种方式切换到其他方式时应停机。

(3) 手动降速方式

手动降速方式允许对机器人进行人工干预。在此方式下自动操作是被禁止的。此方式用于机器人的慢速运行、示教、编程以及程序验证，也可被选择用于机器人的某些维护任务。

使用信息应包括适当的说明和警告。在任何可能的场合，只要所有人员在安全空间之外，就应采用手动操作方式。在选择自动方式前，所有暂停的安全防护应恢复其全部功能。

(4) 手动高速方式

如果提供这种方式，机器人速度可高于 250mm/s。在这种情况下，机器人应：

① 有选择手动高速方式的方法，此方法需要一种审慎的操作（例如，机器人控制面板上的一个按键开关）和额外的确认动作；

② 除非选择手动高速方式，否则缺省的速度≤250mm/s；

③ 提供一个符合要求的示教盒，它是用一个附加的握柄摇杆来运行该方式独有的、可使机器人持续运动的装置；

④ 示教盒上还可提供在缺省值和最大编程值之间调整速度的手段；

⑤ 示教盒上可显示所调整的速度（例如，利用示教盒的高亮显示）。

1.5.6 示教控制

（1）使能装置

示教盒或示教控制装置应具有三位置使能装置，即连续处于中位时，允许有机器人运动和可由机器人控制的任何其他危险。使能装置应表现出下列性能特点：

① 使能装置可与示教盒控制装置装在一起，也可与之分离（如抓握式使能装置），并应与任何其他运动控制功能或装置无关；

② 释放或按过使能装置的中位，应使危险（如机器人的运动）中止；

③ 当在单个使能装置上使用多个使能开关（即允许左、右手交替操作）时，则完全按下任何开关都将优先于其他开关的控制并导致保护性停止；

④ 当操作一个以上的使能装置（即多名携带使能装置的操作人员在安全空间内），只有每个装置同时处于中位时，机器人才能运动；

⑤ 使能装置的掉落不应导致让机器人运动被使能的故障；

⑥ 如果提供使能输出信号，则当安全系统供电中断时，该输出应表示处于停止状态；

⑦ 使能装置的设计和安装应考虑持续启用时的人体工程学问题。

（2）示教盒急停功能

示教盒或示教控制装置应具有停止功能。

（3）启动自动操作

只使用示教盒或示教控制装置不能激活机器人自动操作方式。在启动自动方式前，应在安全空间外有一个单独的确认操作。

（4）无缆示教控制

如果示教盒或其他示教控制装置没有连接到机器人控制器的电缆，应有以下要求：

① 应有示教盒处于开启状态的可视标志，例如，在示教盒的显示屏上；

② 当机器人处于手动降速方式或手动高速方式时，通信中断应导致所有机器人的保护性停止。没有单独的审慎操作，通信的恢复不应使机器人运动重启；

③ 数据通信（包括纠错）和通信中断的最长响应时间应注明在机器人的使用资料中；

④ 必须注意提供合适的存储、设计和使用信息来避免急停装置在激活和非激活状态的混淆。

1.5.7 同时运动控制

（1）单示教盒控制

单个示教盒可以连接到一台或多台机器人的控制器。当采用这种配置时，示教盒应该具有使一台或多台机器人独立运动或使多台机器人同时运动的能力；当在手动方式下操作时，机器人系统所有的功能都应在一个示教盒的控制下。

(2) 安全设计要求

每台机器人在被激活前应被单独地选择。为了选择机器人，所有的机器人都应处于相同的操作方式（例如手动降速方式），被选中机器人在选择操作处（例如，示教盒、控制器机箱或机器人上）应有指示。

只有被选中的机器人才应处于激活状态。激活的机器人应有在安全空间内清晰可见的指示。

必须避免非激活状态的任何机器人的意外启动。机器人系统不应该响应会导致危险状态的任何远程命令或条件。

1.5.8 协同操作要求

(1) 手动引导

如果机器人具有手动引导功能，手动引导装置应在末端执行器附近，并装有：

① 急停按钮；

② 使能装置。

机器人应在风险评估确定的降速速度下操作，但不超过 250mm/s。如果超过了该降速速度，应引致保护性停止。

(2) 速度/位置监控

机器人和操作员之间应保持距离，该距离应符合 ISO 13855 的要求。保持该距离失败时，机器人应保护性停止。

机器人应在不超过 250mm/s 的降速速度下操作，而其位置应被监控。

(3) 对动力及作用力的限制

机器人应设计成保证法兰或 TCP 处的最大动态功率为 80W 或最大静态力为 150N（由风险评估确定）。

1.5.9 奇异性保护

在手动降速方式下，机器人的控制应：

① 由示教盒激活协调运动时，在机器人通过或纠正奇异点前停止机器人运动并警告示教者；

② 产生可听或可视的警告信号，并持续到以最大速度 250mm/s 限制的各轴速度通过奇异点。

1.5.10 单轴限位

(1) 通则

应提供用限位装置在机器人周围建立限定空间的措施；应提供安装可调机械挡块的措

施，以便限制机器人主轴（具有最大位移的轴）的运动。

（2）轴的机械及机电限位装置

应为轴 2 和轴 3（即具有第二和第三大位移的轴）配备可调机械和非机械限位装置。

机械挡块应能在额定负载、最大速度和最大或最小臂伸的条件下停止机器人的运动。机械硬挡块的试验应在没有任何辅助止动措施的条件下进行。

如果设计、制造和安装了具有与机械挡块同等安全性能的另类限制运动范围的方法，也可采用这些方法。

机电限位装置的控制电路性能应符合要求。机器人控制和任务程序不应改变机电限位装置的设置。

非机械限位装置的例子包括电气、气动和液压定位的挡块、限位开关、光幕、激光扫描装置、用于限制机器人的运动和确定限定空间的拉索等。

可调装置可让用户把限定空间调整到最小。机械挡块包括调整后用紧固件固定的机械挡块。

（3）轴及空间的安全软限位

软限位是在自动方式或速度高于降速速度的任何方式下由软件确定的机器人运动极限。轴的限位用于确定机器人的限定空间。空间限位用于确定作为专有区域的任何几何形状，或把机器人的运动限制在确定的空间内，或防止机器人进入确定的空间。

安全软限位可以作为一种确定和减小所提供的限定空间的手段。在满载和全速状态下可使机器人停止。应计及停止运动的实际期望停止位置处确定限定距离。制造商在使用资料中应说明这种能力并在不需要这个能力时撤销安全软限位。

使用软限位的控制系统用户不能改变它。如果超出了安全软限位，应激活保护性停止。

使用资料中应有机器人在软限位确定的最高速度下于最坏情况下的停止时间（包括监控时间）及完全停止前所移动距离。

安全软限位应设置为一个系统没上电时不能改变的稳定区域，且不应动态地变更。改变安全软限位的权力应受密码保护并是安全的。一旦设置，安全软限位应在系统上电后一直处于激活状态。

轴的软限位在控制未安装限位装置的附加轴运动时可能特别有用。

空间软限位对控制不规则形状工作区域内的运动或防止障碍造成的狭窄点可能特别有用。

（4）动态限位装置

动态限位是在机器人系统周期内机器人限定空间中的自动受控变更。控制装置包括（但不限于）由凸轮管理的限位开关、光幕，或在机器人执行其任务程序时在限定空间内可进一步限制机器人运动的由控制激活的可缩回的硬挡块。为此，该装置及相关的控制装置应能在额定负载速度下停止机器人运动，相关的安全控制装置应符合 GB/T 16855.1—2008 类别 3 的要求，除非经过风险评估确定要求另一类别。

1.5.11 无驱动源运动

设计机器人时应使各轴能在紧急或异常情况下无需驱动源就能运动。只要可行，一个人就能移动各轴。控制装置应易于接近，但应防止意外的操作。在使用资料中应有对这种操作的说明，也应有培训人员应对紧急或异常情况的建议。

用户说明书应包括对重力和释放制动装置可导致额外危险的警告。只要可行，警告标识应贴在激活控制装置附近。

1.5.12　起重措施

应提供吊起机器人及其相关部件的措施，且应足以处理预期负荷。例如，起重钩、吊环螺栓、螺纹孔、叉形套袋。

1.5.13　电连接器

电连接器如果断开或分离可能导致危险，它们的设计和制造应避免意外分离，电连接器应有避免交互连接的手段。

1.5.14　标志

每台机器人应以特定、易读和耐久的方式标记，且应有：

① 制造商的名称和地址、机器的型号和序号、制造的年份和月份；

② 机器的质量；

③ 电源数据（如使用液压、气动系统），相应的数据（如最小和最大的气压）；

④ 可供运输和安装使用的起重点；

⑤ 尺寸范围和负载能力。

防护、保护装置及其他没有装配的机器人零件要清楚地标明其作用，应提供任何安装所需的信息。

表 1-10 提供了图形符号示例，可用来标识常规的操作方式。图形符号可包含附加的描述性文字，以便尽可能清楚地提供关于方式选择与期望性能的信息。

表 1-10　机器人操作方式标签

方式	图形符号	ISO 7000 中的图形
自动		0017
手动降速		0096
手动高速		0026 和 0096 结合

但不同的工业机器人其标牌也是有区别的。例如KUKA工业机器人与ABB工业机器人就有所不同。KUKA工业机器人的标牌用以提示相关人员，不同品牌的机器人其标牌是有所不同的，图1-42是KUKA工业机器人的标牌，不允许将其去除或使其无法识别，必须更换无法识别的标牌。图1-43是KUKA工业机器人控制柜的标牌。

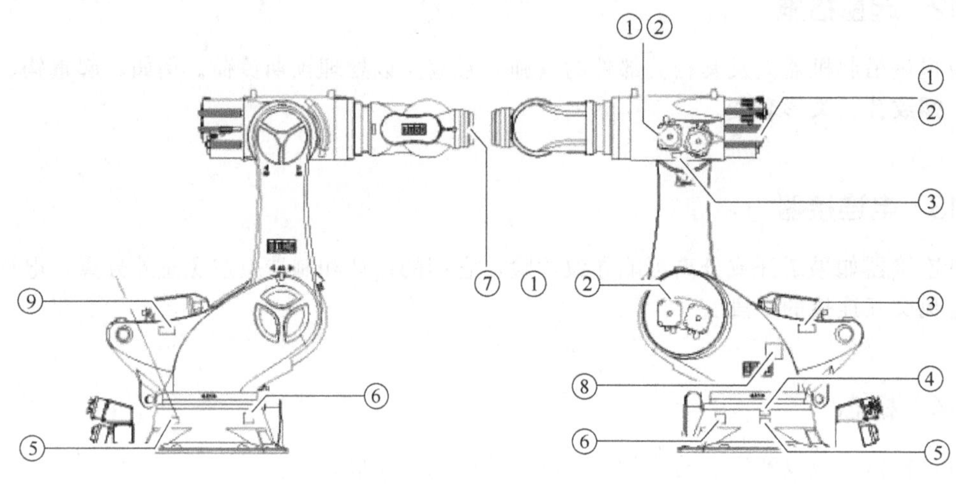

图1-42 标牌安装位置

① 

高电压，不恰当地处理可能导致触摸带电部件。电击危险！

② 

高温表面，在运行机器人时可能达到可导致烫伤的表面温度。请戴防护手套！

③

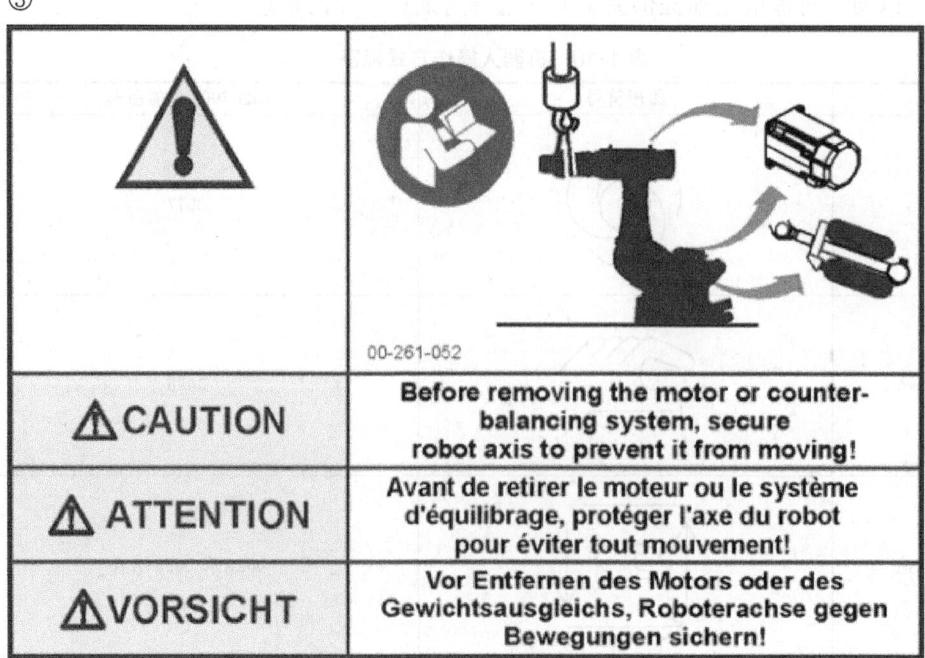

固定轴：每次更换电动机或平衡配重前，通过借助辅助工具/装置防止各个轴意外移动。轴可能移动。有挤伤危险！

④

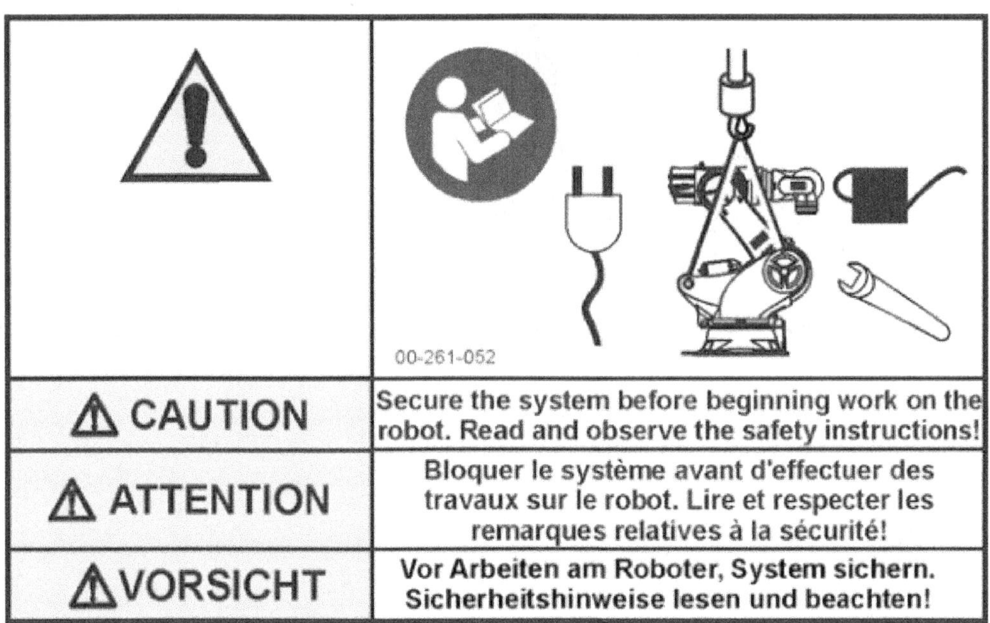

在机器人上作业：在投入运行、运输或保养前，阅读安装和操作说明书并注意包含在其中的提示！

⑤

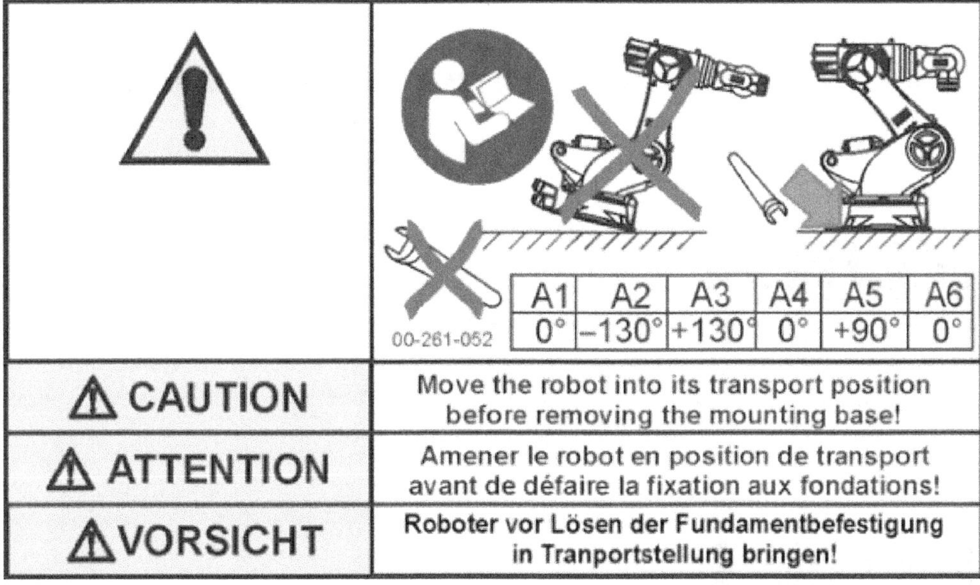

运输位置：在松开地基固定装置的螺栓前，机器人必须位于符合表格的运输位置上。翻倒危险！

⑥

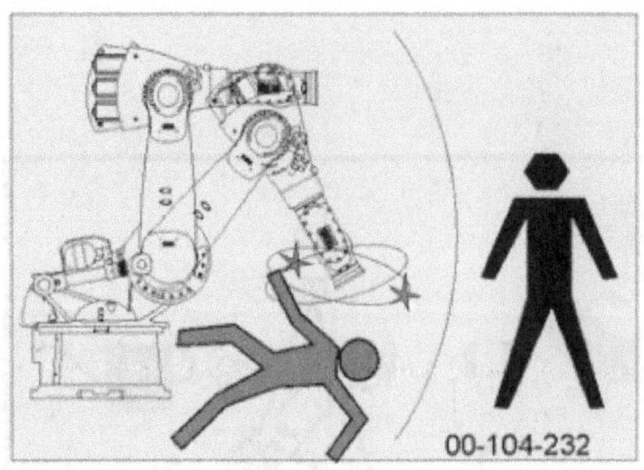

危险区域：如果机器人准备就绪或处于运行中，则禁止在该机器人的危险区域中停留。有受伤危险！

⑦

Schrauben	M10 Qualitat 10.9
Einschraubtiefe	min. 12 max. 16mm
Klemmlänge	min. 12mm
Fastening srews	M10 quality 10.9
Engagement length	min. 12 max. 16mm
Screw grip	min. 12mm
Vis	M10 qualite 10.9
Longueur vissée	min. 12 max. 16mm
Longueur de serrage	min. 12mm
	Art.Nr. 00-139-033

机器人腕部的装配法兰：在该标牌上注明的数值适用于将工具安装在腕部的装配法兰上并且必须遵守。

⑧

KUKA

Roboter GmbH
Zugspitzstraße 140
86165 Augsburg.Germany

Typ	Type	Type	XXXXXXXXXXXXXXXXXXXXXXXXXX
Artikel-Nr.	Article No.	No. d'article	XXXXXXXXX
Serie-Nr.	Serial No.	No. Se'rie#	XXXXXX
Baujahr	Date	Annee de fabric.	XXXX-XX
Gewicht	Weight	Poids	XXXX kg
Traglast	Load	Charge	XXX kg
Reichweite	Range	Portée	XXXX MM
$TRAFONAME[]="#...."			XXXXXXXXXXXXXXXXXXXXXXXXXX
...MADA\			XXXXXXXXXXXXXXXXXXXXXXXXXX

de/en/fr

铭牌：内容符合机器指令。

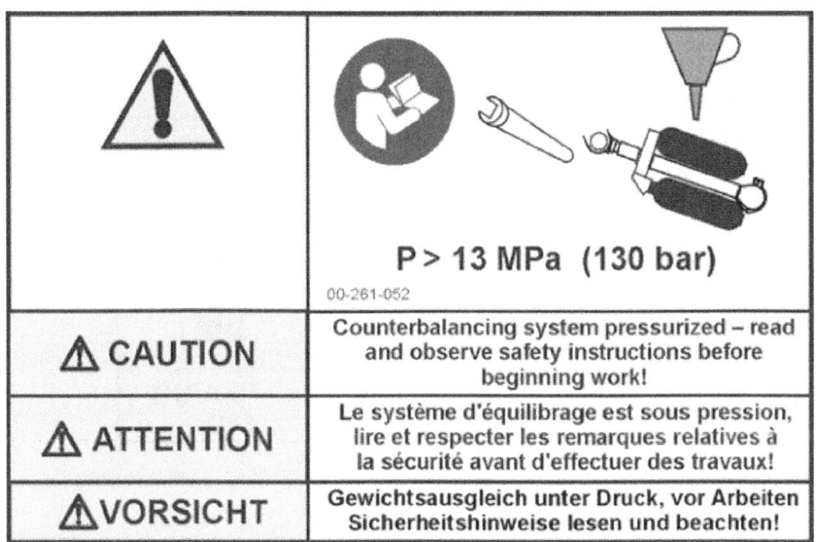

平衡配重：系统有油压和氮气压力。在平衡配重上作业前，阅读安装和操作说明书并注意包含在其中的提示。有受伤危险！

①

②

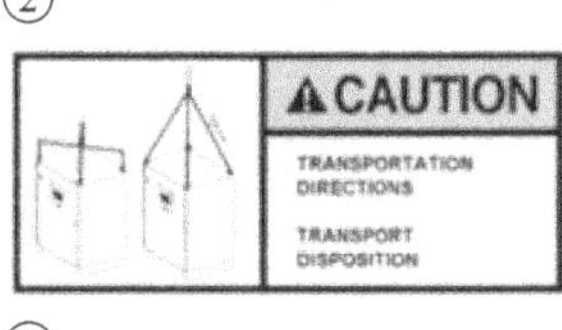

③

④

⑤

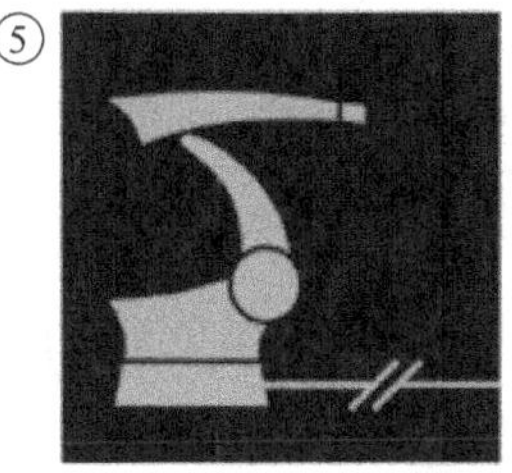

⑥

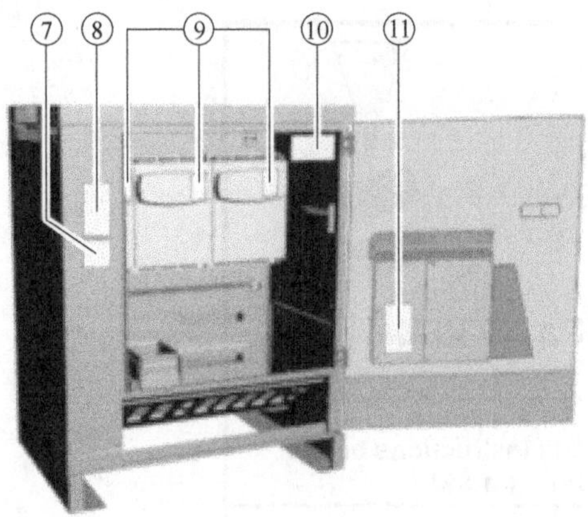

⑨

⑦

⑩

DANGER

Electrical hazard

Read and understand technical manual and safety instruction before servicing

Gefahr durch Stromschlag!

Vor Arbeiten an der Robotersteuerung müssen Sie die Betriebsanleitung und Sicherheitsvorschriften gelesen und verstanden haben.

⑧

WARNING

DISCONNECT AND LOCKOUT MAIN POWER BEFORE SERVICING EQUIPMENT

ATTENTION

AVANT D´EXÉCUTER DES TRAVAUX D´ENTRETIEN, COUPEZ L´ALIMENTATION DE COURANT

Ue (V)	Icu (kA)
220/240~	42
380/440~	18
500/525~	10

THIS DOOR IS MECHANICALLY INTERLOCKED WITH THE DISCONNECT OPERATING HANDLE

TO OPEN DOOR MOVE DISCONNECT OPERATING HANDLE TO OFF POSITION

⑪

KUKA Roboter GmbH
Zugspitzstraße 140
86165 Augsburg, Germany

Typ	Type	Type	KPC4
Artikel-Nr.	Article No.	No.d'article	213059
Serien-Nr.	Serial No.	No. de Série	321806
Baujahr	Date	Année de fabric.	20/2013
Spannung	Supply Voltage	Tension	24V DC

AN206040 SN321806

⑫ PC-BATTERY REPLACE WITH

PILE POUR ORDINATEUR
REMPLACEZ PAR:

PRE CR 2032 3V

⑬ REPLACE WITH:

REMPLACEZ PAR:

0000115723

图1-43　KUKA 工业机器人控制柜的标牌

①—机器人控制器铭牌；②—小心（运输）；③—表面高温警告；④—手受伤警告；⑤—提示（KR C4 主开关）；⑥—危险（触电）；⑦—危险（电弧）；⑧—警告（电压/电流，SCCR 分析）；⑨—危险（≤780VDC/等待时间 180s）；⑩—危险（阅读操作手册）；⑪—控制系统 PC 机铭牌；⑫—提示（更换 PC 机电池）；⑬—提示（更换电池）

第2章 KUKA工业机器人的现场编程与操作

2.1 KUKA工业机器人的基本操作

2.1.1 认识KUKA工业机器人

(1) KUKA工业机器人的组成

KUKA工业机器人的种类虽然很多，但结构大同小异，图2-1为KRC1工业机器人的基本组成。图2-2为KUKA工业机器人的坐标轴。图2-3为KUKA工业机器人的本体组成。

(2) KUKA工业机器人常用术语

表2-1为KUKA工业机器人常用术语。

2.1.2 基本操作

(1) 取下和插入smartPAD

可在机器人系统接通时取下smartPAD。如果已拔下smartPAD，必须在机器人控制系统上外接一个紧急停止装置。

① 拔下

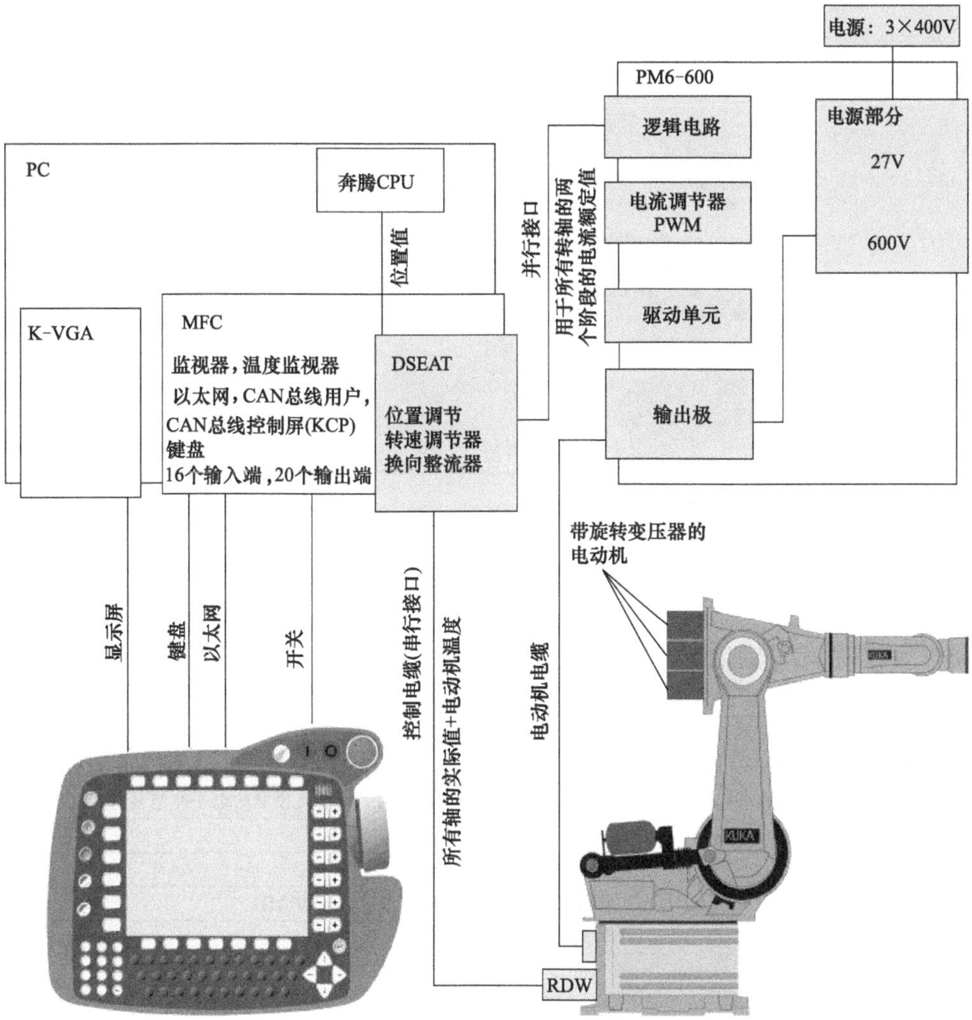

电源：3×400V
PM6-600
逻辑电路
电源部分
27V
600V
PC
奔腾CPU
并行接口
用于所有转轴的两个阶段的电流额定值
电流调节器
PWM
位置值
驱动单元
K-VGA
MFC
监视器，温度监视器
以太网，CAN总线用户，
CAN总线控制屏(KCP)
键盘
16个输入端，20个输出端
DSEAT
位置调节
转速调节器
换向整流器
输出极
带旋转变压器的电动机
显示屏
键盘
以太网
开关
控制电缆(串行接口)
所有轴的实际值+电动机温度
电动机电缆
RDW

图2-1　KRC1 工业机器人的基本组成

A1
A2
A3
A4
A5
A6

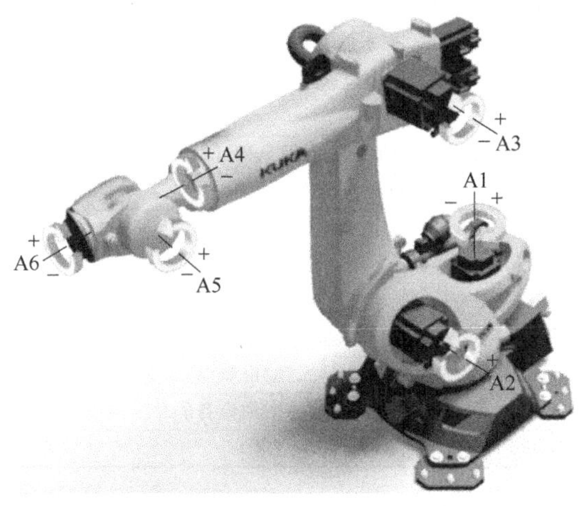

图2-2　KUKA 工业机器人的坐标轴

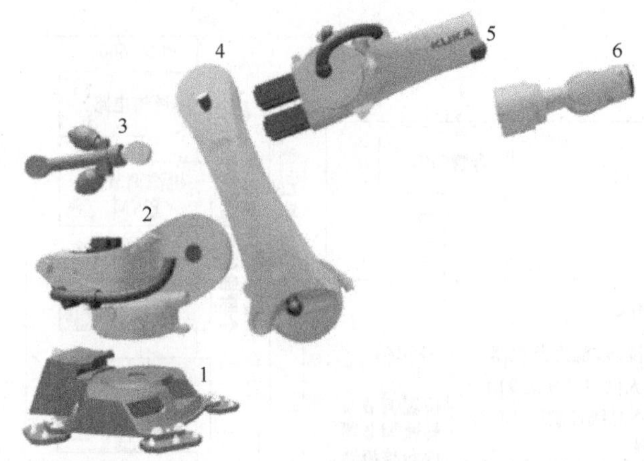

图2-3 KUKA 工业机器人的本体组成

1—底座；2—转盘；3—平衡配重；4—连杆臂；5—手臂；6—机械手

表 2-1 KUKA 工业机器人常用术语

序号	术语	说 明
1	CCU	Cabinet Control Unit(控制柜)
2	CSP	Controller System Panel (控制系统操作面板)
3	DualNIC 卡	双工网卡
4	EDS	Electronic Date Storage(电子数据存储卡)
5	EMD	Electronic Mastering Device(以前为 EMT,是指用于机器人校准的电子控制装置)
6	EMC	Electromagnetic Compatibility(电磁兼容性)
7	KCB	KUKA Controller Bus(库卡控制总线)
8	KCP	KUKA Control Panel(可编程式手持操作器,现在叫 smartPAD)
9	KLI	KUKA Line Interface(库卡线路接口)
10	KOI	KUKA Operator Panel Interface(库卡操作面板接口)
11	KPC	KUKA Control PC(库卡控制系统电脑)
12	KPP	KUKA Power Pack(库卡配电包)
13	KRL	KUKA Robot Language(库卡机器人编程语言)
14	KSP	KUKA Servo Pack(库卡伺服包)
15	KSB	KUKA System Bus(库卡系统总线)
16	KSI	KUKA Service Interface(库卡服务接口)
17	KSP	KUKA Servo Pack(库卡伺服包,驱动调节器)
18	LWL	Licht Wellen Leiter(光缆)
19	OPI	Operator Panel Interface(操作面板接口,即 smartPAD 的接口)
20	PMB	Power Management Board(电源管理板卡)
21	RCD	Residual Current Device[剩余电流保护断路器(F1)]
22	RDC	Resolver Digital Converter(分解器数字转换器)
23	SATA	Serial Advanced Technology Attachment(中央处理器与硬盘之间的数据总线)
24	SIB	Safety Interface Board(用于连接安全信号的接口板)
25	SION	Safety Input Output Node(安全输入/输出节点)
26	USB	Universal Serial Bus(用于连接电脑与附加设备的总线系统)
27	UPS	Uninterrupted Power Supply(不间断电源)

a. 按用于拔下 smartPAD 的按钮。smartHMI 上会显示一个信息和一个计时器，计时器会计时 30s，在此时间内可从机器人控制器上拔下 smartPAD。

b. 从机器人控制器上拔下 smartPAD。如果在计时器计时期间没有拔下 smartPAD，则此次计时失效。可任意多次按下用于拔下的按钮，以再次显示计时器。如果在计数器未运行的情况下取下 smartPAD，会触发紧急停止。只有重新插入 smartPAD 才能取消紧急停止。

② 插入　可随时插入 smartPAD。插入 30s 后，紧急停止和确认开关再次恢复功能，将自动重新显示 smartHMI。插入的 smartPAD 会应用机器人控制器的当前运行方式。

当前运行方式并不总是与拔出 smartPAD 之前相同。如果是一个 RoboTeam 的机器人控制系统，则运行方式可能在拔出之后发生变化。

(2) 库卡 smartPAD 手持编程器

smartPAD 是用于工业机器人的手持编程器。smartPAD 具有工业机器人操作和编程所需的各种操作和显示功能。

smartPAD 配备一个触摸屏：smartHMI 可用手指或指示笔进行操作，无需外部鼠标和键盘。其前部结构见图 2-4 与表 2-2，其背部结构见图 2-5，各元件的功能见表 2-3。

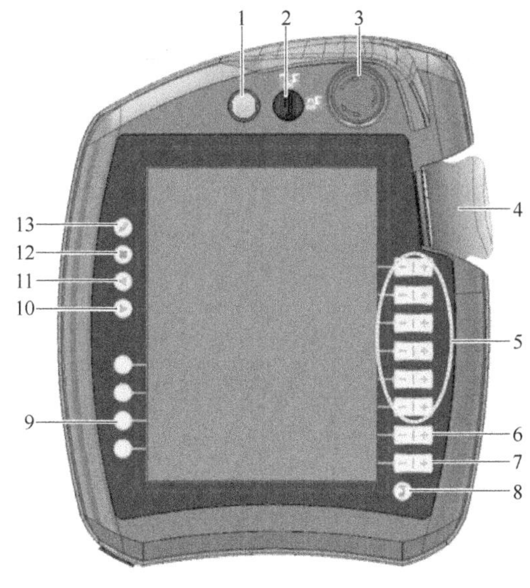

图2-4　库卡 smartPAD 前部

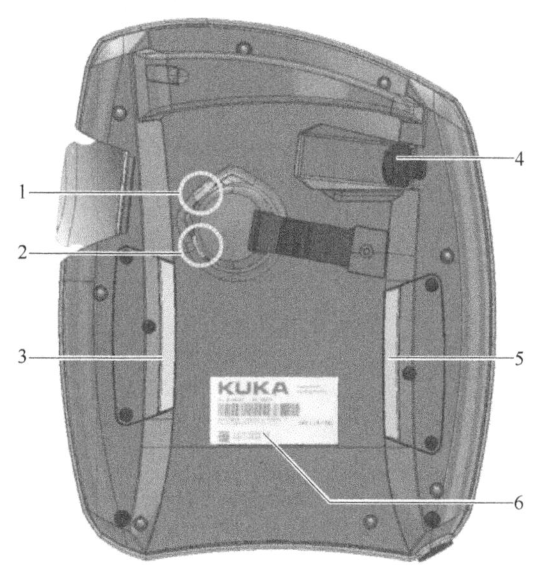

图2-5　库卡 smartPAD 背部

1,3,5—确认开关；2—启动键（绿色）；4—USB 接口；6—型号铭牌

表 2-2　库卡 smartPAD 前部的构成

序号	说　明
1	用于拔下 smartPAD 的按钮
2	①用于调出连接管理器的钥匙开关。只有当钥匙插入时，方可转动开关 ②利用连接管理器可以转换运行方式
3	紧急停止装置：用于在危险情况下关停机器人。紧急停止装置在被按下时将自行闭锁
4	3D 鼠标：用于手动移动机器人
5	移动键：用于手动移动机器人
6	用于设定程序倍率的按键
7	用于设定手动倍率的按键
8	主菜单按键：用来在 smartHMI 上将菜单项显示出来
9	状态键：状态键主要用于设定应用程序包中的参数。其确切的功能取决于所安装的技术包
10	启动键：通过启动键可启动程序

续表

序号	说　明
11	逆向启动键：用逆向启动键可逆向启动程序，程序将逐步运行
12	停止键：用停止键可暂停运行中的程序
13	键盘按键/显示键盘。通常不必特地将键盘显示出来，smartHMI 可识别需要通过键盘输入的情况并自动显示键盘

表 2-3　库卡 smartPAD 背部元件结构

序号	元件	说　明
1	铭牌	铭牌
2	启动键	通过启动键，可启动一个程序
3	确认开关	①确认开关有 3 个位置：未按下、中间位置、按下 ②在运行方式 T1 及 T2 下，确认开关必须保持中间位置，这样才可开动机械手 ③在采用自动运行模式和外部自动运行模式时，确认开关不起作用
4	USB 接口	①USB 接口被用于存档/还原等方面 ②仅适合 FAT32 格式的 USB

（3）操作界面 KUKA smartHMI

操作界面 KUKA smartHMI 如图 2-6 所示，其功能见表 2-4。

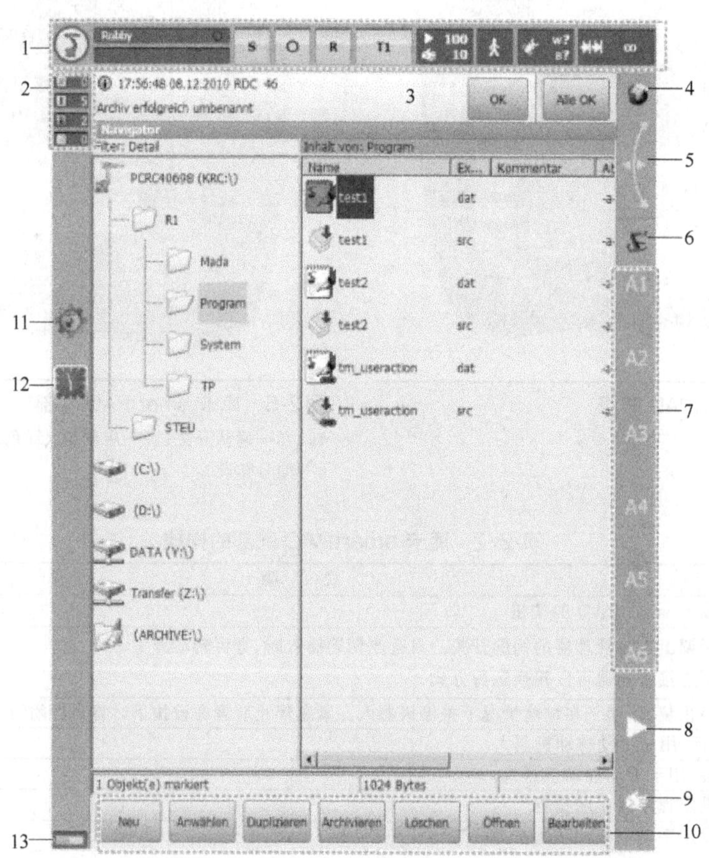

图2-6　操作界面 KUKA smartHMI

表 2-4　操作界面 KUKA smartHMI 的功能

序号	说　明
1	状态栏
2	提示信息计数器：提示信息计数器显示每种提示信息类型各有多少条提示信息。触摸提示信息计数器可放大显示
3	①信息窗口：根据默认设置将只显示最后一条提示信息。触摸提示信息窗口可放大该窗口并显示所有待处理的提示信息 ②可以被确认的提示信息可用“OK”键确认。所有可以被确认的提示信息可用“All OK”键一次性全部确认
4	3D 鼠标的状态显示；会显示用 3D 鼠标手动移动的当前坐标系。触摸该显示就可以显示所有坐标系并可以选择另一个坐标系
5	显示 3D 鼠标定位：触摸该显示会打开一个显示 3D 鼠标当前定位的窗口，在窗口中可以修改定位
6	移动键的状态显示：可显示用移动键手动移动的当前坐标系。触摸该显示就可以显示所有坐标系并可以选择另一个坐标系
7	移动键标记：如果选择了与轴相关的移动，这里将显示轴号（A1、A2 等）。如果选择了笛卡儿式移动，这里将显示坐标系的方向（X、Y、Z、A、B、C）。触摸标记会显示选择了哪种运动系统组
8	程序倍率
9	手动倍率
10	按键栏。这些按键自动进行动态变化，并总是针对 smartHMI 上当前激活的窗口。最右侧是按键编辑。用这个按键可以调用导航器的多个指令
11	WorkVisual 图标：通过触摸图标可至窗口项目管理
12	时钟：时钟显示系统时间。触摸时钟就会以数码形式显示系统时间以及当前日期
13	显示存在信号：如果显示如下闪烁，则表示 smartHMI 激活。左侧和右侧小灯交替发绿光，交替缓慢（约 3s）而均匀

图2-7　键盘示例

① 键盘　smartPAD 配备一个触摸屏，如图 2-7 所示，smartHMI 可用手指或指示笔进行操作。

smartHMI 上有一个键盘可用于输入字母和数字。smartHMI 可识别到什么时候需要输入字母或数字并自动显示键盘。

键盘只显示需要的字符。例如如果需要编辑一个只允许输入数字的栏，则只会显示数字而不会显示字母。

② 状态栏　状态栏显示工业机器人特定中央设置的状态。多数情况下通过触摸就会打开一个窗口，可在其中更改设置，如图 2-8 所示，其说明见表 2-5。

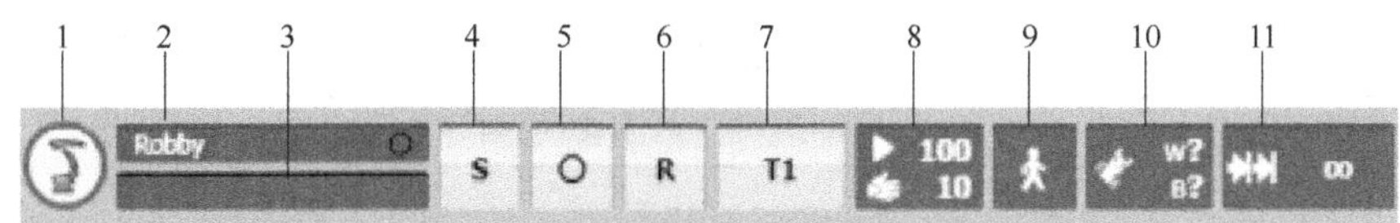

图2-8　KUKA smartHMI 状态栏

表 2-5 KUKA smartHMI 状态栏说明

序号	说　　明
1	主菜单按键。用来在 smartHMI 上将菜单项显示出来
2	机器人名称。机器人名称可以更改
3	如果选择了一个程序，则此处将显示其名称
4	提交解释器的状态显示，见表 2-6
5	驱动装置的状态显示。触摸该显示就会打开一个窗口，可在其中接通或关断驱动装置，如图 2-9 与表 2-7 所示
6	机器人解释器的状态显示。可在此处重置或取消勾选程序，见表 2-8
7	当前运行方式
8	POV/HOV 的状态显示。显示当前程序倍率和手动倍率
9	程序运行方式的状态显示。显示当前程序运行方式，见表 2-9
10	工具/基坐标的状态显示。显示当前工具和当前基坐标
11	增量式手动移动的状态显示

表 2-6 提交解释器的状态显示

图标	标色	说　　明
S	黄色	选择了提交解释器。语句指针位于所选提交程序的首行
S	绿色	已选择 SUB 程序并且正在运行
S	红色	提交解释器被停止
S	灰色	选择了提交解释器

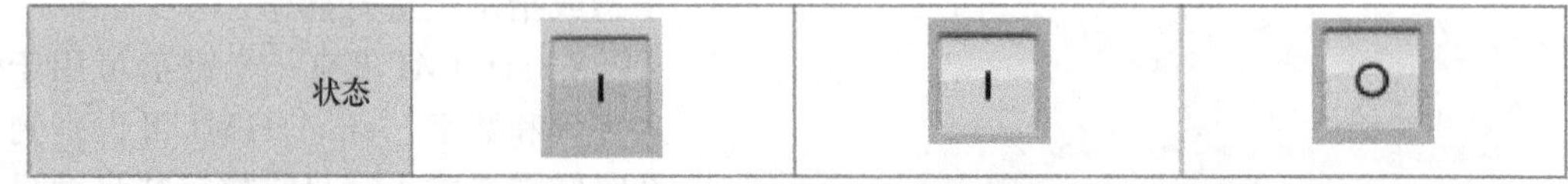

图2-9 驱动装置的状态显示

表 2-7 驱动装置的状态显示

图标:I	驱动装置已接通。中间回路已充满电
图标:O	驱动装置已关断。中间回路未充电或没有充满电
颜色:绿色	确认开关已按下(中间位置)，或不需要确认开关。此外，防止机器人移动的提示信息不存在
颜色:灰	确认开关未按下或没有完全按下。和/或:防止机器人移动的提示信息存在

表 2-8 机器人解释器状态显示

图标	颜色	说　　明
R	灰色	未选定程序

续表

图标	颜色	说　明
R	黄色	语句指针位于所选程序的首行
R	绿色	已经选择程序，并运行完毕
R	红色	所选并启动的程序被暂停
R	黑色	所选程序的最后就是语句指针

表 2-9　程序运行方式

名称	状态显示	说　明
Go #GO		程序不停顿地运行，直至程序结尾
动作 #MSTEP		程序运行过程中在每个点上暂停，包括在辅助点和样条段点上暂停。对每一个点都必须重新按下启动键。程序没有预进就开始运行
单个步骤 #ISTEP		①程序在每一程序行后暂停。在不可见的程序行和空行后也要暂停。对每一个行都必须重新按下启动键。程序没有预进就开始运行 ②单个步骤仅供专家用户组使用
逆向 #BSTEP		①如果按下逆向启动键，则会自动选择这种程序运行方式。不得通过其他方式选择 ②特性与动作时相同，有以下例外情况： CIRC 运动反向执行与上一次正向运行时相同。即如果向前在辅助点上未暂停，则反向运行时在此处也不会暂停 这种例外情况不适用于 SCIRC 运动。在这种运动中，反向运行时始终在辅助点上暂停

③ 移动条件窗口　触摸驱动装置的状态显示会打开“移动条件”窗口。可在此处接通或关断驱动装置，如图 2-10 所示，其说明见表 2-10。

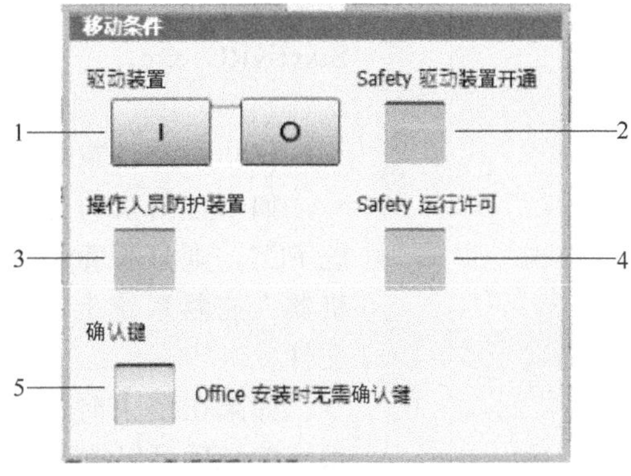

图2-10　移动条件窗口

表 2-10 移动条件窗口

项目	说明
1	I:触摸,以接通驱动装置 O:触摸,以关断驱动装置
2	绿色:安全控制系统允许驱动装置启动 灰色:安全控制系统触发了安全停止 0 或结束安全停止 1。驱动装置不允许启动,即库卡伺服包(KSP)不在受控状态并且不给电动机供电
3	绿色:"操作人员防护装置"信号=TRUE,其条件取决于控制系统类型和运行方式,见表 2-11 灰色:操作人员防护装置信号=FALSE
4	绿色:安全控制系统发出运行许可 灰色:安全控制系统触发了安全停止 1 或安全停止 2。无运行许可
5	绿色:确认开关被按下(中间位置) 灰色:确认开关未按下或没有完全按下,或不需要确认开关

表 2-11 "操作人员防护装置"信号为 TRUE 的条件

控制系统	运行方式	条件
KR C4	T1、T2	确认键被按下
	AUT、AUT EXT	隔离防护装置已合上
VKR C4	T1	①已按下确认键 ②E2 已闭合
	T2	①确认键被按下 ②E2 和 E7 已闭合
	AUT EXT	①隔离防护装置已合上 ②E2 和 E7 已断开

(4) 接通机器人控制系统

接通机器人控制系统，并启动库卡系统软件（KSS)，操作步骤如下。

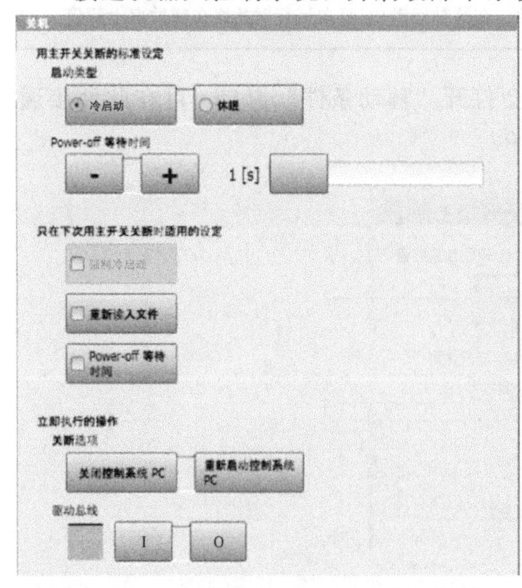

图2-11 "关机" 窗口

① 将机器人控制系统上的主开关置于 ON（开)。

② 操作系统和库卡系统软件（KSS）自动启动。若 KSS 未能自动启动，例如因自动启动功能被禁止，则从路径 C：\KRC 中启动程序 StartKRC. exe。

(5) KSS 结束或重新启动

如果在结束时选择选项"重新启动控制系统 PC"，则只要重启还未完成，就不允许按下机器人控制系统上的主开关；否则会损坏系统文件。

如果在结束时没有选择该选项，则在控制系统关机后可以按下主开关，其操作步骤如下。

① 在主菜单中选择"关机"，如图 2-11 所示。

② 选择所需的选项。

③ 按下"关闭控制系统 PC"或者"重新启动控制系统 PC"。

④ 点击"是确认安全询问"。该系统程序即结束，然后视所选择的选项而定又重新启动。重新启动后即显示表 2-12 所示提示信息。

表 2-12　提示信息

项目	说　　明
冷启动	为标准启动类型。见表 2-13
休眠	为标准启动类型。见表 2-13
Power-off 等待时间	①如果机器人控制系统通过主开关关断，则该系统在此处确定的等待时间结束后才关闭。等待时间过程中，机器人控制系统由蓄电池供电 ②该等待时间只有在专家用户组内才能修改 ③只有当通过主开关断电，Power-off 等待时间才有效。针对真正的断电情况，以 Power-fail 等待时间为准 例外："KR C4 compact"针对该控制器型式，Power-off 等待时间不起作用！通过主开关关断时，这里同样以 Power-fail 等待时间为准
只在下次关断时适用的设定	
强制冷启动	激活：下一次启动为冷启动。只有当选择了"休眠"时才可用
重新读入文件	激活：下一次启动为初次冷启动 在以下情况下必须选择该选项： ①如果直接更改了 XML 文件，即用户打开了文件并进行了更改 （在 XML 文件上可能出现的其他更改，例如机器人控制系统在后台对该文件进行了更改，则无关紧要） ②如果关机后要更换硬件组件 ③只有在专家用户组内才能选择。只有当选择了"冷启动"或者"强制冷启动"时才可用。由于硬件的不同，初次冷启动会比正常冷启动长 30～150s
Power-off 等待时间	激活：等待时间会在下一次关机时遵守 关闭：等待时间会在下一次关机时被忽略
立即执行的操作：仅在运行方式 T1 和 T2 下可供使用	
关闭控制系统 PC	机器人控制系统关机
重新启动控制系统 PC	机器人控制系统关机，然后以冷启动方式重新启动
驱动总线关闭/接通	可以关闭或接通驱动总线 驱动总线状态的显示： 绿色：驱动总线接通 红色：驱动总线关闭 灰色：驱动总线状态未知

表 2-13　启动类型

启动类型	说　　明
冷启动	①冷启动之后机器人控制系统显示导航器。没有选定任何程序。机器人控制系统将重新初始化，例如，所有的用户输出端均被置为 FALSE ②如果直接更改了 XML 文件，即用户打开了文件并进行了更改，则在具有重新读入文件的冷启动时这些更改将被考虑。该冷启动即"初始冷启动" 在无重新读入文件的冷启动时这些更改将不被考虑
休眠	以休眠方式启动后可以继续执行先前选定的机器人程序。基础系统的状态，例如程序、语句显示器、变量内容和输出端，均全部得以恢复。此外，所有与机器人控制系统同时打开的程序又重新打开并处于关机前的状态。Windows 也重新恢复到之前的状态

图2-12 主菜单

(6) **调用主菜单**

点击 smartPAD 上的主菜单按键，主菜单打开，如图 2-12 所示。

① 左栏中显示“主菜单”。

② 用箭头触及一个菜单项将显示其所属的下级菜单（例如“配置”）。视打开下级菜单的层数多少，可能会看不到主菜单栏，而是只能看到下级菜单。

③ 点击右上箭头键重新显示上一个打开的下级菜单。

④ 点击左上 Home 键显示所有打开的下级菜单。

⑤ 在下部区域将显示上一个所选择的菜单项（最多 6 个）。这样能直接再次选择这些菜单项，而无须先关闭打开的下级菜单。

⑥ 点击左侧白叉关闭窗口。

(7) **导出/导入长文本**

如果已经分配输入/输出端、标志位或名称，则可以将这些名称（所谓的“长文本”）导出到一个文件中。同样也可以导入具有长文本名称的文件。用这个方法，重新安装之后就不必在每台机器人上手动输入长字段文字。长文本可导出到一个 U 盘或机器人数据窗口的网络存档路径栏位中所确定的目录里。相同的目录也作为导入来源使用。

① 要求

a. 目标在机器人数据窗口的网络存档路径栏位中完成配置。

b. 长文本名称在 TXT 或 CSV 文件中。

c. 文件的结构确保文件可导入。

从长文本导出中生成的文件，已自动具有相应结构，确保其可被重新导入。如果应手动将名称写入一个文件，则建议首先在机器人控制系统中分配几个虚拟长文本，然后导出并将名称写入文件。

② 操作步骤

a. 当使用 U 盘时，将其插在控制柜或 smartPAD 上。

b. 在主菜单中选择“投入运行”→“售后服务”→“长文本”。窗口“长文本”即自动打开。

c. 根据需要选择选项卡“输出”或“输入”，进行所需的设置。

d. 点击按键“输出”或“输入”。

e. 导入/导出结束后，屏幕将出现信息提示“输入/输出成功”。

③ 输出选项卡　输出选项卡如图 2-13 所示，其说明见表 2-14。

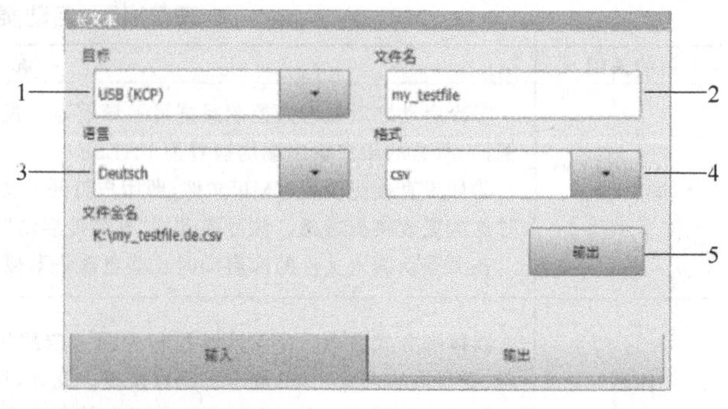

图2-13 导出长文本

表 2-14　输出选项卡说明

序号	说　明
1	选择文件的导出位置。只有当机器人数据窗口中配置有一个路径时，此处才可选择“网络”这一选项
2	给出所要的文件名。如果项号 1 中已选定网络，则显示机器人数据窗口中配置的存档名，可在此处更改名称，在机器人数据窗口中不会由此改变。根据所选的语言，该文件名还将配上自动附注
3	选择要从哪种语言中导出长文本。如果已经将 smartHMI 语言设置为“英语”，在此选择“Italiano”时，则会创建有附注“it”的文件。该文件包含已经保存为意大利语 smartHMI 的长文本，也可以选择其他语言
4	选择所要的文件格式
5	启动导出

④ 输入选项卡　输入选项卡如图 2-14 所示，其说明见表 2-15。

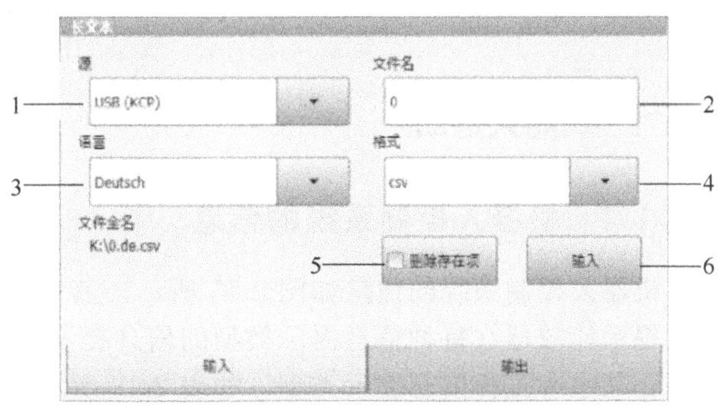

图2-14　导入长文本

(8) 断电后关机

断电时，机器人停止。然而机器人控制系统并不立即关闭，而是在 Power-fail 等待时间过后才关闭。因此，短暂的断电可借助于这一等待时间被桥接。之后仅需确认故障信息并且程序可继续进行。等待时间过程中，机器人控制系统由蓄电池供电。

表 2-15　输入选项卡说明

序号	说　明
1	说明应从何处导入。只有当机器人数据窗口中有一个路径完成配置，此处才可选择“网络记录”
2	给出待导入文件的名称，但没有语言代码。如果序号 1 中已选出网络，则显示“机器人数据”窗口中配置的存档名，可在此处更改名称，在“机器人数据”窗口中不会由此改变
3	给出符合文件语言代码的语言
4	给出文件的格式
5	①激活：删除全部现有的长文本。应用文件的内容 ②未激活：文件中的条目将覆盖现有的长文本。如果文件中没有与之对应的条目，则保留现有长文本
6	启动导入

如果断电时间长于 Power-fail 等待时间且机器人控制系统关闭，则窗口关机，关机中确定的标准启动类型适用于重新启动。只有当通过主开关断电时，Power-fail 等待时间才有效。在此以 Power-off 等待时间为准。

Power-fail 等待时间对无可靠电源的设备尤为重要，等待时间最长可达 240s。若需更改当前的时间设定，可与库卡机器人有限公司联系。

(9) 接通/关闭驱动装置

① 在状态栏中触摸“驱动装置显示”窗口，“移动条件”即自动打开。

② 接通或关断驱动装置。

(10) 关闭机器人控制系统

如果机器人控制系统之前已用选项重新启动控制系统 PC 退出，并且重新启动尚未结束，则不得按主开关，否则会损坏系统文件。将机器人控制系统的主开关切换到 OFF 位置。

机器人停下且机器人控制系统关机。机器人控制系统自动备份数据。如果配置了 Power-off 等待时间，则机器人控制系统在该时间过去以后才关机。因此，短暂地关断电源可借助于这一等待时间被桥接。之后仅需确认故障信息并且程序可继续进行。等待时间过程中，机器人控制系统由蓄电池供电。

2.2 手动移动机器人

2.2.1 机器人运动

2.2.1.1 机器人控制系统的信息

机器人控制系统的信息如图 2-15 所示。其中 1 是信息窗口（显示当前信息提示），2 是信息提示计数器（每种信息提示类型的信息提示数），控制器与操作员的通信通过信息窗口实现，其中有五种信息提示类型，如表 2-16 所示。

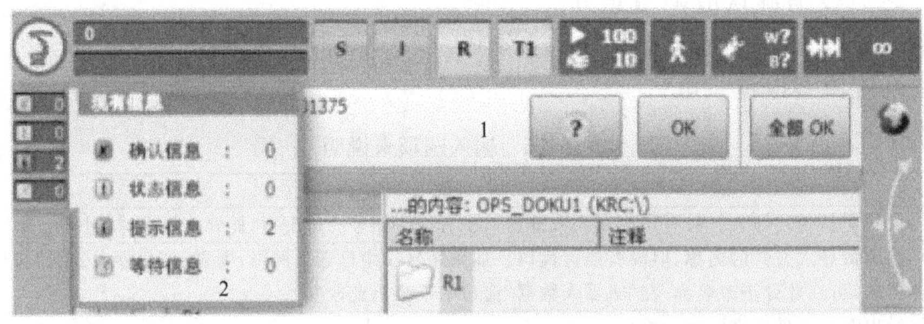

图2-15 信息窗口和信息提示计数器

表 2-16 信息提示类型

图标	类型	说　明
	确认信息	①用于显示需操作员确认才能继续处理机器人程序的状态，例如："确认紧急停止" ②确认信息始终引发机器人停止或抑制其启动
	状态信息	①状态信息报告控制器的当前状态，例如："紧急停止" ②只要这种状态存在，状态信息便无法被确认
	提示信息	①提示信息提供有关正确操作机器人的信息，例如："需要启动键" ②提示信息可被确认。只要它们不使控制器停止，则无须确认
	等待信息	①等待信息说明控制器在等待哪一事件（状态、信号或时间） ②等待信息可通过按"模拟"按键手动取消
	对话信息	①对话信息用于与操作员的直接通信/问询 ②将出现一个含各种按键的信息窗口，用这些按键可给出各种不同的回答

(1) 说明

① 指令"模拟"只允许在能够排除碰撞和其他危险的情况下使用！

② 用“OK”可对可确认的信息提示加以确认，用“全部 OK”可一次性全部确认所有可以被确认的信息提示，如图 2-16 所示。

③ 信息会影响机器人的功能。确认信息始终引发机器人停止或抑制其启动。为了使机器人运动，首先必须对信息予以确认。

④ 指令“OK”（确认）表示请求操作人员有意识地对信息进行分析。

(2) 建议

① 有意识地阅读！

② 首先阅读较老的信息。较新的信息可能是老信息产生的后果。

③ 切勿轻率地按下“全部 OK”。

④ 尤其是在启动后：仔细查看信息。在此过程中让所有信息都显示出来（按下信息窗口即扩展信息列表）。

⑤ 信息提示中始终包括日期和时间，以便为研究相关事件提供准确的时间。

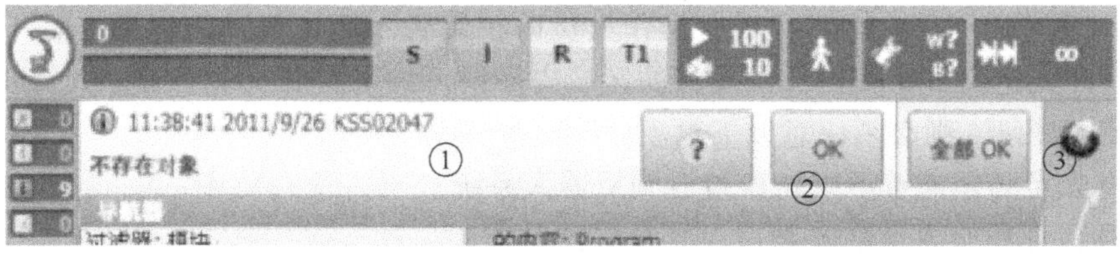

图2-16　确认信息

(3) 操作步骤

a. 触摸信息窗口①以展开信息提示列表。

b. 确认：用“OK”②来对各条信息提示逐条进行确认或者用“全部 OK”③来对所有信息提示进行确认。

c. 再触摸一下最上边的一条信息提示或按屏幕左侧边缘上的“X”将重新关闭信息提示列表。

2.2.1.2　选择并设置运行方式

KUKA 机器人的运行方式：

(1) T1（手动慢速运行）

① 用于测试运行、编程和示教。

② 程序执行与手动运行时的最大速度为 250mm/s。

(2) T2（手动快速运行）

① 用于测试运行。

② 程序执行时的速度等于编程设定的速度。

③ 手动运行：无法进行。

(3) AUT（自动运行）

① 用于不带上级控制系统的工业机器人。

② 程序执行时的速度等于编程设定的速度。

③ 手动运行：无法进行。

(4) AUTEXT（外部自动运行）

① 用于带上级控制系统（PLC）的工业机器人。

② 程序执行时的速度等于编程设定的速度。

③ 手动运行：无法进行。

(5) 运行方式的安全提示

① 手动运行方式 T1 和 T2。手动运行用于调试工作。调试工作是指所有为使机器人系统可进入自动运行模式而必须在其上所执行的工作，其中包括：示教/编程、在点动运行模式下执行程序（测试/检验）。

② 对新的或者经过更改的程序必须始终先在手动慢速运行方式（T1）下进行测试。在手动慢速运行方式（T1）的情况下有操作人员防护装置（防护门）未激活，在不必要的情况下，不允许其他人员在防护装置隔离的区域内停留。如果需要有多个工作人员在防护装置隔离的区域内停留，则必须注意以下事项：

a. 所有人员必须能够不受妨碍地看到机器人系统。

b. 必须保证所有人员之间都可以直接看到对方。

c. 操作人员必须选定一个合适的操作位置，使其可以看到危险区域并避开危险。

③ 在手动快速运行方式下（T2）：

a. 操作人员防护装置（防护门）未激活！

b. 只有在必须以大于手动慢速运行的速度进行测试时，才允许使用此运行方式。

c. 在这种运行模式下不得进行示教。

d. 在测试前，操作人员必须确认装置的功能完好。

e. 操作人员的操作位置必须处于危险区域之外。

f. 不允许其他人员在防护装置隔离的区域内停留。

④ 运行方式：自动和外部自动。

a. 必须配备安全、防护装置，而且它们的功能必须正常。

b. 所有人员应位于由防护装置隔离的区域之外。

(6) 操作步骤

如果在运行过程中改变运行方式，驱动装置即立刻关断。工业机器人以安全停止 2 停机。

① 如图 2-17 所示，在 KCP 上转动用于连接管理器的开关，连接管理器随即显示。

② 选择运行方式，如图 2-18 所示。

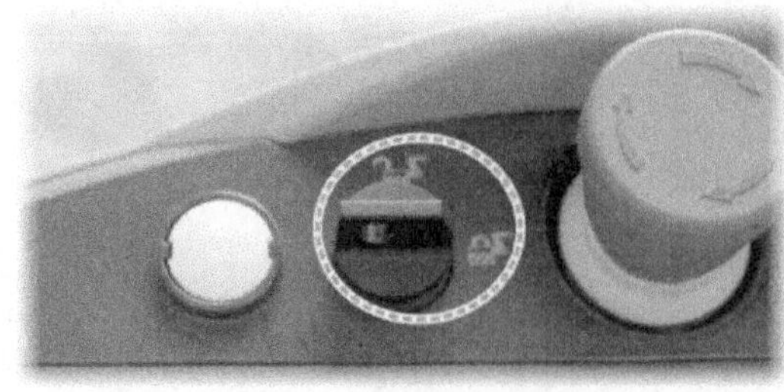

图2-17 转动开关

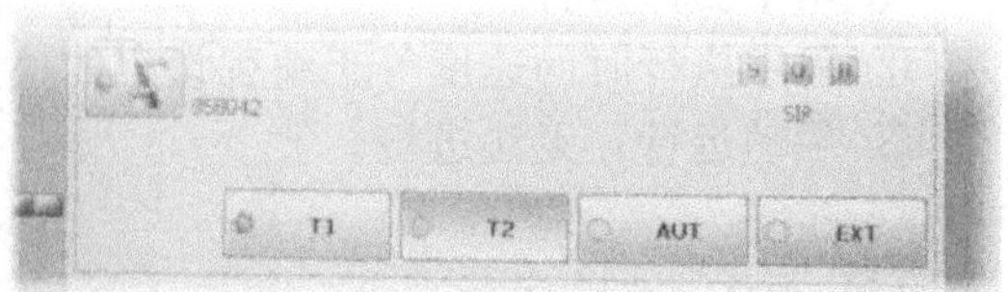

图2-18 选择运行方式

③ 将用于连接管理器的开关再次转回初始位置，所选的运行方式会显示在 smartPAD 的状态栏中，如图 2-19 所示。

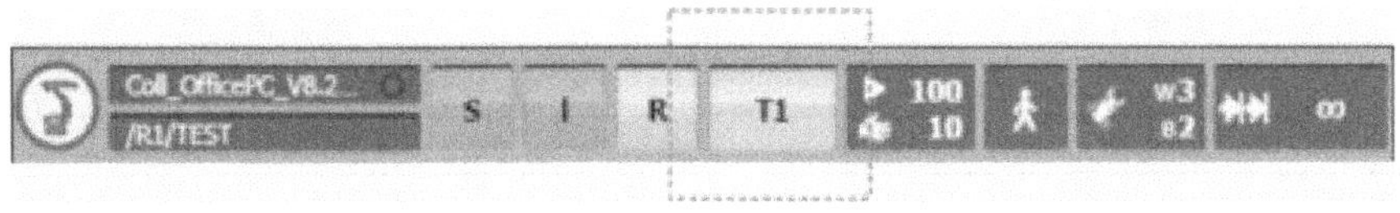

图2-19　显示运行方式

(7) 增量式手动模式

在运行模式“运行键”已激活、运行方式 T1 的前提下，若同等间距进行点的定位时，可用运行键选择增量式手动运行。当然，增量式手动运行可定义单次运行距离，比如 10mm 或 3°，但在用空间鼠标运行时不能用增量式手动运行模式。

① 使用测量表调整　可供使用：100mm/10°、10mm/3°、1mm/1°、0.1mm/0.005°。增量单位为 mm：适用于在 X、Y 或 Z 方向的笛卡儿运动。以度为单位的增量：适用于在 A、B 或 C 方向的笛卡儿运动。适用于与轴相关的运动。

② 操作步骤

a. 在状态栏中选择增量值。

b. 用运行键运行机器人。可以采用笛卡儿或与轴相关的模式运行。如果已达到设定的增量，则机器人停止运行；如果机器人的运动被中断，如因放开了确认开关，则在下一个动作中被中断的增量不会继续，而会开始一个新的增量。

2.2.2 机器人坐标系中的运动

2.2.2.1 与机器人相关的坐标系

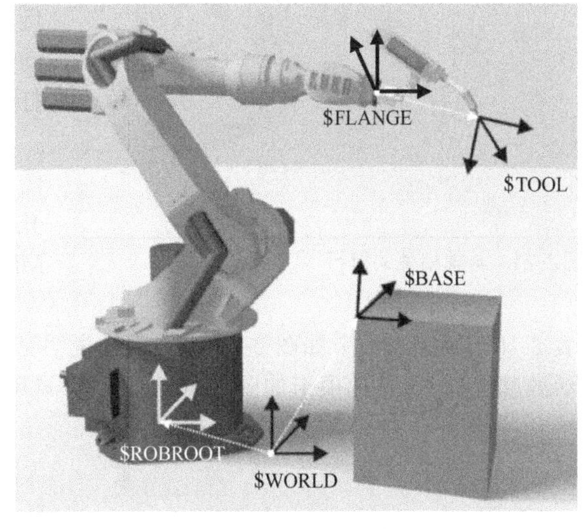

图2-20　KUKA 机器人上的坐标系

如图 2-20 所示，在机器人控制系统中定义了 WORLD（世界坐标系）、ROBROOT（机器人足部坐标系）、BASE（基坐标系）、FLANGE（法兰坐标系）、TOOL（工具坐标系）等坐标系。其定义与应用见表 2-17，机器人坐标系的转角见表 2-18。

表 2-17　与机器人相关的坐标系

名称	位置	应用	特　点
WORLD	可自由定义	ROBROOT 和 BASE 的原点	大多数情况下位于机器人足部
ROBROOT	固定于机器人足内	机器人的原点	说明机器人在世界坐标系中的位置
BASE	可自由定义	工件,工装	说明基坐标在世界坐标系中的位置
FLANGE	固定于机器人法兰上	TOOL 的原点	原点为机器人法兰中心
TOOL	可自由定义	工具	TOOL 坐标系的原点被称为“TCP”(TCP=Tool Center Point,工具中心点)

表 2-18 机器人坐标系的转角

转角	绕轴旋转
转角 A	绕 Z 轴旋转
转角 B	绕 Y 轴旋转
转角 C	绕 X 轴旋转

2.2.2.2 机器人手动运行

① 笛卡儿式运行 TCP 沿着一个坐标系的轴正向或反向运行。

② 与轴相关的运行 如图 2-21 所示，每个轴均可以独立地正向或反向运行。

有运行键和 3D 鼠标 2 个操作元件可以用来运行机器人。

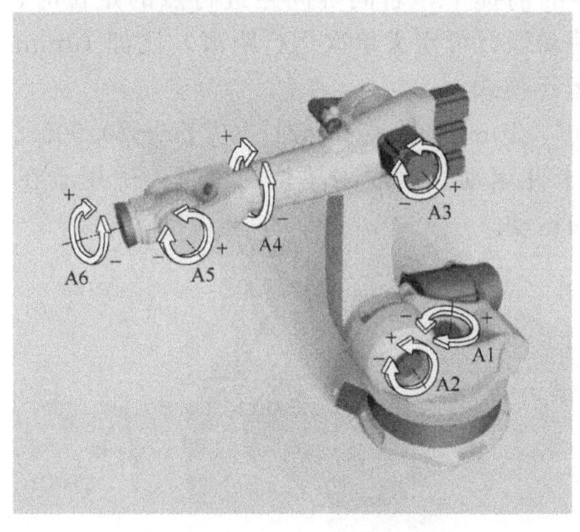

图2-21 与轴相关的运行

2.2.2.3 手动移动选项

用于手动移动机器人的所有参数均可在“手动移动选项”窗口中设置。打开“手动移动选项”窗口。

① 在 smartHMI 上打开一个状态显示窗，例如状态显示 POV（无法显示提交解释器、驱动装置和机器人解释器的状态），一个窗口打开。

② 点击“选项”。“手动移动选项”打开，如图 2-22 所示，对于大多数参数来说，无需专门打开“手动移动选项”窗口。可以直接通过 smartHMI 的状态显示来设置。

按键选项卡如图 2-23 所示，其说明见表 2-19；鼠标选项卡如图 2-24 所示，其说明见表 2-20；Kcp 项号选项卡如图 2-25 所示；激活的基坐标/工具选项卡如图 2-26 所示，其说明见表 2-21。

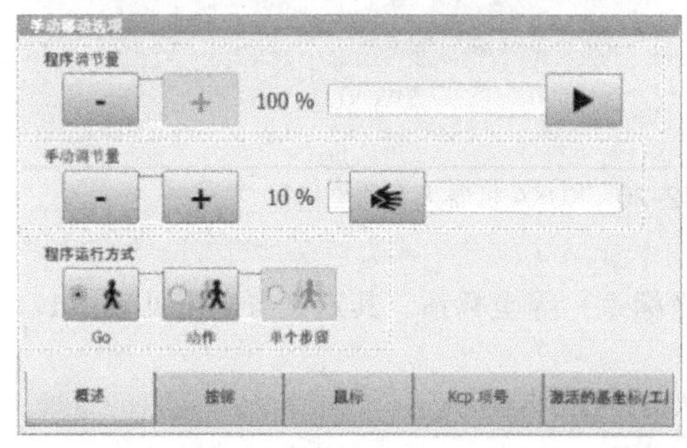

图2-22 选项卡

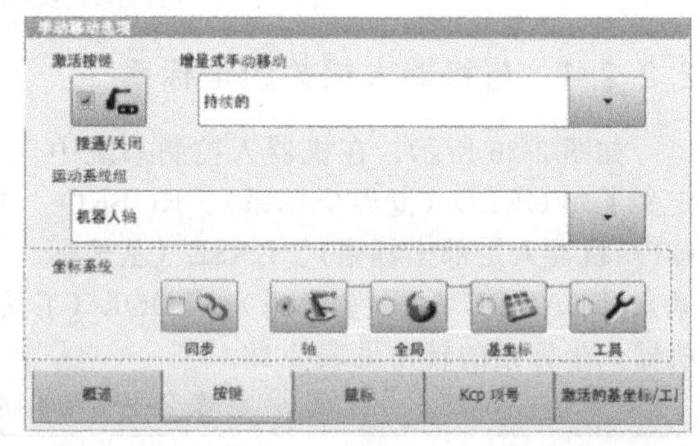

图2-23 按键选项卡

表 2-19 按键选项卡

序号	说 明
1	激活运行模式“运行键”
2	①选择运动系统组。运动系统组定义了运行键针对哪个轴。默认：机器人轴（A1～A6） ②根据不同的设备配置，可能还有其他的运动系统组

续表

序号	说　明
3	①用运行键选择运行的坐标系:“轴”“全局”“基坐标”或“工具” ②复选框同步:未勾选(默认):在选项卡“按键”和“鼠标”中可以选择不同的坐标系 ③勾选:在选项卡“按键”和“鼠标”中只能选择一个相同的坐标系。如果在一个选项卡中更改了坐标系,则另一个选项卡中的设置会自动调整
4	增量式手动运行

表 2-20　鼠标选项卡

序号	说　明
1	激活运行模式“3D 鼠标”
2	配置 3D 鼠标
3	用 3D 鼠标选择运行的坐标系:“轴”“全局”“基坐标”或“工具” 复选框同步: ①未勾选(默认):在选项卡“按键”和“鼠标”中可以选择不同的坐标系 ②勾选:在选项卡“按键”和“鼠标”中只能选择一个相同的坐标系。如果在一个选项卡中更改了坐标系,则另一个选项卡中的设置会自动调整

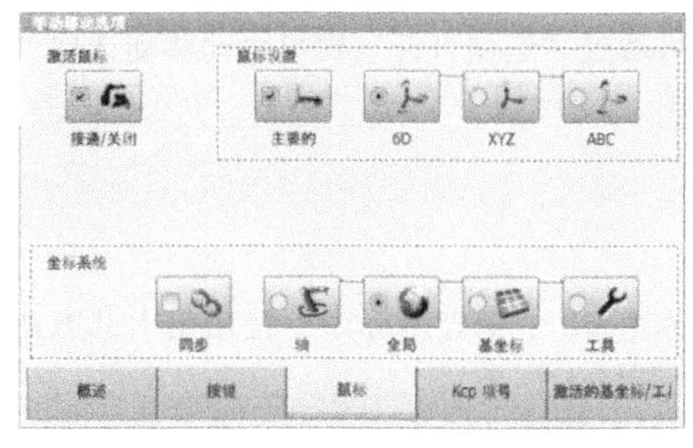

图2-24　鼠标选项卡

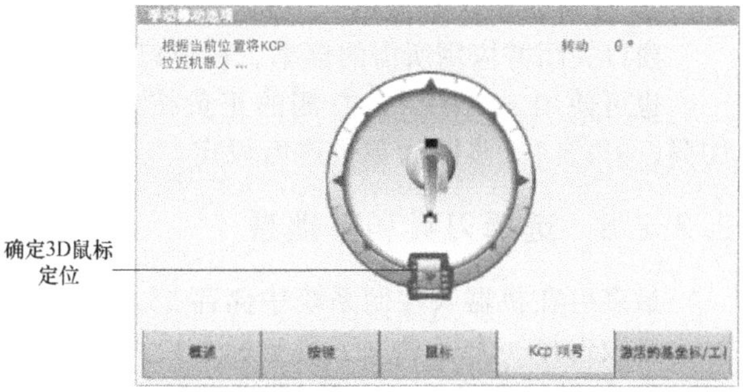

确定3D鼠标定位

图2-25　Kcp 项号选项卡

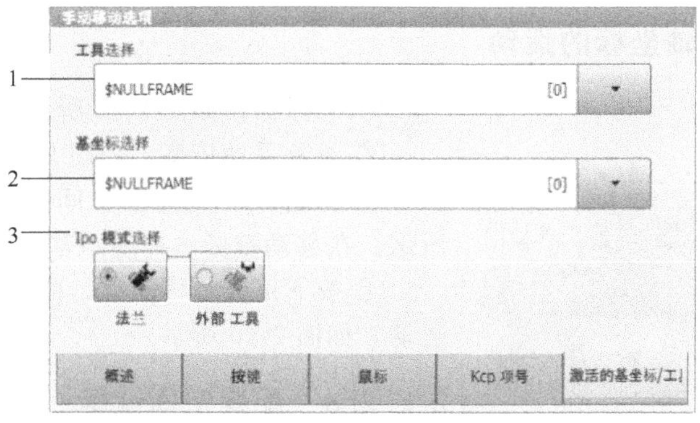

图2-26　激活的基坐标/工具选项卡

表 2-21 激活的基坐标/工具选项卡

序号	说 明
1	此处显示当前的工具。可选择另一个工具。显示未知[?]表示还没有测量过工具
2	此处显示当前的基础系。可选择另一个基础系。显示未知[?]表示还没有测量过基础系
3	选择插补模式： ①法兰：该工具已安装在连接法兰处 ②外部工具：该工具为一个固定工具

2.2.2.4 激活运行模式操作步骤

① 打开“手动移动选项”窗口。

② 激活“运行键”运行模式 在选项卡“按键”中激活复选框“激活按键”。激活“空间鼠标”运行模式时，在选项卡“鼠标”中激活复选框“激活鼠标”。

可同时激活“运行键”和“空间鼠标”这两种运行模式。如果用运行键运行机器人，则空间鼠标被锁闭，直到机器人再次静止；如果操作了空间鼠标，则运行键被锁闭。

2.2.2.5 设定手动倍率（HOV）

手动倍率决定手动运动时机器人的速度。在手动倍率为100%时，机器人实际上能达到的速度与许多因素有关，主要与机器人类型有关，但该速度不会超过250mm/s。

① 触摸状态显示“POV/HOV”。关闭窗口“倍率”将打开。

② 设定所希望的手动倍率。可通过正负键或通过调节器进行设定。

正负键：可以用100%、75%、50%、30%、10%、3%、1%步距为单位进行设定。

调节器：倍率可以用1%步距为单位进行更改。

③ 重新触摸状态显示“POV/HOV”（或触摸窗口外的区域）。

窗口关闭并应用所需的倍率。在窗口“倍率”中可通过“选项打开”窗口手动移动选项。

也可使用smartPAD右侧的正负按键来设定倍率。可以用100%、75%、50%、30%、10%、3%、1%步距为单位进行设定。

2.2.2.6 选择刀具和基础系

最多可在机器人控制系统中储存16个工具坐标系和32个基础坐标系。使用笛卡儿方法时，必须选择一个工具（工具坐标系）和一个基座（基础坐标系）。

① 触摸状态显示“工具/基坐标”。激活的基坐标/工具窗口打开。

② 选择所需的工具和所需的基坐标。

③ 窗口关闭并应用选项。

2.2.2.7 执行按轴坐标的运动

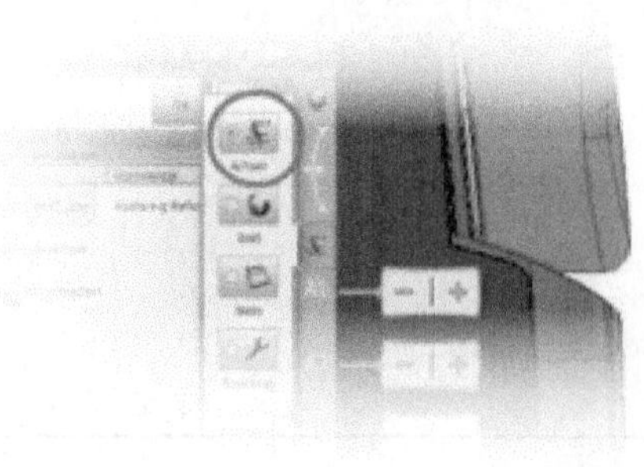

图2-27 选择轴

① 选择轴，如图2-27所示。

② 设置手动倍率，如图2-28所示。

③ 将确认开关按至中间挡位并按住，如图2-29所示。在移动键旁边即显示轴A1～A6。

④ 按下正或负移动键，以使轴朝正方向或反方向运动，如图2-30所示。

2.2.2.8 配置空间鼠标

(1) 打开窗口

手动移动选项并选择选项卡“鼠标”。

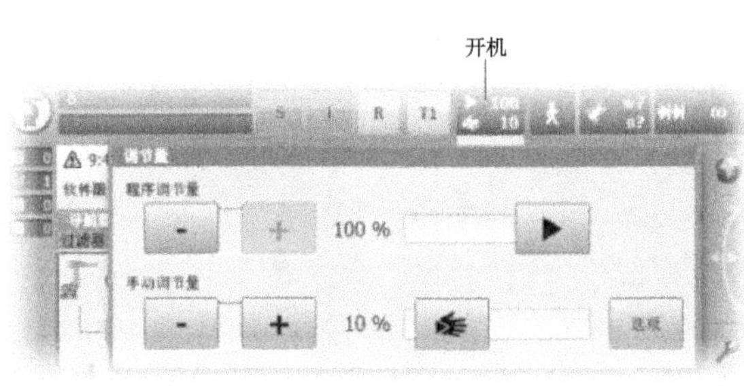

图2-28　设置手动倍率

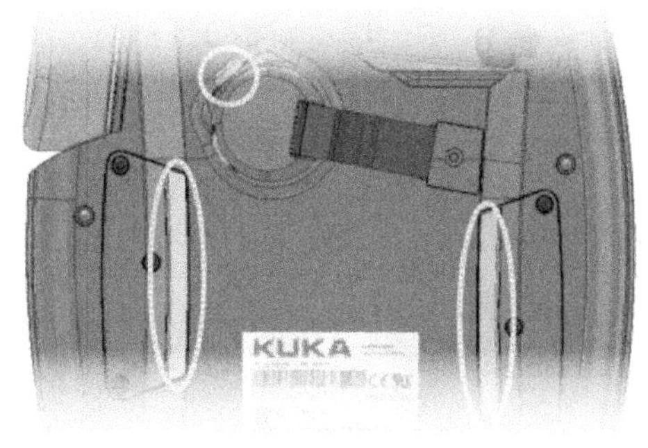

图2-29　确认开关

(2) 鼠标设置组别

① 复选框。按需要接通或关闭主要模式。

② 选项栏“6D”“XYZ”“ABC”，如图 2-31 所示。选择 TCP 以直线式、旋转式还是两者并用的方式运动。其说明见表 2-22。

(3) 关闭窗口

图2-30　按下移动键

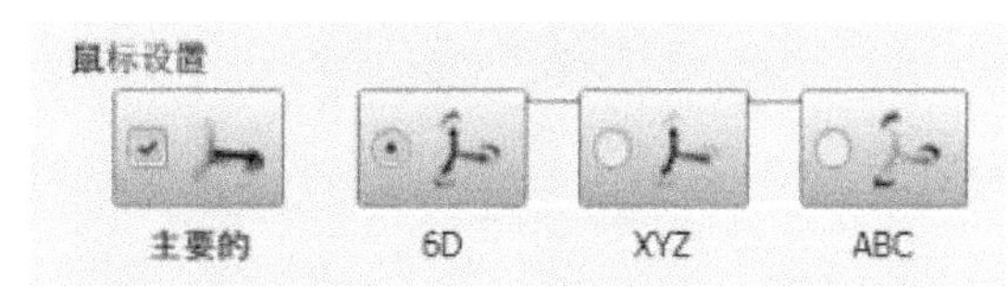

图2-31　鼠标设置

表 2-22　鼠标设置

序号	项目	说　明
1	复选框	根据主要模式，可以用空间鼠标仅运行一个轴或同时运行几个轴
2	激活	主要模式已接通。只运行通过空间鼠标达到最大偏移的轴
3	未激活	主要模式已关闭。根据轴的选择，可以同时运行 3 或 6 个轴
4	6D	只能通过拉动、按压、转动或倾斜空间鼠标来移动机器人。采用笛卡儿坐标系运行时可以进行下列动作： ①沿 X、Y 和 Z 方向平移 ②围绕 X、Y 和 Z 轴的旋转动作
5	XYZ	只能通过拉动或按压空间鼠标来移动机器人，如图 2-32 所示。采用笛卡儿坐标系运行时可以进行下列动作：沿 X、Y 和 Z 方向平移
6	ABC	只能通过转动或倾斜空间鼠标来移动机器人。采用笛卡儿坐标系运行时可以进行围绕 X、Y 和 Z 轴的旋转动作，如图 2-33 所示

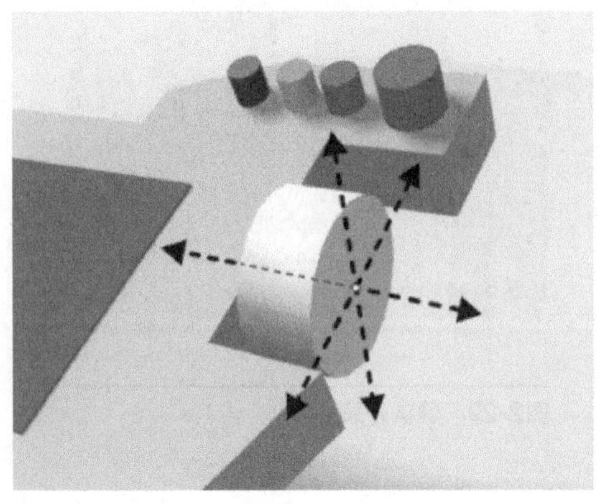

图2-32 拉动和按压空间鼠标

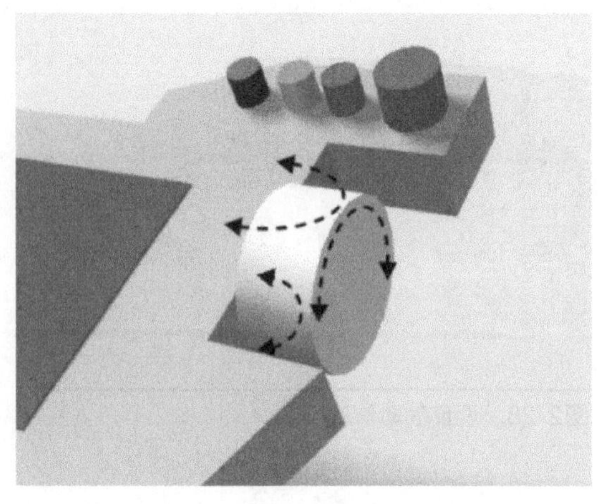

图2-33 转动或倾斜空间鼠标

（4）3D 鼠标定位

3D 鼠标可按用户所在地进行调整适配，以使 TCP 的移动方向与 3D 鼠标的偏转动作相适应。

用户所在地以角度为单位给出。该角度数据的参照点是机床基座上的接线盒。机器人或轴的位置无关紧要。

默认设置：0°。这相当于一位操作人员站在接线盒的对面。在切换成自动化外部运行方式时，3D 鼠标自动定位为 0°，如图 2-34 所示。

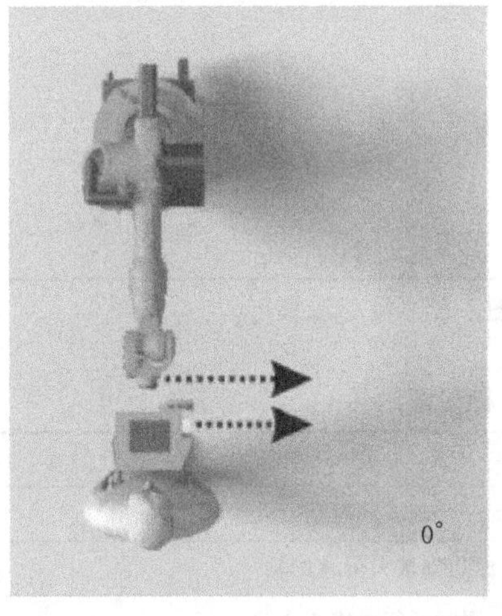

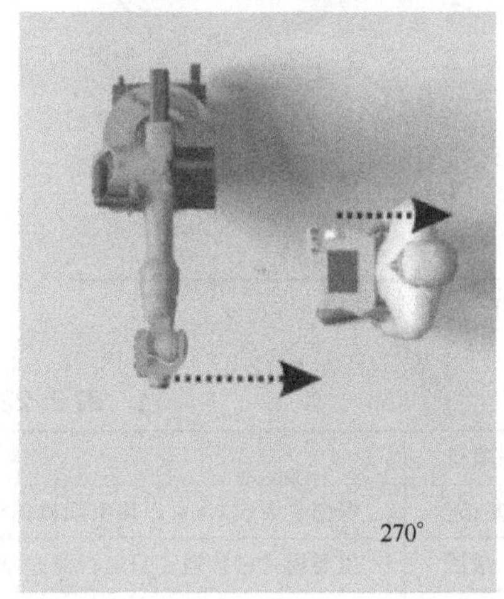

图2-34 3D 鼠标：0°和 270°

（5）操作步骤

① 选择运行方式 T1。

② 打开窗口“手动移动选项”并选择选项卡“Kcp 项号”，如图 2-35 所示。

③ 将 smartPAD 拉到用户所在地相应的位置上（步距刻度＝45°）。

④ 关闭窗口“手动移动选项”。

2.2.2.9　世界坐标系中的运动

(1) 使用世界坐标系的优点

① 机器人的动作始终可预测。

② 动作始终是唯一的，因为原点和坐标方向始终是已知的。

③ 对于经过零点标定的机器人始终可用世界坐标系。

④ 可用3D鼠标直观操作。

(2) 说明

① 机器人工具可以根据世界坐标系的坐标方向运动。如图2-36所示，在此过程中，所有的机器人轴也会移动。为此需要使用移动键或者KUKAsmartPAD的3D鼠标。

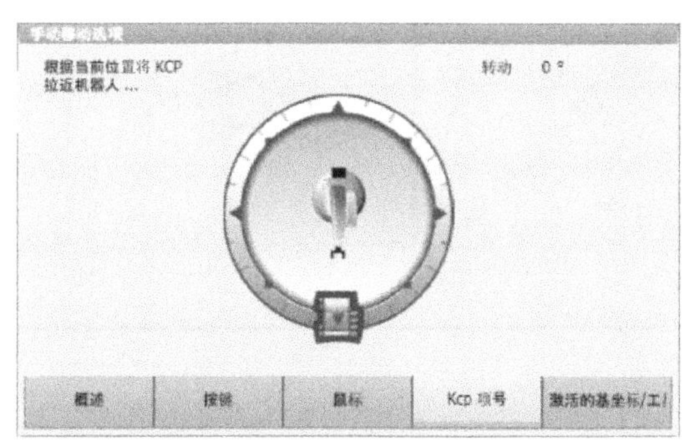

图2-35　确定空间鼠标定位

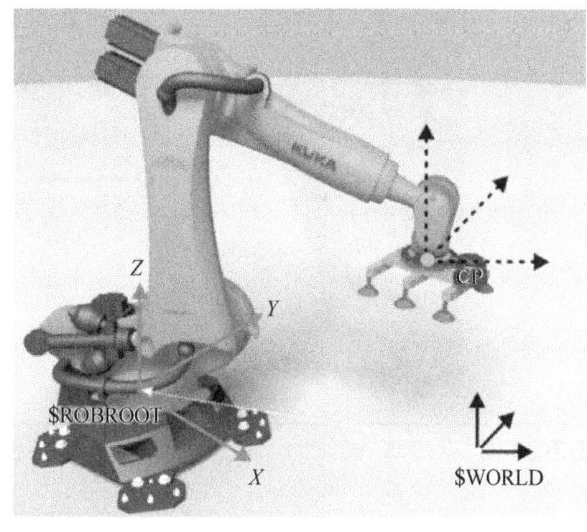

图2-36　手动移动世界坐标系的原则

② 在标准设置下，世界坐标系位于机器人底座（ROBROOT）中。

③ 速度可以更改（手动倍率：HOV）。

④ 仅在T1运行模式下才能手动移动。

⑤ 确认键必须已经按下。

(3) 在世界坐标系中的手动移动原理

在坐标系中可以用两种不同的方式移动机器人。

① 沿坐标系的坐标轴方向平移（直线）：*X*、*Y*、*Z*，如图2-37所示。

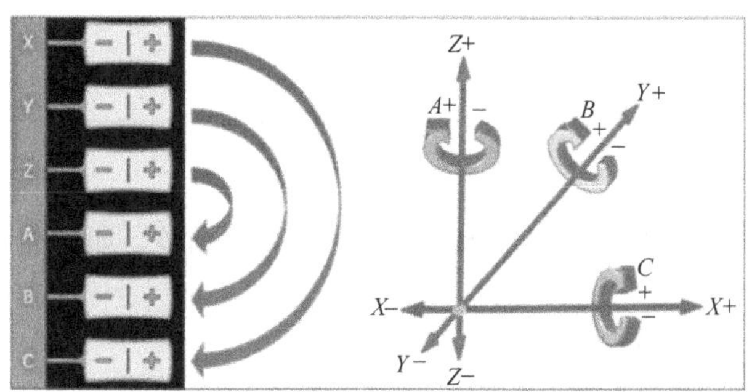

图2-37　笛卡儿坐标系

② 环绕着坐标系的坐标轴方向转动（旋转/回转）：角度 A、B 和 C。

收到一个运行指令时（例如按了移动键后）控制器先计算一行程段，该行程段的起点是工具参照点（TCP）。行程段的方向由世界坐标系给定。控制器控制所有轴相应运动，使工具沿该行程段运动（平动）或绕其旋转（转动）。

(4) 使用 3D 鼠标

通过 3D 鼠标可以使机器人的运动变得直观明了，因此是在世界坐标系中进行手动移动时的不二之选。鼠标位置和自由度两者均可更改。

① 平移：按住并拖动 3D 鼠标，如图 2-38 所示。

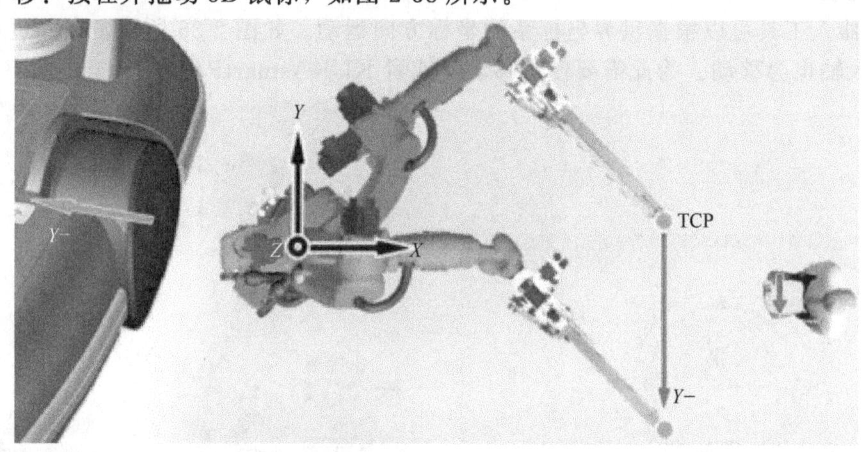

图2-38 向左运动

② 转动：转动并摆动 3D 鼠标，如图 2-39 所示。

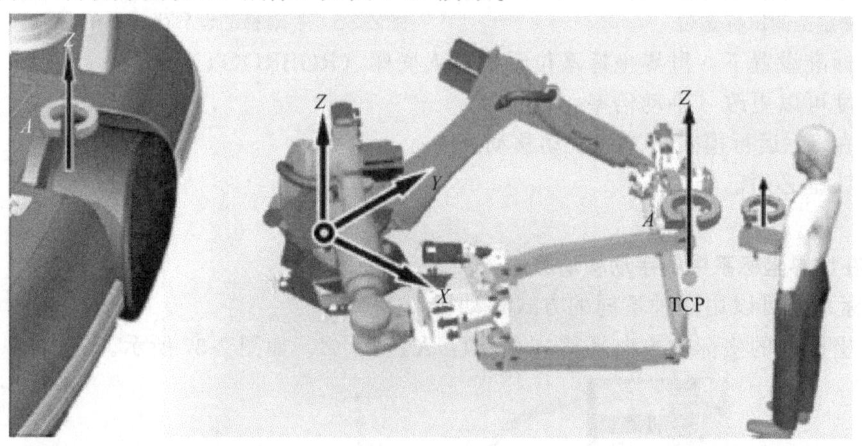

图2-39 绕 Z 轴的旋转运动（转角 A）

③ 3D 鼠标的位置可根据人与机器人的位置进行相应调整，如图 2-40 所示。

(5) 执行平移（世界坐标系）

① 通过移动滑动调节器来调节 Kcp 的位置，如图 2-41 所示。

② 选择世界坐标系作为 3D 鼠标的选项，如图 2-42 所示。

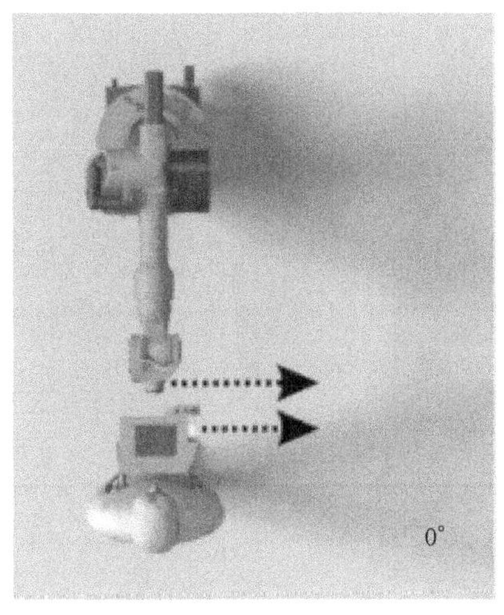

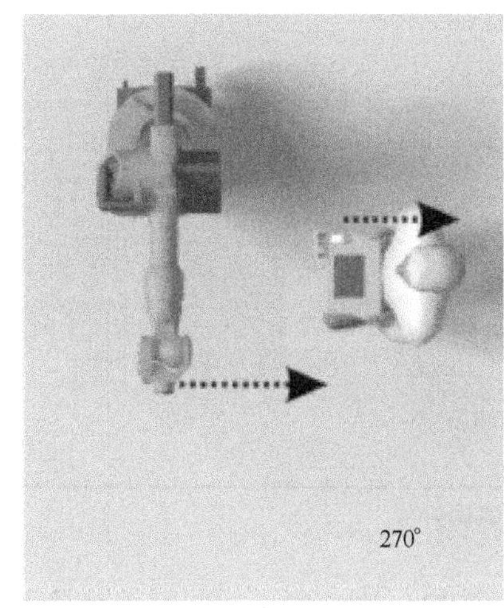

图2-40　3D 鼠标：0°和 270°

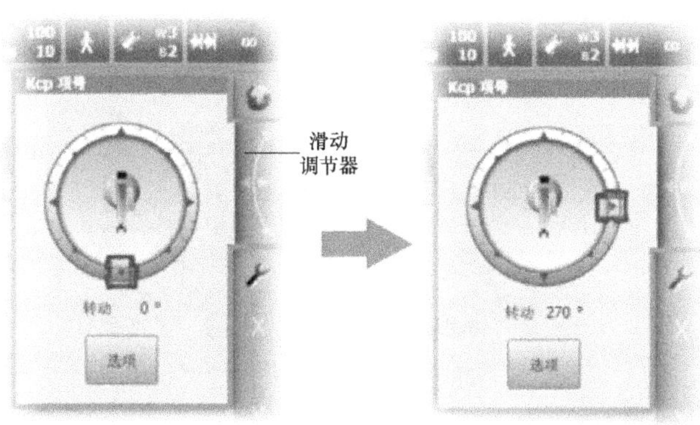

图2-41　移动滑动调节器

图2-42　选择世界坐标系

③ 设置手动倍率，如图 2-43 所示。

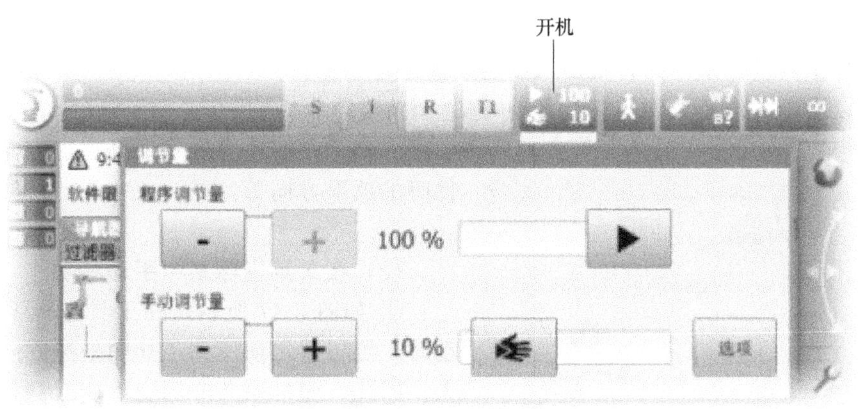

图2-43　设置手动倍率

④ 将确认开关按至中间挡位并按住，如图 2-44 所示。

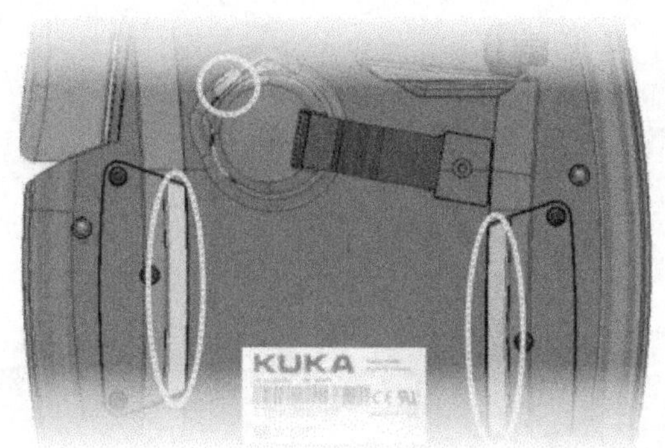

图2-44 按确认开关

⑤ 用 3D 鼠标将机器人朝所需方向移动，如图 2-45 所示；此外也可使用图 2-46 所示的移动键。

图2-45 用 3D 鼠标移动机器人

图2-46 用移动键移动机器人

2.2.2.10 在工具坐标系中移动机器人

(1) 使用工具坐标系的优点

① 只要工具坐标系已知，机器人的运动始终可预测。

② 可以沿工具作业方向移动或者绕 TCP 调整姿态。

工具作业方向是指工具的工作方向或者工序方向：粘胶喷嘴的黏结剂喷出方向、抓取部件时的抓取方向等。

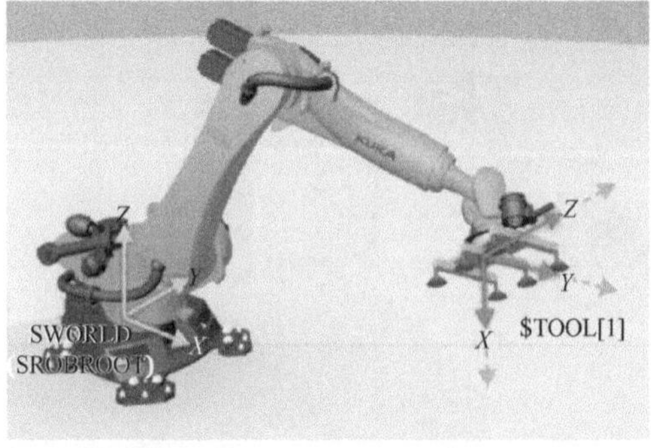

图2-47 机器人工具坐标系

(2) 在工具坐标系中手动移动

① 如图 2-47 所示，在工具坐标系中手动移动时，可根据之前所测工具的坐标方向移动机器人。因此，坐标系并非固定不变（例如：世界坐标系或基坐标系），而是由机器人引导。在此过程中，所有需要的机器人轴也会自行移动。哪些轴会自行移动由系统决定，并因运动情况不同而异。工具坐标系的原点被称为 TCP，并与工具

的工作点相对应。

② 为此需要使用移动键或者 KUKAsmartPAD 的 3D 鼠标。

③ 可供选择的工具坐标系有 16 个。

④ 速度可以更改（手动倍率：HOV）。

⑤ 仅在 T1 运行模式下才能手动移动。

⑥ 确认键必须已经按下。

⑦ 手动移动时，未经测量的工具坐标系始终等于法兰坐标系，如图 2-48 所示。

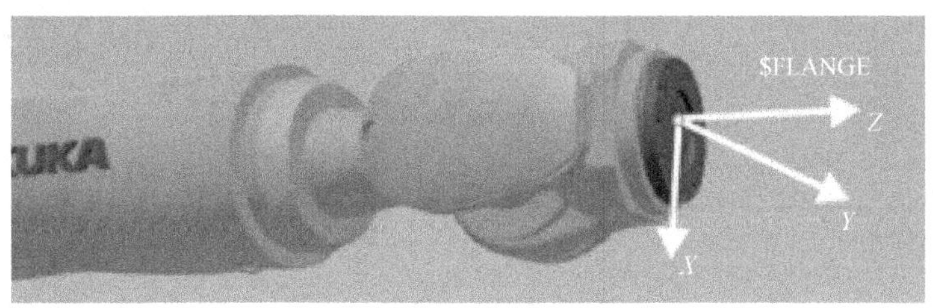

图2-48　工具坐标系始终等于法兰坐标系

⑧ 如图 2-49 所示，在坐标系中可以有两种不同的方式移动机器人。沿坐标系的坐标轴方向平移（直线 X、Y、Z）；环绕着坐标系的坐标轴方向转动（旋转/回转，角度 A、B 和 C）。

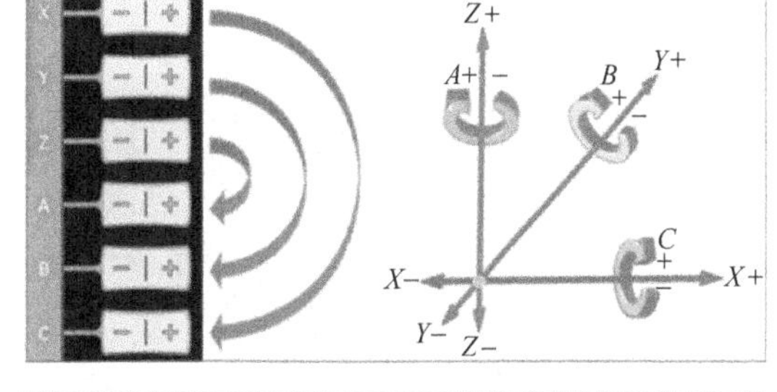

图2-49　两种不同的移动机器人方式

(3) 操作步骤

① 如图 2-50 所示，选择工具作为所用的坐标系。

② 如图 2-51 所示，选择工具编号。

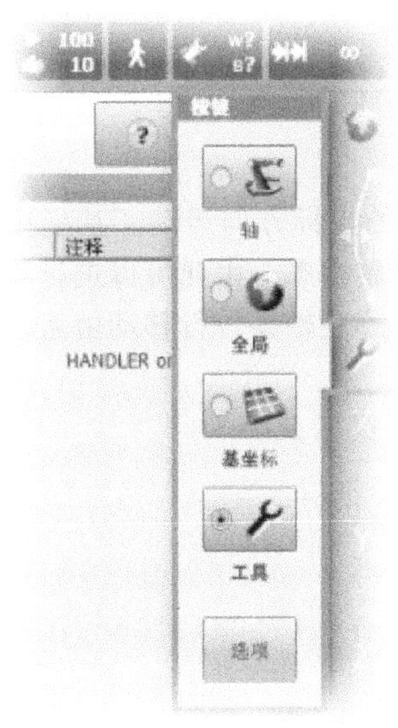

图2-50　选择工具坐标系

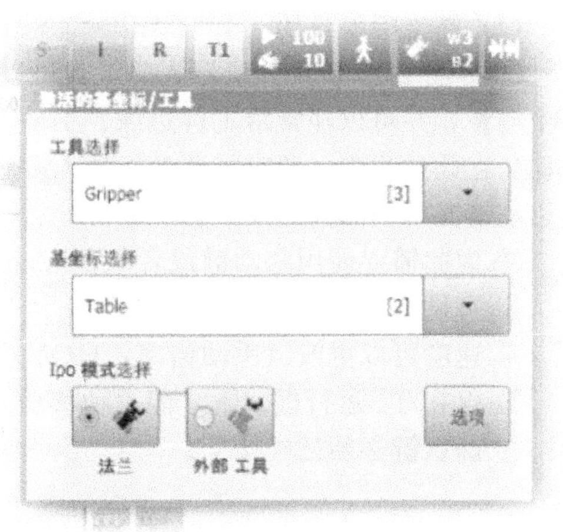

图2-51　选择工具编号

③ 如图 2-52 所示，设定手动倍率。

④ 如图 2-53 所示，按下确认开关的中间位置并保持按住。

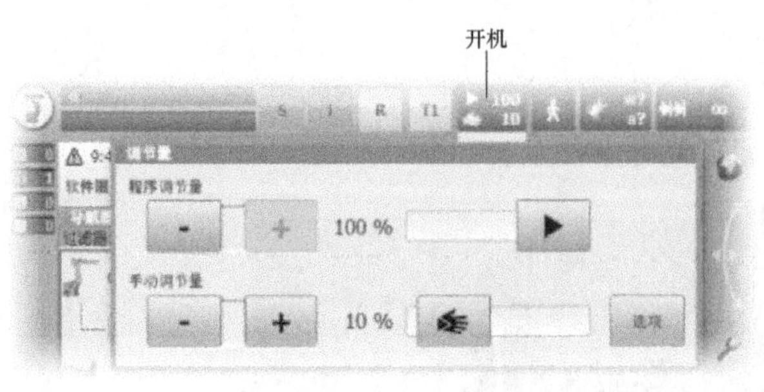

图2-52 设定手动倍率

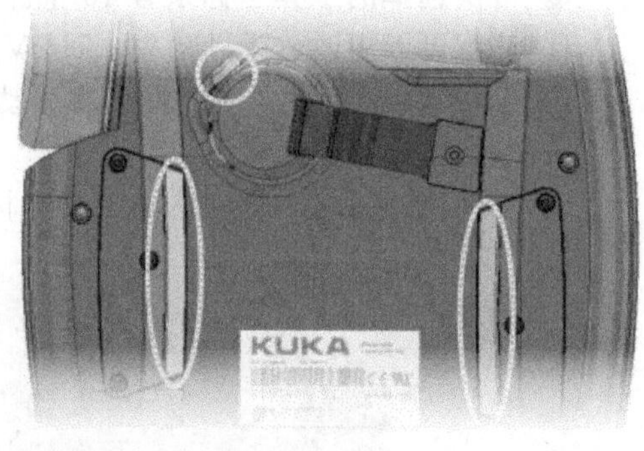

图2-53 按下确认开关

⑤ 如图 2-54 所示，用移动键移动机器人。或者，如图 2-55 所示，用 3D 鼠标将机器人朝所需方向移动。

图2-54 用移动键移动机器人

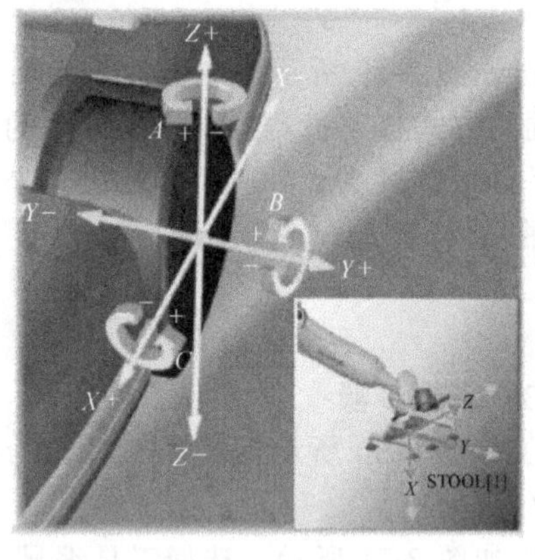

图2-55 用 3D 鼠标移动机器人

2.2.2.11 在基坐标系中移动机器人

(1) 基坐标系说明

① 如图 2-56 所示，机器人的工具可以根据基坐标系的坐标方向运动。基坐标系可以被单个测量，并可以经常沿工件边缘、工件支座或者货盘调整姿态。由此可以进行舒适的手动移动！在此过程中，所有需要的机器人轴也会自行移动。哪些轴会自行移动由系统决定，并因运动情况不同而异。

② 为此需要使用移动键或者 KUKAsmartPAD 的 3D 鼠标。

③ 可供选择的基坐标系有 32 个。

④ 速度可以更改（手动倍率：HOV）。

⑤ 仅在 T1 运行模式下才能手动移动。

⑥ 确认键必须已经按下。

(2) 移动方式

如图 2-57 所示，在坐标系中可以有两种不同的方式移动机器人。

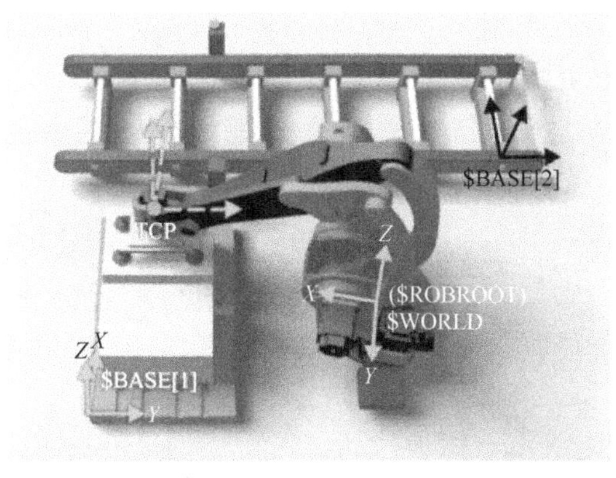

图2-56　基坐标系中的手动移动

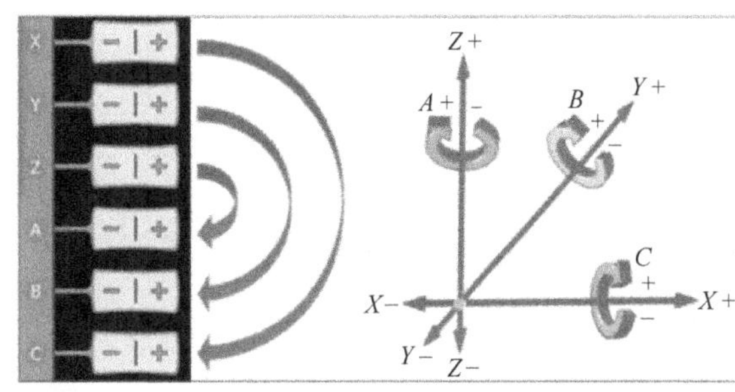

图2-57　基坐标系中的移动

① 沿坐标系的坐标轴方向平移（直线）：X、Y、Z。

② 环绕着坐标系的坐标轴方向转动（旋转/回转）：角度 A、B 和 C。

收到一个运行指令时（例如按了移动键后）控制器先计算一行程段。该行程段的起点是工具参照点（TCP）。行程段的方向由世界坐标系给定。控制器控制所有轴相应运动，使工具沿该行程段运动（平动）或绕其旋转（转动）。

如果还另外设定了工具坐标系，则可在基坐标系中绕 TCP 改变姿态。

（3）使用基坐标系的优点

① 只要基坐标系已知，机器人的动作始终可预测。

② 这里也可用 3D 鼠标直观操作。前提条件是操作员必须相对机器人以及基坐标系正确站立。

（4）操作步骤

① 如图 2-58 所示，选择基坐标作为移动键的选项。

② 如图 2-59 所示，选择工具坐标和基坐标。

图2-58　选择基坐标系

图2-59　选择工具坐标和基坐标

③ 如图 2-60 所示，设置手动倍率。

④ 如图 2-61 所示，将确认开关按至中间挡位并按住。

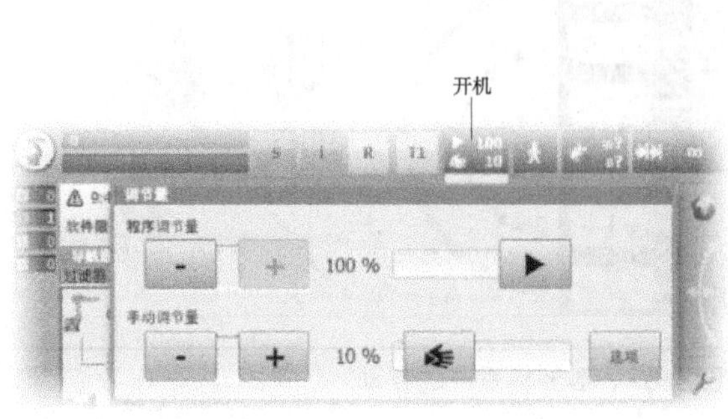

图2-60　设置手动倍率

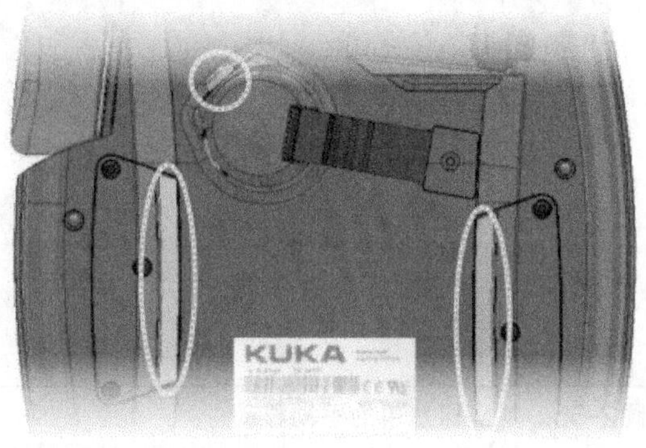

图2-61　将确认开关按至中间挡

⑤ 如图 2-62 所示，用移动键沿所需的方向移动。如图 2-63 所示，作为选项，也可用 3D 鼠标来移动。

图2-62　选择移动键

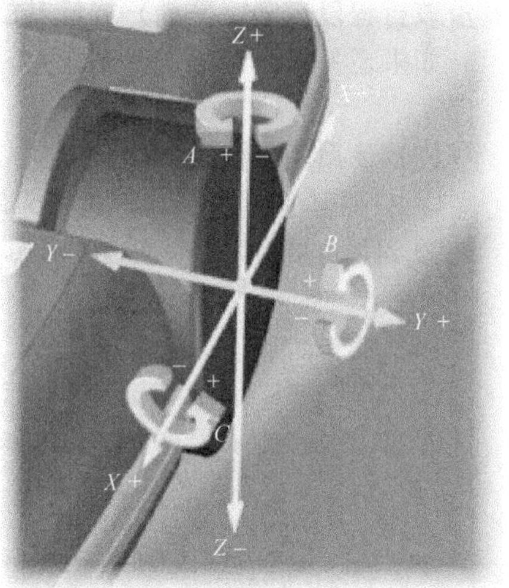

图2-63　用 3D 鼠标来移动

2.2.2.12　用一个固定工具进行手动移动

(1) 优点和应用领域

如图 2-64 所示，某些生产和加工过程要求机器人操作工件而不是工具。优点是部件无须先放置好便能加工，因此可节省夹紧工装。例如，适用于以下情况：粘接、焊接等。为了为此类应用成功编程，既要测量固定工具的外部 TCP，也要测量工件。

(2) 固定工具时更改过的运动过程

虽然工具是固定（不运动）对象，但是工具还是有一个所属坐标系的工具参照点。此时该参照点被称为外部 TCP。由于这是一个不运动的坐标系，所以数据可以如同基坐标系一样进行管理，既可以作为基坐标又可以作为工具坐标。由此，可以相对于 TCP 沿着工件边缘进行移动，在用固定工具手动移动时，运动均相对于外部 TCP。

(3) 用固定工具手动移动的操作步骤

① 如图 2-65 所示，在工具选择窗口中选择由机器人引导的工件。

② 在基坐标选择窗口中选择固定工具。

③ 将 IpoMode（Ipo 模式）选择设为外部工具。

④ 作为移动键/3D 鼠标选项设定工具：

a. 设定工具，以便在工件坐标系中移动。

b. 设定基坐标，以便在外部工具坐标系中移动。

⑤ 设定手动倍率。

⑥ 按下确认开关的中间位置并保持按住。

⑦ 用移动键/3D 鼠标朝所需方向移动。

通过在“手动移动”选项窗口中选择“外部工具控制器切换”，所有运动现在均相对于外部 TCP，而不是由机器人引导的工具。

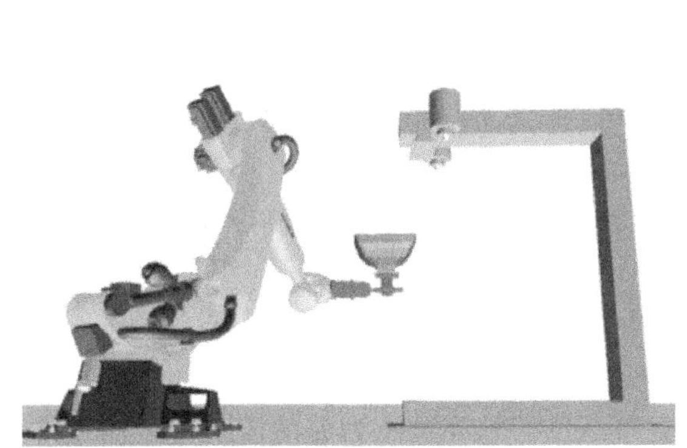

图2-64　固定工具示例

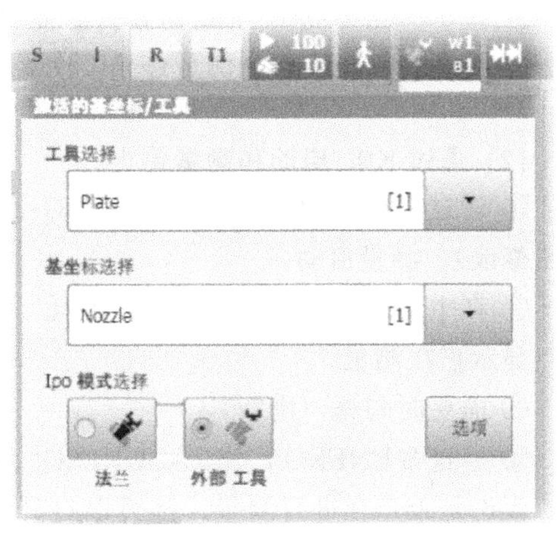

图2-65　在选项菜单中选择外部 TCP

2.2.3　显示功能

2.2.3.1　测量和显示能耗

机器人和机器人控制系统的总能耗可显示在 smartHMI 上。前提是针对所使用的机器人类型可以测量能耗。机器人控制系统（例如：US1、US2 等）及其他控制系统的选配组件能耗不在之中。显示的始终是上一次冷启动后最后 60min 的能耗。除此以外，用户还可自己启动和停止测量。

(1) 在窗口“能耗”操作步骤

在窗口“能耗”中启动和停止测量，如图 2-66 所示。其说明见表 2-23。

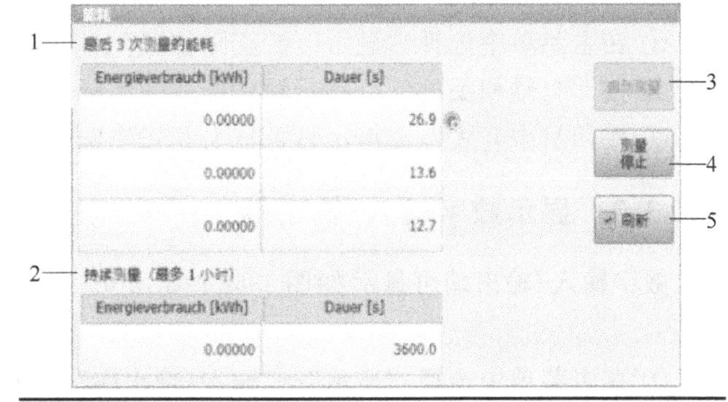

图2-66　窗口能耗

表 2-23 窗口能耗说明

序号	说　明
1	用户启动的测量的结果，显示最后 3 个结果。最新结果显示在顶行。如果有测量正在进行，则通过该行右侧的红点加以显示
2	上一次冷启动后最后 60min 的能耗
3	启动测量。如有测量正在进行，启动测量不可用
4	停止当前的测量。是通过启动测量还是通过 KRL 启动的测量，都没有关系
5	①勾选：测量进行时，会连续刷新测量结果显示 ②未勾选：测量进行时，显示栏中最后刷新的值保持不变。停止测量后才会显示结果

① 在主菜单中选择“显示”→“能耗”。窗口“能耗”即自动打开。

② 需要时勾选“刷新”。

③ 按下“启动测量”。这时顶行右侧出现一个红点，表示正在测量。

④ 要测量停止，点击测量停止。结果即被显示。

(2) 通过 KRL 启动和测量停止

① 通过 $ENERGY_MEASURING.ACTIVE=TRUE 启动测量（可通过 KRL 程序或变量修改）。测量启动。

② 在主菜单中选择“显示”→“能耗”。窗口“能耗”即自动打开。在顶行右侧通过一个红点显示正在测量。

③ 需要时勾选“刷新”。

④ 通过 $ENERGY_MEASURING.ACTIVE=FALSE 停止测量。

无论是否正在进行测量，都可以打开能耗窗口。顶行始终显示当前的或上一个测量的结果。

2.2.3.2 显示实际位置

笛卡儿式实际位置：如图 2-67 所示，显示 TCP 的当前位置（X，Y，Z）和姿态（A，B，C）。此外还显示状态和转角方向。

轴的实际位置：将显示轴 A1～A6 的当前位置。若有附加轴，则还显示附加轴的位置。在机器人运行过程中，也能显示实际位置。

① 在主菜单中选择“显示”→“实际位置”。即显示笛卡儿式实际位置。

② 按“与轴相关的”以显示轴坐标式的实际位置。

③ 按“笛卡儿式”以再次显示笛卡儿式实际位置。

2.2.3.3 显示数字输入/输出端

数字输入/输出端可显示如图 2-68、图 2-69 所示的信息。其说明见表 2-24，操作步骤如下。

① 在主菜单中选择“显示”→“输入/输出端”→“数字输入/输出端”。

② 为显示某一特定输入/输出端，可采用点击按键至，即显示栏目至；亦可输入编号，

然后用回车键确认，显示将跳至带此编号的输入/输出端。

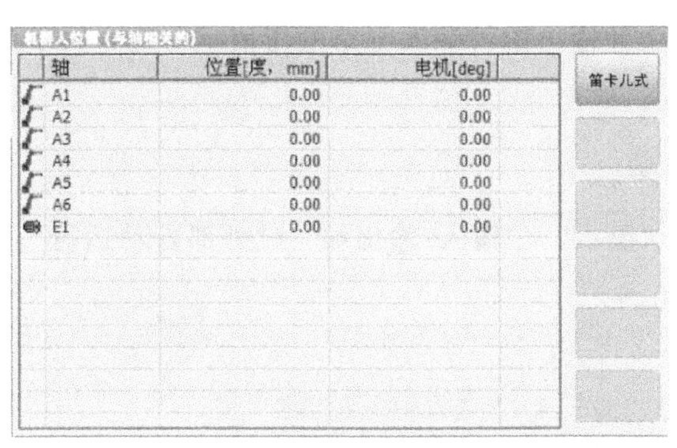

图2-67　轴相关的实际位置

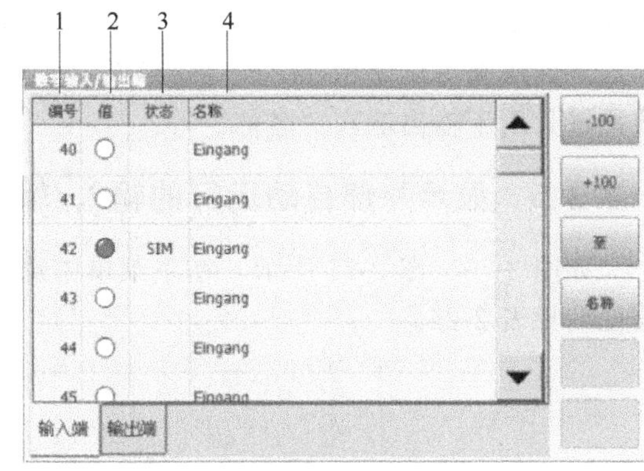

图2-68　数字输入端

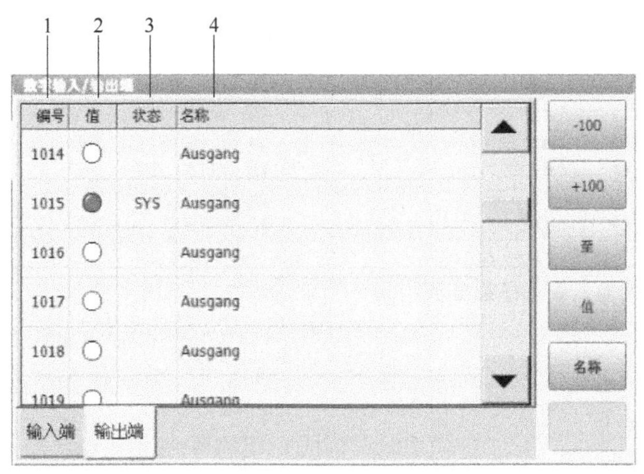

图2-69　数字输出端

表 2-24　数字输入/输出端显示说明

序号	说　明
1	输入/输出端编号
2	输入/输出端数值。如果一个输入或输出端为 TRUE,则被标记为红色
3	①SIM 输入:已模拟输入/输出端 ②SYS 输入:输入/输出端的值储存在系统变量中。此输入/输出端已写保护
4	输入/输出端名称的按键
−100	在显示中切换到之前的 100 个输入或输出端
+100	在显示中切换到之后的 100 个输入或输出端
至	可输入需搜索的输入或输出端编号
值	将选中的输入或输出端在 TRUE 和 FALSE 之间转换 前提条件:确认开关已按下。在 AUTEXT(外部自动运行)方式下无此按键可用,且在模拟接通时才能用于输入端
名称	选中的输入/输出端名称可更改

2.2.3.4　显示模拟信号的输入/输出端

① 在主菜单中选择“显示”→“输入/输出端”→“模拟输入/输出端”。

② 为显示某一特定输入/输出端：点击按键“至”，即显示栏目“至”；输入编号，然后用回车键确认。显示将跳至带此编号的输入/输出端。

下列按键可供使用：“至”“电压”（对已选中的输出端可输入一个电压值，−10～10V，该按键只用于输出端）、“名称”等。

2.2.3.5 显示外部自动运行的输入/输出端

如图 2-70、图 2-71 所示，在主菜单中选择“显示”→“输入/输出端”→“外部自动运行”。其说明见表 2-25。

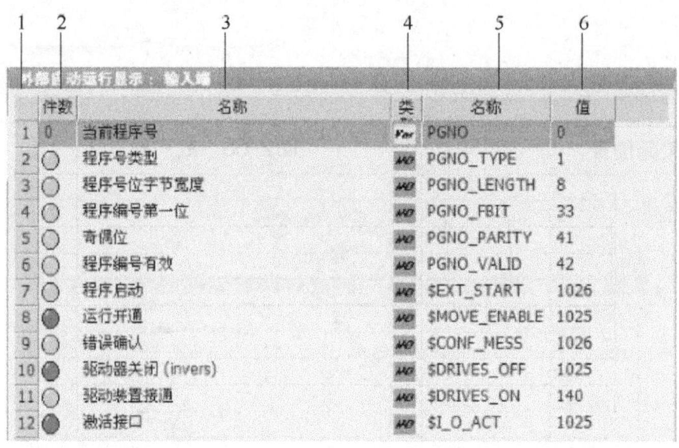

	件数	名称	类	名称	值
1	0	当前程序号	Var	PGNO	0
2	○	程序号类型		PGNO_TYPE	1
3	○	程序号位字节宽度		PGNO_LENGTH	8
4	○	程序编号第一位		PGNO_FBIT	33
5	○	奇偶位		PGNO_PARITY	41
6	○	程序编号有效		PGNO_VALID	42
7	○	程序启动		$EXT_START	1026
8	●	运行开通		$MOVE_ENABLE	1025
9	○	错误确认		$CONF_MESS	1026
10	●	驱动器关闭 (invers)		$DRIVES_OFF	1025
11	○	驱动装置接通		$DRIVES_ON	140
12	●	激活接口		$I_O_ACT	1025

图2-70 外部自动运行的输入端（详细显示）

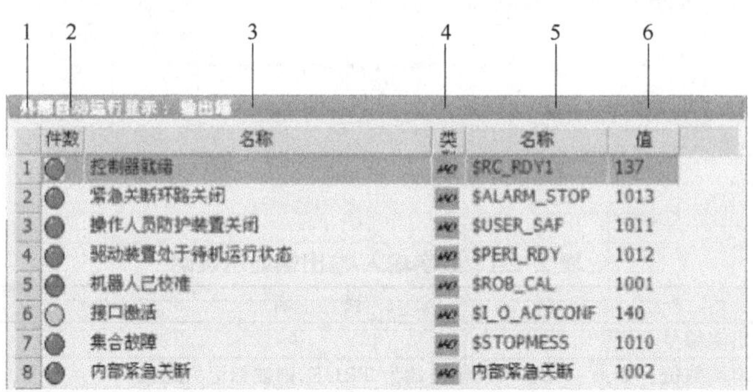

	件数	名称	类	名称	值
1	●	控制器就绪		$RC_RDY1	137
2	●	紧急关断环路关闭		$ALARM_STOP	1013
3	●	操作人员防护装置关闭		$USER_SAF	1011
4	●	驱动装置处于待机运行状态		$PERI_RDY	1012
5	●	机器人已校准		$ROB_CAL	1001
6	○	接口激活		$I_O_ACTCONF	140
7	●	集合故障		$STOPMESS	1010
8	●	内部紧急关断		内部紧急关断	1002

图2-71 外部自动运行的输出端（详细显示）

表 2-25 外部自动运行的输入/输出端显示

序号	说明
1	编号
2	状态：灰色 未激活(FALSE)；红色 激活(TRUE)
3	输入/输出端的长文本名称
4	类型：绿色 输入/输出端；黄色 变量或系统变量
5	信号或变量的名称
6	输入/输出端编号或信道编号

① 只在按下“详细信息”后，才显示第 4～6 列。

② 可供使用的按键。

配置：切换为外部自动运行配置。

输入/输出端：在输入端和输出端窗口之间切换。

详细信息/正常：在视图详细信息和一般之间进行切换。

2.2.3.6　显示测量数据

① 在主菜单中选择“投入运行”→“测量”→“测量点”，并选出所需菜单项：工具类型、基座型号、外部轴。

② 输入工具、基座或者外部动作的编号。显示测量方式和测量数据。

2.2.3.7　显示/编辑机器人数据

运行方式为 T1 或 T2，未选定程序。如图 2-72 所示，在主菜单中选择“投入运行”→“机器人数据”。其说明见表 2-26。

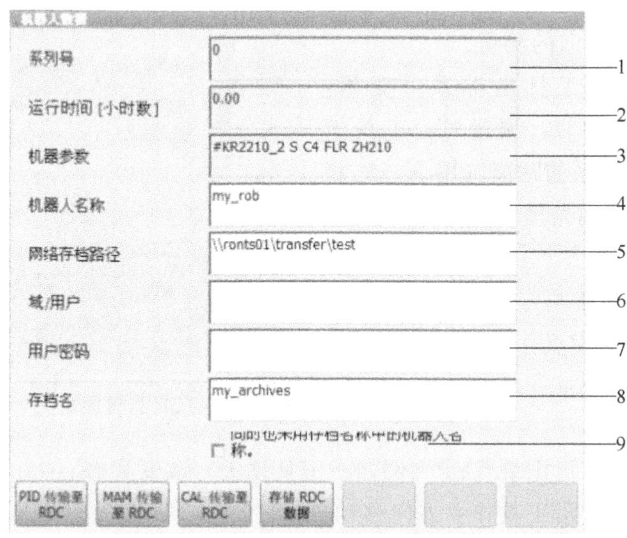

图2-72　窗口“机器人数据”

表 2-26　显示/编辑机器人数据

序号	说　明
1	序列号
2	运行时间。在驱动装置接通后，运行小时计数器开始运转。也可通过 $ROBRUNTIME 变量显示运行时间
3	机器人数据名称
4	机器人名称。机器人名称可以更改
5	现在可以对该机器人控制系统的数据进行存档。此处确定目标目录，可以是网络目录或本地目录。如果此处确定了一个目录，则导入/导出长文本时也可使用此目录
6	若在该路径上存档时需要用户名和密码，则可以在此将它们输入。然后存档时就不再需要输入
7	
8	将机器人名称应用到存档名称复选框中。未打勾时，才显示该栏目。这里可以规定存档文件的名称
9	复选框打勾：会将机器人名称用作存档文件的名称。如果没有规定机器人的名称，则会使用 archive(档案)作为名称 复选框未打勾：可为存档文件规定自己的名称

2.3 坐标系的标定

2.3.1 工具测量

2.3.1.1 优点

如图 2-73 所示，测量工具意味着生成一个以工具参照点为原点的坐标系。该参照点被称为 TCP，该坐标系即为工具坐标系。

因此，工具测量包括 TCP（坐标系原点）的测量、坐标系姿态/朝向的测量。

最多可储存 16 个工具坐标系（变量：TOOL_DATA [1…16]）。测量时，工具坐标系的原点到法兰坐标系的距离（用 *X*、*Y* 和 *Z*）以及之间的转角（用角度 *A*、*B* 和 *C*）被保存。

如果一个工具已精确测定，则在实践中对操作和编程人员有以下优点：

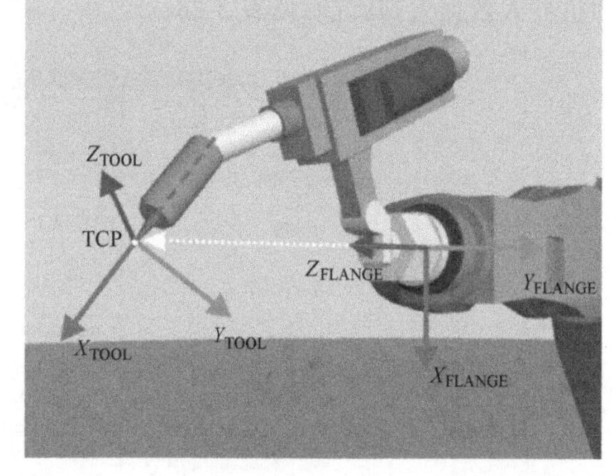

图2-73 TCP 测量原理

(1) 改善手动移动

① 如图 2-74 所示，可围绕 TCP（例如：工具顶尖）改变姿态。

② 如图 2-75 所示，沿工具作业方向移动。

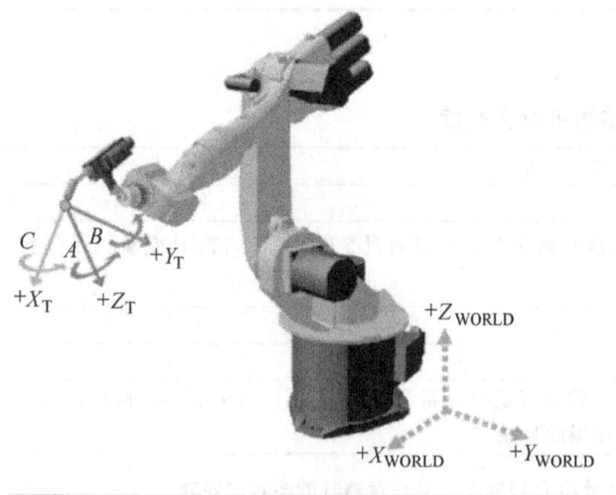

图2-74 绕 TCP 改变姿态

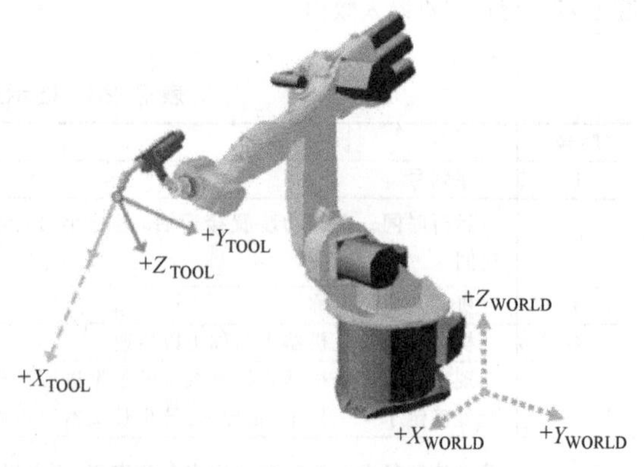

图2-75 作业方向 TCP

(2) 运动编程时的益处

① 如图 2-76 所示，沿着 TCP 上的轨迹保持已编程的运行速度。

② 如图 2-77 所示，定义的姿态可沿着轨迹方向。

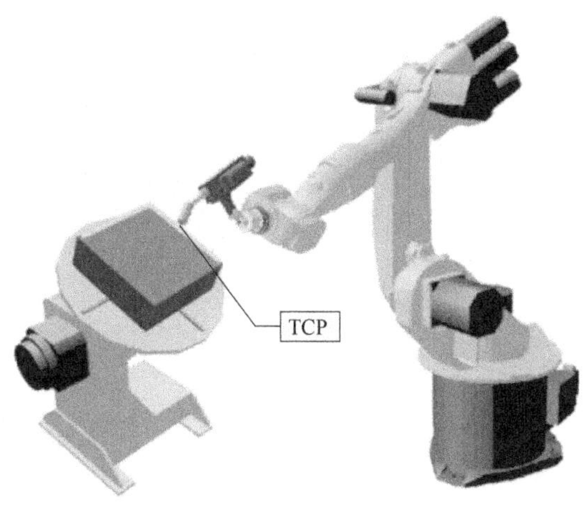

图2-76　带 TCP 编程的模式

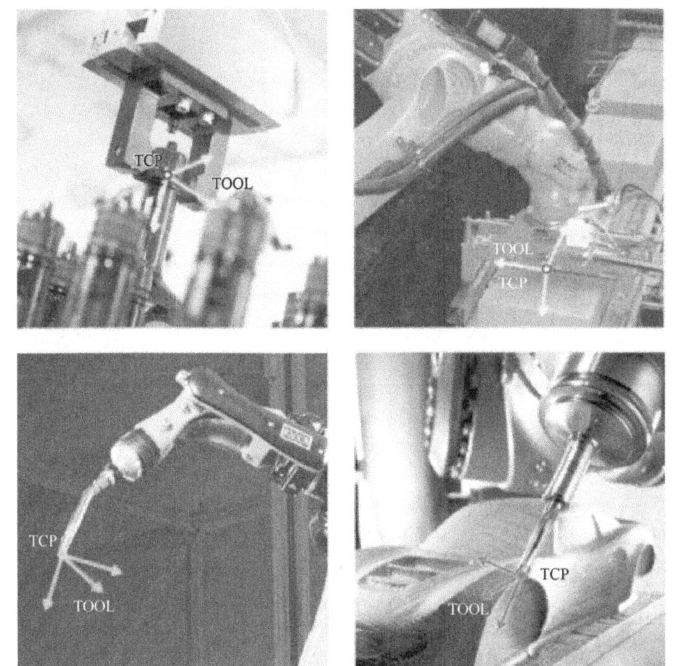

图2-77　以已测工具为例

2.3.1.2　测量 TCP：*XYZ*4 点法

如图 2-78 所示，将待测量工具的 TCP 从 4 个不同方向移向一个参照点。参照点可以任意选择。机器人控制系统从不同的法兰位置值中计算出 TCP。*XYZ*4 点法不能用于卸码垛机器人，移至参照点的 4 个法兰位置，彼此必须间隔足够远。

(1) 前提条件

① 要测量的工具已安装在连接法兰上。

② 运行方式为 T1。

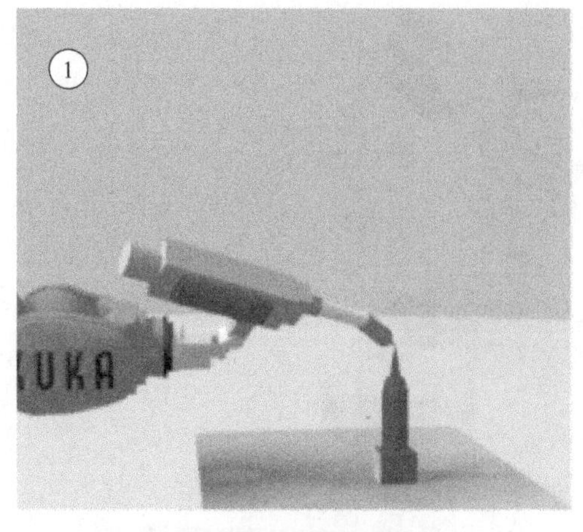

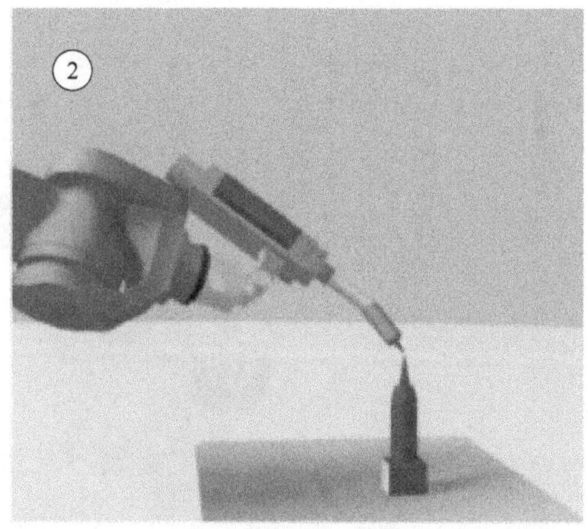

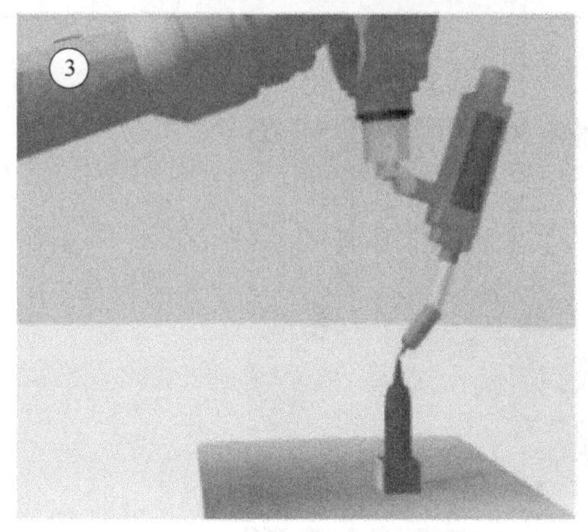

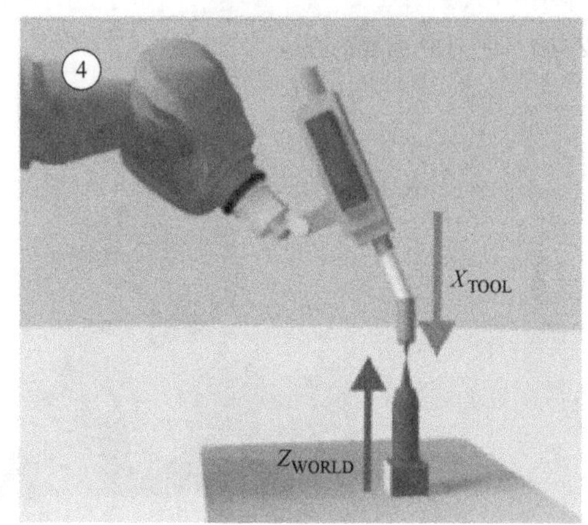

图2-78 *XYZ* 4 点法

(2) 操作步骤

① 在主菜单中选择“投入运行”→“测量”→“工具”→“*XYZ*4 点”。

② 为待测量的工具给定一个号码和一个名称，用“继续”键确认。

③ 用 TCP 移至任意一个参照点，点击“测量”，点击“是”回答安全询问。

④ 用 TCP 从一个其他方向朝参照点移动，点击“测量”，点击“是”回答安全询问。

⑤ 把第④步重复两次。

⑥ 输入负载数据（如果要单独输入负载数据，则可以跳过该步骤）。

⑦ 用继续键确认。

⑧ 在需要时，可以让测量点的坐标和姿态以增量和角度显示（以法兰坐标系为基准）。为此按下测量点，然后通过“退回”返回到上一个视图。

⑨ 点击“保存”，然后通过“关闭图标”关闭窗口。或者按下“*ABC*2 点法”或“*ABC* 世界坐标法”。迄今为止的数据自动被保存，并且一个可以在其中输入工具坐标系姿态的窗口自动打开。

2.3.1.3 测量 TCP：*XYZ* 参照法

如图 2-79 所示，采用 *XYZ* 参照法时，将对一件新工具与一件已测量过的工具进行比较测量。机器人控制系统比较法兰位置，并对新工具的 TCP 进行计算。

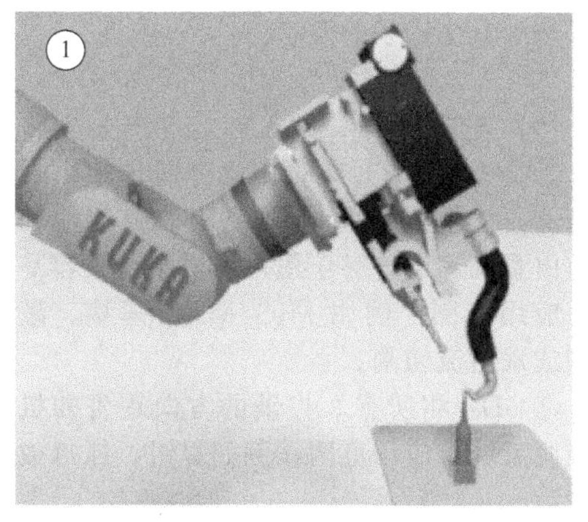

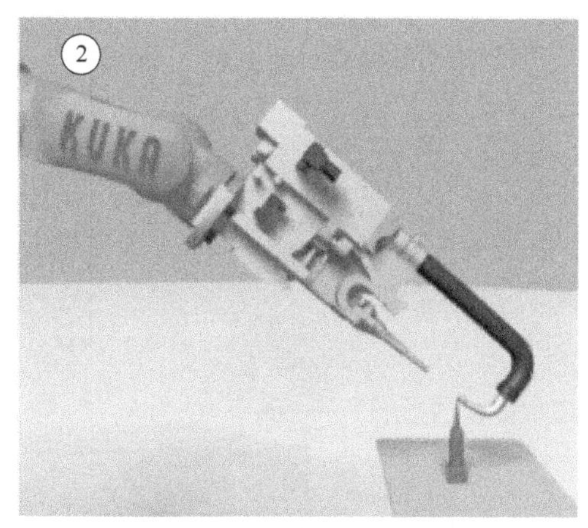

图2-79　*XYZ* 参照法

(1) 前提条件

① 在连接法兰上装有一个已测量过的工具。

② 运行方式为 T1。

(2) 准备

计算已测量的工具的 TCP 数据：

① 在主菜单中选择“投入运行”→“测量”→“工具”→“*XYZ* 参照”。

② 输入已测量的工具编号。

③ 显示工具数据。记录 *X*、*Y* 和 *Z* 值。

④ 关闭窗口。

(3) 操作步骤

① 在主菜单中选择“投入运行”→“测量”→“工具”→“*XYZ* 参照”。

② 为新工具指定一个编号和一个名称，用“继续”键确认。

③ 输入已测量工具的 TCP 数据，用“继续”键确认。

④ 用 TCP 移至任意一个参照点，点击“测量”，点击“是”回答安全询问。

⑤ 将工具撤回，然后拆下，装上新工具。

⑥ 将新工具的 TCP 移至参照点，点击“测量”，点击“是”回答安全询问。

⑦ 输入负载数据（如果要单独输入负载数据，则可以跳过该步骤）。

⑧ 用“继续”键确认。

⑨ 在需要时，可以让测量点的坐标和姿态以增量和角度显示（以法兰坐标系为基准）。为此按下“测量点”，然后通过“退回”返回到上一个视图。

⑩ 点击“保存”，然后通过关闭图标关闭窗口。或者按下“*ABC*2 点法”或“*ABC* 世界坐标法”。迄今为止的数据自动被保存，并且一个可以在其中输入工具坐标系姿态的窗口自动打开。

2.3.1.4　*ABC* 世界坐标系法姿态测量

如图 2-80 所示，工具坐标系的轴平行于世界坐标系的轴进行校准。机器人控制系统从

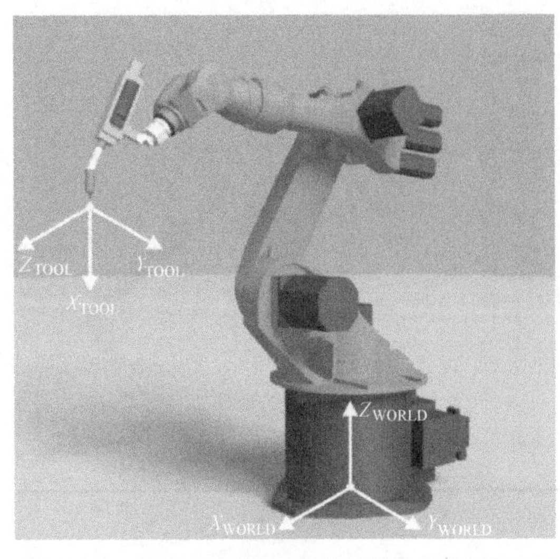

图2-80 *ABC* 世界坐标系法

而得知工具坐标系的姿态。

(1) 方式

① 5D：只将工具的作业方向告知机器人控制器，该作业方向默认为 *X* 轴。其他轴的方向由系统确定，对于用户来说不是很容易识别。应用范围：例如 MIG/MAG 焊接、激光切割或水射流切割。

② 6D：将所有 3 根轴的方向均告知机器人控制系统。应用范围：例如焊钳、抓爪或粘胶喷嘴。

(2) *ABC* 世界坐标系法操作步骤

① 在主菜单中选择“投入运行”→“测量”→“工具”→“*ABC* 世界坐标”。

② 输入工具的编号。用“继续”键确认。

③ 在 5D/6D 栏中选择一种变形。用“继续”键确认。

④ 如果选择了 5D：

将 $+X$ 工具坐标调整至平行于 $-Z$ 世界坐标的方向（$+X_{TOOL}$ = 作业方向）。

⑤ 如果选择了 6D：

将 $+X$ 工具坐标调整至平行于 $-Z$ 世界坐标的方向（$+X_{TOOL}$ = 作业方向）。

$+Y$ 工具坐标调整至平行于 $+Y$ 世界坐标的方向（$+X_{TOOL}$ = 作业方向）。

$+Z$ 工具坐标调整至平行于 $+X$ 世界坐标的方向（$+X_{TOOL}$ = 作业方向）。

⑥ 用“测量”来确认。对信息提示“要采用当前位置吗？测量将继续”用是来确认。

⑦ 打开另一个窗口。在此必须输入负荷数据。

⑧ 用“继续”和“保存”结束此过程。

⑨ 关闭菜单。

2.3.1.5 确定姿态：*ABC*2 点法

如图 2-81 所示，通过移至 *X* 轴上一个点和 *XY* 平面上一个点的方法，机器人控制器可得知 TOOL 坐标系的轴数据。当轴方向必须特别精准地确定时，将使用此方法。

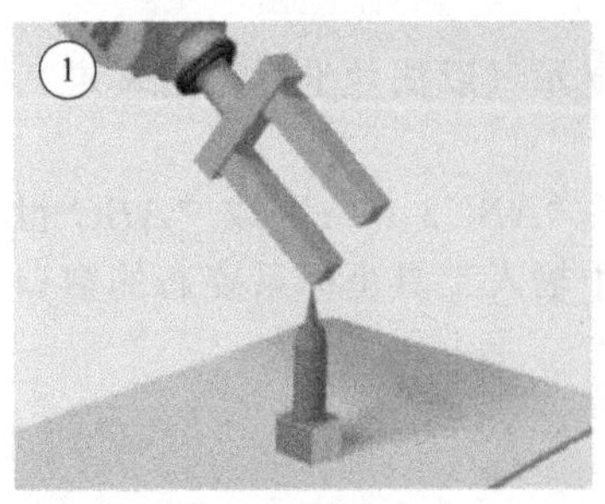

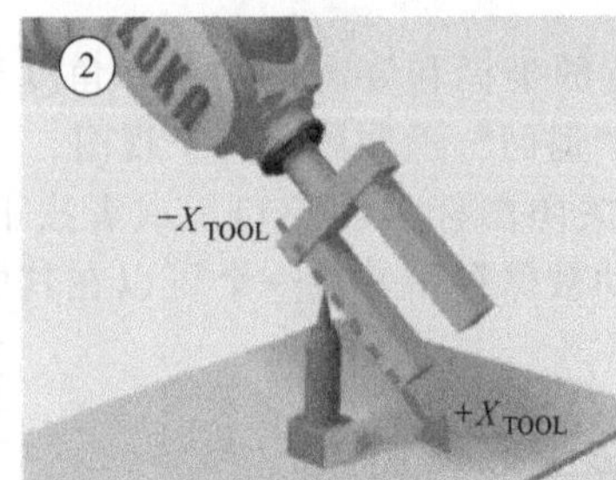

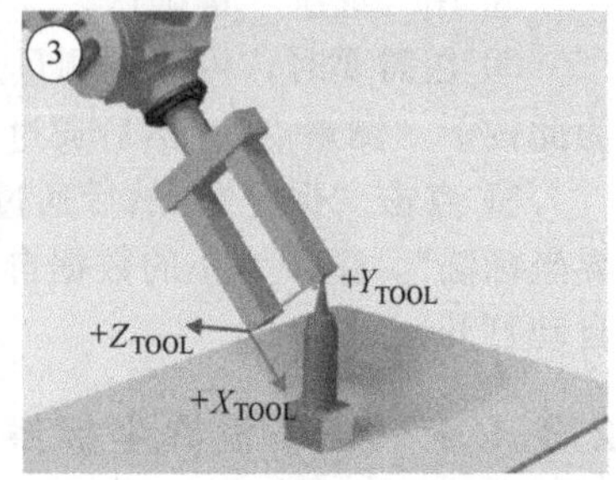

图2-81 *ABC* 2 点法

(1) 前提条件

① 要测量的工具已安装在连接法兰上。

② 工具的 TCP 已测量。

③ 运行方式为 T1。

(2) 操作步骤

下述操作步骤适用于工具碰撞方向为默认碰撞方向（= X 向）的情况。如果碰撞方向改为 Y 向或 Z 向，则操作步骤也必须相应地进行更改。

① 在主菜单中选择“投入运行”→“测量”→“工具”→“*ABC*2 点法”。

② 输入已安装工具的编号，用按键“继续”确认。

③ 用 TCP 移至任意一个参照点，按下“测量”，点击“是”确认安全询问。

④ 移动工具，使参照点在 X 轴上与一个在 X 负向上的点重合（即与碰撞方向相反）。按下测量，点击“是”确认安全询问。

⑤ 移动工具，使参照点在 XY 平面上与一个在正 Y 向上的点重合。按下“测量”测量，点击“是”确认安全询问。

如果不是通过主菜单调出操作步骤，而是在 TCP 测量后通过 *ABC*2 点按键调出，则省略下列的两个步骤。

⑥ 输入负载数据（如果要单独输入负载数据，则可以跳过该步骤）。

⑦ 用按键“继续”确认。

⑧ 在需要时，可以让测量点的坐标和姿态以增量和角度显示（以法兰坐标系为基准）。为此按下“测量点”。然后通过返回，返回到上一个视图。

⑨ 点击“保存”。

2.3.1.6 数字输入

工具的数据可以手动输入。可能的数据源：CAD、外部测量的工具、工具生产厂商的说明。

码垛机器人有 4 根轴，必须在工具数据中以数字形式输入。*XYZ* 和 *ABC* 法均无法使用，因为此类机器人只可在有限范围内进行改向。

(1) 前提条件

下列数值已知：

① 相对于法兰坐标系的 X、Y、Z。

② 相对于法兰坐标系的 A、B、C。

③ 运行方式为 T1。

(2) 操作步骤

① 在主菜单中选择“投入运行”→“测量”→“工具”→“数字输入”。

② 为待测量的工具给定一个号码和一个名称。用“继续”键确认。

③ 输入工具数据。用“继续”键确认。

④ 输入负载数据（如果要单独输入负载数据，则可以跳过该步骤）。

⑤ 如果在线负载数据检查可供使用（这与机器人类型有关），根据需要配置。

⑥ 用“继续”键确认。

⑦ 按下“保存”。

2.3.2 测量基坐标

如图 2-82 所示，基坐标系测量表示根据世界坐标系在机器人周围的某一个位置上创建坐标系。其目的是使机器人的运动以及编程设定的位置均以该坐标系为参照。因此，设定的工件支座和抽屉的边缘、货盘或机器的外缘均可作为基准坐标系中合理的参照点。基坐标系测量分为两个步骤：确定坐标原点与定义坐标方向。基坐标测量的方法见表 2-27。

表 2-27 基坐标的测量方法

方法	说明
3 点法	①定义原点 ②定义 X 轴正方向 ②定义 Y 轴正方向（XY 平面）
间接法	当无法移至基坐标原点时，例如，由于该点位于工件内部，或位于机器人工作空间之外时，须采用间接法 此时须移至基坐标的 4 个点，其坐标值必须已知（CAD 数据）。机器人控制系统根据这些点计算基坐标
数字输入	直接输入至世界坐标系的距离值（X，Y，Z）和转角（A，B，C）

2.3.2.1 优点

① 沿着工件边缘移动　如图 2-83 所示，可以沿着工作面或工件的边缘手动移动 TCP。

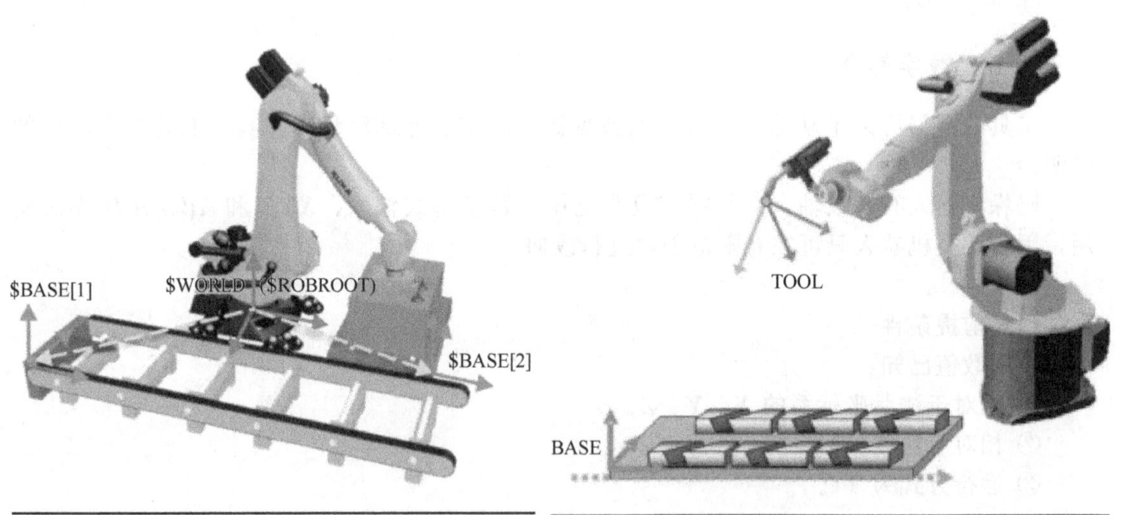

图2-82 基坐标测量

图2-83 沿着工件边缘移动

② 参照坐标系　如图 2-84 所示，示教的点以所选的坐标系为参照。

③ 坐标系的修正/推移　如图 2-85 所示，可以参照基坐标对点进行示教。如果必须推移基坐标，例如由于工作面被移动，这些点也随之移动，不必重新进行示教。

④ 多个基坐标系　如图 2-86 所示，最多可建立 32 个不同的坐标系，并根据程序流程加以应用。

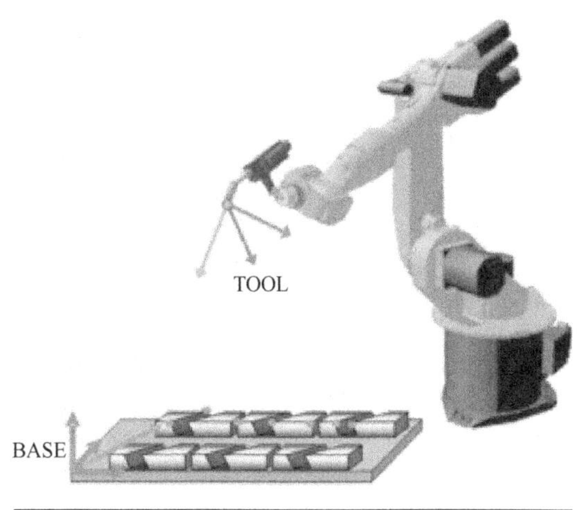

图2-84　以所需坐标系为参照

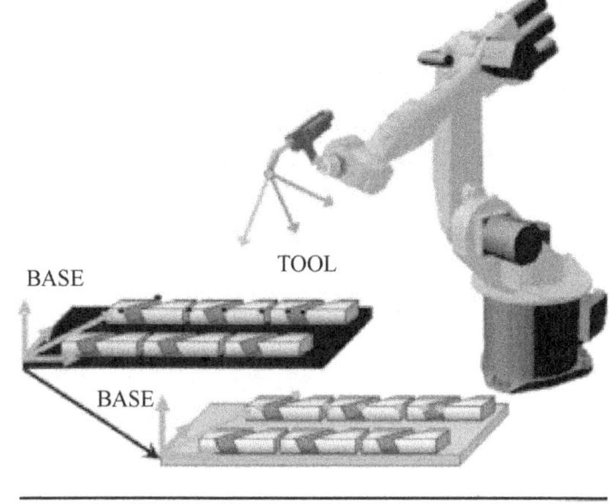

图2-85　基坐标系的推移

2.3.2.2　点法操作步骤

基坐标测量只能用一个事先已测定的工具进行（TCP 必须为已知的），运行方式为 T1。三个测量点不允许位于一条直线上，这些点间必须有一个最小夹角（标准设定 2.5°）。

① 在主菜单中选择“投入运行”→“测量”→“基坐标系”→“3 点”。

② 为基坐标分配一个号码和一个名称，用“继续”键确认。

③ 输入需用其 TCP 测量基坐标的工具的编号，用“继续”键确认。

④ 用 TCP 移到新基坐标系的原点。如图 2-87 所示，点击“测量”并用“是”键确认位置。

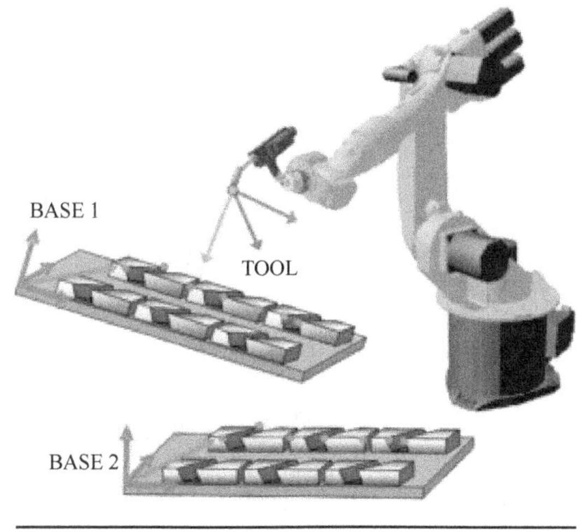

图2-86　使用多个基坐标系

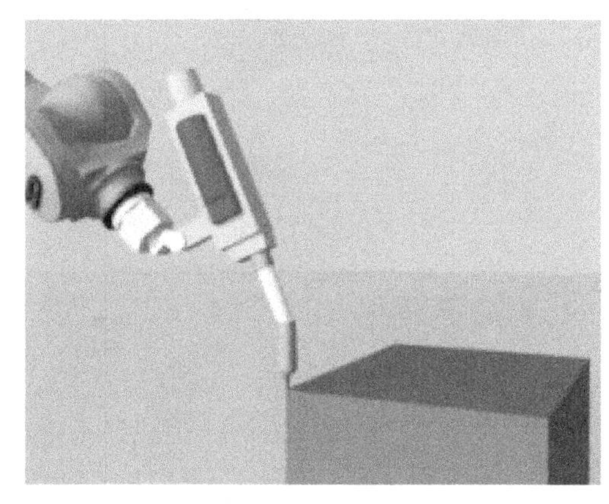

图2-87　第一个点：原点

⑤ 将 TCP 移至新基座正向 *X* 轴上的一个点。如图 2-88 所示，点击“测量”并用“是”键确认位置。

⑥ 将 TCP 移至 *XY* 平面上一个带有正 *Y* 值的点。如图 2-89 所示，点击“测量”并用“是”键确认位置。

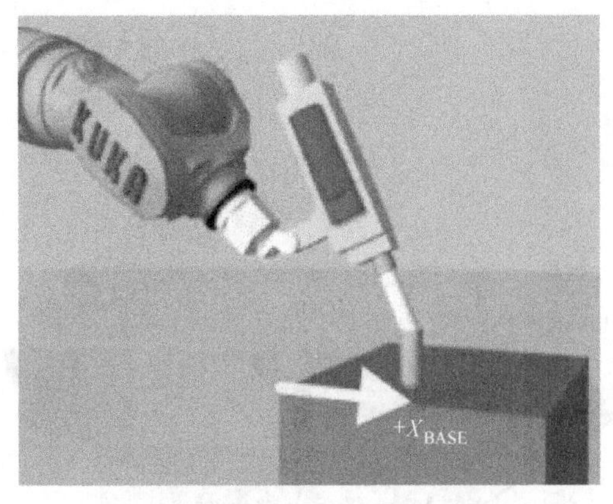

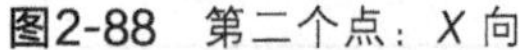

图2-88　第二个点：X 向

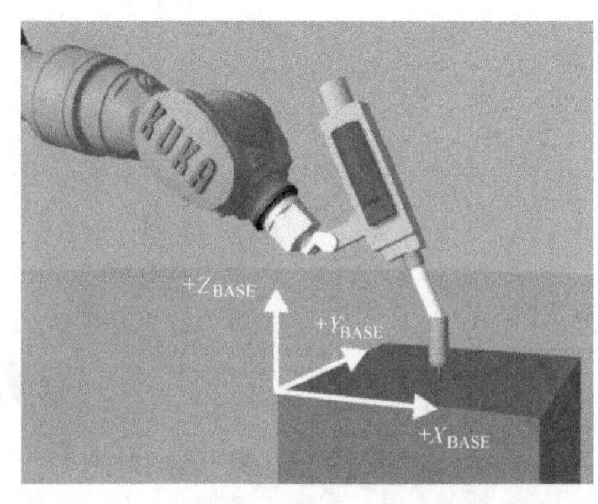

图2-89　第三个点：XY 平面

⑦ 按下保存键。

⑧ 关闭菜单。

2.3.2.3　间接法

如图 2-90 所示，当无法移入基准原点时，例如，由于该点位于工件内部，或位于机器人作业空间之外时，须采用间接的方法。

此时须移至基准的 4 个点，其坐标值必须已知。机器人控制系统将以这些点为基础对基准进行计算。

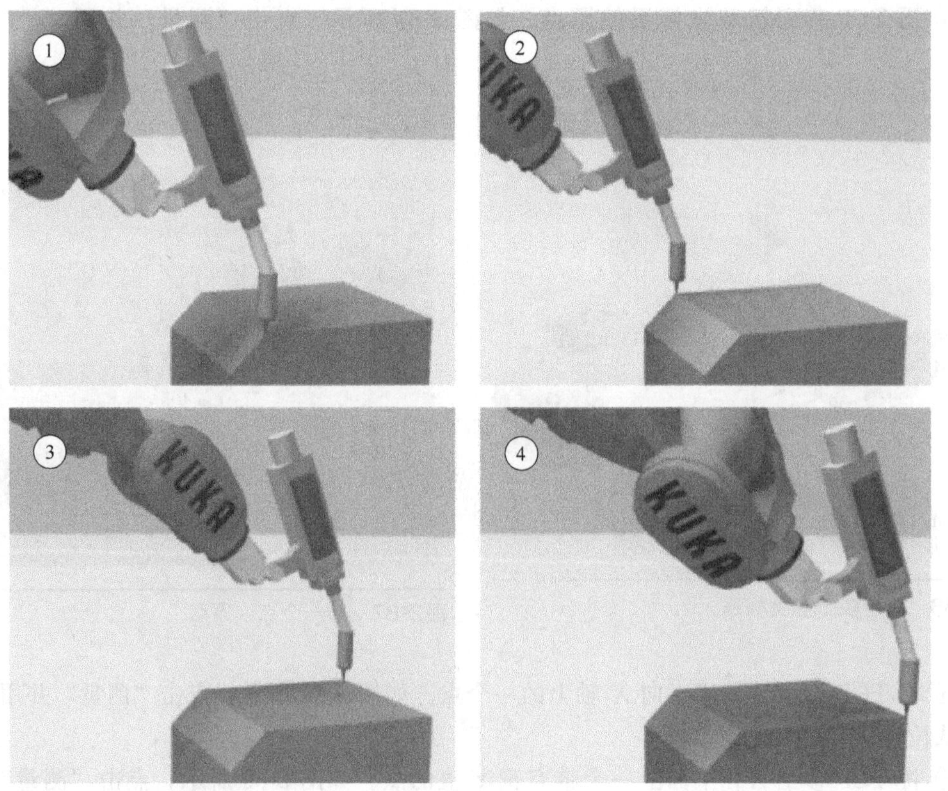

图2-90　间接法

(1) 前提条件

① 连接法兰处已经安装了测量过的工具。

② 新基坐标系的 4 个点的坐标已知，例如从 CAD 中得知。这 4 个点对于 TCP 来说是可以到达的。

③ 运行方式为 T1。

(2) 操作步骤

① 在主菜单中选择“投入运行”→“测量”→“基坐标”→“间接”。

② 为基坐标系分配一个号码和一个名称，用“继续”键确认。

③ 输入已安装工具的编号，用“继续”键确认。

④ 输入新基坐标系的一个已知点的坐标，并用 TCP 移至该点，点击“测量”，点击“是”回答安全询问。

⑤ 把第④步重复三次。

⑥ 在需要时，可以让测量点的坐标和姿态以增量和角度显示（以法兰坐标系为基准）。为此按下“测量点”，然后通过“退回”返回到上一个视图。

⑦ 按下保存。

2.3.2.4　数字输入

已知下列数值，例如从 CAD 中获得：基座的原点与世界坐标系原点的距离；基座坐标轴相对于世界坐标系的旋转角度。

① 在主菜单中选择“投入运行”→“测量”→“基坐标系”→“数字输入”。

② 为基坐标系给定一个号码和一个名称，用“继续”键确认。

③ 输入数据，用“继续”键确认。

④ 按下“保存”键。

2.3.3　测量固定工具

机器人控制系统将外部 TCP 作为基础坐标系、工件作为工具坐标系予以存储。总共最多可以存储 32 个基础坐标系统以及 16 个工具坐标系统。

2.3.3.1　固定工具的测量

(1) 固定工具测量步骤

如图 2-91 所示，固定工具的测量分为两步：

① 确定固定工具的外部 TCP 和世界坐标系原点之间的距离。

② 根据外部 TCP 确定该坐标系姿态。

以 WORLD（或者 ROBROOT）为基准管理外部 TCP，即等同于基坐标系。

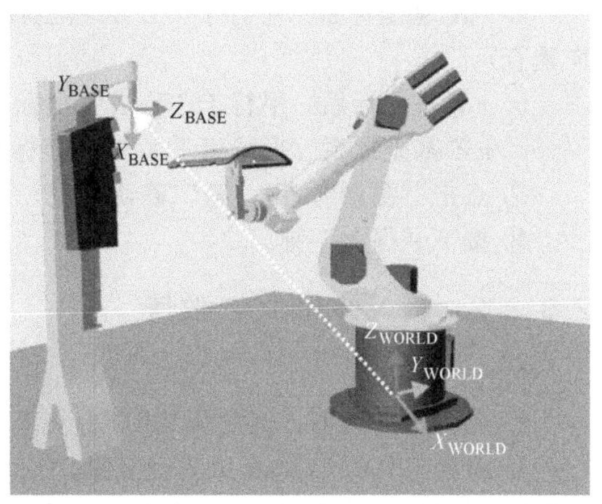

图2-91　固定工具的测量

(2) 测量说明

① 如图 2-92 所示，确定 TCP 时需要一个

由机器人引导的已测工具。

② 如图 2-93 所示，确定姿态时要将法兰的坐标系校准至平行与新的坐标系。有两种方式：

a. 5D：只将固定刀具的作业方向告知机器人控制器。该作业方向被默认为 X 轴，其他轴的姿态将由系统确定，对用户来说，不是很容易地就能识别。

b. 6D：所有 3 个轴的姿态都将告知机器人控制系统。

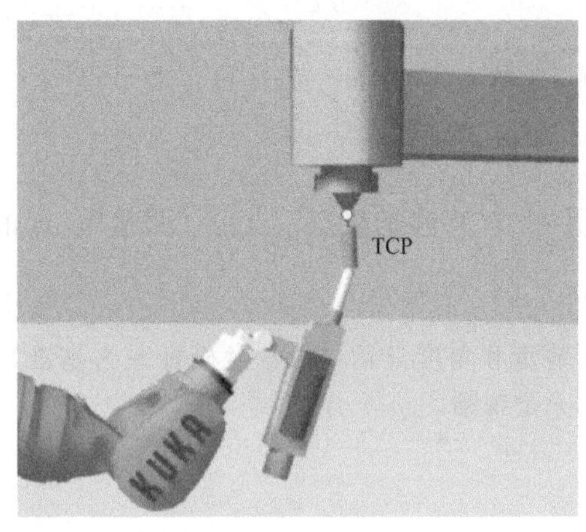

图2-92 移至外部 TCP

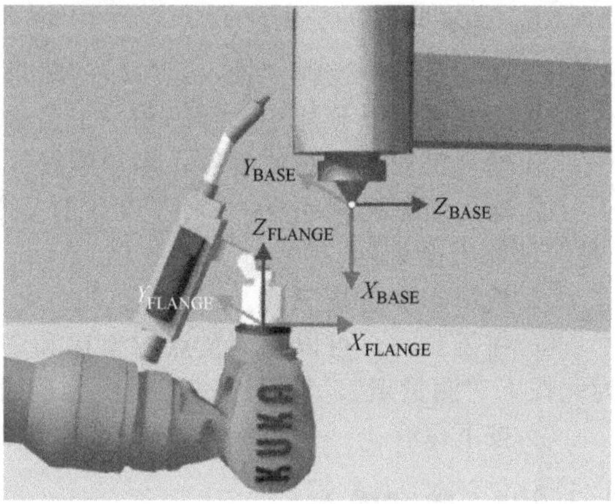

图2-93 对坐标系进行平行校准

(3) 操作步骤

① 在主菜单中选择“投入运行”→“测量”→“固定工具”→“工具”。

② 为固定工具指定一个号码和一个名称，用“继续”键确认。

③ 输入所用参考工具的编号，用“继续”键确认。

④ 在“5D/6D”栏中选择一种规格，用“继续”键确认。

⑤ 用已测量工具的 TCP 移至固定工具的 TCP，点击“测量”，用“是”确认位置。

⑥ 如果选择了“5D”：将 $+X$ 基坐标系平行对准 $-Z$ 法兰坐标系（也就是将连接法兰调整成与固定工具的作业方向垂直）。

如果选择了“6D”：应对连接法兰进行调整，使得它的轴平行于固定工具的轴：

a. $+X$ 基坐标系　平行于 $-Z$ 法兰坐标系（也就是将连接法兰调整成与工具的作业方向垂直）。

b. $+Y$ 基坐标系　平行于 $+Y$ 法兰坐标系。

c. $+Z$ 基坐标系　平行于 $+X$ 法兰坐标系。

⑦ 点击“测量”，用“是”确认位置。

⑧ 按下“保存”键。

2.3.3.2 输入外部 TCP 数值

(1) 前提条件

① 已知下列数值，例如从 CAD 中获得：

a. 固定工具的 TCP 至世界坐标系（X，Y，Z）原点的距离。

b. 固定工具轴相对于世界坐标系（A，B，C）的转度。

② 运行方式为 T1。

(2) 操作步骤

① 在主菜单中选择“投入运行”→“测量”→“固定工具”→“数字输入”。

② 为固定工具给定一个号码和一个名称，用“继续”键确认。

③ 输入数据，用“继续”键确认。

④ 按下“保存”键。

图2-94　通过直接测量的方法测量工件

2.3.3.3　测量工件：直接法

直接测量，如图 2-94 所示。

(1) 说明

如图 2-95 所示，机器人控制系统将得知工件的原点和其他 2 个点。此 3 个点将该工件清楚地定义出来。

(2) 操作步骤

① 选择菜单序列“投入运行”→“测量”→“固定工具”→“工件”→“直接测量”。

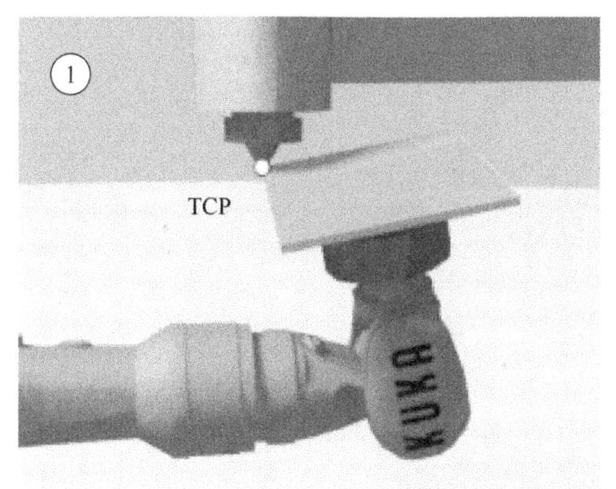

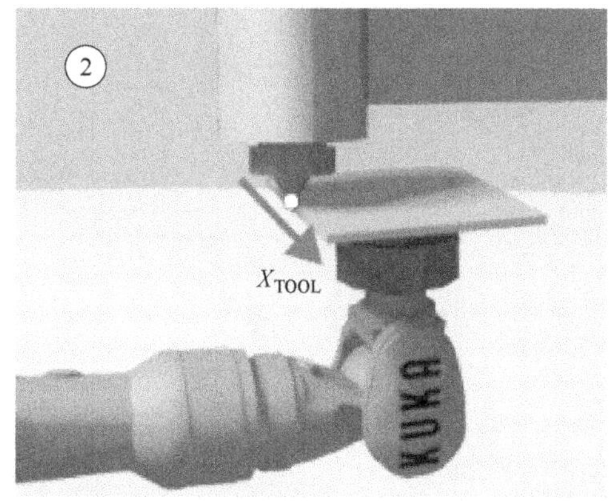

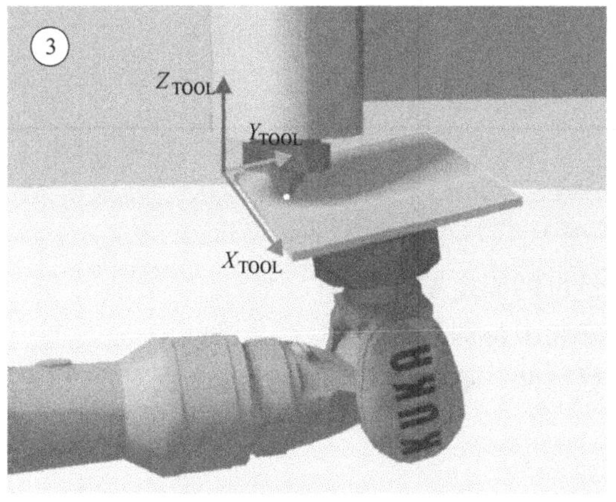

图2-95　直接法

② 为工件分配一个编号和一个名称，用“继续”键确认。

③ 输入固定工具的编号，用“继续”键确认。

④ 将工件坐标系的原点移至固定工具的 TCP 上，点击“测量”键并用“是”确认位置。

⑤ 将在工件坐标系的正向 X 轴上的一点移至固定工具的 TCP 上，点击“测量”键并用“是”确认位置。

⑥ 将一个位于工件坐标系的 XY 平面上、且 Y 值为正的点移至固定工具的 TCP 上，点击“测量”键并用“是”确认位置。

⑦ 输入工件负载数据，然后按下“继续”。

⑧ 按下“保存”键。

2.3.3.4 测量工件：间接法

如图 2-96 所示，机器人控制系统在 4 个点（其坐标必须已知）的基础上计算工件，将不用移至工件原点。

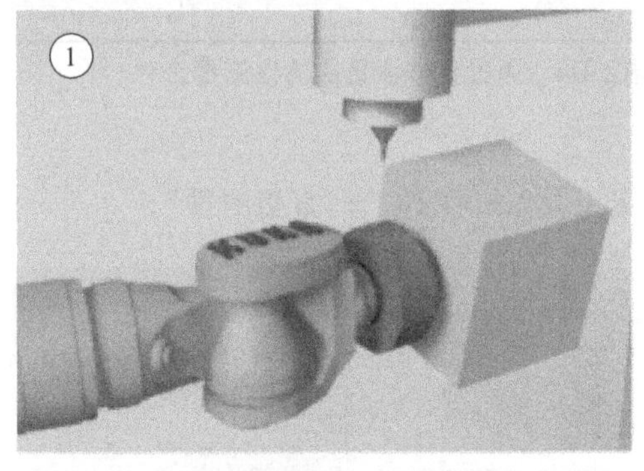

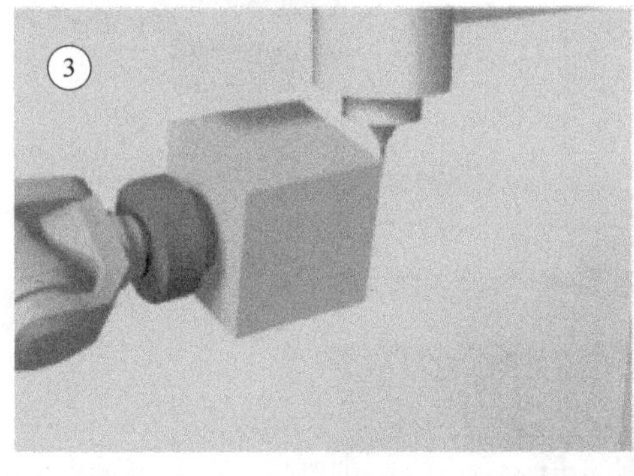

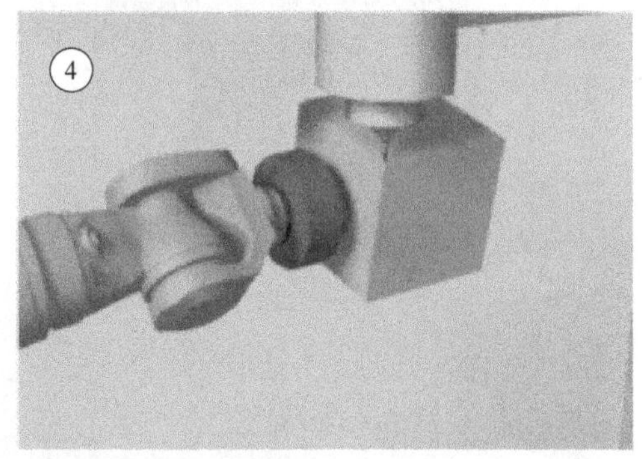

图2-96 测量工件：间接法

(1) 前提条件

① 已安装一个已测量过的固定工具。

② 连接法兰处已经安装了待测量的工件。

③ 新工件的 4 点坐标已知，如通过 CAD。这 4 个点对于 TCP 来说是可以到达的。

④ 运行方式为 T1。

(2) 操作步骤

① 在主菜单中选择“投入运行”→“测量”→“固定工具”→“工件”→“间接测量”。

② 为工件分配一个编号和一个名称，用“继续”键确认。

③ 输入固定工具的编号，用“继续”键确认。

④ 输入工件的一个已知点的坐标，用此点移至固定工具的 TCP，点击“测量”，点击“是”回答安全询问。

⑤ 把第④步重复三次。

⑥ 输入工件的负荷数据（如果要单独输入负荷数据，则可以跳过该步骤）。

⑦ 用“继续”键确认。

⑧ 在需要时，可以让测量点的坐标和姿态以增量和角度显示（以法兰坐标系为基准）。为此按下“测量点”，然后通过“退回”返回到上一个视图。

⑨ 按下“保存”。

2.3.4 工具/基坐标系改名

2.3.4.1 前提条件

运行方式为 T1。

2.3.4.2 操作步骤

① 在主菜单中选择“投入运行”→“测量”→“工具或基坐标系”→“更改名称”。

② 标记工具或基坐标系并按“名称”。

③ 输入新的名称并用“保存”确认。

2.3.5 线性滑轨

如图 2-97 所示，KUKA 线性滑轨是一个安装在地板或者天花板上的独立单轴线性滑轨。线性滑轨用于机器人的直线运行，由机器人控制系统像对附加轴那样控制。

线性滑轨是一个 ROBROOT 动作装置。线性滑轨移动时机器人在世界坐标系中的位置发生变化。机器人在世界坐标系中的当前位置由矢量 $ROBROOT _ C 来描述。$ROBROOT _ C 组成如下。

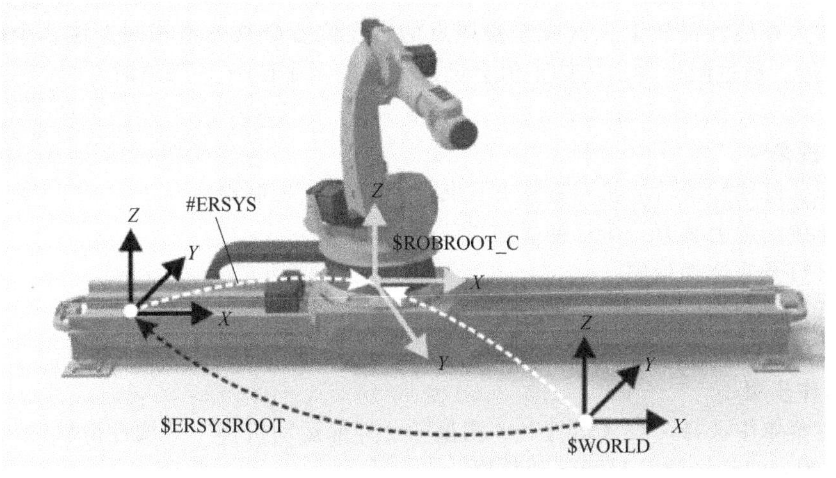

图2-97 ROBROOT 动作-线性滑轨

① $ERSYSROOT（静态部分）：线性滑轨的基点数值，针对$WORLD。默认基点数值为线性滑轨的零位，且与$MAMES相关。

② #ERSYS（动态部分）：机器人在线性滑轨上的当前位置，针对$ERSYSROOT。

2.3.5.1 检查是否必须测量线性滑轨

(1) 说明

机器人位于线性滑轨的法兰上。在理想情况下，机器人的ROBROOT坐标系与线性滑轨的法兰坐标系一致。事实上这里常常会有微小的误差，且可能会导致无法正确驶入位置。通过测量可计算并修正这些误差（线性滑轨运动方向上的转度不能修改，但它们并不会导致在驶入位置时发生错误）。如果没有误差，则无须测量线性滑轨。按照以下操作步骤可检查是否需要测量滑轨。

(2) 前提条件

① 已配置好线性滑轨的机器数据并已传输到机器人控制器。

② 在连接法兰上装有一个已测量过的工具。

③ 没有打开或选择程序。

④ 运行方式为T1。

(3) 操作步骤

① 将TCP对准到任意点并观察。

② 按笛卡儿坐标移动线性滑轨（非轴坐标式）。

a. 如果TCP停止不动，则无须测量线性轴。

b. 如果TCP运动，则必须测量线性轴。

如果已知测量数据（例如从CAD中），则可以直接输入这些数据。

2.3.5.2 测量线性滑轨

(1) 说明

测量时会用一个已经过测量的工具的TCP3次驶入参照点。

① 参照点可以任意选择。

② 机器人在线性滑轨上3次驶至参照点的出发位置必须各不相同。这3个出发位置必须相隔足够远。通过测量得出的修正值会进入系统变量$ETx_TFLA3。

(2) 前提条件

① 已配置好线性滑轨的机器数据并已传输到机器人控制器。

② 在连接法兰上装有一个已测量过的工具。

③ 没有打开或选择程序。

④ 运行方式为T1。

(3) 操作步骤

① 在主菜单中选择“投入运行”→“测量”→“外部运动机构”→“线性滑轨”。机器人控制系统自动检测到线性滑轨并显示下列数据：

a. 外部运动系统编号：外部运动系统的编号（1～6）（$EX_KIN）。

b. 轴：附加轴的编号（1～6）（$ETx_AX）。

c. 外部运动系统的名称（$ETx_NAME）（如果机器人控制系统无法检测到这些值，例如因尚未配置线性滑轨，则无法继续测量）。

② 用运行键“+”移动线性滑轨。

③ 规定线性滑轨是沿“+”还是沿“-”方向运动。用“继续”键确认。

④ 用 TCP 驶至参照点。

⑤ 点击“测量”。

⑥ 重复步骤④和⑤两次，但在每次重复前均移动线性滑轨，以便可从不同的出发位置驶入参照点。

⑦ 按下“保存”键，测量数据即被存储。

⑧ 现在显示是否要修正已示教位置的询问。

a. 如果在测量之前还没有对任何位置进行过示教，用“是”或者“否”来回答询问则无关紧要。

b. 如果在测量之前对某些位置进行过示教，若用“是”回答询问，则这些位置被自动用基坐标 0 进行修正，其他的位置不被修正；若用“否”回答询问，则所有的位置都不被修正。

(4) 安全

测量线性滑轨后，必须执行以下安全措施：

① 检查线性滑轨的软件限位开关，必要时进行调整。

② 在 T1 中测试程序，否则会导致财产损失。

2.3.5.3 输入线性滑轨数值

(1) 前提条件

① 已配置好线性滑轨的机器数据并已传输到机器人控制器。

② 没有打开或选择程序。

③ 已知下列数值，例如从 CAD 中获得：

a. 机器人足部法兰至 ERSYSROOT 坐标系（X，Y，Z）原点的距离。

b. 机器人足部法兰相对于 ERSYSROOT 坐标系（A，B，C）的方向。

④ 运行方式为 T1。

(2) 操作步骤

① 在主菜单中选择“投入运行”→“测量”→“外部运动系统”→“线性滑轨”（数字）。机器人控制系统自动检测到线性滑轨并显示下列数据：

a. 外部运动系统编号：外部运动系统的编号（1～6）。

b. 轴：附加轴的编号（1～6）。

c. 外部运动系统的名称运动系统（如果机器人控制系统无法检测到这些值，例如因尚未配置线性滑轨，则无法继续测量）。

② 用运行键“+”移动线性滑轨。

③ 规定线性滑轨是沿“+”还是沿“-”方向运动。用“继续”键确认。

④ 输入数据。用“继续”键确认。

⑤ 按下“保存”键。测量数据即被存储。

⑥ 现在显示是否要修正已示教位置的询问。

a. 如果在测量之前还没有对任何位置进行过示教，用“是”或者“否”来回答询问则无关紧要。

b. 如果在测量之前对某些位置进行过示教，若用“是”回答询问，则这些位置被自动用基坐标 O 进行修正，其他的位置不被修正；若用“否”回答询问，则所有的位置都不被修正。

(3) 安全

测量线性滑轨后，必须执行以下安全措施：

① 检查线性滑轨的软件限位开关，必要时进行调整。

② 在 T1 中测试程序，否则会导致财产损失。

2.3.6 测量外部动作

必须测量外部运动系统，从而使运动系统的轴与机器人轴的运动同步并且数学上耦合。外部运动系统可能是旋转倾卸台或定位设备。此方法不能用于线性滑轨。外部动作的测量步骤见表 2-28。

表 2-28 外部动作的测量

步骤	说 明
1	测量外部动作的基点 如果测量数据已知,则可将其直接输入
2	如果外部运动系统上有一个工件:测量工件的基坐标系 如果测量数据已知,则可将其直接输入
	如果外部运动系统上安装了一个工具:测量外部工具 如果测量数据已知,则可将其直接输入

2.3.6.1 测量基点

为了使机器人的运行与动作数学上协调一致，机器人必须能识别动作的精确位置。此位置由基点测量得出。

如图 2-98 所示，将一个已测量工具的 TCP4 次驶入运动系统上的参照点。参照点的位置必须每次都不同。这可以通过移动运动系统的轴来实现。机器人控制系统会根据参照点的不同位置计算出运动系统的基点。

如果使用库卡的外部运动系统，则参照点在系统变量 $ETx_TPINFL 中进行了配置。它包含着参照点相对于运动系统法兰坐标系的位置（x＝运动系统的编号）。此外还在运动系统上标记了参照点。测量时必须驶至此参照点。对于并非库卡出品的外部运动系统，必须在机器数据中配置参照点。机器人控制器将基点的坐标保存为基础坐标系。

(1) 前提条件

① 已配置好运动系统的机器数据并已传输到机器人控制器。

② 已知外部运动系统的编号。

③ 在连接法兰上装有一个已测量过的工具。

④ 由专家用户组更改参数 $ETx_TPINFL。

⑤ 运行方式为 T1。

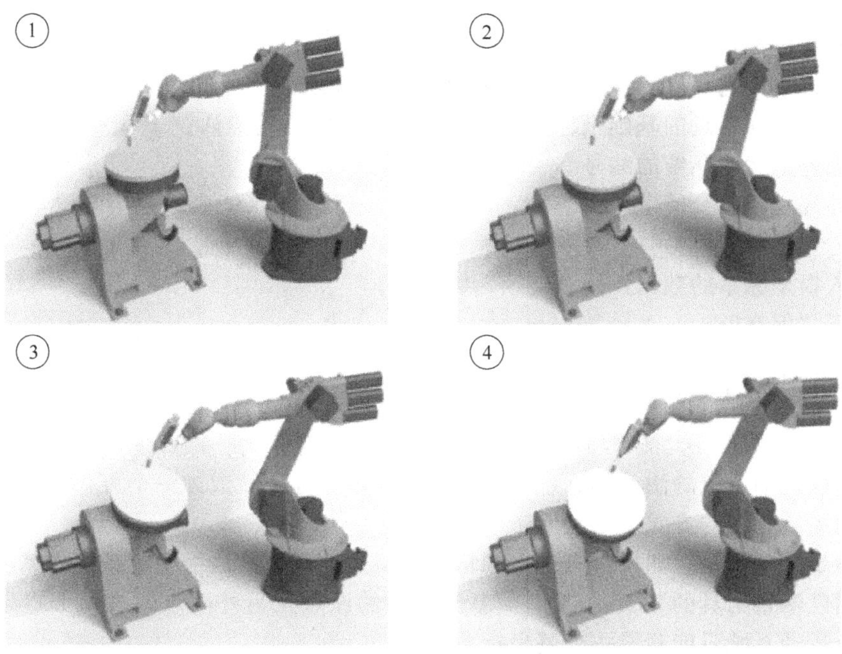

图2-98　基点测量原理

(2) 操作步骤

① 在主菜单中选择“投入运行”→“测量”→“外部运动系统”→“基点”。

② 选择应保存基点的基础坐标系的编号，用“继续”键确认。

③ 输入外部运动系统的编号。

④ 为外部运动系统给定一个名称，用“继续”键确认。

⑤ 输入参考工具的编号，用“继续”键确认。

⑥ 将显示 $ETx_TPINFL 的值。

a. 如果该值不正确，在专家用户组中可更改这个值。

b. 如果该值正确，用“继续”键确认。

⑦ 用 TCP 驶至参照点。

⑧ 点击“测量”，用“继续”键确认。

⑨ 重复步骤⑦和⑧三次。每次重复之前都要移动运动系统，以便能从不同的出发位置驶入参照点。

⑩ 按下“保存”键。

2.3.6.2　输入基点数值

(1) 前提条件

① 已知下列数值，例如从 CAD 中获得：

a. ROOT（根）坐标系的原点至 WORLD（世界）坐标系（X，Y，Z）原点的距离。

b. 根坐标系相对于世界坐标系（A，B，C）的方向。

② 已知外部运动系统的编号。

③ 运行方式为 T1。

(2) 操作步骤

① 在主菜单中选择“投入运行”→“测量”→“外部运动系统”→“基点”（数字）。

② 选择应保存基点的基础坐标系的编号，用“继续”键确认。

③ 输入外部运动系统的编号。

④ 为外部运动系统给定一个名称，用“继续”键确认（该名称也会自动与基础坐标系对应）。

⑤ 输入根坐标系的数据，用“继续”键确认。

⑥ 按下“保存”。

2.3.6.3 测量工件基坐标系

如图 2-99 所示，在此测量中，用户分配给运动系统上的一个工件一套基础坐标系。该基础坐标系以运动系统的法兰坐标系为基准。这样基坐标系就成为一个可移动基坐标系，并按照与运动系统相同的方式运动。

无须测量基坐标系。如果没有进行测量，则将运动系统的法兰坐标系用作基坐标系。在测量时，用已测量工具的 TCP 驶至所需基坐标系的原点及另外两点，这 3 个点定义了基坐标系。每个运动系统只能测量一个基坐标系。

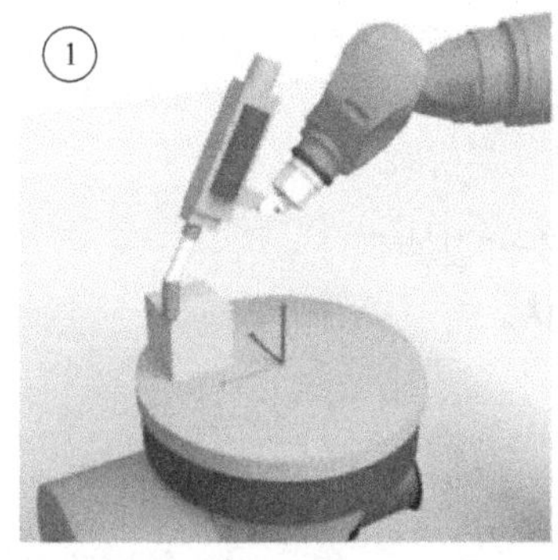

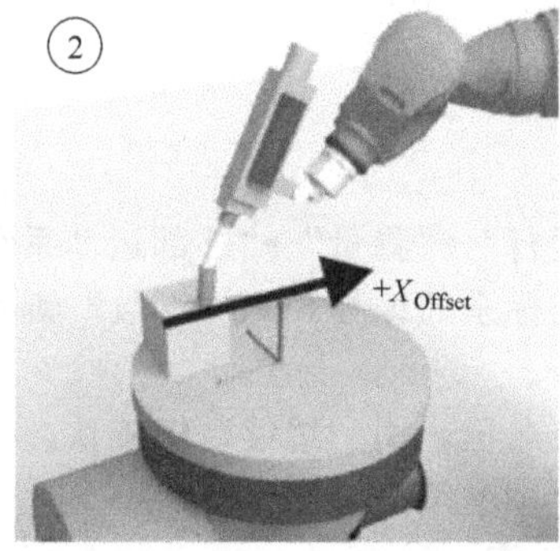

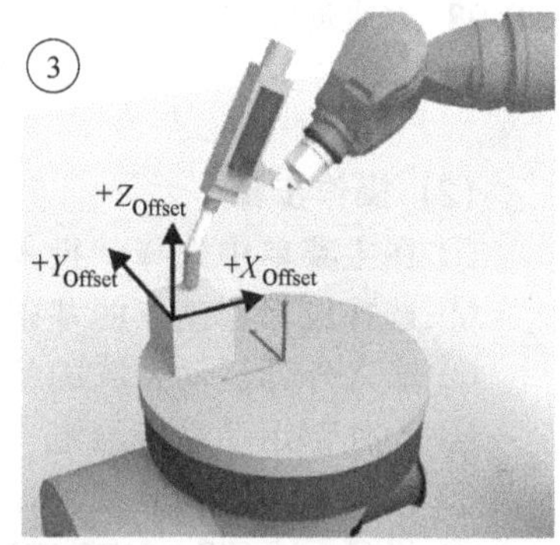

图2-99 基本测量原理

(1) 前提条件

① 已配置好运动系统的机器数据并已传输到机器人控制器。

② 在连接法兰上装有一个已测量过的工具。

③ 已测量外部运动系统的基点。

④ 已知外部运动系统的编号。

⑤ 运行方式为 T1。

(2) 操作步骤

① 在主菜单中选择“投入运行”→“测量”→“外部运动系统”→“偏差”。

② 选择保存着基点的基础坐标系的编号，将显示基础坐标系的名称，用“继续”键确认。

③ 输入外部运动系统的编号，将显示外部运动系统的名称，用“继续”键确认。

④ 输入参考工具的编号，用“继续”键确认。

⑤ 将 TCP 驶至工件基坐标系的原点，点击“测量”键并用“继续”键确认。
⑥ 将 TCP 驶至工件基坐标系正向 X 轴上的一个点，点击“测量”键并用“继续”键确认。
⑦ 将 TCP 移至 XY 平面上一个带有正 Y 值的点，点击“测量”键并用“继续”键确认。
⑧ 按下“保存”键。

2.3.6.4　输入工具基坐标系数值

(1) 前提条件

① 已知下列数值，例如从 CAD 中获得：
a. 工件基坐标系的原点至动作法兰坐标系（X，Y，Z）原点的距离。
b. 工件基坐标系轴相对于动作法兰坐标系（A，B，C）的旋转。
② 已测量外部运动系统的基点。
③ 已知外部运动系统的编号。
④ 运行方式为 T1。

(2) 操作步骤

① 在主菜单中选择“投入运行”→“测量”→“外部运动系统”→“偏差”（数字）。
② 选择保存着基点的基础坐标系的编号，将显示基础坐标系的名称，用“继续”键确认。
③ 输入外部运动系统的编号，将显示外部运动系统的名称，用“继续”键确认。
④ 输入数据，用“继续”键确认。
⑤ 按下“保存”键。

2.3.6.5　测量外部工具

在测量外部工具时，用户为安装在运动系统上的工具分配一套坐标系统。该坐标系以外部工具的 TCP 为其原点并以运动系统的法兰坐标系为基准。

首先，用户将安装在运动系统上的工具的 TCP 告知机器人控制系统。为此用一个已经测量过的工具移至 TCP。

之后，将工具的坐标系统取向告知机器人控制器。为此用户对一个已经测量过的工具坐标系平行于新的坐标系进行校准。有两种方式：

① 5D：用户将工具的碰撞方向告知机器人控制系统。该碰撞方向默认为 X 轴。其他轴的取向将由系统确定，用户对此没有影响力。

系统总是为其他轴确定相同的取向。如果之后必须对工具重新进行测量，比如在发生碰撞后，仅需要重新确定碰撞方向，而无须考虑碰撞方向的转度。

② 6D：用户将所有三个轴的取向告知机器人控制系统。如果使用 6D，建议对所有轴的校准情况进行记录。如果之后必须对工具重新进行测量，比如在发生碰撞后，必须像首次校准时那样对轴重新校准，以确保可以继续正确地移到现有的点。

机器人控制器将外部工具的坐标保存为基础坐标系。

(1) 前提条件

① 已配置好运动系统的机器数据并已传输到机器人控制器。
② 在连接法兰上装有一个已测量过的工具。
③ 已测量外部运动系统的基点。
④ 已知外部运动系统的编号。
⑤ 运行方式为 T1。

(2) 操作步骤

下述操作步骤适用于工具碰撞方向为默认碰撞方向（X 向）的情况。如果碰撞方向改为 Y 向或 Z 向，则操作步骤也必须相应地进行更改。

① 在主菜单中选择“投入运行”→“测量”→“固定工具”→“外部运动系统偏量”。

② 选择保存着基点的基础坐标系的编号，将显示基础坐标系的名称，用“继续”键确认。

③ 输入外部运动系统的编号，将显示外部运动系统的名称，用“继续”键确认。

④ 输入参考工具的编号，用“继续”键确认。

⑤ 在“5D/6D”栏中选择一种规格，用“继续”键确认。

⑥ 用已测量工具的 TCP 移至外部工具的 TCP，点击“测量”键并用“继续”键确认。

⑦ 如果选择“5D”：将 $+X$ 基础坐标系平行对准 $-Z$ 法兰坐标系（也就是将连接法兰调整至与外部工具的碰撞方向垂直的方向）。

⑧ 如果选择“6D”：应对连接法兰进行调整，使得它的轴平行于外部工具的轴：

a. $+X$ 基础坐标系平行于 $-Z$ 法兰坐标系（也就是将连接法兰调整至与外部工具的碰撞方向垂直的方向）。

b. $+Y$ 基础坐标系平行于 $+Y$ 法兰坐标系。

c. $+Z$ 基础坐标系平行于 $+X$ 法兰坐标系。

⑨ 点击“测量”键并用“继续”键确认。

⑩ 按下“保存”键。

2.3.6.6 输入外部工具数值

(1) 前提条件

① 已知下列数值，例如从 CAD 中获得：

a. 外部工具的 TCP 至动作法兰坐标系（X，Y，Z）原点的距离。

b. 外部工具轴相对于动作法兰坐标系（A，B，C）的旋转。

② 运行方式为 T1。

(2) 操作步骤

① 在主菜单中选择“投入运行”→“测量”→“固定工具”→“数字输入”。

② 为外部工具给定一个号码和一个名称，用“继续”键确认。

③ 输入数据，用“继续”键确认。

④ 按下“保存”键。

2.3.7 查询当前机器人位置

当前的机器人位置可通过两种不同方式显示。

(1) 轴极坐标

如图 2-100 所示，显示每根轴的当前轴角，该角等于与零点标定位置之间的角度绝对值。

(2) 笛卡儿式

如图 2-101 所示，在当前所选的基坐标系中显示当前 TCP 的当前位置（工具坐标系）。没有选择工具坐标系时，法兰坐标系适用；没有选择基坐标系时，世界坐标系适用。

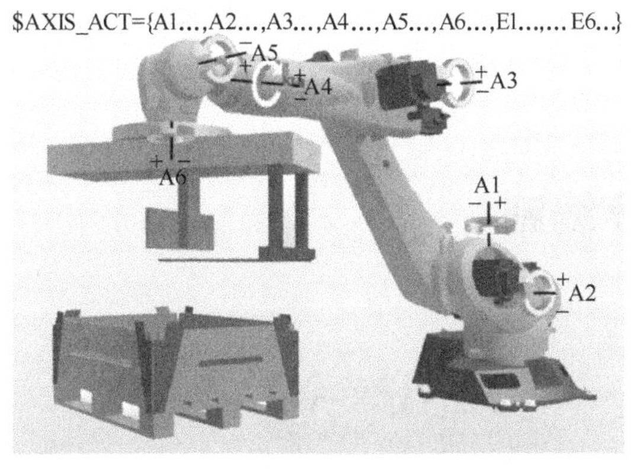

图2-100　轴坐标中的机器人位置

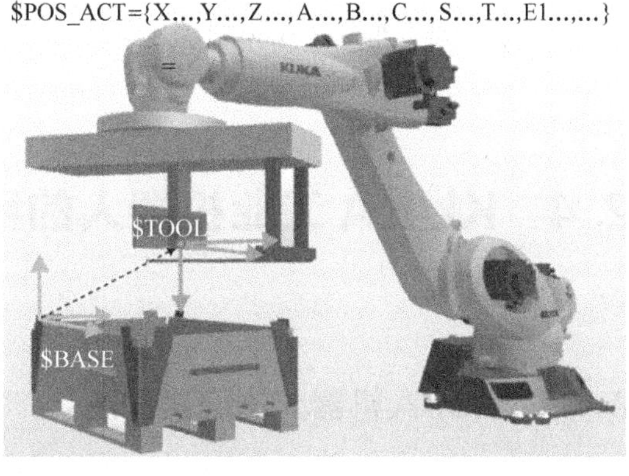

图2-101　笛卡儿位置

(3) 不同基坐标系中的笛卡儿位置

观察图 2-102 时，我们会立即意识到，机器人的三个位置都相同。位置指示器在这三种情况下显示不同的值。

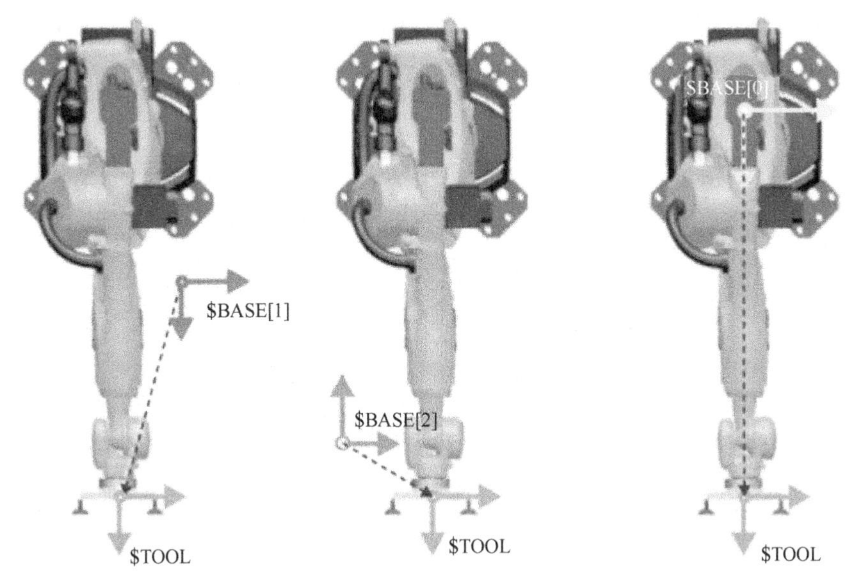

图2-102　三个机器人位置（一个机器人工位）

在相应的基坐标系中显示工具坐标系/TCP 的位置：

① 对于基坐标系 1。

② 对于基坐标系 2。

③ 对于基坐标系 $ NULLFRAME：这相当于机器人底座坐标系（通常也就是世界坐标系）。

仅当选择了正确的基坐标系和工具时，笛卡儿坐标系中的实际位置指示器才显示所期望的值。

(4) 显示机器人位置操作步骤

① 在菜单中选择“显示”→“实际位置”，将显示笛卡儿式实际位置。

② 按“轴坐标”以显示轴坐标式的实际位置。

③ 按“笛卡儿”以再次显示笛卡儿式的实际位置。

2.4 KUKA 工业机器人的程序编制

2.4.1 KUKA 机器人的编程方法

① 示教（teach-in）法在线编程　如图 2-103 所示。

② 离线编程　图形辅助的互动编程：模拟机器人过程，如图 2-104 所示。

③ 文字编程　借助于 smartPAD 界面在上级操作 PC 上的显示编程（也适用于诊断、在线适配调整已运行的程序），如图 2-105 所示。

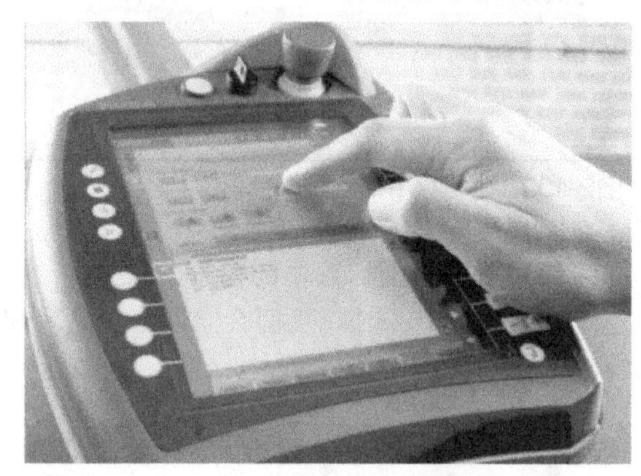

图2-103　利用库卡 smartPAD 进行机器人编程

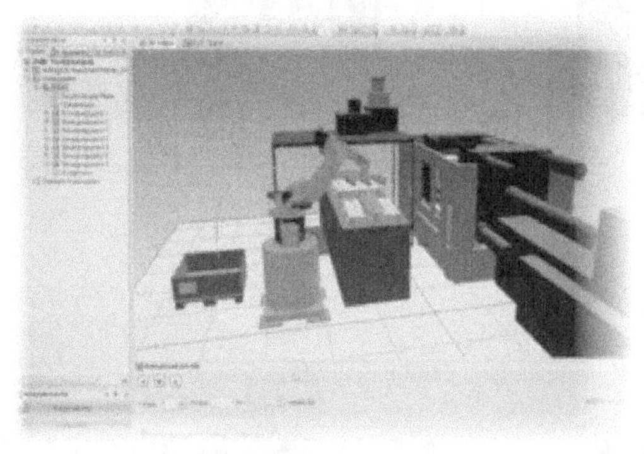

图2-104　用 KUKA WorkVisual 模拟

图2-105　用 KUKA OfficeLite 进行机器人编程

2.4.2 KUKA 机器人的编程基础

2.4.2.1　新建程序

在应用人员用户组中不可选择模板，将默认生成一个“模块”类型的程序。导航器已被显示。

① 在目录结构中选定要在其中建立程序的文件夹，例如文件夹程序（不是在所有的文件夹中都能建立程序）。

② 按下“新建”。

③ 仅限于在专家用户组中：窗口“选择模板”将自动打开。选定所需模板并用“OK”确认。

④ 输入程序名称，并点击“OK”确认。

2.4.2.2　新建文件夹

① 显示导航器。

② 在目录结构中选定要在其中创建新文件夹的文件夹，例如文件夹“R1”（不是在所有的文件夹中都能创建新文件夹）。在应用人员和操作人员用户组中，只能在文件夹“R1”中创建新的文件夹。

③ 按下“新建”。

④ 给出文件夹的名称，并用“OK”确认。

2.4.2.3　文件或文件夹重命名

① 导航器已被显示。

② 在目录结构中选中文件或待重命名的文件夹所在的文件夹。

③ 在文件列表中标记文件或文件夹。

④ 选择“编辑”→“改名”。

⑤ 用新名称覆盖原名称，并用“OK”确认。

2.4.2.4　导航器的文件管理器

(1) 导航器

导航器如图 2-106 所示，其说明见表 2-29。用户可在导航器中管理程序及所有系统相关文件。

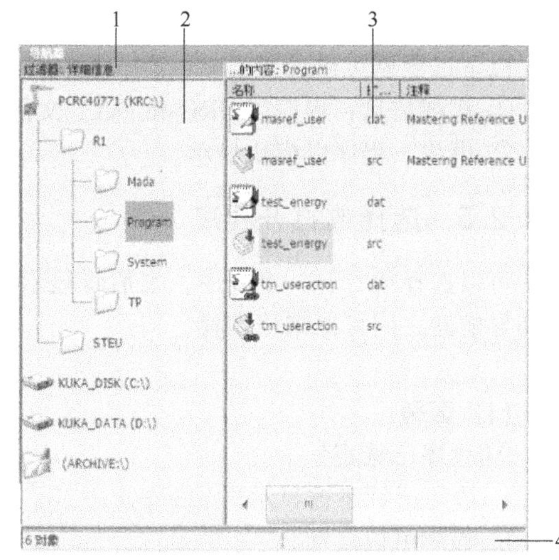

图2-106　导航器

1—标题行；2—目录结构；3—文件清单；4—状态行

表 2-29　导航器说明

序号	项目	说　明
1	标题行	左侧区域:显示所选的过滤器 右侧区域:显示在目录结构中选中了的目录或驱动器
2	目录结构	目录和驱动器概览。显示哪些目录和驱动器,则取决于用户组及配置
3	文件清单	显示在目录结构中选中了的目录或驱动器内容。以何种形式显示程序,则取决于所选择的过滤器 文件清单见表 2-30
4	状态行	①选中的对象 ②进行中的动作 ③用户对话 ④要求用户输入 ⑤安全询问

表 2-30　文件清单

列	说　明
名称	目录名称或文件名称
扩展名	文件扩展名,此列在应用人员用户组中不显示
注释	注释
属性	操作系统和基本系统属性;此列在应用人员用户组中不显示
#	文件上的更改数量
修改时间	最后一次修改的日期和时间
创建时间	创建的日期和时间;此列在应用人员用户组中不显示

（2）选择过滤器

“应用人员”用户组无法使用本功能。过滤器决定了在文件清单中如何显示程序。专家用户组。

① 选择菜单序列“编辑”→“过滤器”。

② 在导航器的左侧区域选中所需的过滤器。

③ 用按键“OK”确认。

以下过滤器可供选择。

① 详细信息：程序以 SRC 和 DAT 文件形式显示（默认设置）。

② 模块：程序以模块显示。

2.4.2.5 选择或打开程序

可以选择或打开一个程序。之后将显示出一个编辑器和程序，而不是导航器。在程序显示和导航器之间可以来回切换。

（1）区别

① 程序已选定

a. 语句指针将被显示。

b. 程序可以启动。

c. 可以有限地对程序进行编辑。

选定的程序尤其适用于应用人员用户组进行编辑的情况。

例如：不允许使用多行的 KRL 指令（例如 LOOP... ENDLOOP）。

d. 在取消选择时，无须回答安全提问即可应用更改。如果对不允许的更改进行了编程，则会显示出一则故障信息。

② 程序已打开

a. 程序不能启动。

b. 程序可以编辑。打开的程序尤其适用于专家用户组进行编辑的情况。

c. 关闭时会弹出一个安全询问。可以应用或取消更改。

（2）选择和取消选择程序

如果在专家用户群中对一个选定程序进行了编辑，则在编辑完成后必须将光标从被编辑行移开至另外任意一行中。只有这样才能保证在程序被取消选择时可以保存编辑内容。

① 运行方式为 T1、T2 或 AUT。

② 在导航器中选定程序并按“选择”。

编辑器中将显示该程序。至于选定的是一个模块、还是一个 SRC 文件或一个 DAT 文件则无关紧要，编辑器中始终显示 SRC 文件。

③ 启动或编辑程序。

④ 重新取消选择程序：

选择“编辑”→“取消选择程序”。或在状态栏中触摸状态显示“机器人解释器”。一个窗口自动打开，选择取消程序。

在取消选择时，无须回答安全提问即可应用更改。如果程序正在运行，则在取消程序选择前必须将程序停止；如果已选定了一个程序，则状态显示“机器人解释器会显示该程序”，如图 2-107 所示。

(3) 打开程序

运行方式为 T1、T2 或 AUT，在外部自动运行（AUTEXT）方式下可以打开一个程序，但是不能对其进行编辑。

① 在导航器中选定程序并按“打开”，如图 2-108 所示，编辑器中将显示该程序。

如果选定了一个模块，SRC 文件将显示在编辑器中；如果选定了一个 SRC 或 DAT 文件，则相应的文件会显示在编辑器中。

② 编辑程序。

③ 关闭程序。

④ 为应用更改，点击“是”回答安全询问。

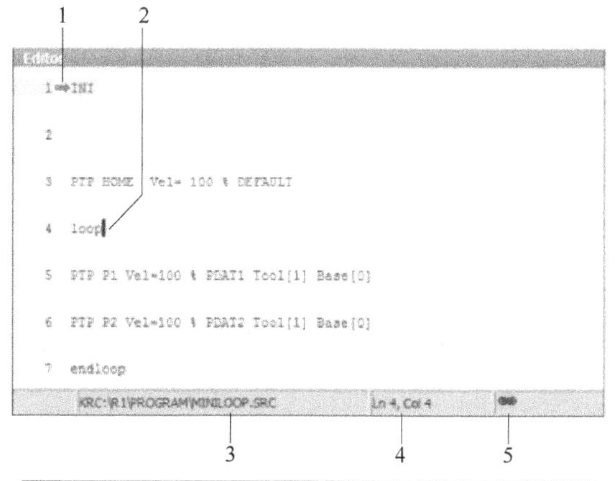

图2-107　程序已选定

1—语句指针；2—光标；3—程序的路径和文件名；4—程序中光标的位置；5—该图标显示程序已被选定

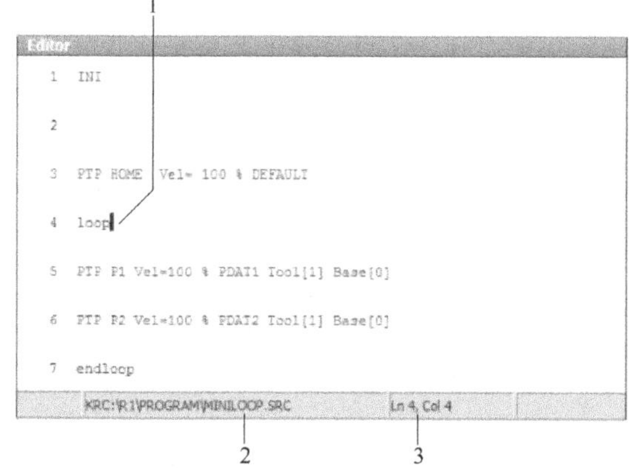

图2-108　程序已打开

1—光标；2—程序的路径和文件名；3—程序中光标的位置

(4) 在导航器和程序之间切换

如果已选定或打开了一个程序，则仍可以重新显示导航器，而不必取消选择程序或关闭程序，然后可以重新返回程序。

① 程序已选定

a. 从程序切换到导航器：选择菜单序列“编辑”→“导航器”。

b. 从导航器切换到程序：点击“程序”。

② 程序已打开

a. 从程序切换到导航器：选择菜单序列“编辑”→“导航器”。

b. 从导航器切换到程序：点击“编辑器”。

必须先停止正在运行或已暂停的程序，才能使用这里提及的菜单序列和按键。

2.4.2.6　打开/关闭程序段

(1) 显示/隐藏 DEF 行

默认为不显示 DEF 行。如果显示 DEF 行，则在程序中只能执行说明部分。对于那些打开并选择了的程序来说，DEF 行将分别显示或隐藏。如果详细说明界面打开，则 DEF 行将显示出来，无须专门进行显示操作。应用于专家用户群，已选定或者已打开程序。

① 选择菜单序列“编辑”→“视图”。子项“DEF 行”显示当前状态：

未勾选：隐藏 DEF 行。

勾选：显示 DEF 行。

✔ DEF 行

② 为改变状态，触摸菜单选项“DEF 行”，之后菜单自动关闭。

(2) 显示“详细显示”

此时详细说明显示将默认关闭，以保证程序显示清晰明了。如果打开了详细显示，则隐藏程序行将被显示出来，例如 FOLD、ENDFOLD 语句行以及 DEF 语句行。

对于那些已打开并选择了的程序，将分别显示或关闭其详细显示，应用于专家用户组。

① 选择菜单序列“编辑”→“视图”。子项“详细显示”（ASCII）显示当前状态：

未勾选：此详细说明界面已被关闭。

勾选：此详细说明界面已被打开。

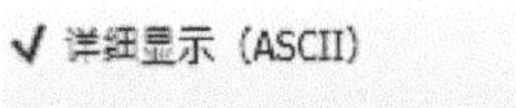

✔ 详细显示（ASCII）

② 为改变状态，触摸菜单选项“详细显示（ASCII）”，之后菜单自动关闭。

(3) 启动或关闭“换行”

如果出现宽于程序窗口的一行，则将默认换行。该换行部分则没有行号，并用一个黑色的 L 形箭头标记，如图 2-109 所示。

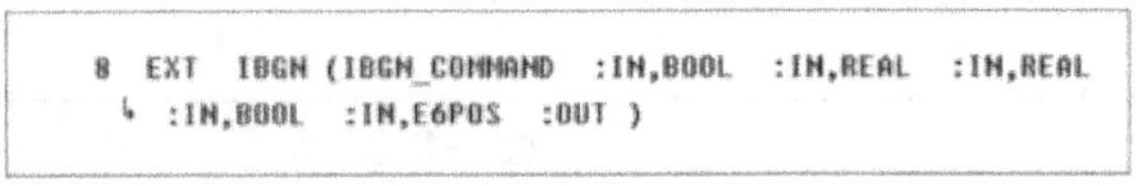

```
8  EXT  IBGN (IBGN_COMMAND  :IN,BOOL  :IN,REAL  :IN,REAL
  ↳ :IN,BOOL  :IN,E6POS  :OUT )
```

图2-109 换行

可关闭换行功能。如果行比程序窗口更宽，那么它不再是全部可见。程序窗口下显示一个滚动条。对于那些已打开并选择了的程序，将分别启用或关闭此换行功能。应用于专家用户群，并已选定或者已打开程序。

① 选择菜单序列“编辑”→“视图”。子项“换行”显示当前状态：

未勾选：此换行功能即被关闭。

勾选：此换行功能即被打开。

✔ 换行

② 为改变状态，触摸菜单选项“换行”，之后菜单自动关闭。

2.4.2.7 编辑程序

对一个正在运行的程序无法进行编辑。在外部自动运行（AUTEXT）方式下不能对程序进行编辑。

(1) 插入注释或印章

插入注释就是插入任意文本，如图 2-110 所示；印章是一个增添了系统日期、时间和用户识别标识的注释，如图 2-111 所示。要求已选定或者已打开程序，运行方式为 T1。

① 选中其后应插入注释或印章的那一行。

② 选择菜单序列“指令”→“注释”→“正常”或“印章”。

③ 输入所希望的数据。如果事先已经插入了注释或印章，则联机表格中还保留着相同数据。插入注释时，可用“新文本”来清空注释栏，以便输入新的文字。插入印章时，还可用“新时间”来更新系统时间，并用“新名称”清空“名称栏”。

④ 用指令“OK”存储。

图2-110　注释的联机表单

1—注释

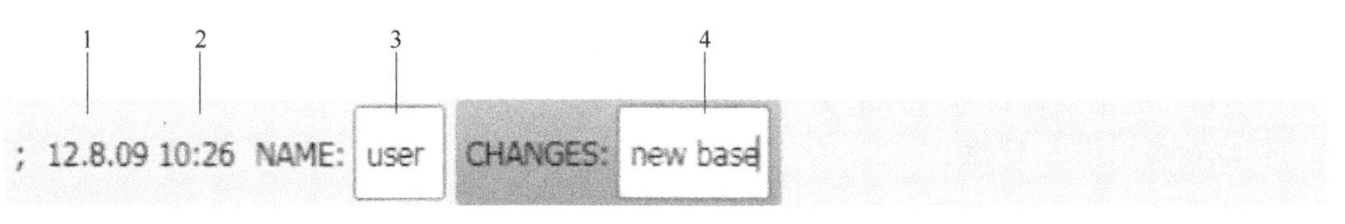

图2-111　印章的联机表格

1—系统日期（不可编辑）；2—系统时间；3—用户的名称或代码；4—任意文本

(2) 删除程序行

删除的程序行不能重新被恢复！如果一个包含有运动指令的程序行被删除，点名称和点坐标仍会保存在 DAT 文件中。该点可以应用到其他运动指令中，不必再次示教。已选定或者已打开程序，运行方式为 T1。

① 选定应删除的程序行（该程序行不必是彩色背景，如果光标位于程序行中，就足够了）。

如果要删除多个相连的程序行，用手指或指示笔下拉到所需的区域（该区域必须是彩色背景）。

② 选择菜单序列“编辑”→“删除”。

③ 点击“是”确认安全询问。

(3) 复制

已选定或者已打开程序。专家用户组，运行方式为 T1。

(4) 粘贴

已选定或者已打开程序。专家用户组，运行方式为 T1。

(5) 剪切

已选定或者已打开程序。专家用户组，运行方式为 T1。

(6) 搜索

已选定或者已打开程序。

(7) 替换

程序已打开。专家用户组，运行方式为 T1。

2.4.2.8 存档和还原数据

(1) 在U盘上存档

该操作步骤会在U盘上生成一个ZIP压缩文件。在默认情况下，这个文件名称与机器人名称相同。但在“机器人数据”下也可以为此文件确定一个自己的名称，必须使用一个无启动功能的U盘。

① 插上U盘（插在smartPAD或控制柜上）。

② 在主菜单中选择“文件”→“存档”→“USB（KCP）”或“USB（控制柜）”，然后选择所需的选项。

③ 点击“是”确认安全询问，将生成档案。当存档过程结束时，将在信息窗口中显示出来。

特殊情况“KrcDiag”：如果通过此菜单项存档，当存档过程结束时，将在一个单独的窗口中显示。之后该窗口将自行消失。

④ 现在可以拔下U盘。

(2) 保存在网络上

该操作步骤会在网络路径上生成一个压缩文件。在默认情况下，这个文件名称与机器人名称相同。但在“投入运行”→“机器人数据”下也可以为此文件确定一个自己的名称。

必须在窗口“机器人数据”中对用于存档的网络路径进行配置。若需要用户名和密码才可以在该路径上存档，则可以在此同样将它们输入。已配置好用作存档路径的网络路径。

① 在主菜单中选择“文件”→“存档”→“网络”，然后选择所需的子程序。

② 点击“是”确认安全询问，将生成档案。

当存档过程结束时，将在信息窗口中显示出来。特殊情况“KrcDiag”：如果通过此菜单项存档，当存档过程结束时，将在一个单独的窗口中显示，之后该窗口将自行消失。

(3) 日志存档

在主菜单中选择“文件”→“存档”→“运行日志”，将生成档案。当存档过程结束时，将在信息窗口中显示出来。

(4) 还原数据

在KSS8.3里只准载入KSS8.3的存档资料。如果载入其存档，则可能出现故障信息、机器人控制系统无法运行等现象。还原时可选择所有、应用、系统数据等菜单项。如果应由U盘还原数据，应已连接了含有该档案的U盘，可以将该U盘接到smartPAD或者机器人控制系统上。

① 在主菜单中选择“文件”→“还原”，然后选择所需的选项。

② 点击“是”确认安全询问。已存档的文件在机器人控制系统里重新恢复。当还原过程结束时，会出现一条提示信息。

③ 如果已从U盘完成还原，现在可以拔下U盘。

④ 机器人控制系统重新启动。

(5) 自动打包数据以便进行故障分析（KrcDiag）

如果必须由库卡机器人有限公司分析故障，则可以通过此操作步骤将所需的数据打包，以便将数据发送给库卡公司。该操作步骤会在 C:\KUKA\KRCDiag 上生成一个 zip 文件。此压缩文件内包含了库卡机器人有限公司进行故障分析所需的数据。这里也包括有关系统资源的信息、截屏和其他许多数据。

针对该数据包，自动生成 smartHMI 当前视图的截屏。因此，如果可以，会在开始生成截屏前于 smartHMI 上显示与故障相关的信息：例如扩展信息窗口或显示日志。

哪些信息适用，与具体情况有关。

在主菜单中选择“诊断”→“KrcDiag”，数据即被打包，进度将显示在一个窗口中。当此过程结束时，也会显示在这个窗口中。之后该窗口将自行消失。

此操作不能使用任何菜单项，而是使用 smartPAD 上的按键。因此也在没有 smartHMI 可供使用的情况下（例如因视窗操作系统出现问题）使用此操作。smartPAD 已插在机器人控制器上，机器人控制器已接通，必须在 2s 内按按键。此时 smartHMI 上是否显示主菜单和键盘无关紧要。

① 按主菜单按键并按住。

② 按键盘按键两次。

③ 放开主菜单按键。

数据即被打包，进度将显示在一个窗口中。当此过程结束时，也会显示在这个窗口中。之后该窗口将自行消失。

此外也可以通过“文件”→“存档”→“[...]”将数据打包。这里也可以将数据存放到 U 盘或网络路径中。

2.4.2.9 项目管理

(1) 项目管理窗口

通过 smartHMI 上的 WorkVisual 图标打开“项目管理”窗口。如图 2-112 所示，在

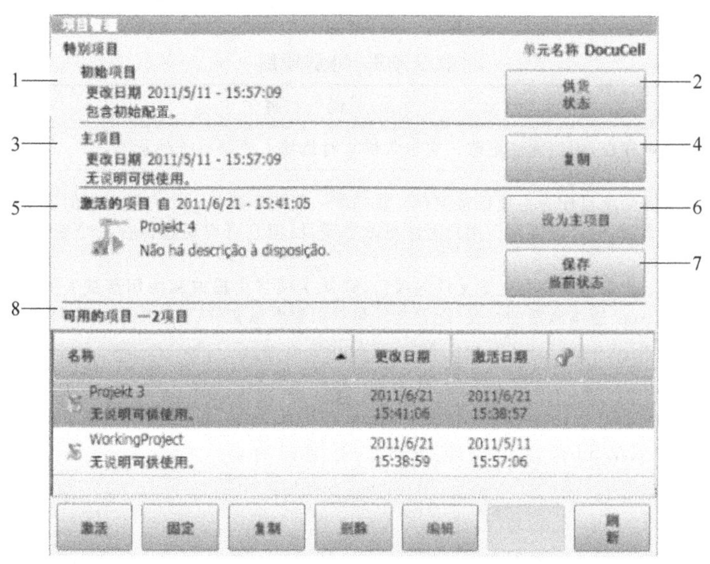

图2-112　窗口“项目管理”

KSS/VSS 更新时初始项目和主项目通过拷贝激活的项目被覆盖。其说明见表 2-31，其按键见表 2-32。在所有拷贝过程中都会打开一个窗口，可在其中输入拷贝的名称和说明。除了通常的项目，项目管理窗口还包含表 2-33 所示的特别项目。

表 2-31 窗口“项目管理”说明

项号	说　明
1	将显示初始项目
2	重新恢复机器人控制系统的供货状态。只限于专家以上的用户组使用
3	将显示主项目
4	建立主项目的一份副本。只限于专家以上的用户组使用
5	显示激活的项目
6	将激活的项目作为主项目保存。激活的项目保持激活状态。只限于专家以上的用户组使用
7	建立一份激活项目的固定副本。只限于专家以上的用户组使用
8	未激活项目的列表(主项目和初始项目除外)

表 2-32 按键说明

序号	按键	说　明
1	激活	激活选定的项目。如果所选定的项目被钉住，则建立一份所选定项目的拷贝(被钉住的项目本身不能激活，只能激活其副本)。然后，用户可以决定是要立即激活拷贝，还是要保留当前激活的项目。只限于专家以上的用户组使用
2	固定	只有当选定了一个未钉住的项目时才可用。只限于专家以上的用户组使用
3	松开	松开项目。只有当选定了一个钉住的项目时才可用。只限于专家以上的用户组使用
4	复制	复制选定的项目。只限于专家以上的用户组使用
5	删除	删除选定的项目。只有当选定了一个未激活、未钉住的项目时才可用。只限于专家以上的用户组使用
6	编辑	打开一个可更改所选定项目的名称和/或说明的窗口。只有当选定了一个未钉住的项目时才可用。只限于专家以上的用户组使用
7	刷新	更新项目列表。例如：如此可显示自打开显示以来传输到机器人控制系统中的项目

表 2-33 特别项目

项目	说　明
初始项目	初始项目总是存在，用户无法更改。它包含供货时机器人控制系统的状态
主项目	用户可将激活的项目作为主项目来保存。该功能一般用于确保一个有效可靠的项目状态 主项目不能激活，但可以复制。用户无法更改主项目，但它可以通过保存一个新的主项目被覆盖(在安全询问之后) 如果激活了一个未包含所有配置文件的项目，则从主项目里提取和应用所缺失的信息。例如某个项目由以前的 WorkVisual 版本激活的情况(配置文件包括机器参数文件、安全配置文件和其他很多文件)

(2) 备份项目

默认状态下备份激活的项目、初始项目、主项目等。

(3) 备选软件包

备选软件包中有一个 KOP 文件。备选软件包最初在 WorkVisual 中添加在项目中。现在项目在机器人控制系统中激活。备选软件包已经在激活的项目中通过“投入运行”→“辅助软件”安装。备选软件包在安装时作为单个 KOP 文件存在（不作为目录结构）。

（4）RDC 数据

备份时总会创建文件［机器人序列号］.RDC，它包含 CAL、MAM 和 PID 文件。并非总是所有文件都存在（取决于机器人）。

在主菜单中选择“文件”→“备份管理器”，备份成功后，机器人控制系统会显示信息。它会针对每个项目和备选软件包发出一条信息以及一条关于 RDC 数据的信息。如果目标目录中已经有相同的软件包版本，则不备份备选软件包。

（5）还原

① 有关还原的详细信息可在系统集成商操作及编程指南中找到。

② 项目和备选软件包只能与 RDC 数据分开还原。

③ 项目、备选软件包，对于还原操作本身而言，不需要特别的前提条件。

但是还原结束后，通常必须安装一个备选软件包并且/或激活一个项目。为此用户必须在专家用户组或更高级别的用户组。

④ 在还原 RDC 数据时，用户必须在专家用户组或更高级别的用户组。

2.4.3　运动编程

2.4.3.1　点到点移动（PTP）

工具沿着最快的轨迹运行到目标点。

PTP 移动可以快速抵达目标位置，这是最快也是时间最优化的移动方式。工具根据起始位置（从起点至目标点），沿一条没有精确定义的轨迹移动（轨迹不一定是直线），此轨迹由各轴的阶段同步给出而得出，如图 2-113 所示。

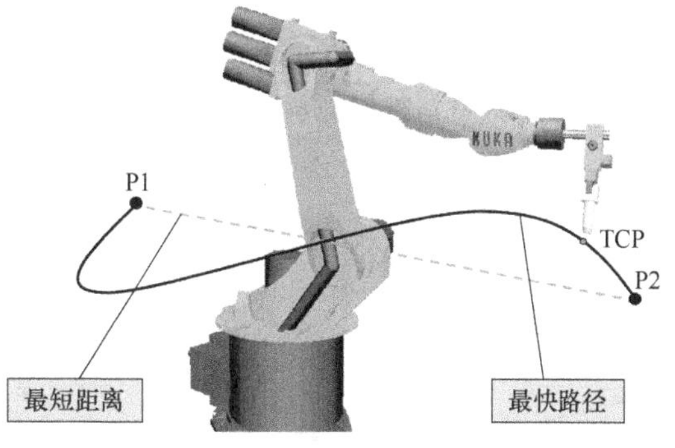

图2-113　点到点移动（PTP）

① 绝对值运动至目标位置。如图 2-114 所示，将轴 A3 定位于 45°的程序：PTP {A3 45}。

② 相对运动至目标位置。如图 2-115 所示的程序：PTP_REL {A3 45}。

由于此轨迹无法精确预知，所以在调试以及试运行时，应该在阻挡物体附近降低速度测试机器人的移动特性。如果不进行这项工作，则可能发生对撞并且由此造成部件、工具或机器人损伤的后果！

2.4.3.2　线性移动（LIN）

工具以设定的速度沿一条直线移动。

在做 LIN 移动时，工具尖端从起点到目标点做直线运动。因为两点确定一条直线，所以只要给出目标点就可以了。此时，只有工具的尖端精确地沿着定义的轨迹运行，而工具本身的取向则在移动过程中发生变化，此变化与程序设定的取向有关，如图 2-116 所示。

2.4.3.3 圆周移动（CIRC）

工具以设定的速度沿圆周轨迹移动。在做 CIRC 移动时，工具尖端从起点到目标点沿着圆周轨迹运动。此圆周轨迹由三个点来确定，这三点是起始点、辅助点和结束点。起始点是上一个指令的精确定位点。辅助点是指圆周所经历的中间点，对于辅助点来说，只是坐标 X、Y 和 Z 起决定作用。在移动过程中，工具尖端取向的变化顺应于持续的移动轨迹，如图 2-117 所示。

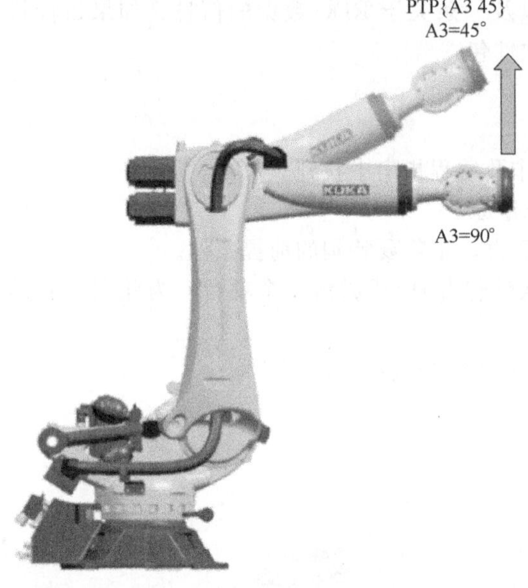

图2-114 轴 A3 的绝对运动

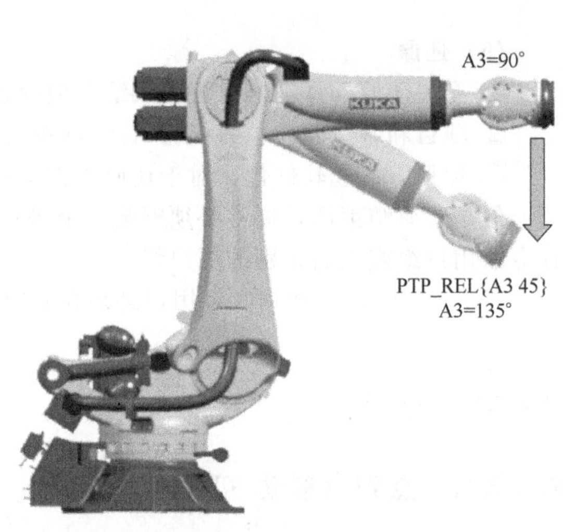

图2-115 轴 A3 的相对运动

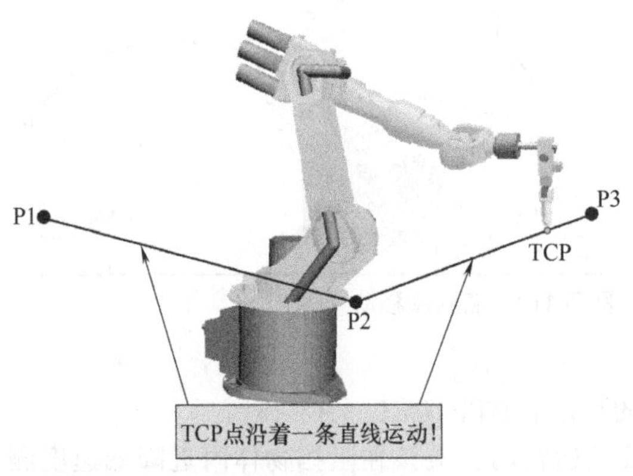

图2-116 线性移动（LIN）

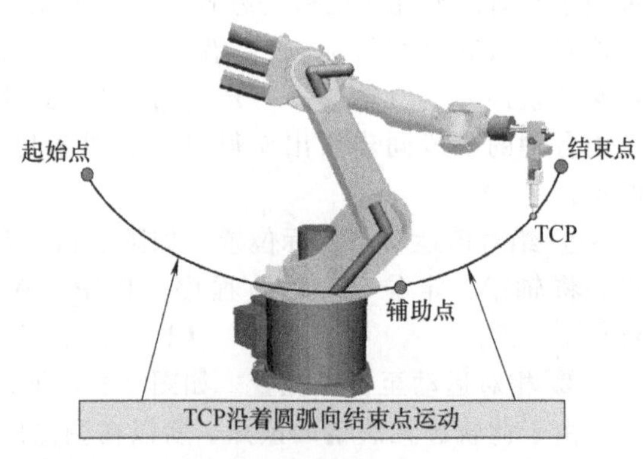

图2-117 圆周移动（CIRC）

2.4.3.4 LIN 和 CIRC 运动的方向导引

TCP 在运动的起始点和目标点处的方向可能不同。起始方向可能以多种方式过渡到目标方向。在 CP 运动编程时必须选择一种方式。LIN 和 CIRC 运动的方向导引设定方式如下。

(1) LIN 运动

① 恒定的方向：TCP 的方向在运动过程中保持不变。对于目标点来说，已编程方向将

被忽略，而起始点的编程方向仍然保持不变，如图 2-118 所示。

② 标准：TCP 的方向在运动过程中不断变化。如果机器人在标准模式下出现手轴奇点，则可用手动 PTP 来代替，如图 2-119 所示。

③ 手动 PTP：TCP 的方向在运动过程中不断变化，如图 2-119 所示。这是由手轴角度的线性转换（与轴相关的运行）造成的。如果机器人在标准模式下出现了手轴奇点，则可使用手动 PTP。TCP 的方向在运动过程中不断变化，但变化并不均匀。所以，当机器人必须精确地保持特定方向运行时（如在进行激光焊接时），则不宜使用手动 PTP。

如果机器人在标准模式下出现了手轴奇点，而采用手动 PTP 又无法足够精确地保持所需方向，则推荐采取重新进行起点和/或目标点的示教的措施。同时校准方向，使得不出现奇点并采用标准模式沿轨道移动。

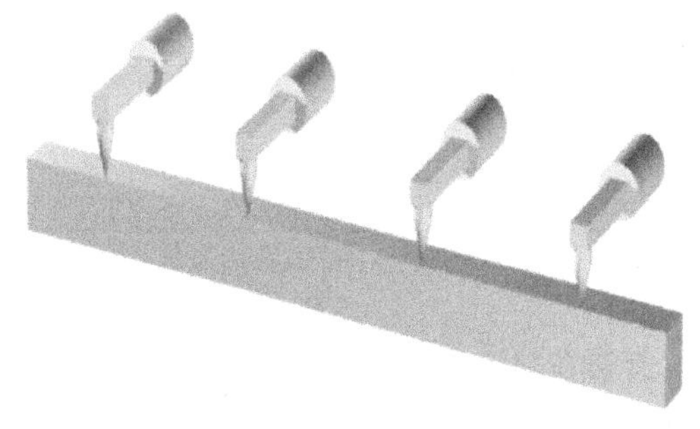

图2-118 恒定的方向

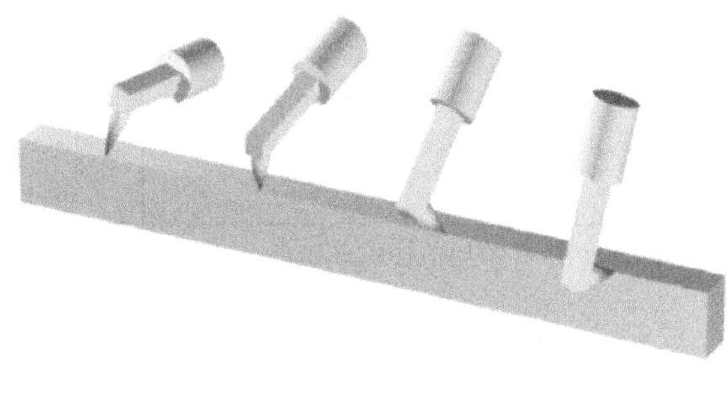

图2-119 标准或手动 PTP

(2) CIRC 运动

对于 CIRC 运动来说，方向导引的选项与 LIN 运动相同。在 CIRC 运动中，机器人控制系统仅考虑目标点的编程方向，辅助点的编程方向则被忽略。

2.4.3.5 样条运动方式

样条是一种尤其适用于复杂曲线轨迹的运动方式。这种轨迹原则上也可以通过轨迹逼近的 LIN 运动和 CIRC 运动生成，但是样条更有优势。

种类最齐全的样条运动是样条组。通过样条组可将多个运动合并成一个总运动。机器人控制系统把一个样条组作为一个运动语句进行设计和执行。可以位于样条组中的运动称为样条段，可以对它们单独进行示教。CP 样条组可以包含 SPL、SLIN 和 SCIRC 段；PTP 样条组可包含 SPTP 段。除了样条组之外，也可以对样条单个运动进行编程：SLIN、SCIRC 和 SPTP。

(1) 样条组的优点

① 轨迹通过位于轨迹上的点定义，可以简单生成所需轨迹，如图 2-120 所示。

② 与常规运动方式相比，更易于保持编程设定的速度。只在少数情况下才会出现减速情况。在 CP 样条组中，此外还可以定义专门的恒速运动区域。

③ 轨迹曲线始终保持不变，不受倍率、速度或加速度的影响。

④ 可以精确地沿圆周和小圆弧运行。

(2) LIN/CIRC 的缺点

① 轨迹通过不在轨迹上的轨迹逼近点定义。轨迹逼近区域很难预测。生成所需的轨迹

非常烦琐，如图 2-121 所示。

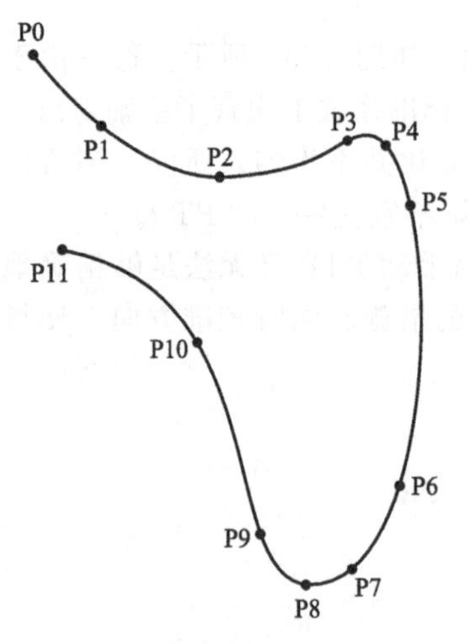

图2-120 带样条组的曲线轨迹

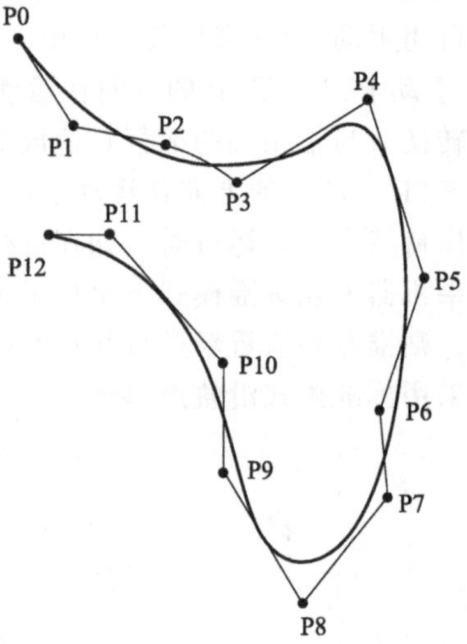

图2-121 具有轨迹逼近 LIN 运动的曲线轨迹

② 在很多情况下会造成很难预计的速度减小，例如在轨迹逼近区域和邻近点很近时。

③ 例如如果出于时间原因无法轨迹逼近，则轨迹曲线会改变。

④ 轨迹曲线受倍率、速度或加速度的影响而改变。

(3) 样条运动的语句选择

可在样条组的段上选择语句。

① CP 样条组：SAK 运行将作为常规 LIN 运动被执行。这通过一则必须应答的信息加以提示。

② PTP 样条组：SAK 运行将作为常规 PTP 运动被执行。这不会通过信息加以提示。

选择语句后，轨迹通常与正常程序运行中的样条完全一样延伸。如果在选择语句前尚未运行样条，这种情况下语句选择于样条组始端。

③ 其他。样条运动的起始点是样条组前的最后一个点，即起始点位于样条组之外。机器人控制系统在正常运行样条时保存该起始点。如果以后要选择语句，则可由此已知该起始点。但如果从未运行过样条组，则起始点未知。

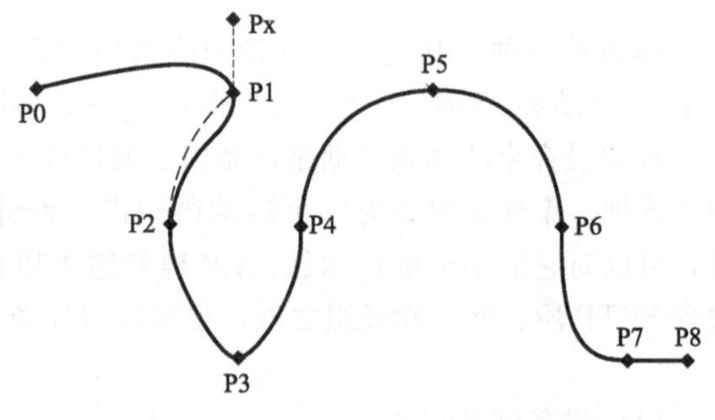

图2-122 在 P1 点选择语句时轨道的改变

如果在 SAK 运行后按下启动键，则会显示一则必须应答的信息，此信息提示轨迹已改变。如图 2-122 所示为在 P1 点选择语句时改变的轨迹。

```
PTP P0
SPLINE              CP 样条组的标题行/起始
SPL P1
```

4 SPL P2
5 SPL P3
6 SPL P4
7 SCIRCP5，P6
8 SPL P7
9 SLIN P8
10 ENDSPLINE　　CP 样条组的末尾

在针对一个编程设置的圆心角的 SCIRC 段语句选择时，机器人将移动到目标点（包括圆心角），前提条件是机器人控制系统可以识别起始点。

如果机器人控制系统无法识别起始点，则移向编程设定的目标点。在这种情况下会显示一则信息，提示未考虑圆心角。

在 SCIRC 单个运动上选择语句时，从不考虑圆心角。

(4) 更改样条组

① 更改点的位置：如果移动了一个样条组中的一个点，则轨迹最多会在此点前的两个段中和在此点后的两个段中发生变化。小幅度的点平移通常不会引起轨迹变化。但如果相邻的两个段，一段非常长而另一段非常短，则小小的变化就会产生非常大的影响。

如图 2-123 所示原有轨迹的程序为：

PTP P0
SPLINE
SPL P1
SPL P2
SPL P3
SPL P4
SCIRC P5，P6
SPL P7
SLIN P8
ENDSPLINE

移动原有轨迹的一个点：如图 2-124 所示，P3 被移动。由此会改变 P1-P2、P2-P3 和 P3-P4 段的轨迹。在这种情况下，P4-P5 段不改变，因为它属于 SCIRC 并由此确定圆周轨迹。

② 更改段类型：如果将一个 SPL 段变成一个 SLIN 段或反过来，则前一个段和后一个段的轨迹会改变。

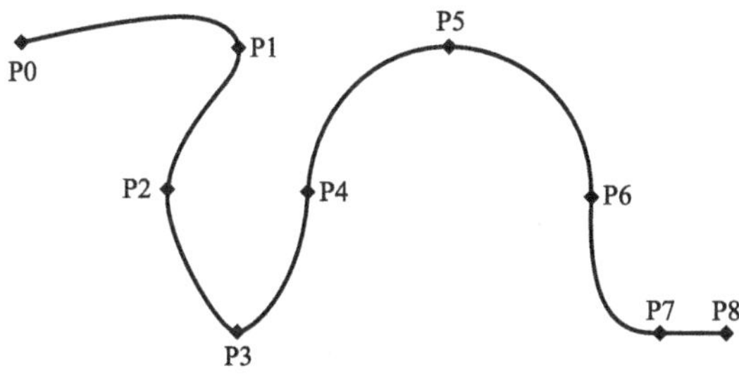

图2-123　原有轨迹

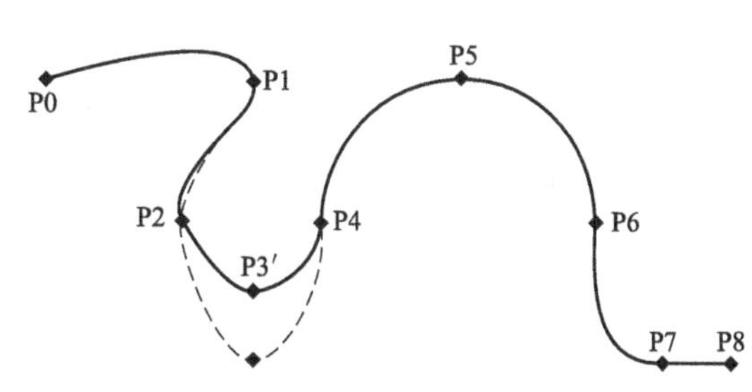

图2-124　点被移动

更改原有轨迹的一个段的类型：如图 2-125 所示，原有轨迹的 P2-P3 段类型由 SPL 变为 SLIN。P1-P2、P2-P3 和 P3-P4 段的轨迹发生变化。

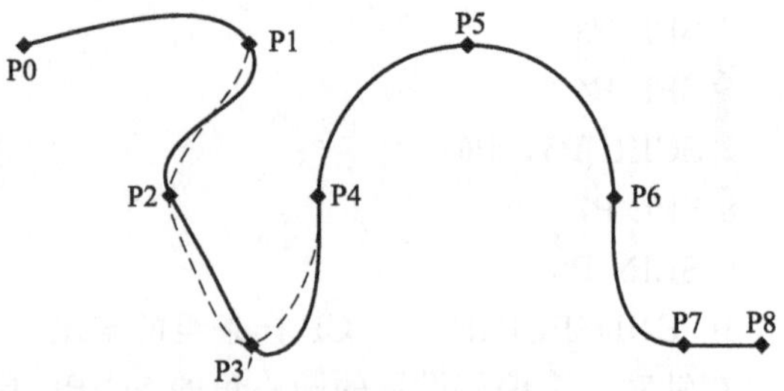

```
PTP P0
SPLINE
SPL P1
SPL P2
SLIN P3
SPL P4
SCIRC P5，P6
SPL P7
SLIN P8
ENDSPLINE
```

图2-125 段类型已被更改

如图 2-126 所示，原有轨迹程序：

```
...
SPLINE
SPL {X 100，Y 0，...}
SPL {X 102，Y 0}
SPL {X 104，Y 0}
SPL {X 204，Y 0}
ENDSPLINE
```

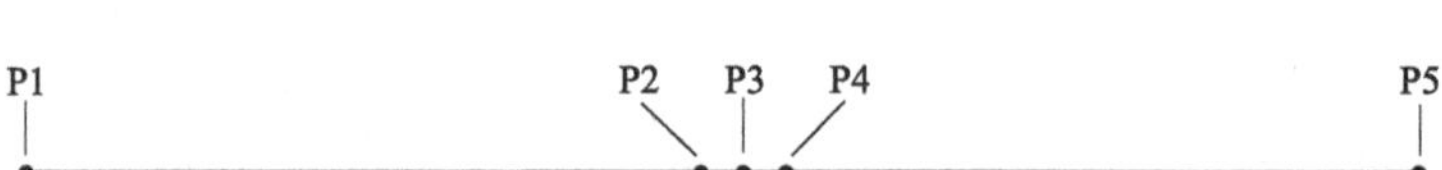

图2-126 原有轨迹

移动原有轨迹的一个点：如图 2-127 所示，P3 被移动。由此会改变所有图示段中的轨迹。因为 P2-P3 段和 P3-P4 段很短，而 P1-P2 段和 P4-P5 段很长，所以很小的移动也会使轨迹发生很大的变化。

```
...
SPLINE
SPL {X 100，Y 0，...}
SPL {X 102，Y 1}
SPL {X 104，Y 0}
SPL {X 204，Y 0}
ENDSPLINE
```

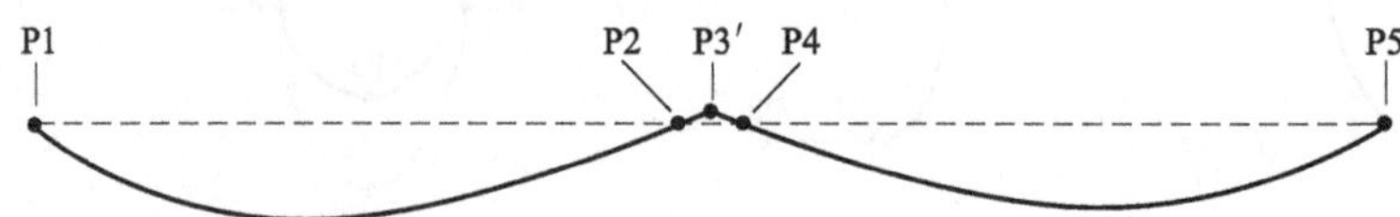

图2-127 点已被移动

纠正方法：均匀分配点的间距、将直线（除了很短的直线）作为 SLIN 段编程。

(5) 以样条组替代轨迹逼近的 CP 运动

为以样条组替代传统轨迹逼近的 CP 运动，必须对程序进行更改，用 SLIN-SPL-SLIN 替代 LIN-LIN，用 SLIN-SPL-SCIRC 替代 LIN-CIRC。使 SPL 有一段进入原来的圆周内，这样 SCIRC 开始就晚于原来的 CIRC。轨迹逼近运动时要对角点进行编程，在样条组中则将对轨迹逼近起点和终点处的点进行编程。

① 应复制下列轨迹逼近运动：

```
LIN P1C_DIS
LIN P2
```

② 样条运动：

```
SPLINE
SLIN P1A
SPL P1B
SLIN P2
ENDSPLINE
```

P1A＝轨迹逼近起点，P1B＝轨迹逼近终点。

③ 如图 2-128 所示，确定 P1A 和 P1B 的方法：

a. 驶过轨迹逼近的轨迹，通过触发器储存所希望的位置。

b. 在程序中用 KRL 计算这两个点。

c. 可从轨迹逼近标准中得出轨迹逼近起点。例如：如果规定了轨迹逼近标准 C_DIS，则从轨迹逼近起点至角点的距离就相应于 $APO.CDIS 的数值。轨迹逼近终点取决于编程设定的速度。

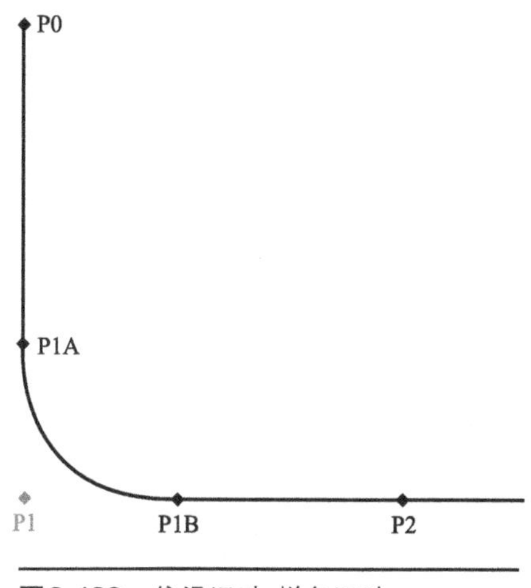

图2-128　偏滑运动-样条运动

即便 P1A 和 P1B 正好在轨迹逼近起点和终点处，SPL 轨迹也不会精确地与轨迹逼近弧线吻合。为能得到精确的轨迹逼近弧线，必须在样条上插入附加点。通常插入一个点就足够了。

④ 示例，应复制下列轨迹逼近运动：

```
$APO.CDIS=20
$VEL.CP=0.5
LIN {Z10} C_DIS
LIN {Y60}
```

样条运动：

```
SPLINEWITH $VEL.CP=0.5
SLIN {Z30}
SPL {Y30，Z10}
SLIN {Y60}
ENDSPLINE
```

如图 2-129 所示，已从轨迹逼近标准中得出轨迹逼近弧线的起点。

SPL 轨迹与轨迹逼近弧线还未完全吻合。因此在样条中再插入一个 SPL 段。如图 2-130 所示，通过该附加点使轨迹与轨迹逼近弧线吻合。

```
SPLINEWITH $ VEL. CP=0. 5
SLIN {Z 30}
SPL {Y 15, Z 15}
SPL {Y 30, Z 10}
SLIN {Y 60}
ENDSPLINE
```

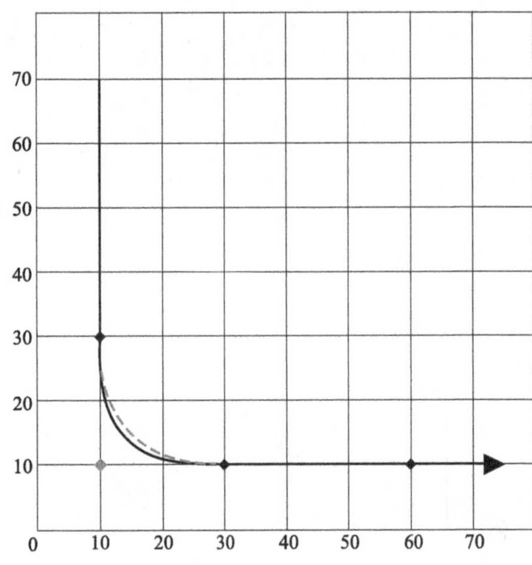

图2-129 偏滑运动-样条运动 1

图2-130 偏滑运动-样条运动 2

(6) SLIN-SPL-SLIN 过渡段

对于段序列 SLIN-SPL-SLIN，通常要求 SPL 段在两条直线的较小交角之内运行。如图 2-131 所示，根据 SPL 段的起点与目标点，该轨道也可能在此范围之外运行。

满足下列条件时，轨道在该范围内运行：

① 两个 SLIN 段在其延长线上相交。

② $2/3 \leqslant a/b \leqslant 3/2$。

a = 从 SPL 段的起点至 SLIN 段的交点的距离；

b = 从 SLIN 段的交点至 SPL 段的目标点的距离。

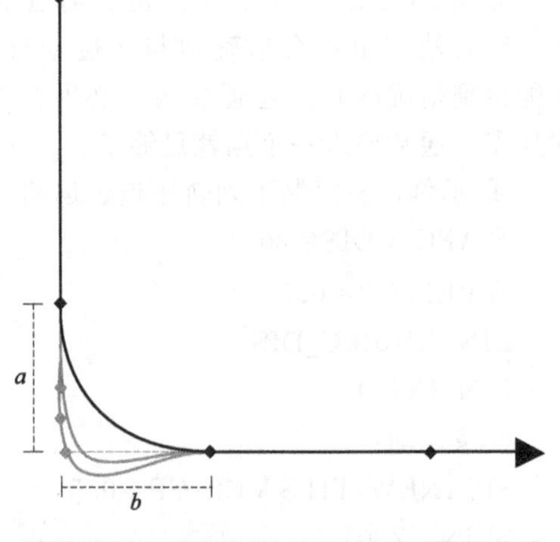

图2-131 SLIN-SPL-SLIN

2.4.3.6 CP 样条姿态引导

TCP 在运动的起始点和目标点处的方向可能不同。在 CP 样条运动编程时必须选择应如何处理不同的姿态。在选项窗口“移动参数”中规定姿态引导见表 2-34。

表 2-34　姿态引导

序号	姿态引导	说　明
1	恒定的方向	TCP 的姿态在运动过程中保持不变。如图 2-132 所示，起始点的姿态保持不变。编程设置的目标点姿态不被考虑
2	标准	TCP 的姿态在运动过程中不断变化。TCP 在目标点上具有编程设置的姿态
3	手动 PTP	TCP 的姿态在运动过程中不断变化。这是由手轴角度的线性转换(轴相关的运动)造成的 如图 2-133 所示，手动 PTP 用于机器人在标准下出现手轴奇点时。TCP 的姿态在运动过程中不断变化，但变化并不完全均匀。因此，如果姿态必须精确地保持一定的走向(如在进行激光焊接时)，则不宜使用手动 PTP
4	无取向	此选项仅用于 CP 样条段(不适用于样条组或样条单个运动)。如果无须对一个点确定姿态，则可以使用此选项 无取向用于无须对一个点确定。若选择了此选项，则机器人控制系统忽略对示教或编程过的点的姿态。机器人控制系统会根据周围点的姿态计算出此点的最佳姿态。这会缩短节拍时间 ①无取向的属性： a. 在 MSTEP 和 ISTEP 程序运行方式下，机器人停止时的姿态为机器人控制系统计算出的姿态 b. 如果在无取向的点上进行语句选择，机器人则采用机器人控制系统计算出的姿态 ②无取向不允许用于下列段： a. 一个样条组中的最后一个段 b. 带圆周姿态引导的以轨道为参照的 SCIRC 段 c. SCIRC 段前以轨道为参照的段 d. 无取向之前不允许执行恒定运动方向的运动

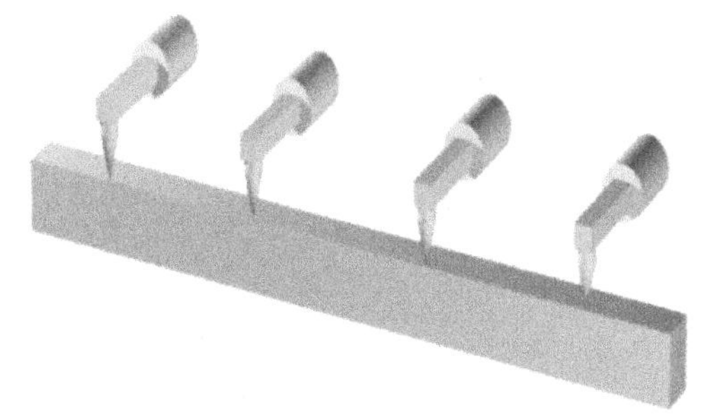

图2-132　恒定的方向

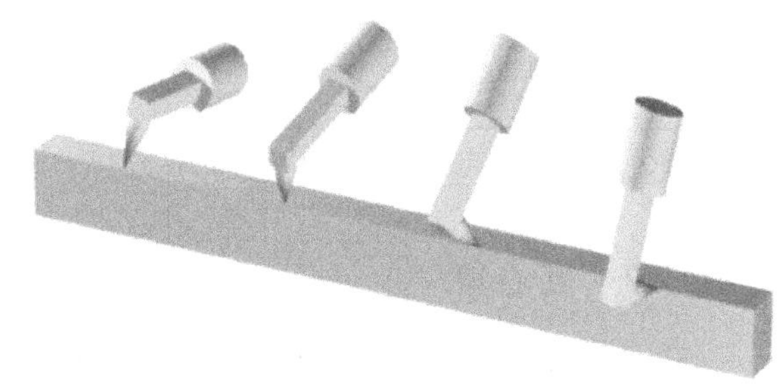

图2-133　姿态引导

（1）SCIRC

对于 SCIRC 运动来说，姿态引导的选择与 SLIN 运动相同。此外还可以为 SCIRC 运动确定姿态引导应以空间为参照还是以轨迹为参照。姿态引导如下。

以基准为参照：圆周运动过程中以基础坐标系为参照的姿态引导。

以轨道为参照：圆周运动过程中以轨迹为参照的姿态引导。以轨道为参照不允许用于下列运动：

① 无取向适用的 SCIRC 段。

② 无取向适用一个样条段之后的 SCIRC 运动。

辅助点的姿态：

在进行以姿态引导为标准的 SCIRC 运动时，机器人控制系统会考虑到编程设定的辅助点姿态，但仅限于特定情况。

在包含了编程设定的辅助点姿态的移动路径上，起始点姿态会过渡到目标点姿态，即在移动过程中辅助点的姿态会被采用，但并不一定在辅助点处被采用。

（2）方向导引和圆周的方向导引组合（图 2-134～图 2-137）

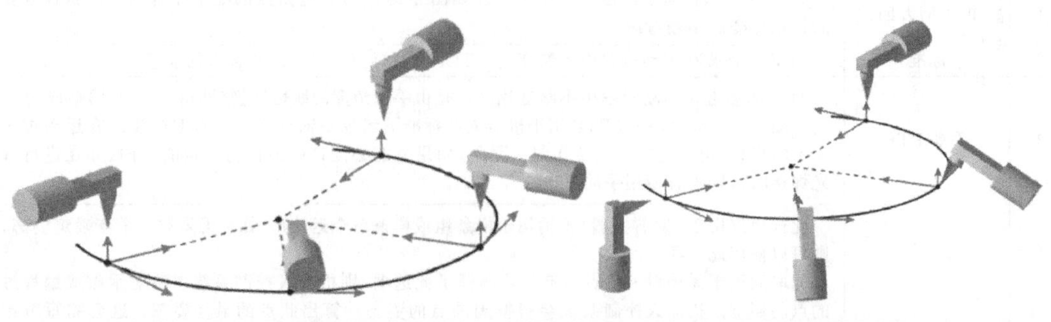

图2-134 稳定的方向导引 + 以轨道为参照

图2-135 标准 + 以轨道为参照

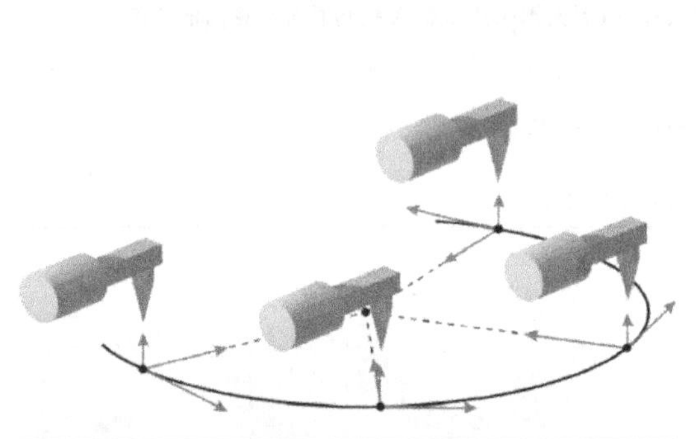

图2-136 恒定的方向导引 + 以基准为参照

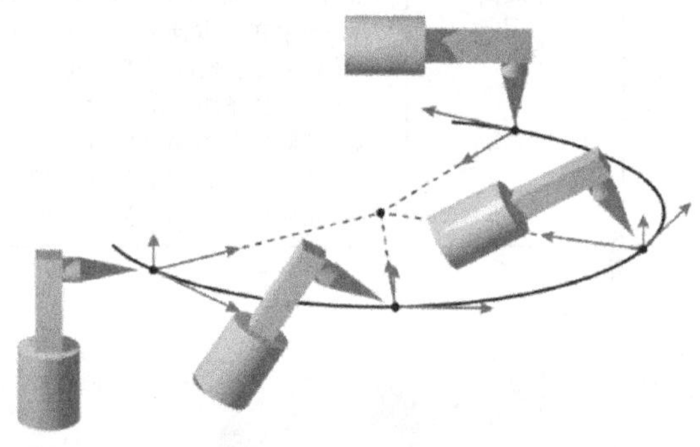

图2-137 标准 + 以基准为参照

2.4.3.7 圆心角

对于大多数圆周运动，可为圆心角编程。

圆心角表示运动的总角度。由此可超过编程的目标点延长运动或将其缩短。因此实际的目标点与编程的目标点不相符。

单位：度。可对大于＋360°和小于－360°的圆心角编程。

正负号确定沿哪个方向走过圆周轨迹：

① 正向：起点→辅助点→目标点方向。

② 负向：起点→目标点→辅助点方向。

2.4.3.8 奇点

有着 6 个自由度的 KUKA 机器人具有 3 个不同的奇点位置，分别为过顶（顶置）奇点、延伸位置奇点、手轴奇点。

即便在给定状态和转角方向的情况下，也无法通过逆向运算（将笛卡儿坐标转换成轴坐标值）得出唯一数值时，即可认为是一个奇点位置。这种情况下，或者当最小的笛卡儿变化也能导致非常大的轴角度变化时，即为奇点位置。

（1）顶置奇点

对于顶置奇点来说，腕点（轴 A5 的中点）垂直于机器人的轴 A1。轴 A1 的位置不能通过逆向变换明确确定，且因此可以赋以任意值。若有一条 PTP 运动语句的目标点位于该顶置奇点中，则机器人控制系统可通过系统变量 $SINGUL_POS [1] 作出以下反应：

① 0：轴 A1 的角度被确定为 0°（默认设定）。

② 1：轴 A1 的角度从起始点一直到目标点保持不变。

(2) 延伸位置奇点

对于延伸位置奇点来说，腕点（轴 A5 的中点）垂直于机器人的轴 A2 和轴 A3。机器人处于其工作范围的边缘。通过逆向变换将得出唯一的轴角度，但较小的笛卡儿速度变化将导致轴 A2 和轴 A3 的轴速较大。若有一条 PTP（点至点）运动语句的目标点位于该延伸位置奇点上，则机器人控制系统可通过系统变量 $SINGUL_POS [2] 作出以下反应：

① 0：轴 A2 的角度被确定为 0°（默认设定）。

② 1：轴 A2 的角度从起始点一直到目标点保持不变。

(3) 手轴奇点

对于手轴奇点来说，轴 A4 和轴 A6 彼此平行，并且轴 A5 处于±0.01812°的范围内。

通过逆向运算无法明确确定两轴的位置。轴 A4 和轴 A6 的位置可以有任意多的可能性，但其轴角度总和均相同。

若有一条 PTP（点至点）运动语句的目标点位于该手轴奇点中，则机器人控制器可通过系统变量 $SINGUL_POS [3] 作出以下反应：

① 0：轴 A4 的角度被确定为 0°（默认设定）。

② 1：轴 A4 的角度从起始点一直到目标点保持不变。

2.4.4 应用人员用户组编程（联机表格）

对于涉及以下轴运动或位置的程序，轴的传动装置上可能会发生油膜中断的情况：

① 运动<3°。

② 振荡运动。

③ 传动区域长期位于上方。

必须确保传动装置的供油充足。为此，在为振荡运动或小幅运动（<3°）编程时，应使相关的轴定期（例如在每个循环周期）做大于 40°的运动。如果传动区域长期位于上方，则必须编程使中央机械手转向以实现足够的供油。通过这种方式，润滑油由于重力作用可进入所有传动区域。所需的转向频率：

① 负载较小时（传动装置温度<+35℃）：每天 1 次。

② 负载中等时（传动装置温度+35～55℃）：每 1h 1 次。

③ 负载较大时（传动装置温度>+55℃）：每 10min 1 次。

如果没有遵守此规定，可能导致传动装置损坏。程序已选定、运行方式 T1。

2.4.4.1 联机表单中的名称

在联机表单中可以输入数据组名称。例如点名称、运动数据组名称等。但名称必须满足如下条件：

① 最长为 23 个字符。

② 不允许使用除 $ 之外的特殊字符。

③ 第一位不允许是数字。

此限制不适用于输出端名称。对于应用程序包中的联机表单可能有另外的限制。

2.4.4.2 对 PTP 运动进行编程

在进行运动编程时，应确保供电系统在程序运行期间不会出现绕线或受损。联机表格 PTP 如图 2-138 所示。

① 将 TCP 移向应被设为目标点的位置。

② 将光标置于其后应添加运动指令的那一行中。

③ 选择菜单序列“指令”→“运动”→“PTP”。

④ 在联机表格中设置参数。

⑤ 用指令“OK”存储指令。

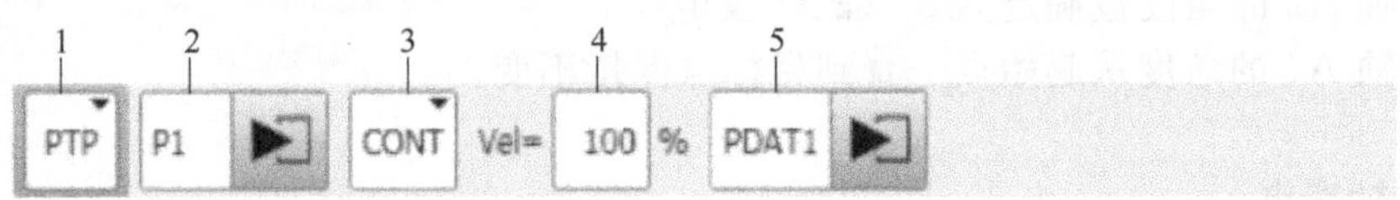

图2-138 PTP 运动的联机表格

图 2-138 中：

1—运动方式：PTP。

2—目标点名称：系统自动赋予一个名称，名称可以被盖写。需要编辑点数据时请触摸箭头。相关选项窗口即自动打开。

3—CONT：目标点被轨迹逼近。[空白]：将精确地移至目标点。

4—速度：1%～100%。

5—运动数据组的名称：系统自动赋予一个名称，名称可以被盖写。需要编辑点数据时请触摸箭头。相关选项窗口即自动打开。

2.4.4.3 对 LIN 运动进行编程

操作步骤如下，联机表格 LIN 如图 2-139 所示。

① 将 TCP 移向应被设为目标点的位置。

② 将光标置于其后应添加运动指令的那一行中。

③ 选择菜单序列“指令”→“运动”→“LIN”。

④ 在联机表格中设置参数。

⑤ 用指令“OK”存储指令。

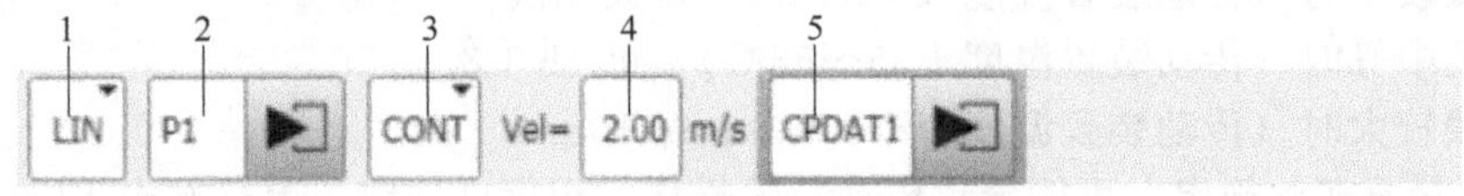

图2-139 LIN 运动的联机表格

图 2-139 中：

1—运动方式：LIN。

2—目标点名称：系统自动赋予一个名称，名称可以被盖写。需要编辑点数据时请触摸箭头。相关选项窗口即自动打开。

3—CONT：目标点被轨迹逼近。

[空白]：将精确地移至目标点。

4—速度：0.001～2m/s。

5—运动数据组的名称：系统自动赋予一个名称，名称可以被盖写。需要编辑点数据时请触摸箭头。相关选项窗口即自动打开。

2.4.4.4　对 CIRC 运动进行编程

操作步骤如下，联机表格 CIRC 如图 2-140 所示。

① 将 TCP 移向应示教为辅助点的位置。

② 将光标置于其后应添加运动指令的那一行中。

③ 选择菜单序列“指令”→“运动”→“CIRC”。

④ 在联机表格中设置参数。

⑤ 点击软键“TouchupHP”。

⑥ 将 TCP 移向应被设为目标点的位置。

⑦ 用指令“OK”存储指令。

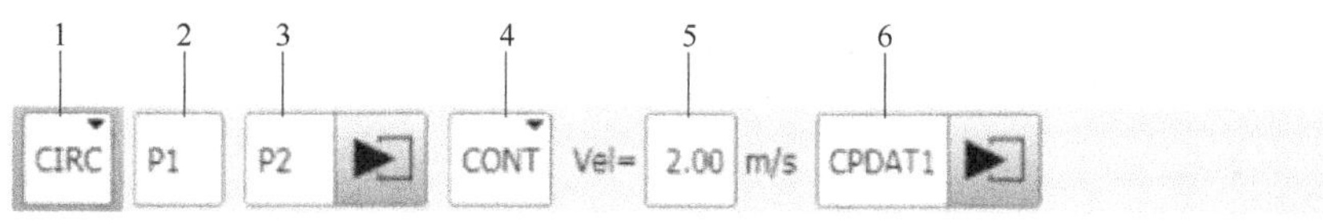

图2-140　CIRC 运动联机表格

图 2-140 中：

1—运动方式：CIRC。

2—辅助点的名称：系统自动赋予一个名称，名称可以被盖写。

3—目标点名称：系统自动赋予一个名称，名称可以被盖写。需要编辑点数据时请触摸箭头。相关选项窗口即自动打开。

4—CONT：目标点被轨迹逼近。

[空白]：将精确地移至目标点。

5—速度：0.001～2m/s。

6—运动数据组的名称：系统自动赋予一个名称，名称可以被盖写。需要编辑点数据时请触摸箭头。相关选项窗口即自动打开。

2.4.4.5　选项窗口

图 2-141 中：

1—选择工具。当外部 TCP 栏中显示“True”时：选择工件。值域：[1] ... [16]。

2—选择基坐标。当外部 TCP 栏中显示“True”时：选择固定工具。值域：[1] ... [32]。

3—插补模式。False：工具已安装在连接法兰上。True：工具为一个固定工具。

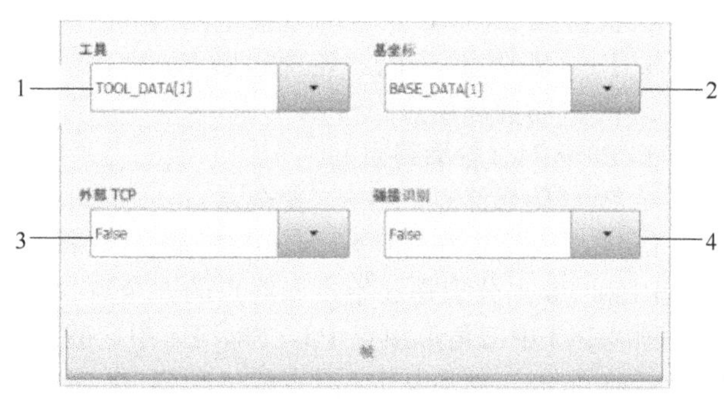

图2-141　选项窗口“坐标系”

4—True：机器人控制系统为此运动计算轴转矩。轴转矩值需用于碰撞识别。False：机器人控制系统不为此运动计算轴转矩。因此对此运动无法进行碰撞识别。

2.4.4.6 选项窗口“移动参数”(LIN，CIRC，PTP)

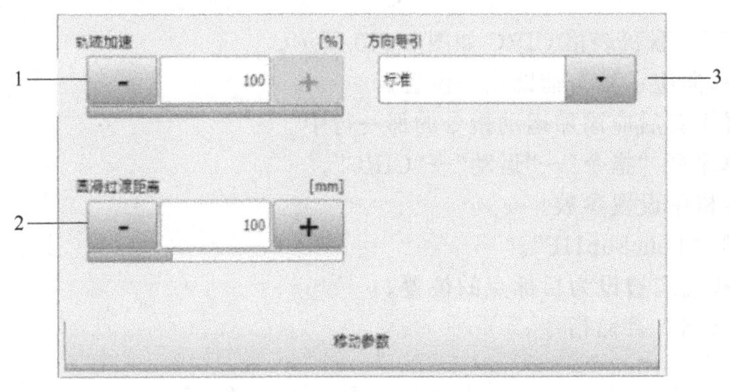

图2-142 选项窗口“移动参数”(LIN，CIRC，PTP)

图 2-142 中：

1—加速度：以机器参数中给出的最大值为基准。此最大值与机器人类型和所设定的运行方式有关。

2—只有在联机表单中选择了该点应该被轨迹逼近，则此栏目才显示。至目标点的距离，最早在此处开始轨迹逼近，此距离最大可为起始点至目标点距离的一半。如果在此处输入了一个更大数值，则此值将被忽略而采用最大值。

3—仅在 LIN 和 CIRC 运动时才显示该栏。选择姿态引导：

① 标准。

② 手动 PTP。

③ 稳定的姿态引导。

2.4.4.7 三角形轮廓轨迹规划实例

(1) 轨迹规划

① 三角形轨迹规划

a. 机器人 HOME 点→P1（安全点）；

b. P1（安全点)→P2（轮廓起始点）；

c. P2（轮廓起始点)→P3；

d. P3→P4（轮廓终点）；

e. P4（轮廓终点)→P5（安全点）；

f. P5（安全点)→机器人 HOME 点。

P1 和 P5 点分别是起始点和终点的安全点。

图 2-143 中三角形顶点 P2，P3，P4 中，我们将 P2 点设置为起始点，路径依次为从 P2 直线运动到 P3，然后从 P3 点直线运动到 P4。

② 圆形轮廓轨迹规划

a. 机器人 HOME 点→P1（安全点）；

b. P1（安全点)→P2（轮廓起始点）；

c. P2（圆弧起始点)→P3（辅助点)→P4（轮廓中间点）；

d. P4（圆弧起始点)→P5（辅助点)→P6（圆弧终点)；

e. P6（圆弧终点)→P7（安全点)；

f. P7（安全点)→机器人 HOME 点。

如图 2-144 所示，将 P2 点设置为起始点，P6 点设置为终点，它的路径是：从 P2 点依次圆弧运动到 P6 点，从 P6 点运动到 P7 点（安全点)，最后从 P7 点（安全点）回到机器人 HOME 点。

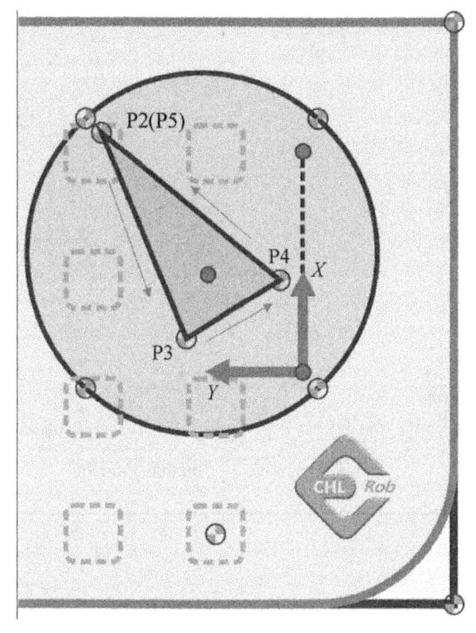

图2-143 三角形轨迹规划

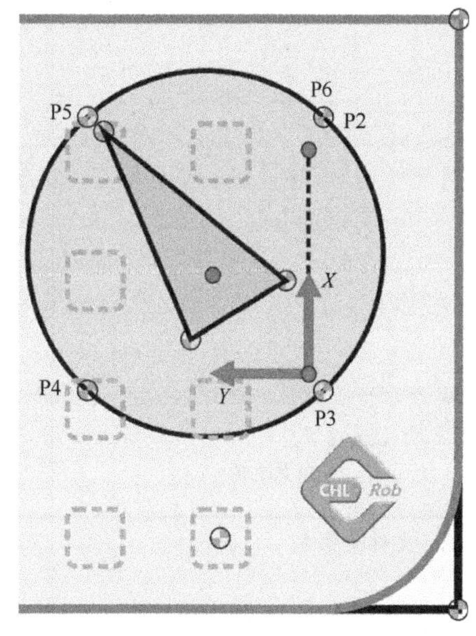

图2-144 圆形轮廓轨迹规划

(2) 程序编制

① 文件夹目录预览 如图 2-145 所示，首先我们在库卡示教器的导航器中选中一个文件夹，如“R1”文件夹，打开该文件夹后，通过在导航器左下方单击“新”按钮，建立一个新文件夹。如图 2-146 所示，在创建新文件夹弹出窗口中，通过虚拟键盘输入一个文件夹名称，例如“huahangweishi”。

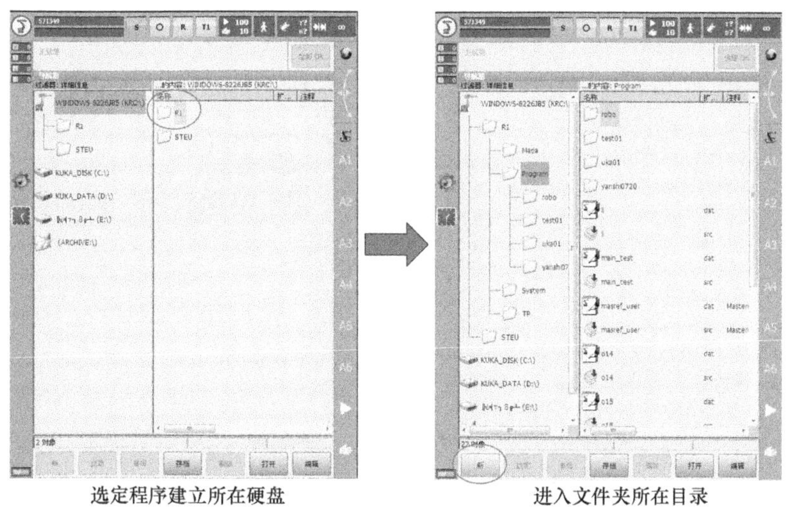

图2-145 进入文件夹

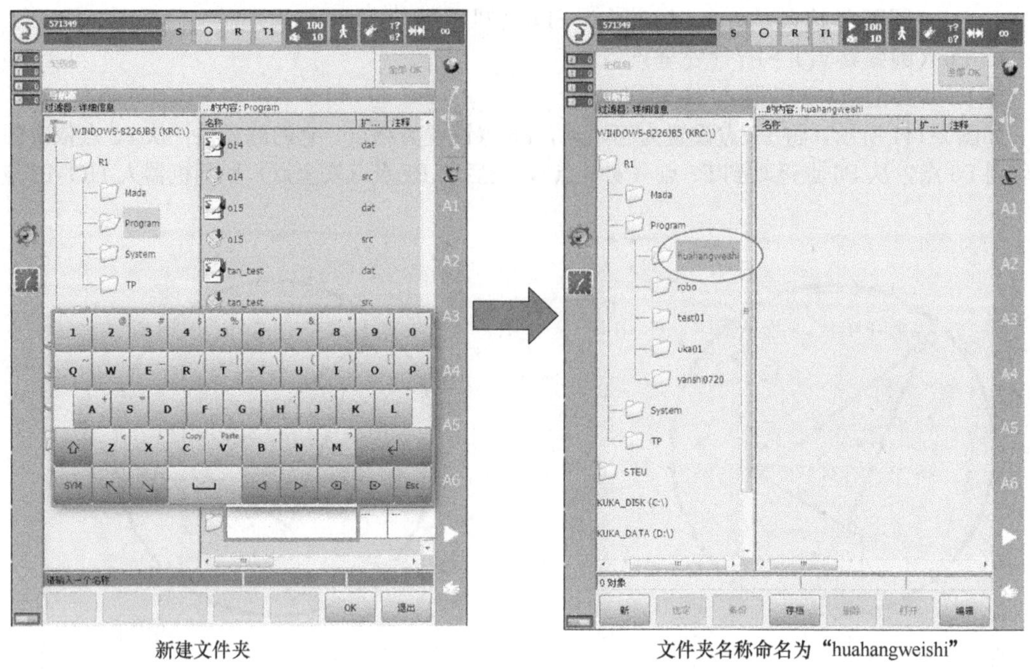

新建文件夹　　　　文件夹名称命名为“huahangweishi”

图2-146　文件夹命名

② 创建三角形轮廓运动程序模块

a. 首先我们来创建一个三角形轮廓的程序模块。

b. 如图 2-147 所示，在模板选项中选择“Modul”模块，单击导航器右下方的“OK”按钮，通过弹出的虚拟键盘输入程序模块名称，然后单击导航器右下方的“OK”按钮。

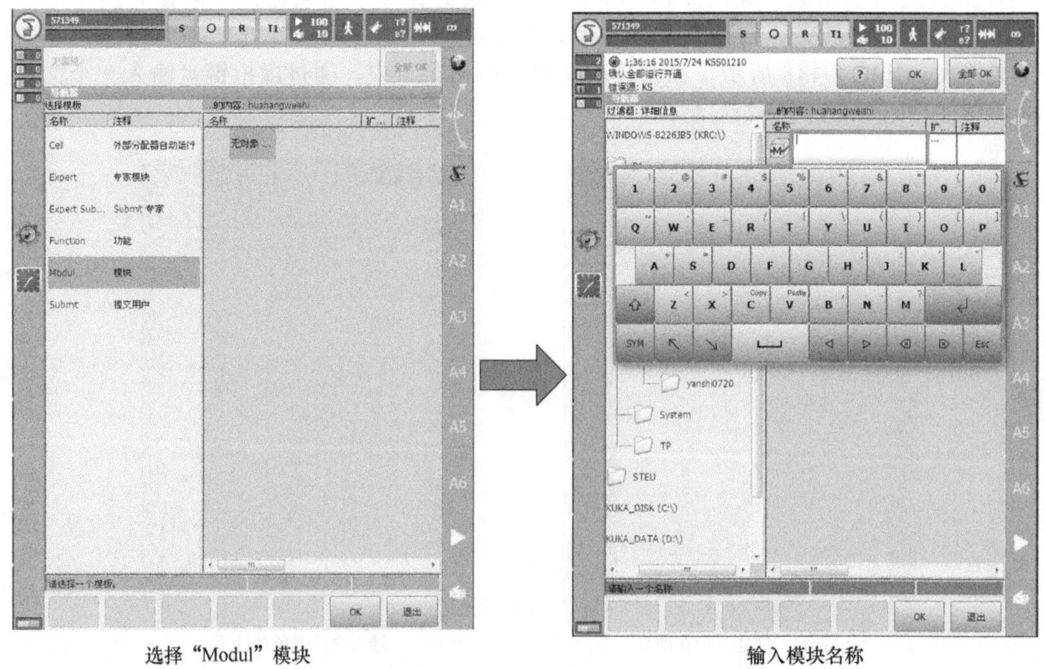

选择“Modul”模块　　　　输入模块名称

图2-147　选择“Modul”模块

③ 进入程序编辑窗口

a. 如图 2-148 所示，进入库卡示教器的程序编辑窗口后，程序文本窗口中默认有三行代码，分别为 INT 以及两行 PTPHOME 指令，其中 HOME 点是我们可设置的机器人的原点位置。我们通常会推荐用户将 PTPHOME 指令作为程序的第一个以及最后一个运动指令。

b. 当机器人执行完运动后，通过执行 PTPHOME 指令，从而回到我们所设置的 HOME 点位置。

c. 当需要添加指令时，我们可以通过示教器导航器左下方的“指令”或“动作”按钮添加各种指令。

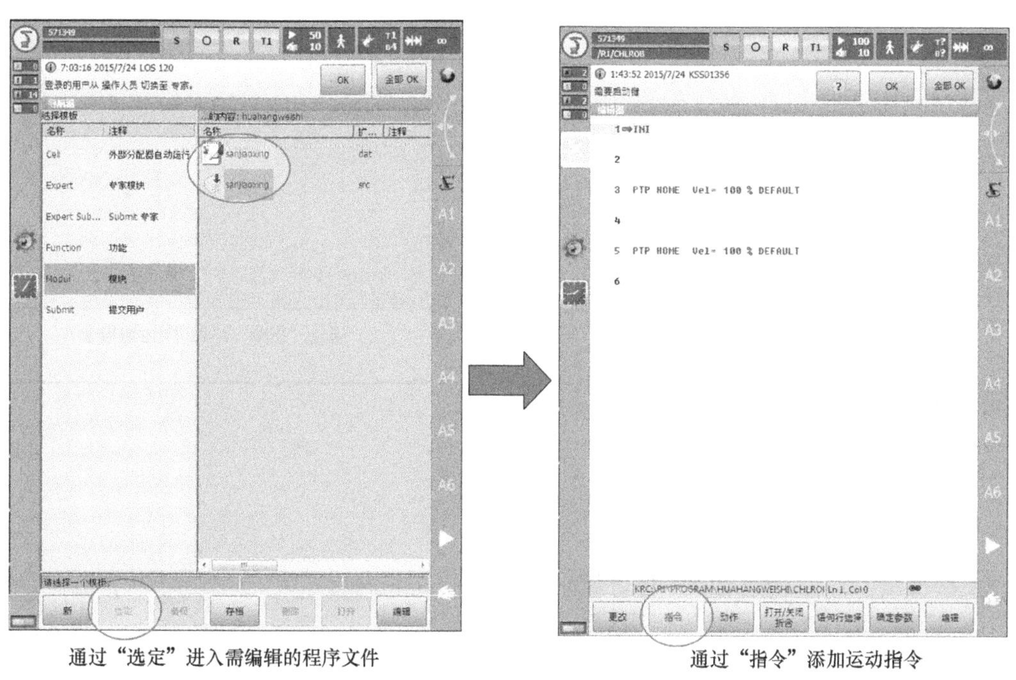

图2-148　进入程序编辑窗口

④ 添加 LIN 程序指令

a. 如图 2-149 所示，在添加指令前需要确认当前的工具坐标和基坐标。

b. 我们单击示教器屏幕上方的坐标系状态指示器，在弹出窗口中选择当前机器人工具坐标系名称“bi”，基坐标系选择“zhuozi”，IPO 模式选择法兰。

c. 回到程序编辑窗口中后，手动操作机器人移动到三角形轮廓起始点的安全点位置，然后单击“指令”按钮，添加 LIN 直线指令。

⑤ 运动到 P1 点　图 2-150 左图是添加完 PTP 指令后的界面，PTP 指令信息表格包括了运动类型、位置点名称、精确到位、速度、工件坐标等。默认第一个位置点为 P1，单击 P1 旁的右向箭头会弹出一个对话框，工具坐标选择 1 号工具坐标系，基坐标选择 4 号基坐标系。

⑥ 运动到 P2 点

a. 如图 2-151 所示，通过示教器手动操作机器人移动到三角形轮廓起始点 P2。

b. 然后添加 LIN 直线运动指令，该指令用于将机器人从安全点 P1 位置移动到三角形轮廓起始点 P2，在联机表格中将速度设置为 2m/s，然后单击“确定参数”，完成指令。

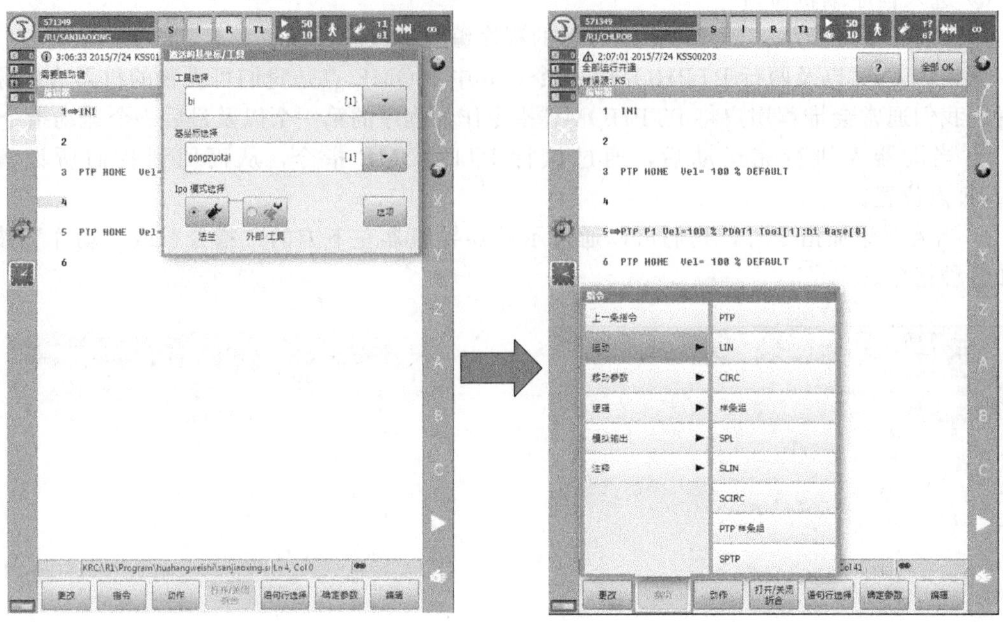

图2-149 添加 LIN 程序指令

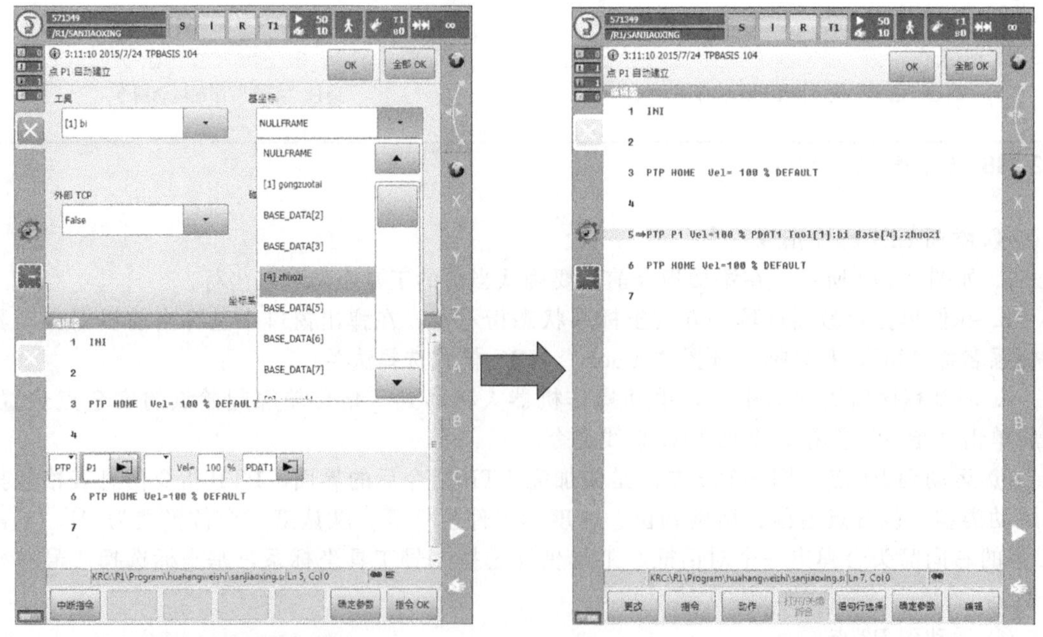

图2-150 运动到 P1 点

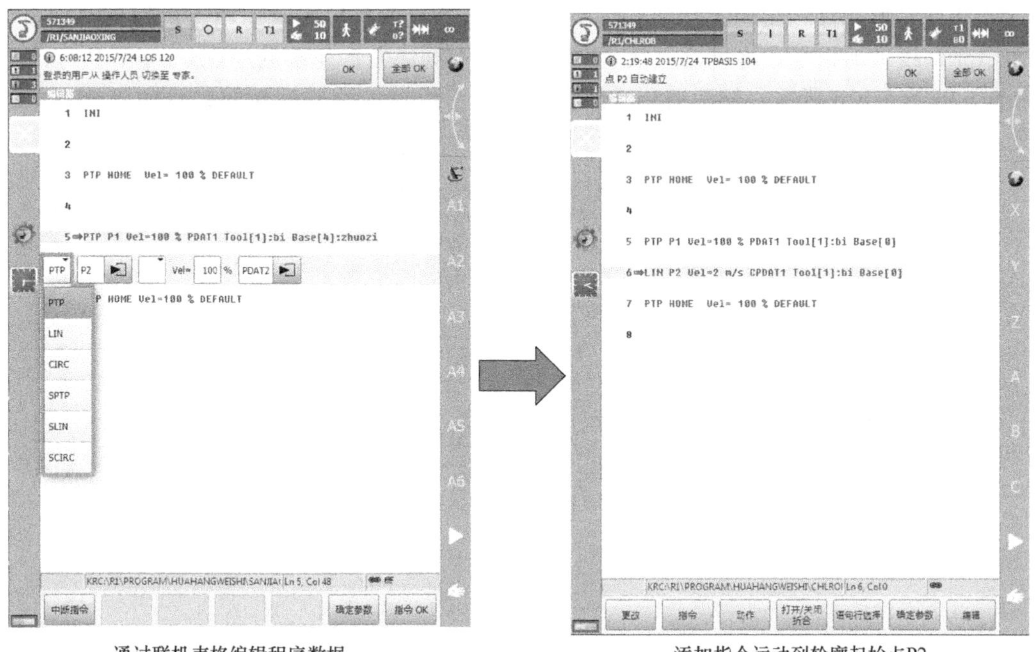

通过联机表格编辑程序数据　　　　添加指令运动到轮廓起始点P2

图2-151　运动到 P2 点

⑦ 运动到 P3 点

a. 如图 2-152 所示，通过示教器手动操作机器人移动到三角形轮廓点 P3 点。

b. 添加 LIN 直线运动指令，用于将机器人从三角形 P2 点移动到三角形轮廓位置点 P3，将速度设置为 0.5m/s，然后单击“确定参数”，完成指令。

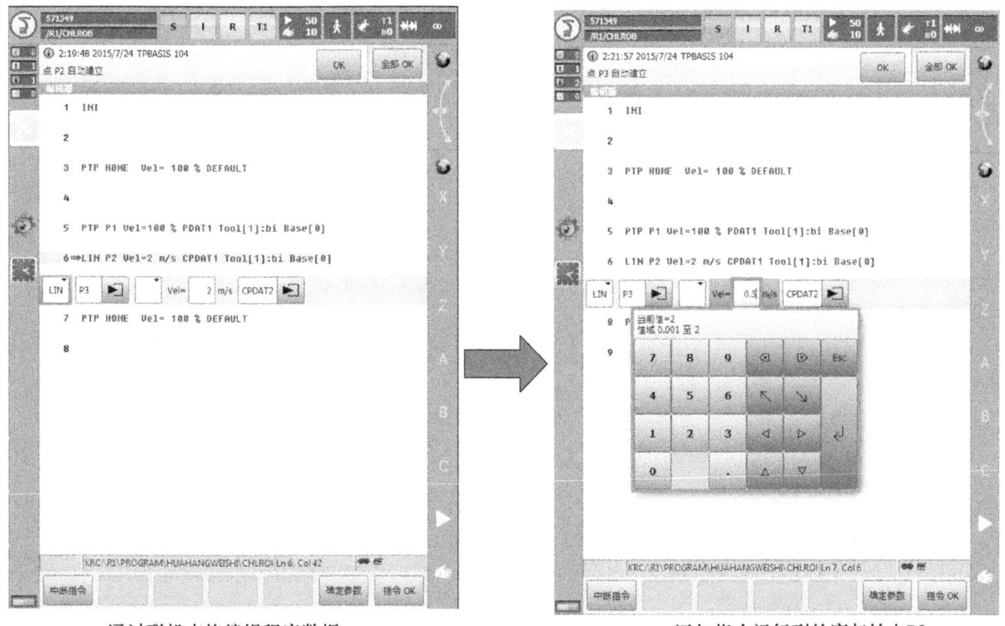

通过联机表格编辑程序数据　　　　添加指令运行到轮廓起始点P3

图2-152　运动到 P3 点

⑧ 生成最终程序　按照上述所介绍的方法，手动操作机器人移动到轨迹规划指定位置。添加 LIN 直线运动指令，将机器人从 P3 点直线移动到三角形轮廓的终点 P5 点，P5 点和 P2 点重合。如图 2-153 所示，最后需要添加直线指令将机器人移动到轮廓终点的安全点 P6 点位置。

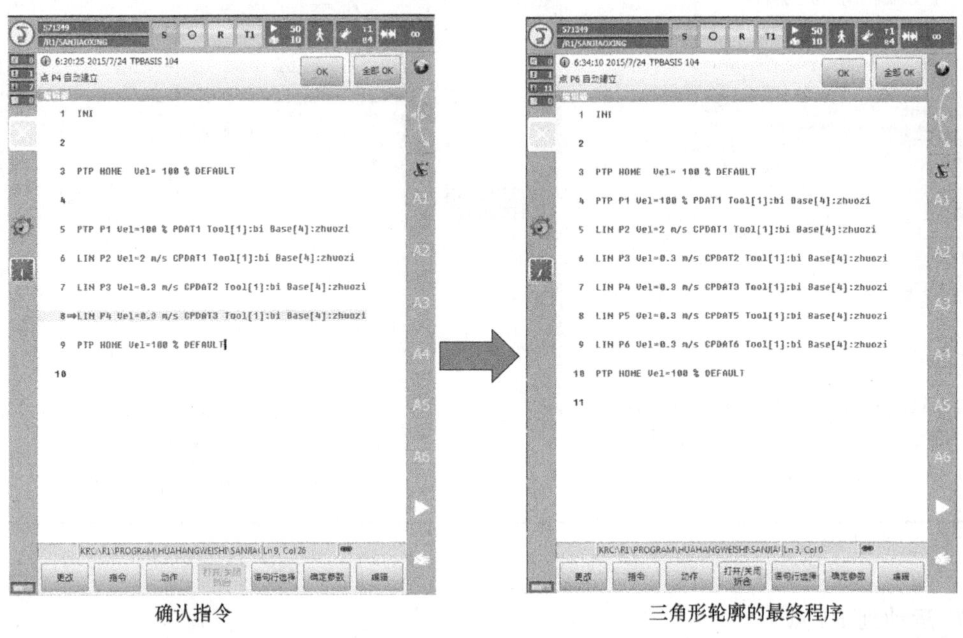

图2-153　生成三角形轮廓的最终程序

⑨ 创建圆形轮廓运动程序模块　如图 2-154 所示，在模块窗口中选择“Modul”模块，

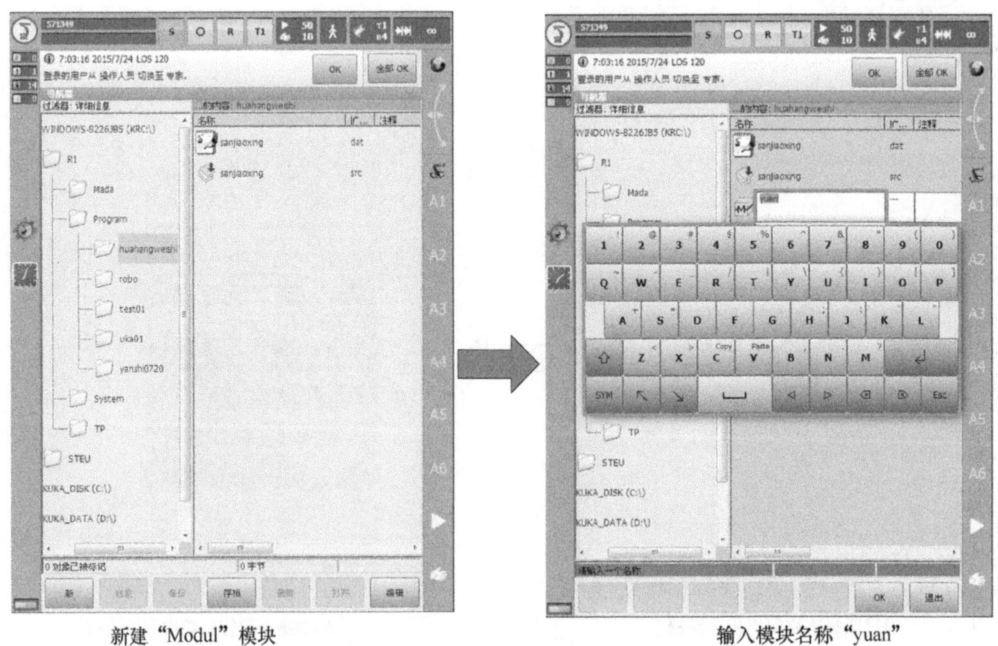

图2-154　新建程序

新建程序“yuan”模块，然后单击“OK”按键。如图 2-155 所示，进入库卡示教器的程序编辑窗口。通过示教器手动操作将机器人移动到圆形轮廓点起始点的安全点 P1。

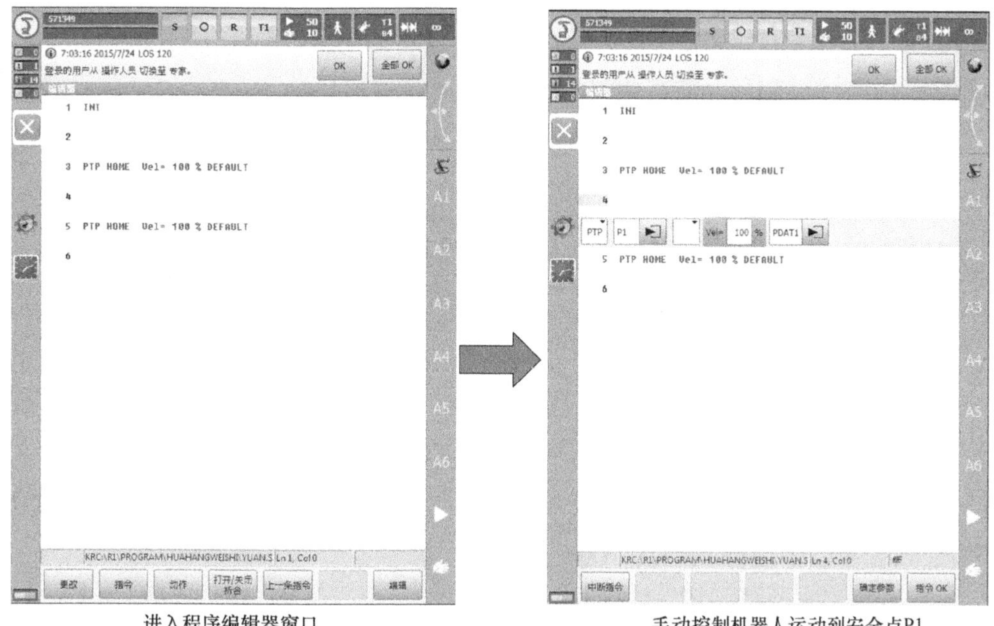

图2-155　运动到 P1 点

如图 2-156 所示，手动操作机器人移动到起始点 P2 点，单击左下方“指令”按钮，添加 LIN 指令。选中 LIN 直线指令，修改指令参数，将速度设置为 2m/s，其他参数为默认状态。

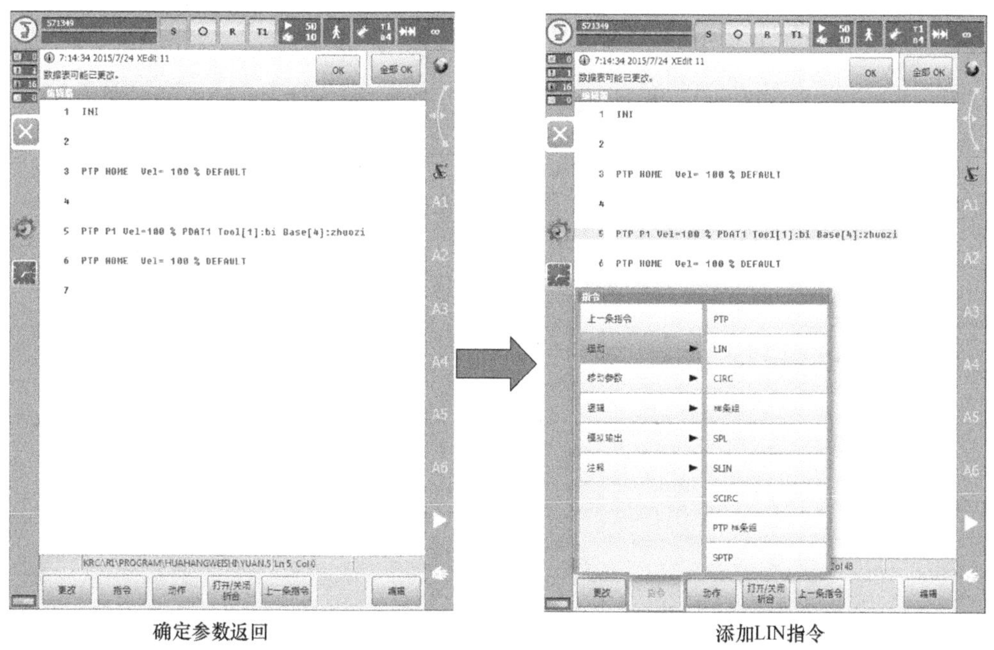

图2-156　添加 LIN 指令

如图 2-157 所示，按照添加 LIN 直线指令方法，为程序添加一条 CIRC 圆弧指令，指令中 P3 点是圆弧指令的辅助点，单击 P3 参数，然后确认接受 P3 点。

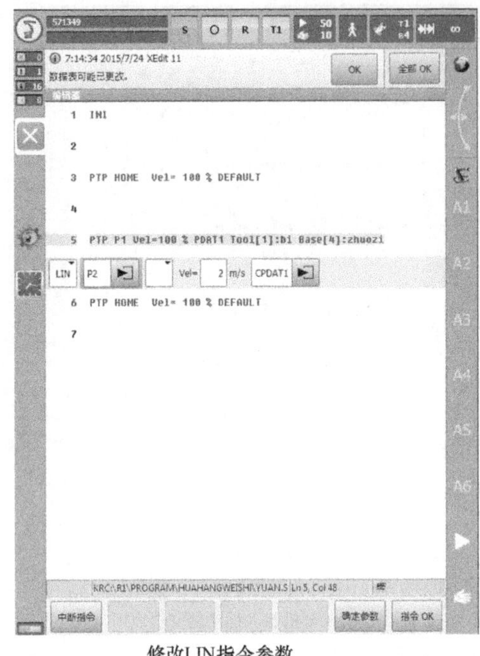

图2-157 修改 CIRC 指令参数

如图 2-158 所示，同样，单击圆弧终点 P4 点，确认接受 P4 点。再次添加一条 CIRC 指令，该指令用于控制机器人以 P4 点为起点，以 P5 点为辅助点，最终圆弧运动到 P6 点。在参数修改时将速度设置为 0.3m/s。

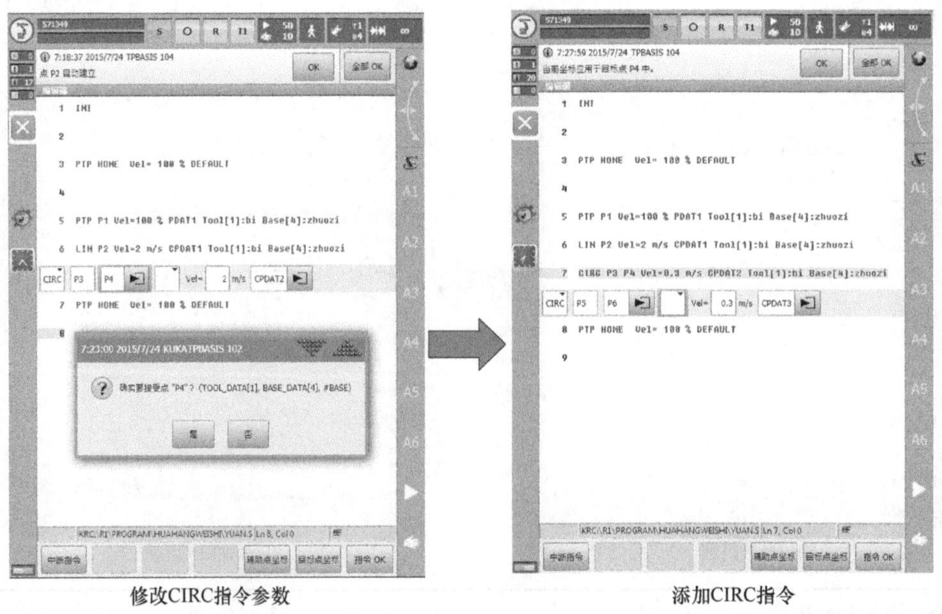

图2-158 添加 CIRC 指令参数

如图 2-159 所示，单击程序窗口中 P6 点的参数箭头，在弹出窗口中确认工具坐标系 1 以及基坐标系 4，外部 TCP 置为“False”，碰撞识别设为“False”。点击 CPDAT3 的参数箭头，其中轨迹加速和方向导引选择默认参数即可。

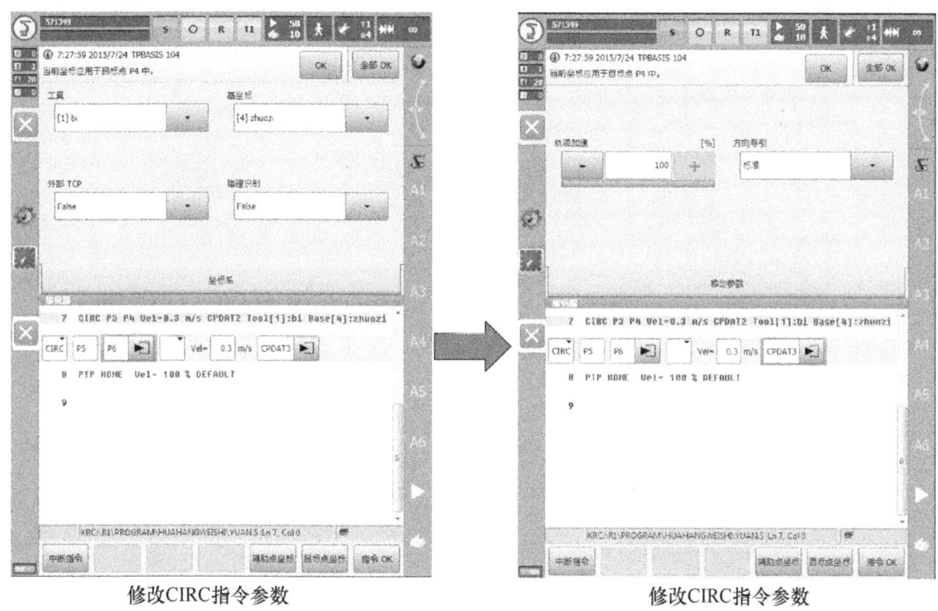

修改CIRC指令参数　　修改CIRC指令参数

图2-159　修改 CIRC 参数

如图 2-160 所示，圆形轨迹示教完成后，需要将机器人移动到圆弧轮廓终点的安全点 P7 点位置，然后添加 LIN 直线指令，并修改相关指令参数，将速度设置为 0.3m/s。这样，我们就完成了一个圆形轮廓的运动编程。

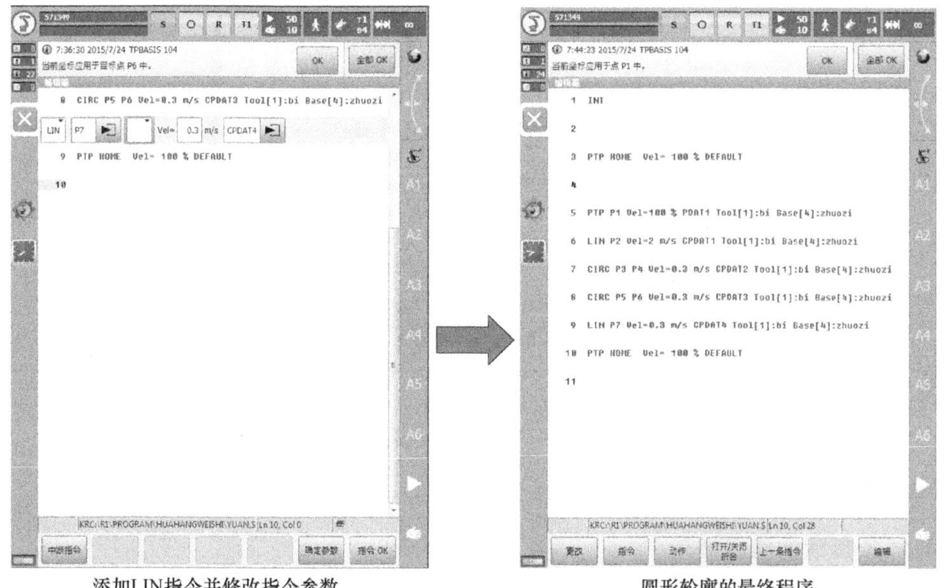

添加LIN指令并修改指令参数　　圆形轮廓的最终程序

图2-160　生成最终圆形轮廓程序

2.4.4.8 具有外部 TCP 的运动编程

用固定工具进行运动编程时，运动过程与标准运动相比会产生以下区别：

① 联机表格中的标识：如图 2-161 所示，在选项窗口“Frames”中，“外部 TCP”项的值必须为“True”。

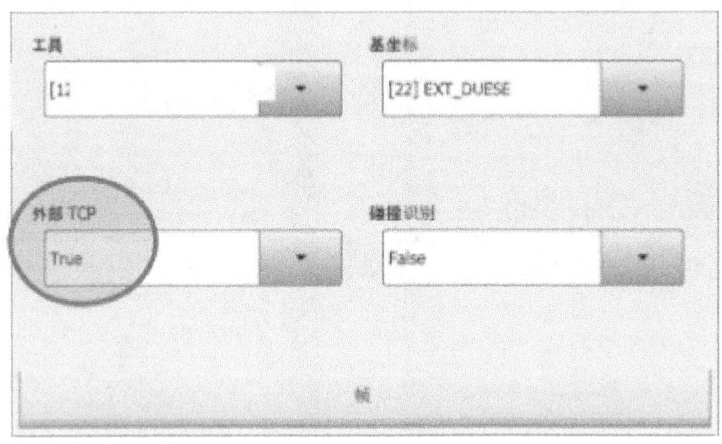

图2-161 外部 TCP

② 运动速度以外部 TCP 为基准。

③ 沿轨迹的姿态同样以外部 TCP 为基准。

④ 如图 2-162 所示，不但要指定合适的基坐标系（固定工具/外部 TCP），而且也要指定合适的工具坐标系（运动的工件）。

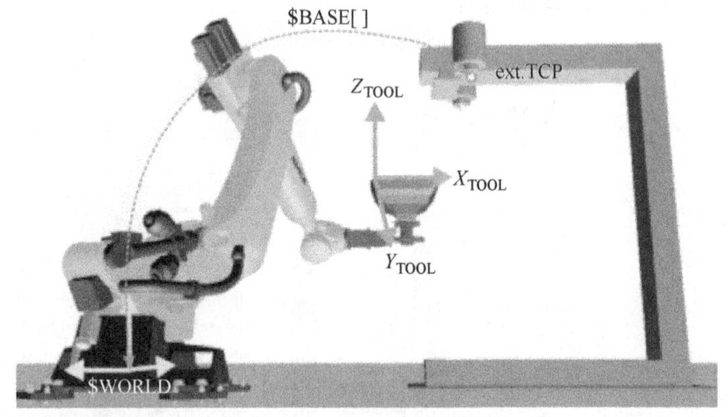

图2-162 固定工具时的坐标系

2.4.4.9 对样条运动进行编程

(1) 样条运动的编程提示

① 仅当使用样条组时，才能充分利用样条运行方式的优点。

② 一个样条组应只包括一个过程（比如一条粘胶线）。样条组中如果有多个过程会使程序不清晰明了，而且会加大更改难度。

③ 如果规定工件须在某处使用直线和弧线，则使用 SLIN 和 SCIRC 段（例外：对于很短的直线使用 SPL 段）；否则使用 SPL 段，尤其是当点的间距很小时。

④ 确定轨迹时的操作步骤：

a. 首先对几个特殊的点进行示教或计算。例如：曲线上的折点。

b. 测试轨迹。在达不到规定精确度的位置添加其他 SPL 点。

⑤ 避免相连的 SLIN 段和/或 SCIRC 段，因为速度经常会降到 0。对 SLIN 段和 SCIRC 段之间的 SPL 段进行编程。SPL 段的长度必须大于 0.5mm。根据具体的轨迹可能需要更长的 SPL 段。

⑥ 避免相连的点具有相同的笛卡儿坐标，因为速度会因此降到 0。

⑦ 分配给样条组的参数（工具坐标、基础坐标、速度等）的作用与其被分配给样条组前的作用是一样的。分配给样条组的优点是在语句选择时可以读取正确的参数。

⑧ 如果在使用 SLIN、SCIRC 或 SPL 段时无须特定的姿态，则使用选项无取向。机器人控制系统会根据周围点的姿态确定此点的最佳姿态，这会缩短节拍时间。

⑨ 加速度变化率可能会改变。加速度变化率是指加速度的变化量。操作步骤：

a. 首先使用默认值。

b. 如果在小的边角处出现振动：减小数值；如果出现速度急降或达不到所需速度：加大数值或加速度。

⑩ 如果机器人沿着工作面上的点移动，如图 2-163 所示，可能会在移到第一个点时与工作面发生碰撞。为避免发生碰撞，如图 2-164 所示采用过渡段。

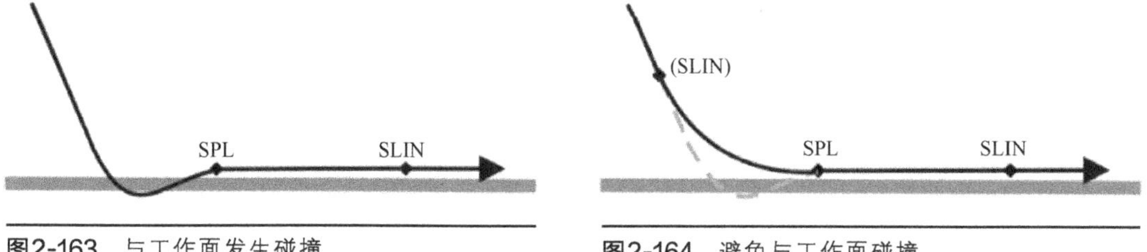

图2-163　与工作面发生碰撞

图2-164　避免与工作面碰撞

如果 PTP 样条组具有多个 SPTP 段，尽管点都位于极限范围内，但也可能会在程序运行过程中超出软件限位开关。

在这种情况下，必须重新示教这些点，即这些点必须远离软件限位开关，或者也可以更改软件限位开关，前提条件是能够继续保证对机器提供必要的保护。

(2) 对样条组进行编程

通过样条组可将多个运动合并成一个总运动。可以位于样条组中的运动称为样条段，可以对它们单独进行示教。机器人控制系统把一个样条组作为一个运动语句进行设计和执行。CP 样条组允许包含 SPL、SLIN 和 SCIRC 段；PTP 样条组允许包含 SPTP 段。

如果一个样条组不包含任何段，就不算是运动指令。组中的段数量仅受内存容量的限制。除了段以外，一个样条组还允许包含的元素为提供样条功能的应用程序包中的联机指令、注释和空行。样条组不允许含有其他指令如变量赋值或逻辑指令。

样条组的起始点是该样条组前的最后一个点。样条组的目标点是该样条组中的最后一个点。一个样条组不会触发预运行停止。要求程序已选定，运行方式为 T1。

① 将光标放到其后应插入样条组的一行上。

② 选择菜单序列“指令”→“运动”。然后选择一个 CP 或 PTP 样条组。

③ 在联机表单中设置参数。

④ 点击指令“OK”。

⑤ 点击“打开/关闭折合”。现在就可以在样条组中添加样条段了。

CP 样条组联机表单如图 2-165 所示，PTP 样条组联机表单如图 2-166 所示，选项窗口“坐标系”（CP 和 PTP 样条组）如图 2-167 所示，选项窗口“移动参数”（CP 样条组）如图 2-168 所示，选项窗口“移动参数”（PTP 样条组）如图 2-169 所示。

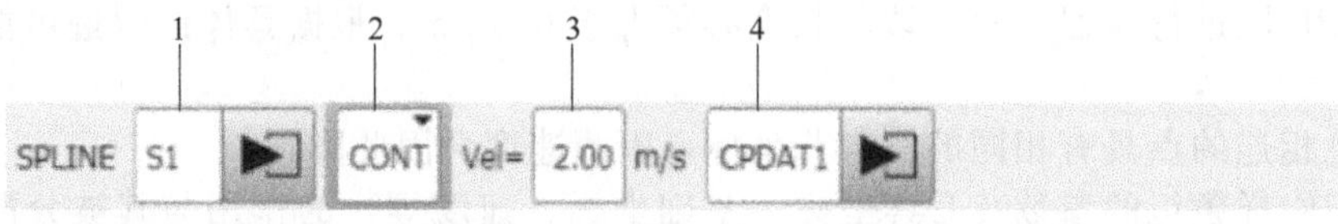

图2-165 CP 样条组联机表单

图 2-165 中：

1—样条组的名称。系统自动赋予一个名称，名称可以被盖写。需要编辑运动数据时请触摸箭头。相关选项窗口即自动打开。

2—CONT：目标点被轨迹逼近。

［空白］：将精确地移至目标点。

3—笛卡儿速度：0.001～2m/s。

4—运动数据组的名称。系统自动赋予一个名称，名称可以被盖写。需要编辑运动数据时请触摸箭头。相关选项窗口即自动打开。

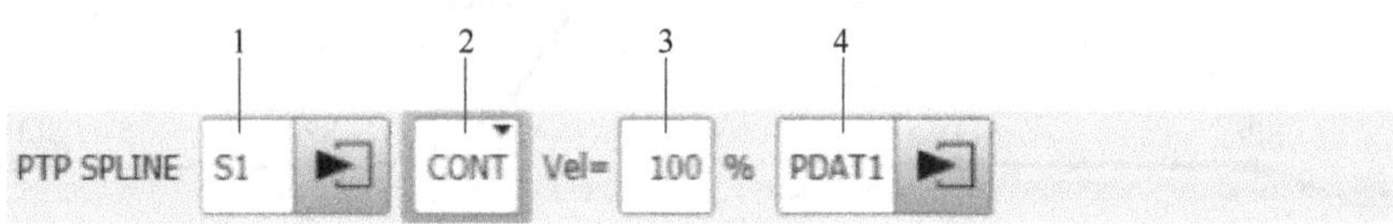

图2-166 PTP 样条组联机表单

图 2-166 中：

1—样条组的名称。系统自动赋予一个名称，名称可以被盖写。需要编辑运动数据时请触摸箭头。相关选项窗口即自动打开。

2—CONT：目标点被轨迹逼近。

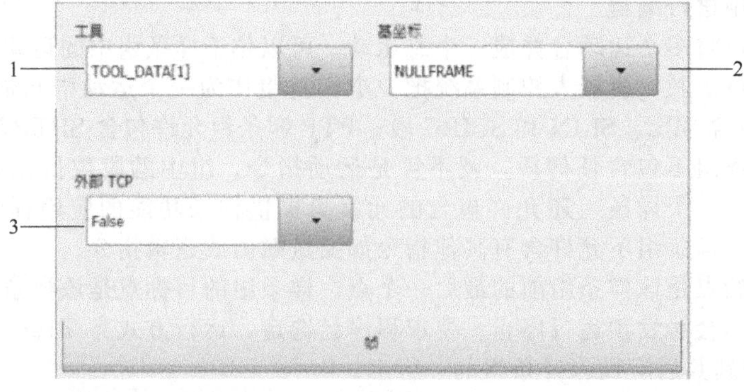

图2-167 选项窗口“坐标系”（CP 和 PTP 样条组）

[空白]：将精确地移至目标点。

3—轴速度：1%～100%。

4—运动数据组的名称。系统自动赋予一个名称，名称可以被盖写。需要编辑运动数据时请触摸箭头。相关选项窗口即自动打开。

图 2-167 中：

1—选择工具坐标系。如果外部 TCP 栏中显示“True”：选择工件。值域：[1]...[16]。

2—选择基础坐标系。如果外部 TCP 栏中显示“True”：选择固定工具。值域：[1]...[32]。

3—插补模式。False：该工具已安装在连接法兰处。

True：该工具为一个固定工具。

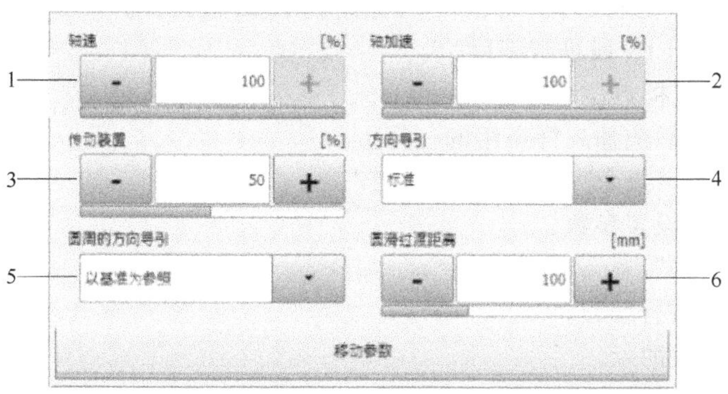

图2-168　选项窗口“移动参数”(CP 样条组)

图 2-168 中：

1—轴速。该值以机器参数中给出的最大值为基准（1%～100%）。

2—轴加速度。该值以机器参数中给出的最大值为基准（1%～100%）。

3—变速箱加速度变化率。加速度变化率是指加速度的变化量。该值以机器参数中给出的最大值为基准（1%～100%）。

4—选择姿态引导。

5—选择姿态引导的参照系。此参数只对 SCIRC 段（如果有的话）起作用。

6—只有在联机表单中选择了“CONT”之后，此栏才显示。目标点之前的距离，最早在此处开始轨迹逼近，最大间距可以为样条中的最后一个段。如果只有一个段，则间距可以最大为半个段的长度。如果在此处输入了一个更大数值，则此值将被忽略而采用最大值。

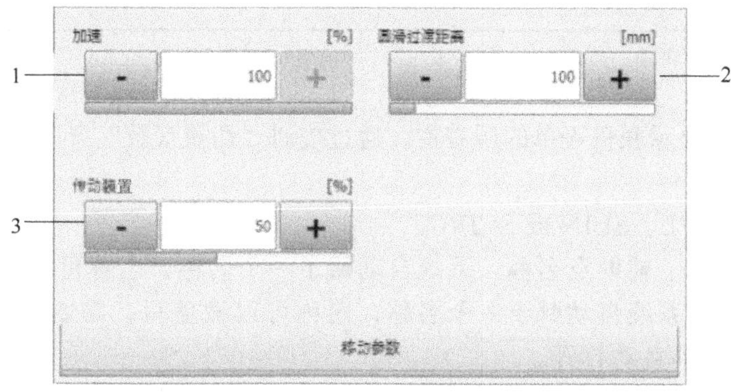

图2-169　选项窗口“移动参数”(PTP 样条组)

图 2-169 中：

1—轴加速度。该值以机器参数中给出的最大值为基准（1%～100%）。

2—只有在联机表单中选择了“CONT”之后，此栏才显示。目标点之前的距离，最早在此处开始轨迹逼近，最大间距可以为样条中的最后一个段。如果只有一个段，则间距可以最大为半个段的长度。如果在此处输入了一个更大数值，则此值将被忽略而采用最大值。

3—变速箱加速度变化率。加速度变化率是指加速度的变化量。该值以机器参数中给出的最大值为基准（1%～100%）。

（3）对样条组段进行编程

要求程序已选定、运行方式 T1、CP 样条组的 Fold 被打开。

① 对 SPL 段或 SLIN 段进行编程。

a. 将 TCP 移到目标点。

b. 将光标放到其后应插入样条组的一行上。

c. 选择菜单序列“指令”→“运动”→“SPL”或“SLIN”。

d. 在联机表单中设置参数。

e. 点击指令“OK”。

② 对 SCIRC 段进行编程。

a. 将 TCP 移到辅助点。

b. 将光标放到其后应插入样条组的一行上。

c. 选择菜单序列“指令”→“运动”→“SCIRC”。

d. 在联机表单中设置参数。

e. 点击“辅助点坐标”。

f. 将 TCP 移到目标点。

g. 点击指令“OK”。

③ CP 样条段联机表单如图 2-170 所示。

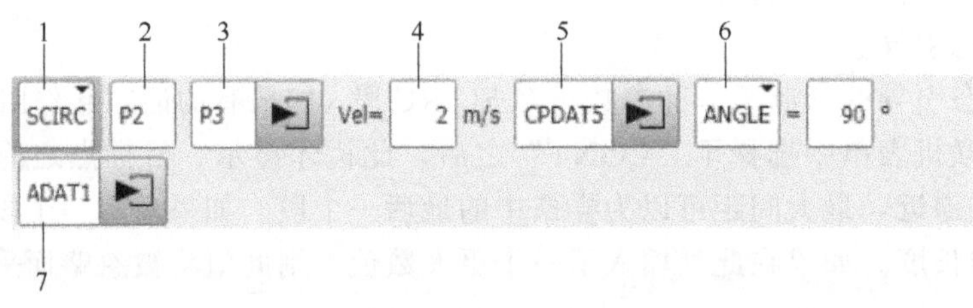

图2-170 CP 样条段联机表单

默认情况下不会显示联机表单的所有栏。通过按钮“切换参数”可以显示和隐藏这些栏。

图 2-170 中：

1—运动方式：SPL、SLIN 或 SCIRC。

2—仅针对 SCIRC：辅助点名称，系统自动赋予一个名称，名称可以被盖写。

3—目标点名称。系统自动赋予一个名称，名称可以被盖写。需要编辑点数据时请触摸箭头。相关选项窗口即自动打开。

4—笛卡儿速度：默认情况下，对样条组的有效值适用于该段。需要时，可在此单独指定一个值。该值仅适用于该段（0.001～2m/s）。

5—运动数据组名称。系统自动赋予一个名称，名称可以被盖写。默认情况下，对样条组的有效值适用于该段。需要时，可在此处为该段单独赋值。这些值仅适用于该段。需要编辑数据时请触摸箭头。相关选项窗口即自动打开。

6—圆心角：只有在选择了“SCIRC”运动方式时才可使用（−9999°～+9999°）。如果输入的数值小于−400°或大于+400°，则在保存联机表单时会自动查询是否要确认或取消输入。

7—含逻辑参数的数据组名称。系统自动赋予一个名称，名称可以被盖写。需要编辑数据时请触摸箭头。相关选项窗口即自动打开。

④ 对 SPTP 段进行编程。

a. 将 TCP 移到目标点。

b. 将光标放到其后应插入样条组的一行上。

c. 选择菜单序列“指令”→“运动”→“SPTP”。

d. 在联机表单中设置参数。

e. 点击指令“OK”。

⑤ SPTP 段联机表单如图 2-171 所示，默认情况下不会显示联机表单的所有栏。通过按钮“切换参数”可以显示和隐藏这些栏。选项窗口“坐标系”（CP 和 PTP 样条段）如图 2-172 所示，选项窗口“移动参数”（CP 样条段）如图 2-173 所示，圆周配置如图 2-174 所示，选项窗口“移动参数”（SPTP）如图 2-175 所示，选项窗口“逻辑参数触发器”如图 2-176 所示。

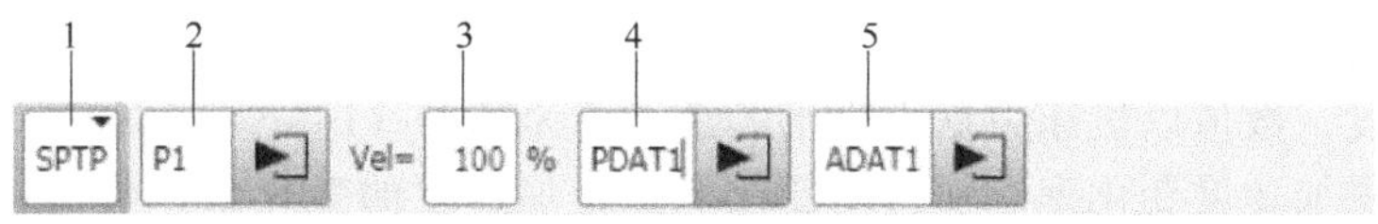

图2-171　SPTP 段联机表单

图 2-171 中：

1—运动方式：SPTP。

2—目标点的名称。系统自动赋予一个名称，名称可以被盖写。需要编辑点数据时请触摸箭头。相关选项窗口即自动打开。

3—轴速度：默认情况下，对样条组的有效值适用于该段。需要时，可在此单独指定一个值。该值仅适用于该段（1%～100%）。

4—运动数据组的名称。系统自动赋予一个名称，名称可以被盖写。默认情况下，对样条组的有效值适用于该段。需要时，可在此单独指定值。这些值仅适用于该段。需要编辑点数据时请触摸箭头。相关选项窗口即自动打开。

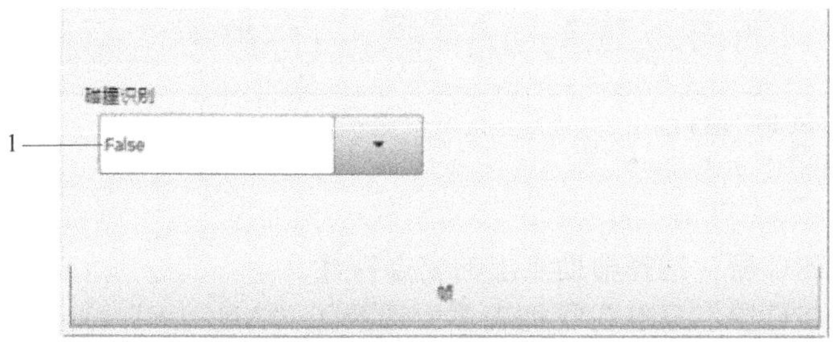

图2-172　选项窗口“坐标系”（CP 和 PTP 样条段）

5—含逻辑参数的数据组名称。系统自动赋予一个名称，名称可以被盖写。需要编辑数据时请触摸箭头。相关选项窗口即自动打开。

图 2-172 中 1 所显示内容：

True：机器人控制系统为此运动计算轴的扭矩，此值用于碰撞识别。

False：机器人控制系统为此运动不计算轴的扭矩，因此对此运动无法进行碰撞识别。

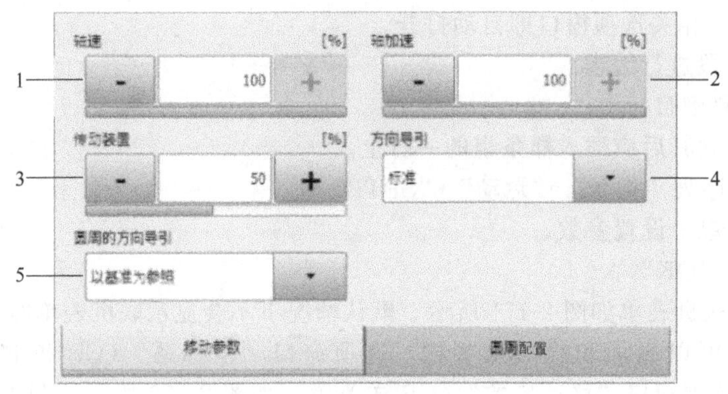

图2-173 选项窗口“移动参数”（CP 样条段）

图 2-173 中：

1—轴速。数值以机床数据中给出的最大值为基准（1%～100%）。

2—轴加速度。数值以机床数据中给出的最大值为基准（1%～100%）。

3—传动装置加速度变化率。加速度变化率是指加速度的变化量。数值以机床数据中给出的最大值为基准（1%～100%）。

4—选择姿态引导。

5—仅针对 SCIRC 段：选择姿态引导的参照系。

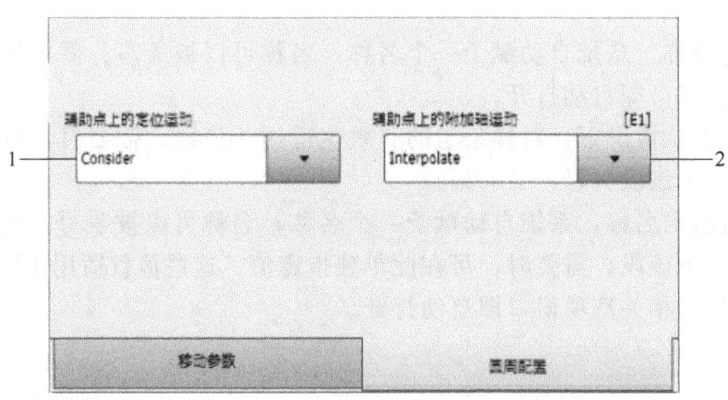

图2-174 圆周配置（SCIRC 段）

图 2-174 中：

1—仅针对 SCIRC 段：选择辅助点上的姿态特性。

2—仅针对 SCIRC 段：只有在联机表单中选择了“ANGLE”之后，此栏才显示。选择目标点上的姿态特性。

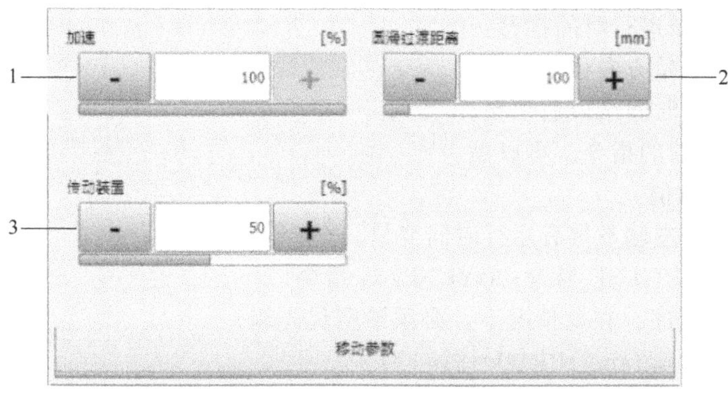

图2-175　选项窗口“移动参数”(SPTP)

图 2-175 中：

1—轴加速度。该值以机器参数中给出的最大值为基准（1%～100%）。

2—该栏无法用于 SPTP 段。只有在联机表单中选择了“CONT”之后，才在 SPTP 单个运动时显示此栏。目标点之前的距离，最早在此处开始轨迹逼近，此距离最大可为起始点至目标点距离的一半。如果在此处输入了一个更大数值，则此值将被忽略而采用最大值。

3—变速箱加速度变化率。加速度变化率是指加速度的变化量。该值以机器参数中给出的最大值为基准（1%～100%）。

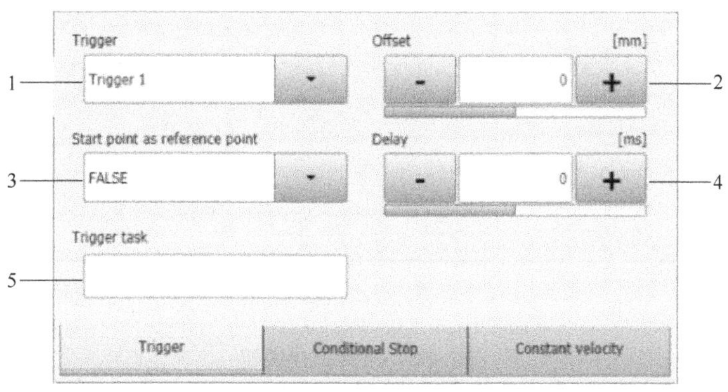

图2-176　触发器

图 2-176 中：

1—通过按钮“选择操作”→“添加触发器”可在此为运动分配（另）一个触发器。如果它是该运动的第一个触发器，则该命令也会使“触发器”栏显示出来 。每个运动最多可以有 8 个触发器（触发器可以通过“选择操作”→“删除触发器”重新加以删除）。

2—触发器的参照点：

TRUE：起始点。

FALSE：目标点。

3—以目标点或起始点为参照移动位置。

负值：朝运动起始方向移动。

正值：朝运动结束方向移动。

也可以示教位置移动。如果示教了位置移动，则栏目起始点为参照点，自动被赋值为 FALSE。

4—以移动为参照进行时间推移：

负值：朝运动起始方向移动。

正值：触发器在时间结束后切换。

5—应触发触发器的指令。可以是：

a. 给一个变量赋值。

提示：在指令的左侧不得有运行时间变量。

b. OUT 指令；PULSE 指令；CYCFLAG 指令。

c. 调用一个子程序。在此情况下，必须给明优先级。

例如：my_subprogram()PRIO=81

可供选用的优先级有 1、2、4～39 和 81～128。优先级 40～80 预留用于系统自动给出优先级的情况。如果优先级应由系统自动给出，则应如下进行编程：PRIO=−1。

如果多个触发器同时调出子程序，则先执行最高优先级的触发器，然后再执行低优先级的触发器。1=最高优先级。

(4) 条件停止

如图 2-177 所示，其说明见表 2-35。

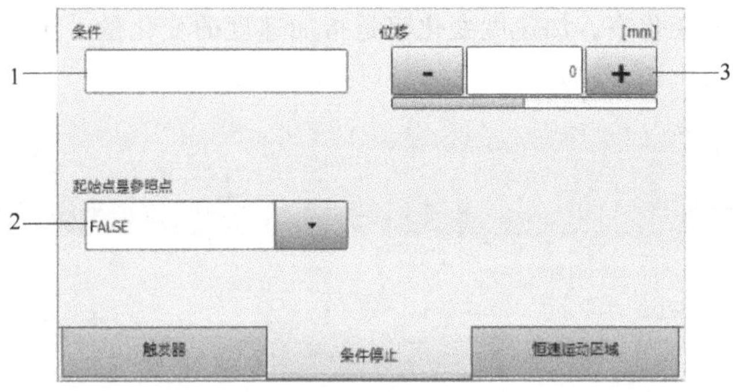

图2-177 条件停止

表 2-35 条件停止说明

序号	项目	说明
1	停止条件	允许使用： ①全局布尔变量 ②信号名称 ③比较 ④简单的逻辑连接：NOT、OR、AND 或 EXOR
2	关联	条件停止可与运动的起始点或目标点关联起来 ①TRUE：起始点 ②FALSE：目标点 如轨迹已经逼近了参照点，则适用与 PATH 触发器相同的规则
3	可以移动停止点的位置	为此必须在此给出至起始点或目标点所需的距离。如果无须移动位置，则输入“0” ①正值：朝运动结束方向移动 ②负值：朝运动起始方向移动 停止点不可任意移动位置。适用与 PATH 触发器相同的极限值，也可以示教位置移动。如果示教了位置移动，则栏目起始点为参照点自动被赋值为 FALSE

(5) 恒速运动区域

恒速运动区域仅用于 CP 样条段，如图 2-178 所示，其说明见表 2-36。

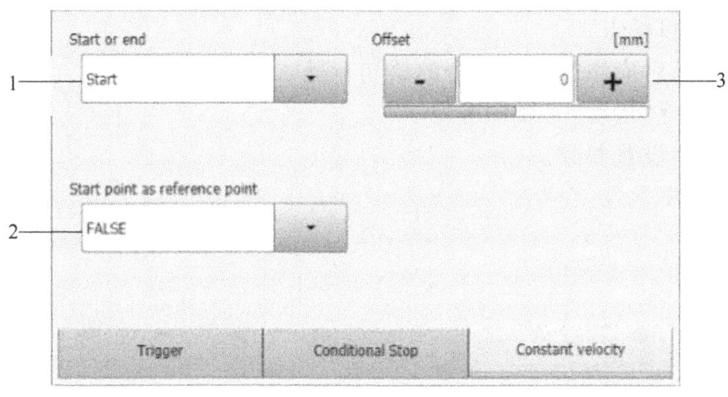

图2-178　恒速运动区域

表 2-36　恒速运动区域说明

序号	说　明
1	Start (起始)：规定恒速运动区域的起点 End (终止)：规定恒速运动区域的终点
2	Start 或 End 可以以运动的起始点或目标点为参照 TRUE：Start 或 End 以起始点为参照 如果轨迹已经逼近起始点，则可以以直线逼近方式移动到参照点 FALSE：Start 或 End 以目标点为参照 如果轨迹已经逼近目标点，则 Start 或 End 以轨迹逼近弧线的起点为参照
3	恒速运动区域的起点和终点可以移动位置，为此必须给出所须的距离。如果无须移动位置，则输入“0” 正值：朝运动结束方向移动 负值：朝运动起始方向移动 也可以示教位置移动。如果示教了位置移动，则栏目起始点为参照点自动被赋值为 FALSE

(6) 示教逻辑参数的位置移动

在选项窗口“逻辑参数”可以为触发器、条件停止以及恒速运动区域指定位置移动。除了通过数值指定这些移动，也可以对其进行示教。

如示教移动，则起始点是参照点栏在相应的选项卡中被自动赋值为 FALSE，因为示教的距离以运动的目标点为参照。程序已选定，运行方式为 T1，已经对移动的点示教。

① 通过 TCP 移至所需的位置。

② 将光标放到要示教移动的运动指令行中。

③ 点击“更改”。指令相关的联机表单自动打开。

④ 打开窗口“逻辑参数”并选择所需的选项卡。

⑤ 点击“选择操作”，然后根据示教移动的目的点击以下按键中的一个：记录触发器轨迹、记录条件停止的轨迹、记录恒速运动区域的轨迹。与当前运动指令目标点的距离这时被应用为位置移动的值。

⑥ 点击指令“OK”键保存更改。

2.4.4.10 样条单个运动编程

(1) 对 SLIN 单个运动进行编程

程序已选定，并选择了运行方式 T1。SLIN 的联机表单如图 2-179 所示。

① 将 TCP 移到目标点。

② 将光标置于其后应添加运动指令的语句行处。

③ 选择“指令”→“运动”→“SLIN”。

④ 在联机表单中设置参数。

⑤ 点击指令“OK”。

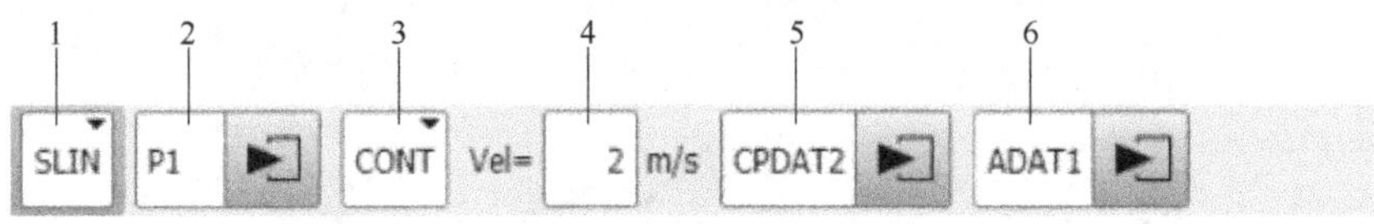

图2-179 SLIN 联机表单（单个运动）

图 2-179 中：

1—运动方式：SLIN。

2—目标点的名称。系统自动赋予一个名称，名称可以被盖写。需要编辑点数据时请触摸箭头。相关选项窗口即自动打开。

3—CONT：目标点被轨迹逼近。

[空白]：将精确地移至目标点。

4—速度：0.001～2m/s。

5—运动数据组名称。系统自动赋予一个名称，名称可以被盖写。需要编辑点数据时请触摸箭头。相关选项窗口即自动打开。

6—含逻辑参数的数据组名称。通过切换参数可显示和隐藏该栏目。系统自动赋予一个名称，名称可以被盖写。需要编辑数据时请触摸箭头。相关选项窗口即自动打开。

(2) 选项窗口“移动参数”(SLIN)

移动参数（SLIN）如图 2-180 所示，目标点之前的距离，最早在此处开始轨迹逼近，此距离最大可为起始点至目标点距离的一半。如果在此处输入了一个更大数值，则此值将被

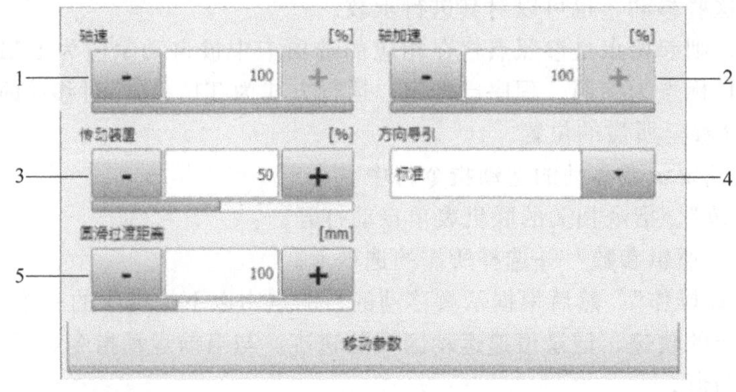

图2-180 选项窗口“移动参数”(SLIN)

忽略而采用最大值。

图 2-180 中：

1—轴速。该值以机器参数中给出的最大值为基准（1%～100%）。

2—轴加速度。该值以机器参数中给出的最大值为基准（1%～100%）。

3—变速箱加速度变化率。加速度变化率是指加速度的变化量。该值以机器参数中给出的最大值为基准（1%～100%）。

4—选择姿态引导。

5—只有在联机表单中选择了“CONT”之后，此栏才显示。

（3）对 SCIRC 单个运动进行编程

程序已选定，并选择了运行方式 T1。SCIRC 联机表单如图 2-181 所示。

① 将 TCP 移到辅助点。

② 将光标置于其后应添加运动指令的语句行处。

③ 选择菜单序列　“指令”→“运动” →“SCIRC”。

④ 在联机表单中设置参数。

⑤ 点击“辅助点坐标”。

⑥ 将 TCP 移到目标点。

⑦ 点击指令“OK”。

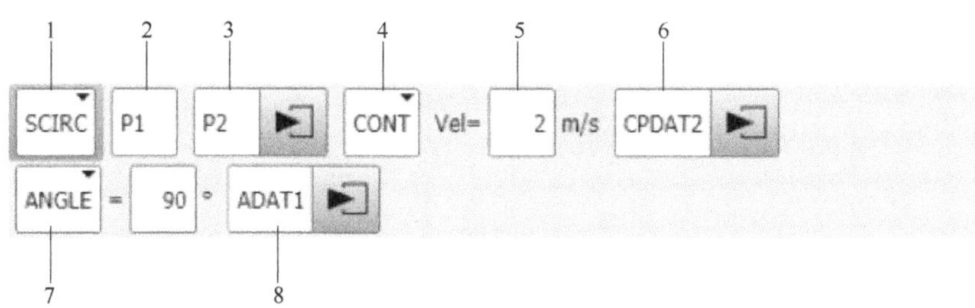

图2-181　SCIRC 联机表单（单个运动）

图 2-181 中：

1—运动方式：SCIRC。

2—辅助点名称：系统自动赋予一个名称，名称可以被盖写。

3—目标点名称：系统自动赋予一个名称，名称可以被盖写。需要编辑点数据时请触摸箭头。相关选项窗口即自动打开。

4—CONT：目标点被轨迹逼近。

［空白］：将精确地移至目标点。

5—速度：0.001～2m/s。

6—运动数据组名称。系统自动赋予一个名称，名称可以被盖写。需要编辑点数据时请触摸箭头。相关选项窗口即自动打开。

7—圆心角：－9999°～＋9999°，如果输入的圆心角小于－400°或大于＋400°，则在保存联机表单时会自动询问是否要确认或取消输入。

8—含逻辑参数的数据组名称。通过“切换参数”可显示和隐藏该栏目。系统自动赋予一个名称，名称可以被盖写。需要编辑数据时请触摸箭头。相关选项窗口即自动打开。

(4) 选项窗口“移动参数”（SCIRC）

移动参数（SCIRC）如图 2-182 所示，目标点之前的距离，最早在此处开始轨迹逼近，此距离最大可为起始点至目标点距离的一半。如果在此处输入了一个更大数值，则此值将被忽略而采用最大值。

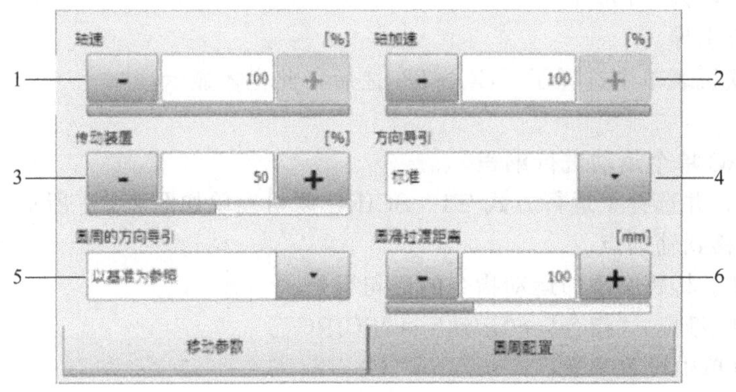

(a) 移动参数(SCIRC)

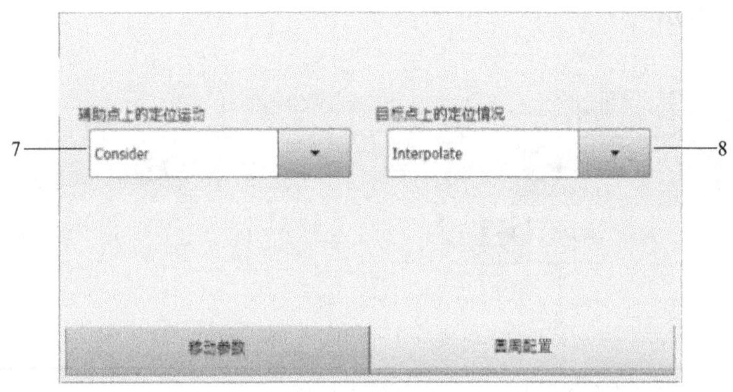

(b) 圆周配置(SCIRC)

图2-182 选项窗口“移动参数”（SCIRC）

图 2-182（a）中：

1—轴速。数值以机床数据中给出的最大值为基准（1%～100%）。

2—轴加速度。数值以机床数据中给出的最大值为基准（1%～100%）。

3—传动装置加速度变化率。加速度变化率是指加速度的变化量。数值以机床数据中给出的最大值为基准（1%～100%）。

4—选择姿态引导。

5—选择姿态引导的参照系。

6—只有在联机表单中选择了“CONT”之后，此栏才显示。

图 2-182（b）中：

7—选择辅助点上的姿态特性。

8—只有在联机表单中选择了“ANGLE”之后，此栏才显示。选择目标点上的姿态特性。

(5) 对 SPTP 单个运动进行编程

① 将 TCP 移到目标点。

② 将光标置于其后应添加运动指令的语句行处。

③ 选择 “指令”→“运动”→“SPTP”。

④ 在联机表单中设置参数。

⑤ 点击指令 “OK”。

联机表单 SPTP（单个运动）如图 2-183 所示。

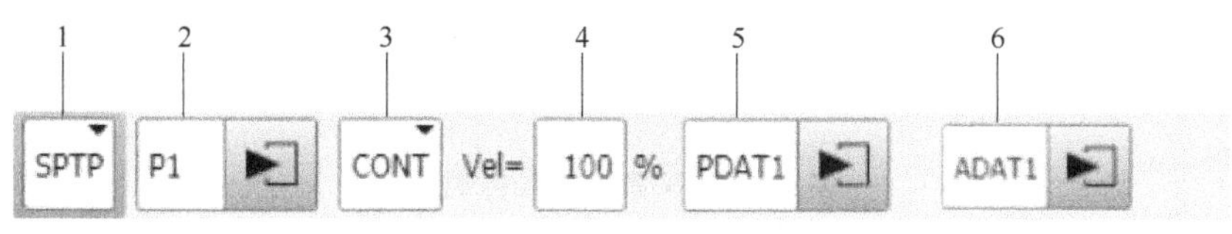

图2-183　联机表单 SPTP（单个运动）

图 2-183 中：

1—运动方式：SPTP。

2—目标点的名称。系统自动赋予一个名称，名称可以被盖写。需要编辑点数据时请触摸箭头。相关选项窗口即自动打开。

3—CONT：目标点被轨迹逼近。

[空白]：将精确地移至目标点。

4—速度：1%～100%。

5—运动数据组的名称。系统自动赋予一个名称，名称可以被盖写。需要编辑点数据时请触摸箭头。相关选项窗口即自动打开。

6—通过 “切换参数” 可显示和隐藏该栏目含逻辑参数的数据组名称。系统自动赋予一个名称，名称可以被盖写。需要编辑数据时请触摸箭头。相关选项窗口即自动打开。

(6) 条件停止

“条件停止” 允许用户定义在满足特定条件时机器人停止的轨迹位置，该位置称为 “停止点”。如果不再满足该条件，则机器人继续运行。机器人控制系统在运行期间计算出最迟必须制动的点，以便能够在停止点停止。从该点（ 制动点）起，机器人控制系统分析是否满足条件。如果在制动点上满足条件，则机器人制动，以便在停止点停止。但如果在到达停止点前重新变为不满足条件，则机器人重新加速，而不会停止。如果制动点上不满足条件，则机器人继续运行，而不会制动。

原则上可以任意编程设定多个条件停止。但最多允许有 10 段 “制动点 →停止点” 相交。

在制动过程中，机器人控制系统在 T1/T2 下显示以下信息：条件停止激活（行{行号}）。

① 编程

a. 用 KRL 句法编程：通过指令 “STOP WHEN PATH”。

b. 通过联机表单编程：

在样条组（CP 和 PTP）或样条单个语句中：在选项窗口 “逻辑参数” 中。

在样条组（CP 和 PTP）前：通过联机表单。

② 联机表单“样条停止条件” 该联机表单只允许用于样条组前。在联机表单和样条表格之间允许有其他指令，但不得有运动指令。如图 2-184 所示，其说明见表 2-37。默认情况下没有缩进，此处为方便预览已添加缩进，如图 2-185 所示。

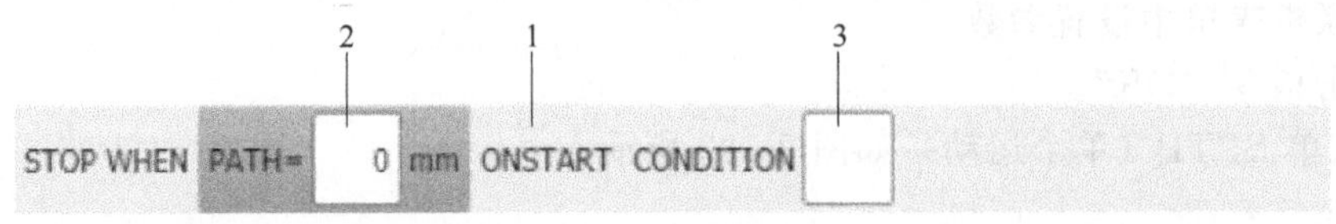

图2-184 联机表单“样条停止条件”

表 2-37 样条停止条件说明

序号	项目	说 明
1	条件停止参照的点	①有 ONSTART：样条组前的最后一个点 ②无 ONSTART：样条组中的最后一个点 如轨迹已经逼近了样条，则适用与 PATH 触发器相同的规则 ONSTART 可通过按钮切换 ONSTART 加以设置或删除
2	可以移动停止点的位置	为此必须给出距参照点所要的距离。如果无需移动位置，则输入“0” ①正值：朝运动结束方向移动 ②负值：朝运动起始方向移动 停止点不可任意远移动位置。适用与 PATH 触发器相同的极限值，也可以示教位置移动
3	停止条件	①全局布尔变量 ②信号名称 ③比较 ④简单的逻辑连接：NOT、OR、AND 或 EXOR

记录轨迹：如要移动，不一定必须将数值输入联机表单中，也可以示教位置移动。这通过记录轨迹进行。

示教位置移动时，如果已经在联机表单中设置 ONSTART，则 ONSTART 被自动去掉，因为示教的距离始终以运动的目标点为参照。

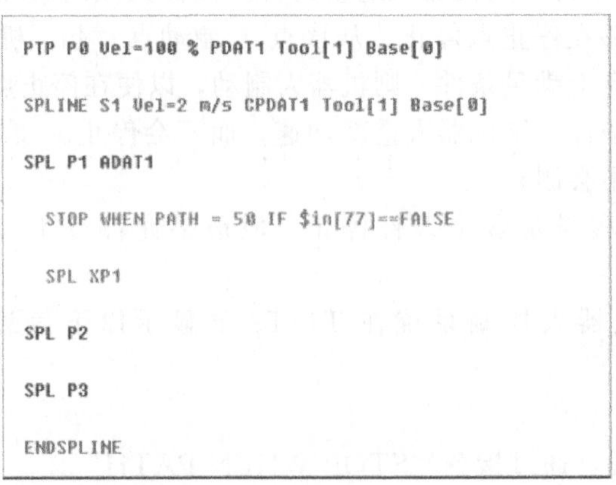
```
PTP P0 Vel=100 % PDAT1 Tool[1] Base[0]

SPLINE S1 Vel=2 m/s CPDAT1 Tool[1] Base[0]

SPL P1 ADAT1

  STOP WHEN PATH = 50 IF $in[77]==FALSE

  SPL XP1

SPL P2

SPL P3

ENDSPLINE
```

图2-185 联机编程示例［折叠（Fold）已展开］

图 2-185 中第四行如图 2-186 所示，如果输入端 $IN［77］为 FALSE，则机器人停在 P2 后 50mm 处，然后等待至 $IN［77］为 TRUE 为止。

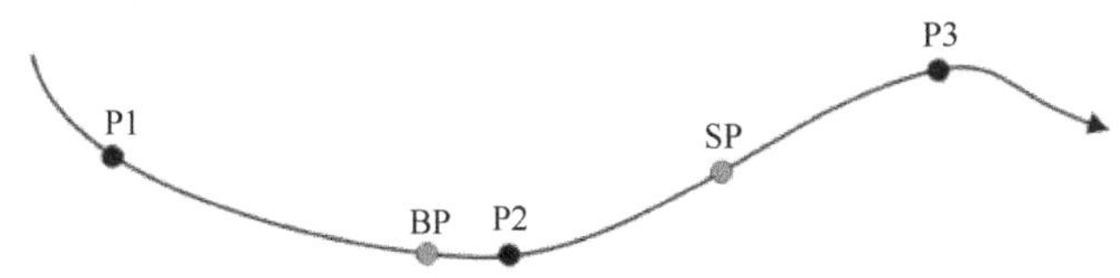

图2-186　STOP WHEN PATH 示例

BP：制动点（brake point）：机器人必须在此开始制动，以便能够在停止点停止。从该点起，机器人控制系统分析是否满足停止条件。BP 位置取决于速度和倍率，用户无法识别。SP：停止点（stop point），P2 →SP 的距离是 50mm。制动特性如表 2-38 所示。

表 2-38　制动特性

序号	BP 上的情况	机器人的动作
1	$IN[77]== FALSE	机器人制动并在 SP 处停止
2	$IN[77]==TRUE	机器人不制动并且在 SP 处不停止 程序运行，与没有指令"STOP WHEN PATH"时一样
3	①在 BP 处，$IN[77]== FALSE ②在 BP 和 SP 之间，输入端变为 TRUE	①机器人在 BP 处制动 ②如输入端变为 TRUE，则机器人重新加速，在 SP 处不停止
4	①在 BP 处，$IN[77]==TRUE ②在 BP 和 SP 之间，输入端变为 FALSE	①机器人在 BP 处不制动 ②如输入端变为 FALSE，则机器人顺沿轨迹紧急制动，并停在不可预见的点上

如果当机器人已经通过 BP 时才满足停止条件，那就太迟了，无法以正常制动斜坡停止在 SP 处。在这种情况下，则机器人顺沿轨迹紧急制动，并停在不可预见的点上。

如果机器人在 SP 后通过紧急制动停止，则程序在不再满足停止条件时才继续运行；如果机器人在 SP 前通过紧急制动停止，则程序继续运行时将出现以下情形：

a. 不再满足停止条件时：机器人继续移动。

b. 仍满足停止条件时：机器人移动至 SP，并在该处停止。

2.4.5　对逻辑指令进行编程

2.4.5.1　输入 / 输出端

① 数字输入/输出端　机器人控制系统最多可以管理 8192 个数字输入端和 8192 个数字输出端。在默认配置中，有 4096 个输入和输出端可供使用。

② 模拟输入/输出端　机器人控制系统可以管理 32 个模拟信号输入端和 32 个模拟信号输出端。

③ 管理　输入/输出端可通过表 2-39 所示系统变量管理。

表 2-39　输入/输出端管理变量

项目	输入端	输出端
数字	$IN[1]～$IN[8192]	$OUT[1]～$OUT[8192]
模拟	$ANIN[1]～ $ANIN[32]	$ANOUT[1]～$ANOUT[32]

$ANIN［...］显示输入端电压，在 −1.0 ～＋1.0 范围内调整。实际电压取决于模拟模块的设置。

通过$ANOUT［...］可设置模拟电压。$ANOUT［...］可通过−1.0～＋1.0 的值加以说明。实际产生的电压取决于模拟模块的设置。如尝试将电压值设置成超出值域范围，则机器人控制系统显示以下信息：限制｛信号名称｝。应在程序已选定并在选择了运行方式 T1 的条件下进行。

2.4.5.2 设置数字输出端——OUT

联机表格 OUT 见图 2-187。

① 将光标放到其后应插入逻辑指令的一行上。

② 选择菜单序列“指令”→“逻辑”→“OUT” OUNT。

③ 在联机表格中设置参数。

④ 用指令“OK”存储指令。

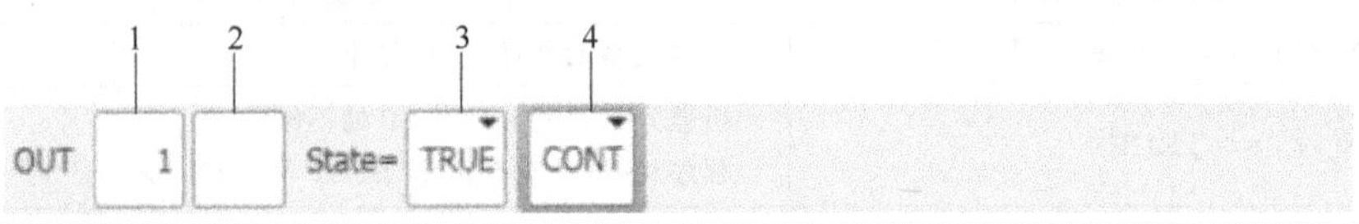

图2-187 OUT 联机表格

图 2-187 中：

1—输出端编号，指令设定了一个数字输出端。

2—如果输出端已有名称则会显示出来。仅限于专家用户组使用：通过点击“长文本”可输入名称，名称可以自由选择。

3—输出端被切换成的状态：TRUE、FALSE。

4—CONT：在预进过程中加工。

［空白］：带预进停止的加工。

2.4.5.3 设置脉冲输出端——PULSE

PULSE 的联机表格见图 2-188。

① 将光标放到其后应插入逻辑指令的一行上。

② 选择菜单序列“指令”→“逻辑”→“OUT”→“PULSE”。

③ 在联机表格中设置参数。

④ 用指令“OK”存储指令。

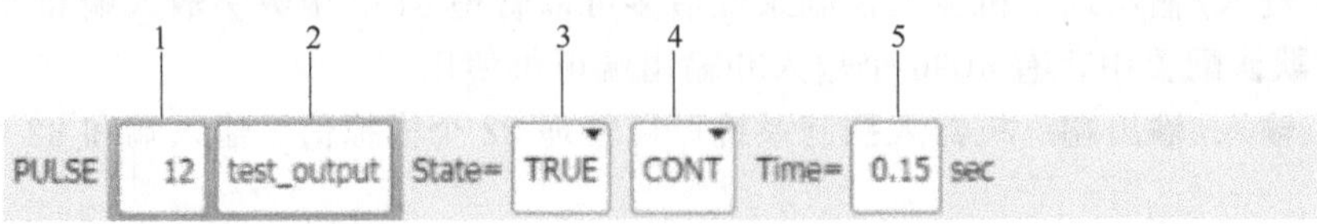

图2-188 PULSE 的联机表格

图 2-188 中：

1—输出端编号。

2—如果输出端已有名称则会显示出来。仅限于专家用户组使用：通过点击“长文本”

可输入名称，名称可以自由选择。

3—输出端被切换成的状态：TRUE 为“高”电平；FALSE 为“低”电平。

4—CONT：在预进过程中加工。

[空白]：带预进停止的加工。

5—脉冲长度：0.10～3.00s；指令设定了一个定义了长度的脉冲。

2.4.5.4　设置模拟输出端——ANOUT

① 将光标放到其后应插入指示的那一行中。

② 选择“指令”→“模拟输出”→“静态”或“动态”。

③ 在联机表格中设置参数。

④ 用指令“OK”存储指令。

(1) 静态 ANOUT 联机表格

指令设定了一个静态模拟输出端。电压由一个系数设置在一个固定值上。实际电压的大小取决于所使用的模拟模块。例如当系数为 0.5 时，一个 10V 模块产生的电压为 5V。

ANOUT 触发一次预运行停止，如图 2-189 所示。

图2-189　静态 ANOUT 联机表格

图 2-189 中：

1—模拟输出端编号：CHANNEL_1～CHANNEL_32。

2—电压系数：10～1（分级：0.01）。

(2) 动态 ANOUT 联机表格

该指令可关闭或打开一个动态的模拟输出端，最多可以同时接通 4 个动态模拟输出端。ANOUT 触发一次预运行停止，如图 2-190 所示。

电压由一个系数决定。实际电压的大小取决于下列各值：

① 速度或函数发生器　例如，系数为 0.5 时，1m/s 的速度产生电压 5V。

② 偏差　例如，0.5V 电压有 +0.15 的偏差，会产生电压 0.65V。

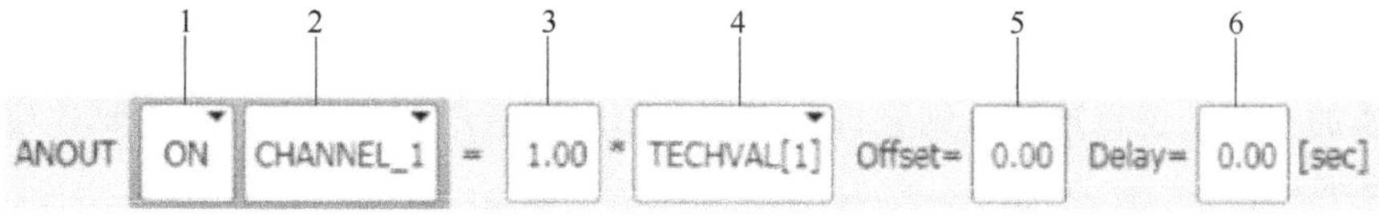

图2-190　动态 ANOUT 联机表格

图 2-190 中：

1—模拟输出端的接通或关闭：ON、OFF。

2—模拟输出端编号：CHANNEL_1～CHANNEL_32。

3—电压系数：0～10（分级：0.01）。

4—VEL_ACT：电压取决于速度。TECHVAL [1]～TECHVAL [6]：电压通过一个函数发生器控制。

5—提高或降低电压的数值：－1～＋1（分级：0.01）。

6—延迟（＋）或提前（－）发出输出信号的时间：－0.2～＋0.5s。

2.4.5.5 给等待时间编程——WAIT

(1) 操作步骤

① 将光标放到其后应插入逻辑指令的一行上。

② 选择菜单序列"指令"→"逻辑"→"WAIT"。

③ 在联机表格中设置参数。

④ 用指令"OK"存储指令。

(2) WAIT 的联机表格

可以用 WAIT 对等待时间进行编程。在编程时间内，机器人动作暂停。WAIT 总是触发一次预运行停止，如图 2-191 所示。

图2-191 WAIT 的联机表格

图 2-191 中：

1—等待时间：≥0s。

2.4.5.6 对与信号有关的等待功能进行编程——WAIT FOR

(1) 操作步骤

① 将光标放到其后应插入逻辑指令的一行上。

② 选择菜单序列"指令"→"逻辑"→"WAIT FOR"。

③ 在联机表格中设置参数。

④ 用指令"OK"存储指令。

(2) WAIT FOR 的联机表格

指令设定了一个与信号有关的等候功能，需要时可将多个信号（最多 12 个）按逻辑连接。如果添加了一个逻辑连接，则联机表格中会出现用于附加信号和其他逻辑连接的栏，如图 2-192 所示。

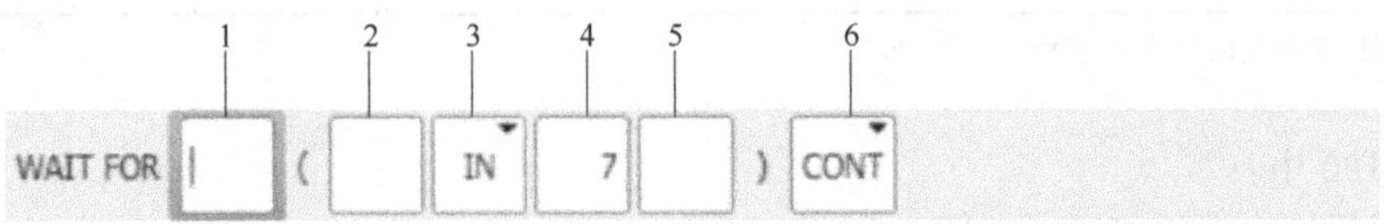

图2-192 WAIT FOR 的联机表格

图 2-192 中：

1—添加外部连接。运算符位于加括号的表达式之间。

① AND、OR、EXOR。

② 添加“NOT”或“[空白]”。用相应的按键添加所需的运算符。

2—添加内部连接。运算符位于一个加括号的表达式内。

① AND、OR、EXOR。

② 添加“NOT”或“[空白]”。用相应的按键添加所需的运算符。

3—等待的信号：IN、OUT、CYCFLAG、TIMER、FLAG。

4—信号的编号。

5—如果信号已有名称则会显示出来。仅限于专家用户组使用：通过点击“长文本”可输入名称，名称可以自由选择。

6—CONT：在预进过程中加工。

[空白]：带预进停止的加工。

2.4.5.7　轨道上的切换—SYN OUT

(1) 操作步骤

① 将光标放到其后应插入逻辑指令的一行上。

② 选择菜单序列“指令”→“逻辑”→“OUT”→“SYN OUT”。

③ 在联机表格中设置参数。

④ 用指令“OK”存储指令。

(2) SYN OUT 联机表格（选项“START/END”）

可以以运动的起始点或目标点为基准触发切换动作。切换动作的时间可推移，如图 2-193 所示，运动方式可以是 LIN、CIRC 或 PTP。

应用情况例如：

① 进行点焊时关闭或打开焊钳。

② 进行轨迹焊接时接通或关闭焊接电路。

③ 粘贴或密封时接通或关断体积流量。

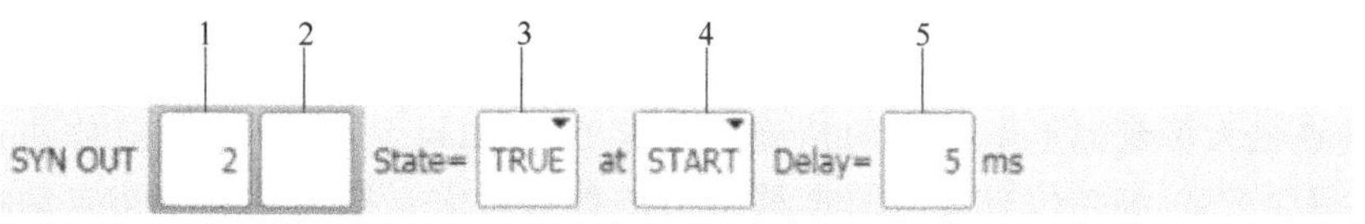

图2-193　SYN OUT 联机表格（选项“START/END”）

图 2-193 中：

1—输出端编号。

2—如果输出端已有名称则会显示出来。

仅限于专家用户组使用：通过点击“长文本”可输入名称，名称可以自由选择。

3—输出端被切换成的状态：TRUE、FALSE。

4—以 SYN OUT 为参照的点：

① T START (起始)：运动的起始点。

② D END (终止)：运动的目标点。

5—切换动作的时间推移：－1000～＋1000ms，此时间数值为绝对值。即视机器人速度不同，切换点将随之变化。

(3) SYN OUT 联机表格（选项“PATH”）

切换操作以运动的目标点为参照。切换动作的位置和时间均可进行推移，如图 2-194 所示，运动方式可以是 LIN 或 CIRC，但不能是 PTP 运动。

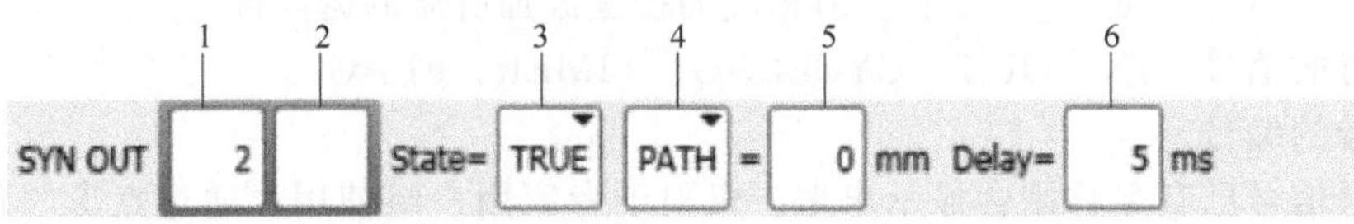

图2-194 SYN OUT 联机表格（选项“PATH”）

图 2-194 中：

1—输出端编号。

2—如果输出端已有名称则会显示出来。仅限于专家用户组使用：通过点击“长文本”可输入名称，名称可以自由选择。

3—输出端被切换成的状态：TRUE、FALSE。

4—PATH：SYN OUT 以运动的目标点为参照。

5—此栏目仅在选择了“PATH”之后才会显示。切换点至目标点的距离：－2000～＋2000mm。

6—切换动作的时间推移：－1000～＋1000ms，此时间数值为绝对值。即视机器人速度不同，切换点将随之变化。

【例 2-1】 如图 2-195 所示，起始点是精确停止点，目标点被圆滑过渡。

LIN P1 VEL＝0.3m/s CPDAT1

SYN OUT 1′State＝ TRUE at START PATH＝20mm Delay＝－5ms

LIN P2 CONT VEL＝0.3m/s CPDAT2

LIN P3 CONT VEL＝0.3m/s CPDAT3

LIN P4 VEL＝0.3m/s CPDAT4

OUT 1 确定了进行切换的大概位置，虚线确定了切换极限，M＝滑过区域中点。

切换极限：

① 切换点最早可前移至精确停止点 P1。

② 切换点最大可延迟至下一个的精确停止点 P4。如果 P3 是一个精确停止点，则切换点最多可延迟至 P3。如果位置或时间推移给出的数值过大，则控制装备将自动在切换极限处进行切换。

【例 2-2】 如图 2-196 所示，起始点和目标点均被圆滑过渡。

LIN P1 CONT VEL＝0.3m/s CPDAT1

SYN OUT 1′State＝ TRUE at START PATH＝20mm Delay＝－5ms

LIN P2 CONT VEL＝0.3m/s CPDAT2

LIN P3 CONT VEL＝0.3m/s CPDAT3

LIN P4 VEL＝0.3m/s CPDAT4

OUT 1 确定了进行切换的大概位置，虚线确定了切换极限，M＝滑过区域中点。

切换极限：

① 切换点最早可前移至 P1 滑过区域的起始处。

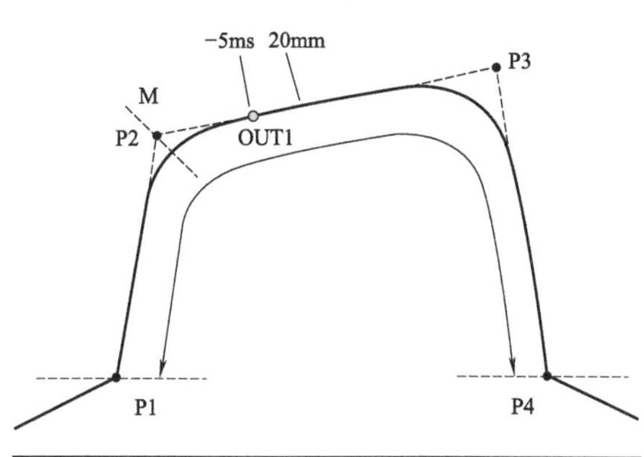

图2-195　起始点精确停止点目标点被圆滑过渡

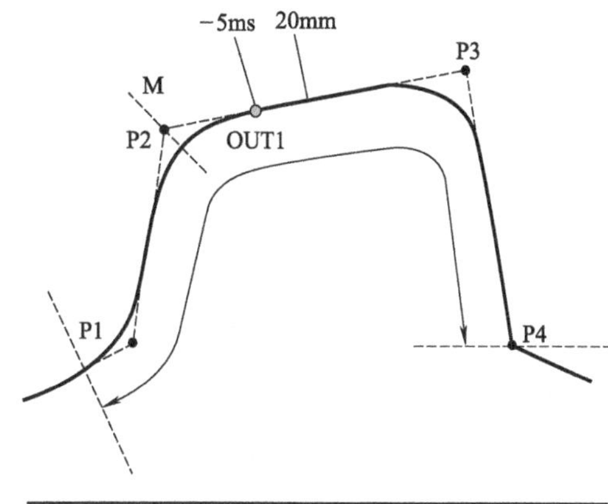

图2-196　起始点和目标点均被圆滑过渡

② 切换点最大可延迟至下一个的精确停止点 P4。如果 P3 是一个精确停止点，则切换点最多可延迟至 P3。如果位置或时间推移给出的数值过大，则控制装备将自动在切换极限处进行切换。

2.4.5.8　轨道上的脉冲设定——SYN PULSE

(1) 操作步骤

① 将光标放到其后应插入逻辑指令的一行上。

② 选择菜单序列“指令”→“逻辑”→“OUT”→“SYN PULSE”。

③ 在联机表格中设置参数。

④ 用指令“OK”存储指令。

(2) SYN PULSE 的联机表格

通过 SYN PULSE 可在运动的起始点或目标点触发一个脉冲。脉冲的时间和 /或位置均可推移：即脉冲不必准确地在点上加以触发，而是可以或前或后加以触发，如图 2-197 所示。

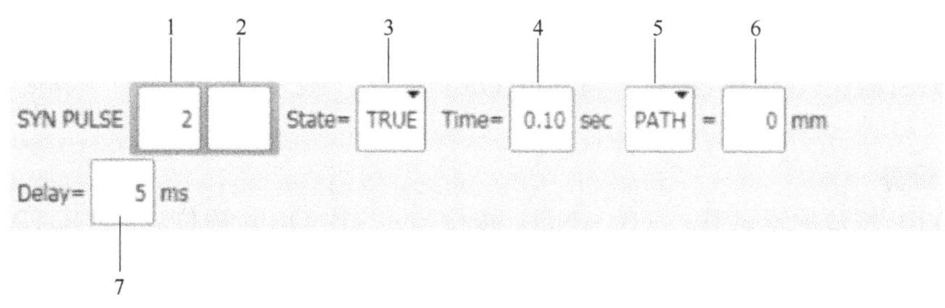

图2-197　SYN PULSE 的联机表格

图 2-197 中：

1—输出端编号。

2—如果输出端已有名称则会显示出来。仅限于专家用户组使用：通过点击 长文本可输入名称，名称可以自由选择。

3—输出端被切换成的状态：TRUE、FALSE。

4—脉冲持续时间：0.1～3s。

5—以 SYN PULSE 为参照的点：

① T START（起始）：运动的起始点。

② D END（终止）：运动的目标点。

③ PATH：SYN PULSE 以目标点为参照，另外还可以移动位置。

6—切换点至目标点的距离：－2000～＋2000mm，此区域仅在选择了“PATH”之后才会显示。

7—切换动作的时间推移：－1000～＋1000ms，此时间数值为绝对值。视机器人速度不同，切换点将随之变化。

2.4.5.9 更改逻辑指令

① 将光标放在须更改的指令行里。

② 点击“更改”。指令相关的联机表格自动打开。

③ 更改该参数。

④ 用指令“OK”保存更改。

2.4.6 用 KRL 对简单数据类型的变量值进行操纵

根据具体任务，可以以不同方式在程序进程（SRC 文件）中改变变量值，也可借助于位运算和标准函数进行操纵。

(1) 基本运算类型

（＋）加法；（－）减法；（＊）乘法；（/）除法。

(2) 比较运算

（==）相同 / 等于；（<>）不同；（>）大于；（<）小于；（>=）大于等于；（<=）小于等于。

(3) 逻辑运算

（NOT）反向；（AND）逻辑“与”；（OR）逻辑“或”；（EXOR）“异或”。

(4) 位运算

（B_NOT）按位取反运算；（B_AND）按位与；（B_OR）按位或；（B_EXOR）按位异或。

(5) KUKA 标准函数列表

① 数学函数　绝对值 ABS（x）；平方根 SQRT（x）；正弦 SIN（x）；余弦 COS（x）；正切 TAN（x）；反余弦 ACOS（x）；反正切 ATAN2（y，x）。

② 字符串变量的函数　声明时确定字符串长度：StrDeclLen（x）；

初始化后的字符串变量长度：StrLen（x）；

删除字符串变量的内容：StrClear（x）；

扩展字符串变量：StrAdd（x，y）；

比较字符串变量的内容：StrComp（x，y，z）；
复制字符串变量：StrCopy（x，y）。
用于信息输出的函数：
设置信息：Set _ KrlMsg（a，b，c，d）；
设置对话：Set _ KrlDLg（a，b，c，d）；
检查信息：Exists _ KrlMsg（a）；
检查对话：Exists _ KrlDlg（a，b）；
删除信息：Clear _ KrlMsg（a）；
读取信息缓存器：Get _ MsgBuffer（a）。

2.5 执行程序

2.5.1 选择程序运行方式

(1) 程序运行方式

表 2-40　程序运行方式

名称	状态显示	说　明
Go #GO		程序不停顿地运行，直至程序结尾
动作 #MSTEP		程序运行过程中在每个点上暂停，包括在辅助点和样条段点上暂停。对每一个点都必须重新按下启动键。程序没有预进就开始运行
单个步骤 #ISTEP		程序在每一程序行后暂停。在不可见的程序行和空行后也要暂停。对每一个行都必须重新按下启动键。程序没有预进就开始运行 单个步骤仅供专家用户组使用
逆向 #BSTEP		如果按下逆向启动键，则会自动选择这种程序运行方式。不得通过其他方式选择 特性与动作时相同，有以下例外情况： CIRC 运动反向执行与上一次正向运行时相同。即如果向前在辅助点上未暂停，则反向运行时在此处也不会暂停 这种例外情况不适用于 SCIRC 运动。在这种运动中，反向运行时始终在辅助点上暂停

(2) 选择方式

① 触摸状态显示“程序运行方式”。窗口“程序运行方式”打开。
② 选择所需的程序运行方式。窗口关闭并将应用选定的程序运行方式。

2.5.2 语句指针

程序运行时，语句指针显示的信息有：机器人正在执行或结束了哪项运动；是否移到一个辅助点或目标点上；机器人执行程序的方向，如表 2-41 所示。正向运行的示例如图 2-198 所示，反向运行的示例如图 2-199 所示，如果程序窗口显示了指针不在其中的一段，则一个双箭头显示其所在的方向（双箭头向上/向下），如图 2-200 所示。

表 2-41 语句指针

指针	方向	说 明
	向前	移至目标点
	逆向	
	向前	精确定位到目标点
	逆向	
	向前	移至辅助点
	逆向	
	向前	精确定位到辅助点
	逆向	

```
5  PTP P3 Vel=100 % PDAT1 Tool[1] Base[0]
6  PTP P4 Vel=100 % PDAT2 Tool[1] Base[0]
7  PTP P5 Vel=100 % PDAT3 Tool[1] Base[0]
```

图2-198 机器人从 P3 运动到 P4

```
6  PTP P5 Vel=100 % PDAT3 Tool[1] Base[0]
7  CIRC P6 P7 Vel=2 m/s CPDAT1 Tool[1] Base[0]
8  PTP P8 Vel=100 % PDAT16 Tool[1] Base[0]
```

图2-199 机器人从 P8 运动到 P7

```
7  PTP P6 Vel=100 % PDAT4 Tool[1] Base[0]
8  PTP P7 Vel=100 % PDAT5 Tool[1] Base[0]
```

图2-200 语句指针位于程序上端

2.5.3 设定程序倍率

程序调节量是程序进程中机器人的速度。程序倍率以百分比形式表示，以已编程的速度为基准。在运行方式 T1 中，最大速度为 250mm/s，与所设定的值无关。

① 触摸状态显示“POV/HOV”。关闭窗口，“倍率”将打开。

② 设定所希望的程序倍率。可通过正负键或通过调节器进行设定。

正负键：可以以 100%、75%、50%、30%、10%、3%、1% 步距为单位进行设定。

调节器：倍率可以以 1%步距为单位进行更改。

③ 重新触摸状态显示“POV/HOV”（或触摸窗口外的区域）。窗口关闭并应用所需的倍率。在窗口“倍率”中可通过“选项打开”窗口手动移动选项。

也可使用 smartPAD 右侧的正负按键来设定倍率。可以以 100%、75%、50%、30%、10%、3%、1% 步距为单位进行设定。

2.5.4 机器人解释器状态显示

机器人解释器状态显示如表 2-42 所示。

表 2-42　机器人解释器状态显示

图标	颜色	说　明
R	灰色	未选定程序
R	黄色	语句指针位于所选程序的首行
R	绿色	已经选择程序，并运行完毕
R	红色	所选并启动的程序被暂停
R	黑色	所选程序的最后就是语句指针

2.5.5 启动运行程序

(1) 手动启动运行程序

程序已选定，运行方式为 T1 或 T2。

① 选择程序运行方式。

② 按住确认开关，如图 2-201 所示，直至状态栏显示“驱动器已准备就绪”。

③ 执行 SAK 运动：按住启动按键，直至提示信息窗显示“SAK 到达”，机器人停下。

BCO 运行必须作为 LIN 或 PTP 运动从实际位置移动到目标位置。速度已自动下降，无法确保预见运动过程。在 BCO 运行时观察运动，以便有发生碰撞的危险时机器人可及时停止。

图2-201 确认开关

④ 按下启动键并按住。程序开始运行，根据程序运行方式带暂停或不带暂停。如果要停止一个手动启动的程序，可松开启动键。

(2) 自动启动运行程序

程序已选定，自动运行方式（不是外部自动运行）。

① 选择程序（图 2-202）。

② 设定程序速度（程序倍率，POV，如图 2-203 所示）。

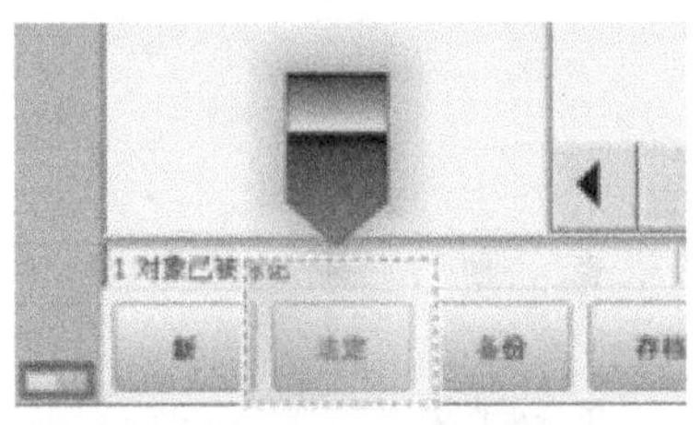

图2-202 选择程序

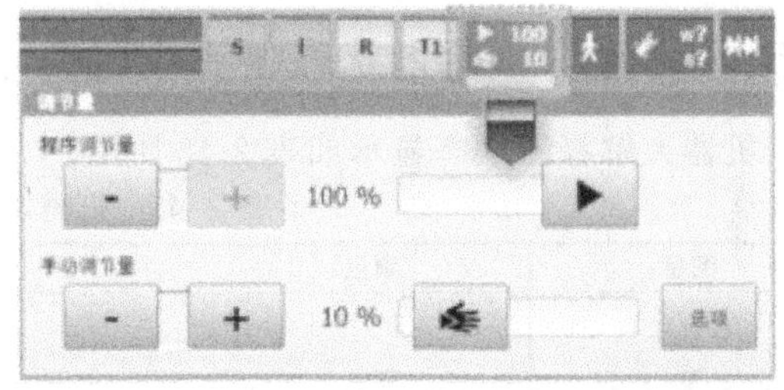

图2-203 POV 设置

③ 按确认键（图 2-204）。

④ 按下启动键（+）并按住，如图 2-205 所示。

a. “INI” 行得到处理。

b. 机器人执行 BCO 运行。

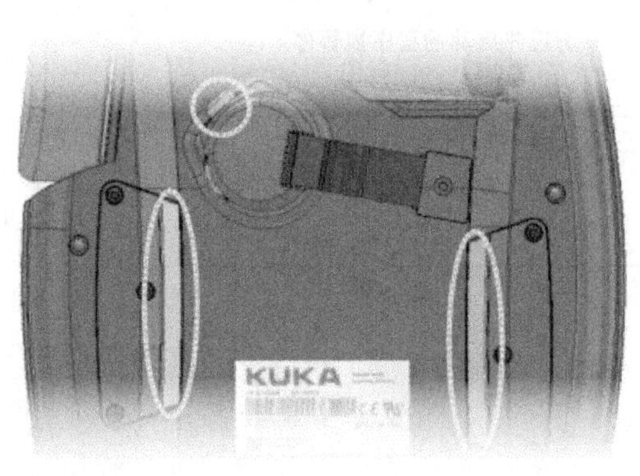

图2-204 确认键

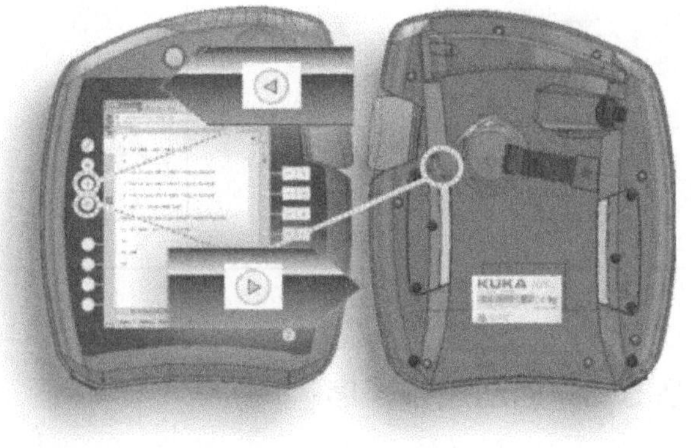

图2-205 程序运行方向：向前 / 向后

⑤ 到达目标位置后运动停止（图 2-206）。将显示提示信息“已达 BCO”。

⑥ 其他流程（根据设定的运行方式，如图 2-207 所示）。

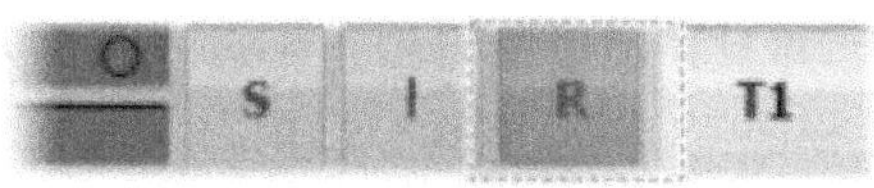

图2-206　到达目标位置显示

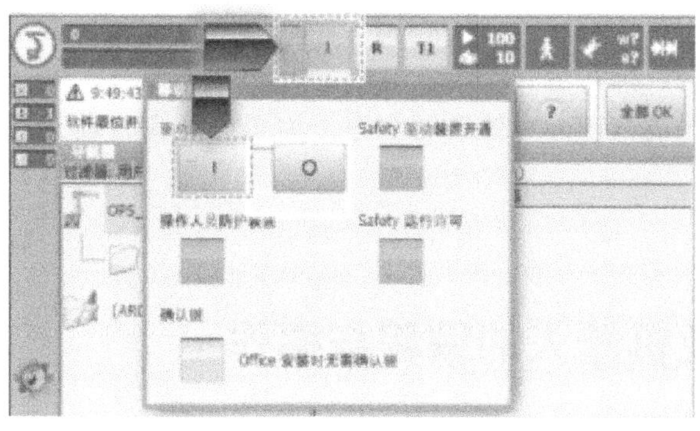

图2-207　流程选择

a. T1 和 T2：通过按启动键继续执行程序。

b. AUT：激活驱动装置。接着按动“Start”（启动）启动程序。

c. 在 Cell 程序中将运行方式转调为“EXT”并由 PLC 传送运行指令。

2.5.6　其他操作

(1) 进行语句选择

使用语句选择可使一个程序在任意点启动。程序已选定，运行方式为 T1 或 T2。

① 选择程序运行方式。

② 选定应在该处启动程序的运动语句。

③ 点击“语句选择”。语句指针指在动作语句上。

④ 按住确认开关，直至状态栏显示“驱动器已准备就绪”。

⑤ 执行 SAK 运动：按住启动按键，直至信息窗显示“SAK 到达”，机器人停下。

BCO 运行必须作为 LIN 或 PTP 运动从实际位置移动到目标位置。速度已自动下降，无法确保预见运动过程。在 BCO 运行时观察运动，以便有发生碰撞的危险时机器人可及时停止。

⑥ 程序现在可以手动或自动启动。无须再次执行 SAK 运动。

(2) 复位程序

如果要从头重新开始一个中断的程序，则必须将其复位。这样可使程序回到起始状态。程序已选定。

选择菜单序列“编辑”→“程序复位”。

在状态栏中触摸状态显示“机器人解释器”。一个窗口自动打开，选择“程序复位”。

(3) 启动外部自动运行

在外部自动运行中没有 BCO 运行。这表明，机器人在启动之后以编程的速度（没有减速）到达了第一个编程位置，并且在那里没有停止。运行方式为T1或T2，用于外部自动运行的输入/输出端已配置，程序“CELL. SRC”已配置。

① 在导航器中选择“CELL. SRC”程序（在文件夹“R1”中）。

② 将程序倍率设定为100%（以上为建议的设定值，也可根据需要设定成其他数值）。

③ 执行SAK运动：按住确认开关，然后按住启动按键，直至提示信息窗显示“已达SAK”。

④ 选择“外部自动”运行方式。

⑤ 在上一级控制系统（PLC）处启动程序。为了停止在自动运行中启动的程序，请按下停止键。

2.6 焊接工业机器人的编程与操作

2.6.1 焊接工业机器人的编程

2.6.1.1 焊接流程的结构

以图2-208所示这个工件为例通过两条焊缝来解释焊接流程。其结构见表2-43。

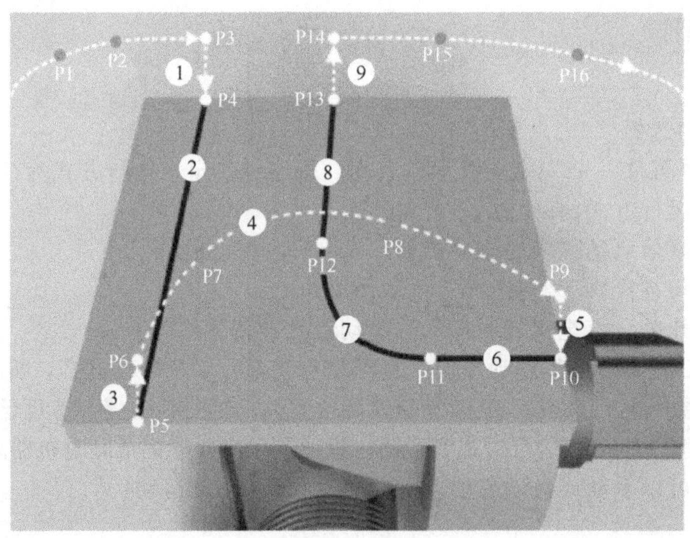

图2-208 焊接流程的结构

表2-43 焊接流程的运动

序号	说　明	指　令
1	移向焊缝1引燃位置的运动	ArcOn(LIN)
2	焊缝1(1个运动)	ArcOff(LIN)
3	从焊缝1移开的运动	LIN
4	移向下一条焊缝的运动	PTP,LIN或CIRC

续表

序号	说　明	指　令
5	移向焊缝 2 引燃位置的运动	ArcOn(LIN)
6	焊缝 2 的第一段	ArcSwitch(LIN)
7	焊缝 2 的第二段	ArcSwitch(CIRC)
8	焊缝 2 的第三段和最后一段	ArcOff(LIN)
9	从焊缝 2 移开的运动	LIN

2.6.1.2　焊接指令

(1) 联机表单“ArcOn”

选择菜单序列“指令”→“ArcTech”→“ArcOn”。

如图 2-209 所示，指令“ArcOn”包含至引燃位置（目标点）的运动以及引燃、焊接、摆动参数。引燃位置无法轨迹逼近。电弧引燃并且焊接参数启用后，指令“ArcOn”结束。

此处设置的焊接参数，也包括焊接速度，在下一个运动前有效。

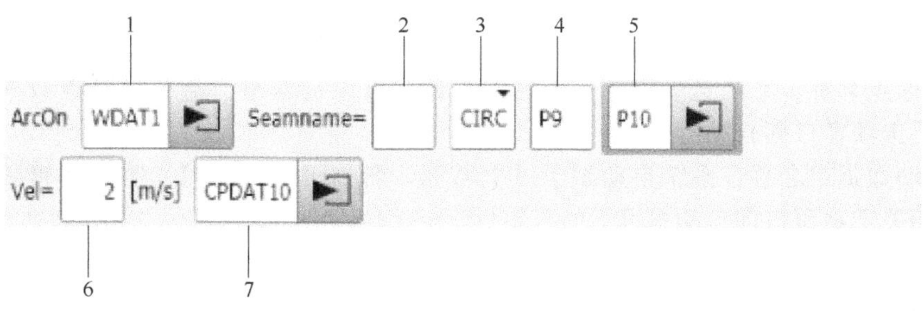

图2-209　联机表单“ArcOn”

图 2-209 中：

1—引燃和焊接数据组名称。系统自动赋予一个名称，名称可以被盖写。需要编辑数据时请触摸箭头。相关选项窗口即自动打开。

2—输入焊缝名称。

3—运动方式：PTP、LIN、CIRC。

4—仅限于 CIRC：辅助点名称，系统自动赋予一个名称，名称可以被盖写。

5—目标点名称。系统自动赋予一个名称，名称可以被盖写。需要编辑点数据时请触摸箭头。相关选项窗口即自动打开。

6—驶至引燃位置的运动速度。

① 对于 PTP：0～100%。

② 对于 LIN 或 CIRC：0.001～2m/s。

向引燃位置作 LIN 或 CIRC 运动时的单位是 m/s，并且无法更改。

7—运动数据组名称。系统自动赋予一个名称，名称可以被盖写。需要编辑数据时请触摸箭头。相关选项窗口即自动打开。

(2) 联机表单“ArcSwitch”

选择菜单序列“指令”→“ArcTech”→“ArcSwitch”。

如图 2-210 所示，指令“ArcSwitch”用于将一个焊缝分为多个焊缝段。一条“ArcSwitch”指令中包含其中一个焊缝段中的运动、焊接以及摆动参数。始终轨迹逼近目标点，对最后一个焊缝段必须使用指令“ArcOff”。此处设置的焊接参数，也包括焊接速度，在下一个运动前有效。

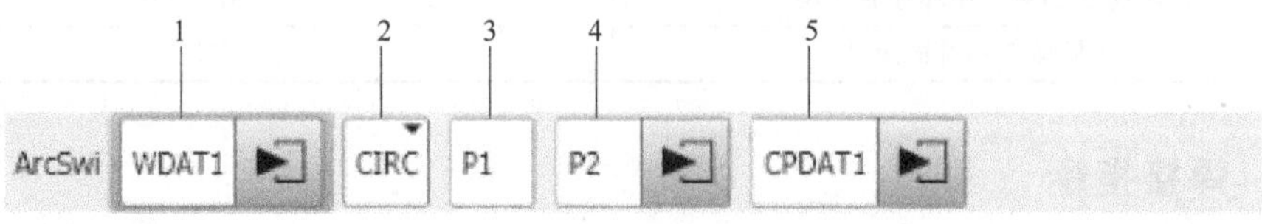

图2-210 联机表单“ArcSwitch”

图 2-210 中：

1—焊接数据组名称。系统自动赋予一个名称，名称可以被盖写。需要编辑数据时请触摸箭头。相关选项窗口即自动打开。

2—运动方式：LIN、CIRC。

3—仅限于 CIRC：辅助点名称，系统自动赋予一个名称，名称可以被盖写。

4—目标点名称。系统自动赋予一个名称，名称可以被盖写。需要编辑点数据时请触摸箭头。相关选项窗口即自动打开。

5—运动数据组名称。系统自动赋予一个名称，名称可以被盖写。需要编辑数据时请触摸箭头。相关选项窗口即自动打开。

(3) 联机表单“ArcOff”

选择菜单序列“指令”→“ArcTech Basic”→“ArcOff”。

如图 2-211 所示，“ArcOff”在终端焊口位置（目标点）结束焊接工艺过程。在终端焊口位置填满终端弧坑。终端焊口位置无法轨迹逼近。

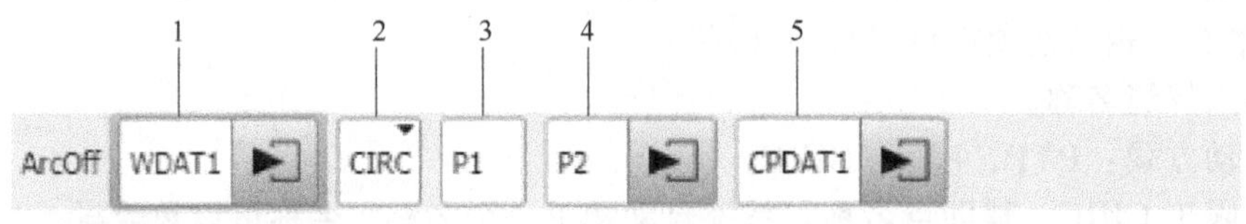

图2-211 联机表单“ArcOff”

图 2-211 中：

1—含终端焊口参数的数据组名称。系统自动赋予一个名称，名称可以被盖写。需要编辑数据时请触摸箭头。相关选项窗口即自动打开。

2—运动方式：LIN、CIRC。

3—仅限于 CIRC：辅助点名称系统自动赋予一个名称，名称可以被盖写。

4—目标点名称。系统自动赋予一个名称，名称可以被盖写。需要编辑点数据时请触摸箭头。相关选项窗口即自动打开。

5—运动数据组名称。系统自动赋予一个名称，名称可以被盖写。需要编辑数据时请触摸箭头。相关选项窗口即自动打开。

(4) 选项窗口“帧”

图 2-212 中：

1—选择工具。当外部 TCP 栏中显示“True”时：选择工件，工具 [1]～工具 [16]。

2—选择基坐标。当外部 TCP 栏中显示“True”时：选择固定工具。

① 零坐标系。

② 基坐标 [1]～基坐标 [32]。

3—插补模式：

① False：该工具已安装在连接法兰上。

② True：该工具为一个固定工具。

4—说明是否应测量轴转矩值：

① True：机器人控制系统为此运动测量轴转矩值，该轴转矩值需用于碰撞识别。

② False：机器人控制系统不为此运动测量轴转矩值，因此对此运动无法进行碰撞识别。

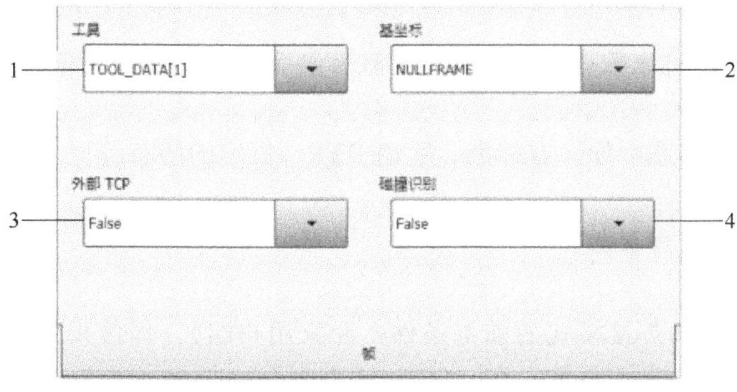

图2-212　选项窗口“帧”

(5) 选项窗口“移动参数”(PTP)

图 2-213 中：

1—加速：以机器数据中给出的最大值为基准。此最大值与机器人类型和所设定的运行方式有关（1%～100%）。

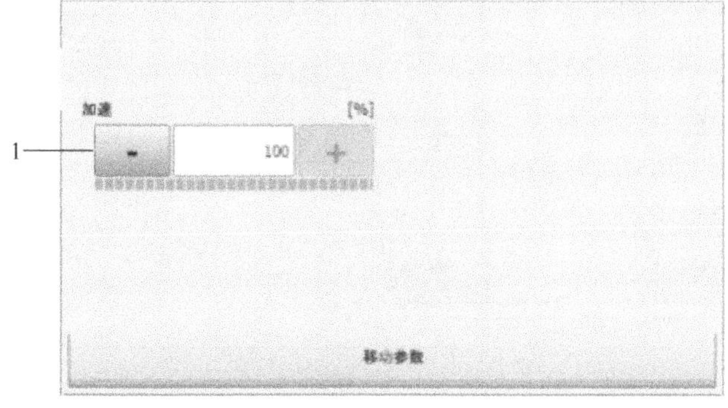

图2-213　选项窗口“移动参数”(PTP)

(6) 选项窗口“运动参数”(LIN，CIRC)

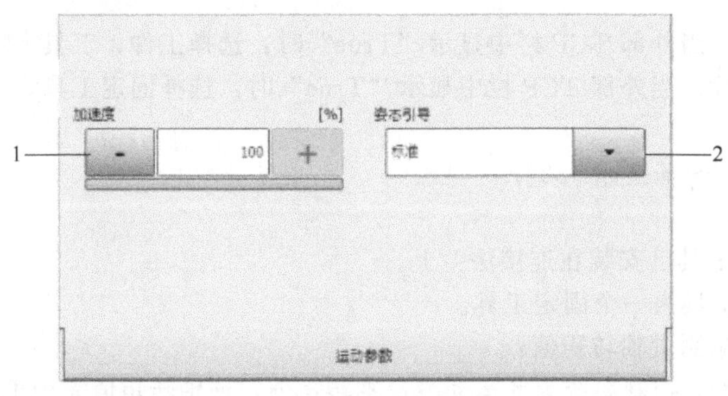

图2-214 选项窗口“运动参数”(LIN，CIRC)

图 2-214 中：

1—轨迹加速：以机床数据中给定的最大值为参照基准。此最大值与机器人类型和所设定的运行方式有关（1%～100%）。

2—选择 TCP 的姿态引导，有标准、手动 PTP、恒定的姿态等。

(7) 选项窗口“引燃参数”

图 2-215 中：

1—焊接模式（选择焊接模式的前提条件：专家用户组)：焊接模式 1～焊接模式 4（默认名称）可用的电源焊接模式可在 WorkVisual 中配置（最多 4 种)。焊接模式的名称可在 WorkVisual 中更改。

2—与任务相关的所选焊接模式数据组（选择数据组的前提条件：专家用户组），可用的数据组可在 WorkVisual 中配置。

3—该参数并非默认下直接可用，而只作为在 WorkVisual 中配置的参数的示例。

4—引燃后的等待时间（从电弧引燃至运动开始的等待时间)。

5—提前送气时间。

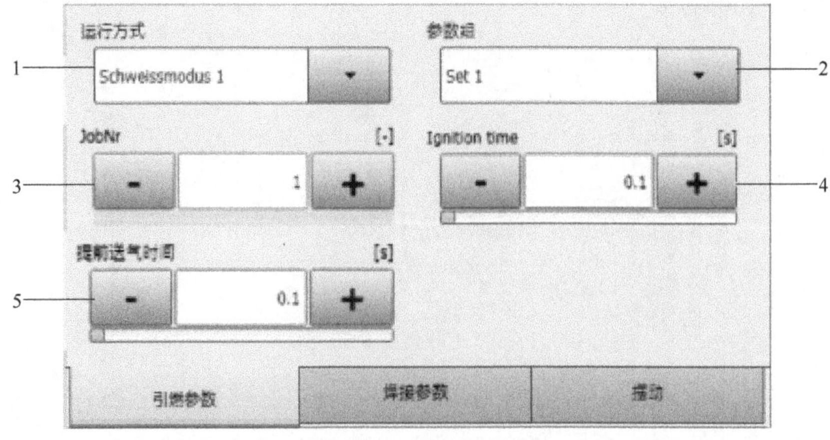

图2-215 选项窗口“引燃参数”

(8) 选项窗口“焊接参数”

图 2-216 中：

1—下焊接模式（选择焊接模式的前提条件：专家用户组）：焊接模式 1～焊接模式 4（默认名称）。

2—与任务相关的所选焊接模式数据组（选择数据组的前提条件：专家用户组）。

3—该参数并非默认下直接可用。

4—焊接速度。

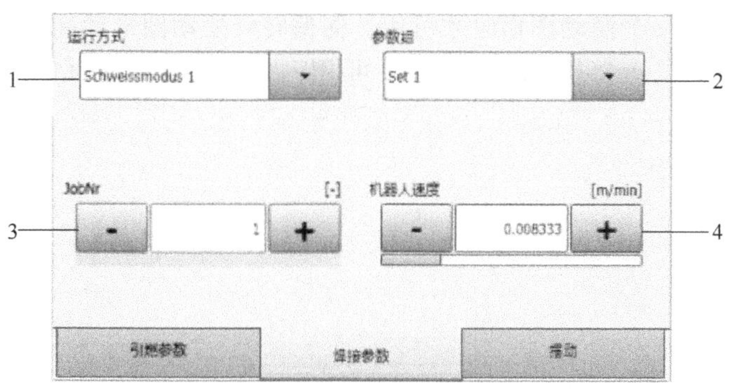

图2-216 选项窗口“焊接参数”

(9) 选项窗口“终端焊口参数”

图 2-217 中：

1—焊接模式（选择焊接模式的前提条件：专家用户组）：焊接模式 1～焊接模式 4（默认名称）。

2—与任务相关的所选焊接模式数据组（选择数据组的前提条件：专家用户组）。

3—该参数并非默认下直接可用。

4—终端焊口时间（机器人在“ArcOff”指令的目标点停留的时间）。

5—滞后断气时间。

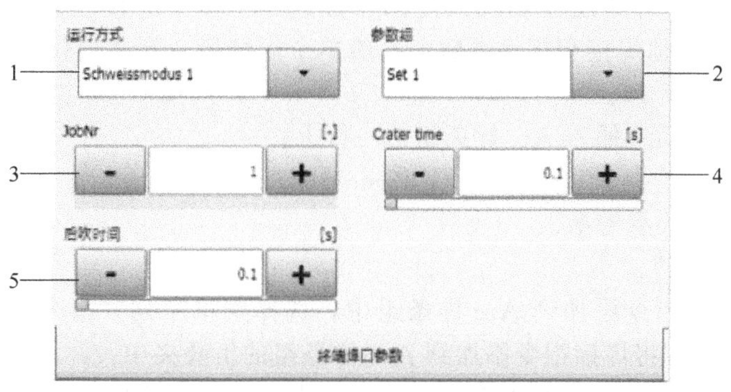

图2-217 选项窗口“终端焊口参数”

（10）选项窗口“摆动”

图 2-218 中：

1—在选项窗口“焊接参数”中已选择的焊接模式（仅限于显示）。

2—在选项窗口“焊接参数”中已选择的所选焊接模式的数据组（仅限于显示）。

3—选择摆动图形。焊接参数中所选数据组的、可用的摆动图形。可配置为可选所有摆动图形、给定某一摆动图形或无法摆动。

4—只有当选择了一个摆动图形时才可用。摆动长度＝1 个波形：从图形的起点到终点的轨迹长度。

5—只有当选择了一个摆动图形时才可用。侧偏转＝摆动图形的高度。

6—只有当选择了一个摆动图形时才可用。角度＝摆动面的转角：－179.9°～＋179.9°。

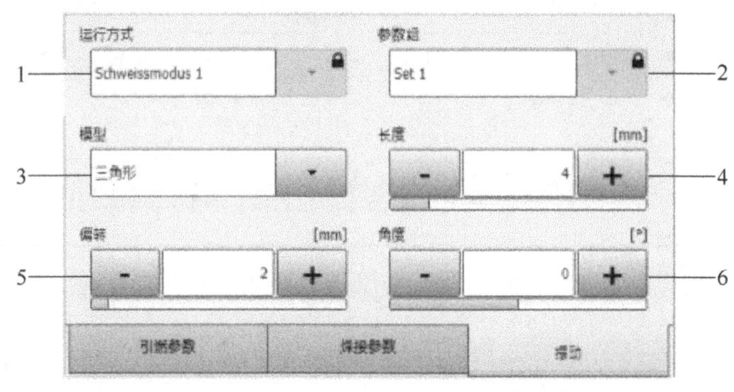

图2-218 选项窗口“摆动”

2.6.1.3 给 Arc 样条组编程

使用 Arc 样条组，以便沿作为样条运动的焊接轨迹运动。在一个 Arc 样条组中，只允许使用与工艺相关的焊接指令（联机表单）：“ArcOn”“ArcOff”“ArcSwitch”。Arc 样条组不允许含有其他指令，例如：从其他工艺程序包中发出的指令、变量赋值或逻辑指令。当焊接指令在 Arc 样条组内时，联机表单含有的参数不同于指令在 Arc 样条组之外时的参数。在默认设置下，在 Arc 样条组中编程设定的参数适用于整个焊接轨迹。需要时，在 ArcSwitch 样条段上可将其他焊接和摆动参数分配给单个焊缝段。这些值仅适用于该段。要求程序已选定，运行方式为 T1。

① 将光标放到其后应插入 Arc 样条组的一行上。

② 选择菜单序列“指令”→“ArcTech Basic”→“Arc 样条”。

③ 在联机表单中设置参数。

④ 点击指令“OK”。

⑤ 现在可将焊接指令添加到 Arc 样条组中：选择菜单序列“指令”→“ArcTech Basic”和所要求的焊接指令。将焊接指令添加到 Arc 样条组的折叠夹中。

⑥ 为了将焊接指令事后添加到 Arc 样条组中或对其进行处理，将光标置于含样条组的行中并且点击“打开/关闭折合”。

(1) 联机表单“ArcSpline”

图 2-219 中：

1—引燃数据组名称。系统会自动给出一个名称，名称可被覆盖。需要编辑数据时请触摸箭头。相关选项窗口即自动打开。

2—焊接数据组名称。系统会自动给出一个名称，名称可被覆盖。需要编辑数据时请触摸箭头。相关选项窗口即自动打开。

3—含终端焊口参数的数据组名称。系统会自动给出一个名称，名称可被覆盖。需要编辑数据时请触摸箭头。相关选项窗口即自动打开。

4—输入焊缝名称。

5—Arc 样条组名称。系统会自动给出一个名称，名称可被覆盖。需要编辑数据时请触摸箭头。相关选项窗口即自动打开。

6—机器人移至引燃位置这一运动的笛卡儿速度：0.001～2m/s。

7—运动数据组名称。系统会自动给出一个名称，名称可被覆盖。在默认设置下，在 Arc 样条组中编程的数值适用于整个焊接轨迹。需要时，可为单个样条段单独赋值。即这些值仅适用于该段。需要编辑数据时请触摸箭头。相关选项窗口即自动打开。

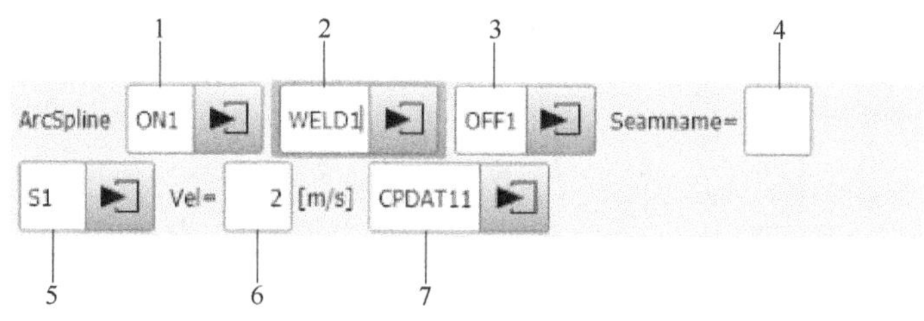

图2-219 联机表单“ArcSpline”

(2) 联机表单 “ArcOn”和“ArcOff”

在默认设置下，运动参数栏不显示在联机表单中。通过按键“切换参数”可显示和隐藏该栏。

图 2-220 和图 2-221 中：

1—运动方式：SPL，SLIN 或 SCIRC。

2—仅限于 SCIRC：辅助点名称；系统会自动给出一个名称，名称可被覆盖。

3—目标点名称。系统会自动给出一个名称，名称可被覆盖。需要编辑点数据时请触摸箭头。相关选项窗口即自动打开。

4—只有当通过“切换参数”→“移动参数”显示时才可用。运动数据组名称。系统会自动给出一个名称，名称可被覆盖。在默认情况下，对 Arc 样条组的有效值适用于该段。需要时，此处可为该段单独赋值。这些值仅适用于该段。需要编辑数据时请触摸箭头。相关选项窗口即自动打开。在使用 SCIRC 段时，圆周配置还有额外参数可供使用。

5—只有在选择了 SCIRC 运动方式时，才可使用。给出圆周运动的总角度。由此可产生定位误差。因此实际的目标点与编程的目标点不相符。

① 正圆心角：沿起点→辅助点→目标点方向绕圆周轨道运动。

② 负圆心角：沿起点→目标点→辅助点方向绕圆周轨道运动。

③ −9999°～+9999°，如果输入的圆心角小于−400°或大于+400°，则在保存联机表单时会自动查询是否要确认或取消输入。

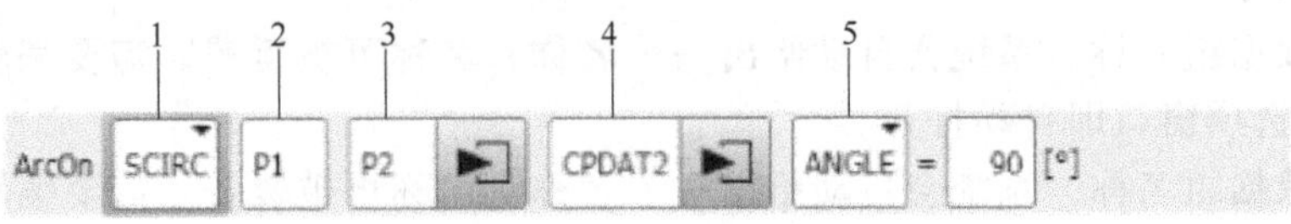

图2-220　联机表单“ArcOn”（Arc 样条）

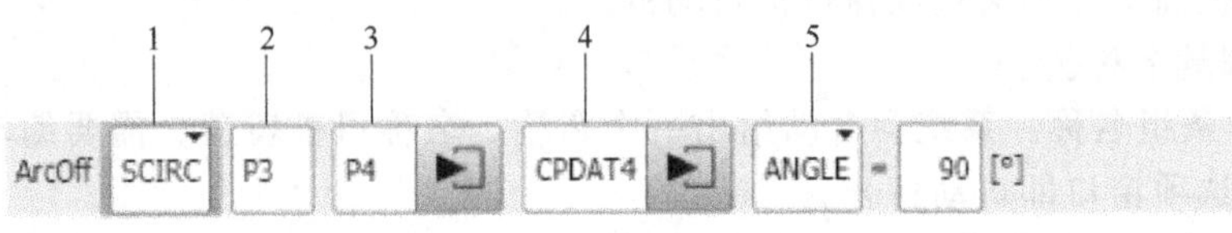

图2-221　联机表单“ArcOff”（Arc 样条）

(3) 联机表单“ArcSwitch”（Arc 样条）

在默认设置下，焊接和运动参数栏不显示在联机表单中。通过按键“切换参数”可以显示和隐藏这些栏。

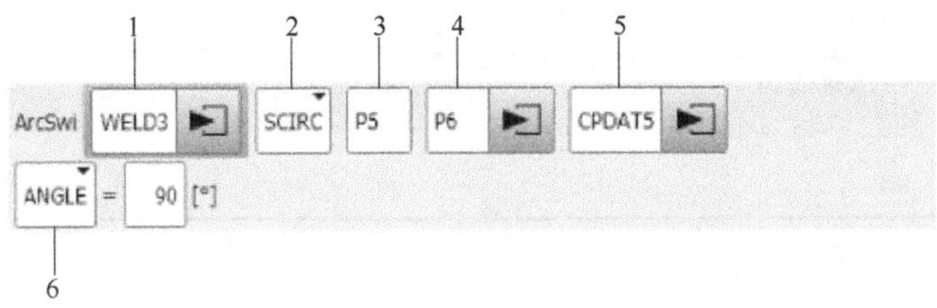

图2-222　联机表单“ArcSwitch”（Arc 样条）

图 2-222 中：

1—焊接数据组名称。只有当通过“切换参数”→“ArcTech 参数”显示时才可用。系统会自动给出一个名称，名称可被覆盖。在默认情况下，对 Arc 样条组有效的焊接和摆动参数适用于该焊缝段。需要时，可在此处为焊缝段单独赋值。这些值仅适用于该焊缝段。需要编辑数据时请触摸箭头。相关选项窗口即自动打开。

2—运动方式：SPL、SLIN 或 SCIRC。

3—仅针对　SCIRC：辅助点名称系统会自动给出一个名称，名称可被覆盖。

4—目标点名称。系统会自动给出一个名称，名称可被覆盖。需要编辑点数据时请触摸箭头。相关选项窗口即自动打开。

5—运动数据组名称。只有当通过“切换参数”>“移动参数”显示时才可用。系统会自动给出一个名称，名称可被覆盖。在默认情况下，对 Arc 样条组的有效值适用于该段。需要时，可在此处为该段单独赋值。这些值仅适用于该段。需要编辑数据时请触摸箭头。相关选项窗口即自动打开。

6—给出圆周运动的总角度。只有在选择了 SCIRC 运动方式时才可使用。由此可产生定位误差。因此实际的目标点与编程的目标点不相符。

① 正圆心角：沿起点→辅助点→目标点方向绕圆周轨道移动。

② 负圆心角：沿起点→目标点→辅助点方向绕圆周轨道移动。

③ −9999°～+9999°，如果输入的圆心角小于−400°或大于 +400°，则在保存联机表单时会自动查询是否要确认或取消输入。

(4) 选项窗口“移动参数”（Arc 样条组和样条段）

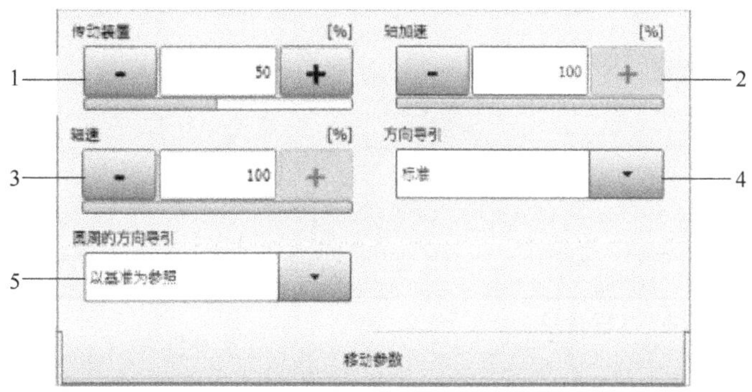

图2-223　选项窗口“移动参数”（Arc 样条组和样条段）

图 2-223 中：

1—传动装置加速度变化率。加速度变化率是指加速度的变化量。数值以机器参数中给出的最大值为基准（1%～100%）。

2—轴速。数值以机器参数中给出的最大值为基准（1%～100%）。

3—轴加速度。数值以机器参数中给出的最大值为基准（1%～100%）。

4—选择姿态引导。标准、手动 PTP、恒定的姿态。

5—选择姿态引导的参照系。以基准为参照、以轨迹为参照。在 Arc 样条组中始终显示此栏。参照系适用于整个焊接轨迹，但是只对 SCIRC 段起作用（如果有的话）。在样条段中，只有当 SCIRC 段时才显示此栏。因此，需要时可将另一个参照系分配给各个 SCIRC 段。

(5) 选项窗口“圆周配置”（SCIRC 段）

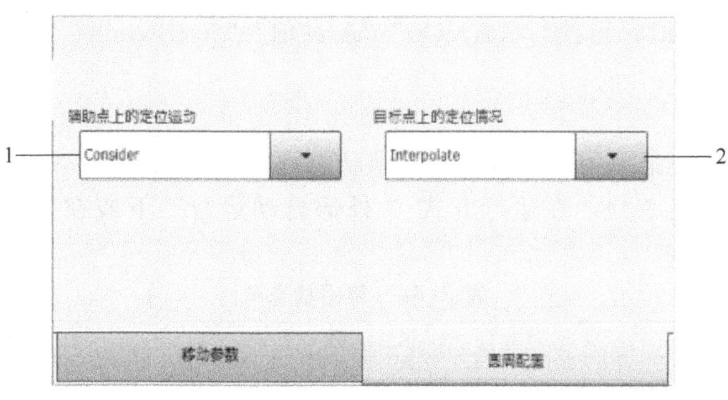

图2-224　选项窗口“圆周配置”（SCIRC 段）

图 2-224 中：

1—仅针对 SCIRC 段：选择辅助点上的姿态特性。参考、内插、忽略。

2—仅针对 SCIRC 段：只有在联机表单中选择了“ANGLE”之后，此栏才显示。选择目标点上的姿态特性。内插、外插。

(6) 选项窗口“坐标系”（样条段）

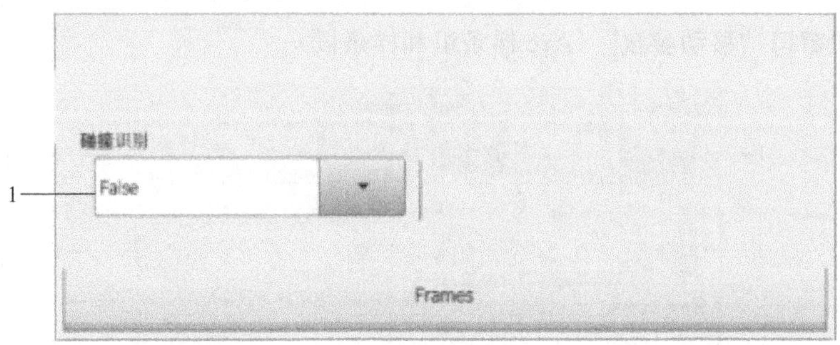

图2-225 选项窗口“坐标系”（样条段）

图 2-225 中：

1—说明是否应测量轴转矩值：

①—True：机器人控制系统为此运动测量轴转矩值。该轴转矩值需用于碰撞识别。

②—False：机器人控制系统不为此运动测量轴转矩值。因此对此运动无法进行碰撞识别。

2.6.2 焊接工业机器人的操作

(1) 菜单

以下菜单和指令专用于该工艺程序包，主菜单操作如下。

① “配置”→“状态键”→“ArcTech”。

② 菜单序列显示：

“显示”→“ArcTech”→“生产显示”。

③ 菜单序列指令：

“指令”→“ArcTech”，可执行“ArcOn”“ArcOff”“ArcSwitch”“Arc 样条”。

(2) 状态键

显示状态键：在主菜单中选择“配置”→“状态键”→“ArcTech”。

常用的状态键见表 2-44，在运行方式“外部自动运行”下或在提交解释器不运行时，状态键不可用。

表 2-44 常用状态键

状态	方式	说明	备注
焊丝进给		按下加号键，焊丝前进（黄色 LED 指示灯亮）	状态键只有当机器人停止后才激活

续表

状态	方式	说　明	备注
焊丝进给		按下减号键，焊丝后退（黄色 LED 指示灯亮）	状态键只有当机器人停止后才激活
接通/关闭焊接		焊接工艺过程已关闭。按状态键即激活焊接开通 只有当机器人停止时，方可在焊接轨迹上激活焊接开通 当机器人不在焊接轨迹上时，可随时激活焊接开通。然后在下一个“ArcOn”时焊接工艺过程即激活	当机器人符合焊接条件时，焊接工艺过程方可被激活
		焊接工艺过程已接通。点击状态键，重置焊接开通 可随时重置。如果在焊接过程中重置焊接开通，焊接将会立即结束并且机器人不焊接继续沿焊接轨迹运行	
接通/关闭空转		空转已接通。机器人以用系数 2 加快的速度沿焊接轨迹运行。摆动此时已关断。点击状态键，关断空转	只有当焊接工艺过程已关断并且机器人不在焊接轨迹上时，状态键方可激活
		空转已关断。机器人以编程速度沿焊接轨迹运行。摆动此时已接通。点击状态键，接通空转	

(3) 焊接条件

通过状态键激活焊接工艺过程时，将会检查用于焊接的机器人的准备情况。必须满足下列条件：

① 提交解释器正在运行。

② 程序运行方式 GO。

③ 未模拟任何一根轴。

④ 仅限于在 T1 下焊接。

默认情况下，在安装“ArcTech Basic”时会激活流程选项在 T1 下焊接。如通过状态键激活工艺流程，则也在 T1 下进行焊接。在 T1 下进行焊接期间，必须穿戴个人防护用品（例如：护目镜、防护服）。

第3章 WorkVisual的编程与操作

WorkVisual用于由KR C4控制的机器人工作单元的工程环境，主要具有的功能是架构并连接现场总线；对机器人离线编程；配置机器参数；离线配置RoboTeam；编辑安全配置；编辑工具和基坐标系；在线定义机器人工作单元；将项目传送给机器人控制系统；从机器人控制系统载入项目；将项目与其他项目进行比较，如果需要则应用差值；管理长文本；管理备选软件包；诊断功能；在线显示机器人控制系统的系统信息；配置测量记录、启动测量记录、分析测量记录（用示波器）；在线编辑机器人控制系统的文件系统；调试程序。

3.1 WorkVisual操作界面

3.1.1 安装与卸载WorkVisual

(1) 安装WorkVisual操作步骤

① 启动程序setup.exe。

② 如果PC上还缺少以下组件，则将打开相应的安装助手：.NET Framework 2.0、3.0和3.5。按照安装助手的指示逐步进行操作，安装.NET Framework。

③ 如果PC上还缺少以下组件，则将打开相应的安装助手：SQL Server Compact 3.5。按照安装助手的指示逐步进行操作。SQL Server Compact 3.5即被安装。

④ 如果PC上还缺少以下组件，则将打开相应的安装助手：Visual C++ Runtime Libraries WinPcap。按照安装助手的指示逐步进行操作。Visual C++ Runtime Libraries和/或WinPcap即被安装。

⑤ 窗口“WorkVisual [...]”设置打开，点击“下一步”。

⑥ 接受许可证条件并点击“下一步”。

⑦ 点击所需的安装类型。

⑧“Custom Setup”（自定义安装）窗口打开，如图 3-1 所示。必要时，点击“Browse...”（浏览）选择其他的安装目录。如果“Browse...”（浏览）呈现灰色，在结构树中选中层面“WorkVisual Development Environment”（WorkVisual 开发环境），“Browse...”（浏览）即被激活。在结构树中选定所需语言。仅在此已安装的语言在之后切换操作界面的语言时可用。点击“Next”（下一步）继续。

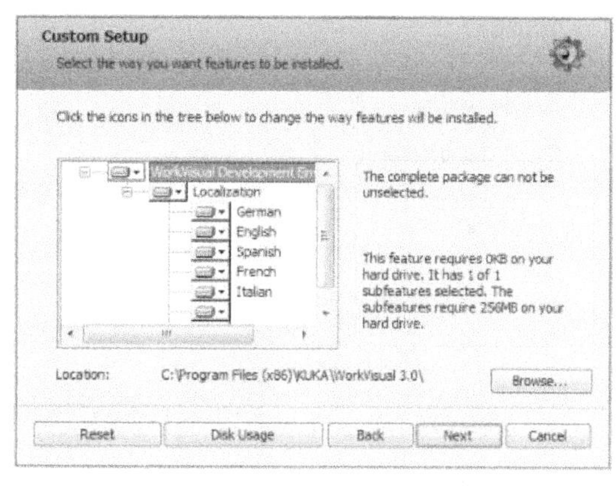

图3-1　窗口用户设置

⑨ 点击“安装”。“WorkVisual”即被安装。

⑩ 安装结束后，点击“完成”，以关闭安装助手。

(2) 卸载 WorkVisual

在资源管理器中设置“显示所有隐藏文件、文件夹以及驱动器”是激活的。

① 在 Windows 启动菜单的“系统控制”→“卸载软件”下删除条目“WorkVisual [...]”。

② 在目录 C:\Benutzer\ Benutzername\Eigene Dokumente（C:\用户\用户名\我的文档）下删除文件夹 WorkVisual Projects（WorkVisual 项目）。

③ 在目录 C:\ProgramData\KUKA Roboter GmbH[C:\ProgramData\KUKARoboter GmbH（库卡机器人有限公司）] 下删除文件夹 Device Descriptions 和 WorkVisual。

3.1.2 操作界面简介

WorkVisual 的操作界面如图 3-2 所示。

3.1.2.1 显示 / 隐藏窗口

① 选择菜单项“窗口”。一个含有可用窗口的列表打开。

② 在该列表中点击一个窗口，以在操作界面上将其显示或隐藏。

3.1.2.2 改变窗口排列方式

(1) 以自由浮动的方式安置窗口

① 用右键点击窗口的标题栏。一个相关菜单打开。

② 选择选项“不固定”。

③ 点住窗口的标题栏，在操作界面上任意移动窗口。

若将鼠标指针定位于窗口的边缘或角落上，则会出现箭头，用其可放大或缩小窗口。

(2) 固定窗口

① 用右键点击窗口的标题栏。一个相关菜单打开。

② 选择选项“固定”。

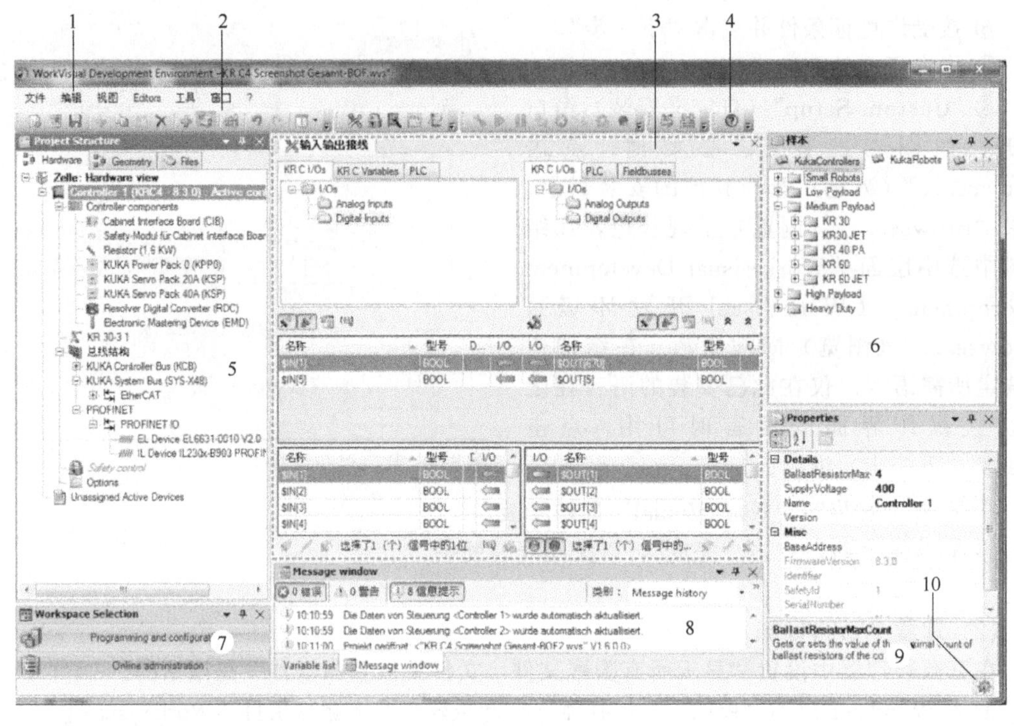

图3-2 操作界面概览

1—菜单栏；2—按键栏；3—编辑器区域；4—帮助按键；5—窗口项目结构；6—窗口编目；7—窗口工作范围；8—窗口信息；9—窗口属性；10—图标 WorkVisual 项目分析

③ 点住窗口的标题栏，在操作界面上移动窗口 在操作界面的右侧、左侧、下部和上部将显示固定点。若将一个窗口移入另一个固定窗口中，则会显示一个固定十字。

④ 将窗口拉到固定点或十字上。窗口就此固定。

(3) 自动显示、隐藏固定的窗口

① 用右键点击窗口的标题栏。一个相关菜单打开。

② 选择选项“自动隐藏”，窗口即自动隐藏。在操作界面的边缘留有含窗口名称的选项卡。

③ 为了显示窗口，将鼠标指针移到选项卡上。

④ 为了重新隐藏窗口，将鼠标指针从窗口中移出。需要时点击在窗口外的某一个区域。

通过选项“自动隐藏”可为操作界面其他区域的工作提供更多位置。同时又可快速显示窗口。在窗口的标题栏中有一个大头针图标，如图 3-3 所示。也可以通过点击该大头针图标激活或取消“自动隐藏”。

(4) 固定十字

若将一个窗口移入另一个固定窗口中，则会显示一个固定十字，如图 3-4 所示。将窗口拉到固定十字的哪一侧，该窗口即会固定在固定窗口的这一侧。若将窗口拉到固定十字当中，则两个窗口将上下排列固定，如图 3-5 所示。在窗口下显示用于在两个窗口之间切换的选项卡。

点在一个选项卡上仅转移这一个窗口。点在标题栏上将转移所有上下排列的窗口。

图3-3　大头针图标

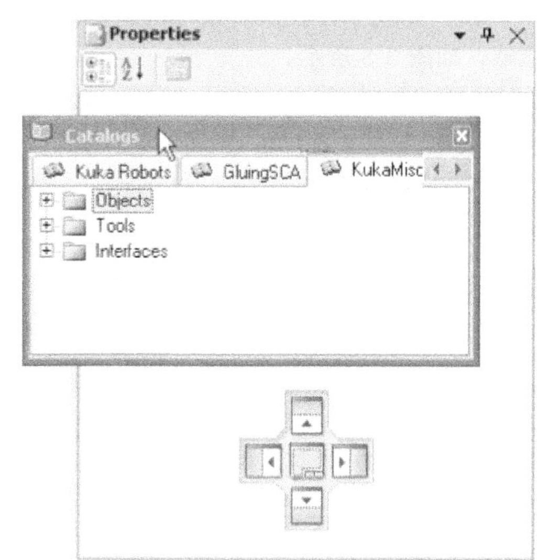

图3-4　固定十字

3.1.2.3　显示窗口工作范围

① 步骤　选择菜单序列“窗口”→“工作范围”，如图 3-6 所示。

图3-5　窗口上下固定

工作范围
配置和投入运行
编程和诊断

图3-6　窗口工作范围

② 重新回置到默认设置　选择菜单序列“窗口”→“复位已激活的工作范围”。

③ 将所有视图重新回置到默认设置　选择菜单序列“窗口”→“复位所有工作范围”。

3.1.2.4　显示或隐藏按键

① 点击按键栏右侧的箭头，如图 3-7 所示。

图3-7　点击按键栏右侧的箭头

② 菜单项“添加”或“删除”按键随即显示。点击，然后移到子菜单项“[名称栏]”。

③ 一个包括该栏所有按键的概览随即打开。在该概览中点击一个按键，以将其显示或隐藏，如图 3-8 所示。

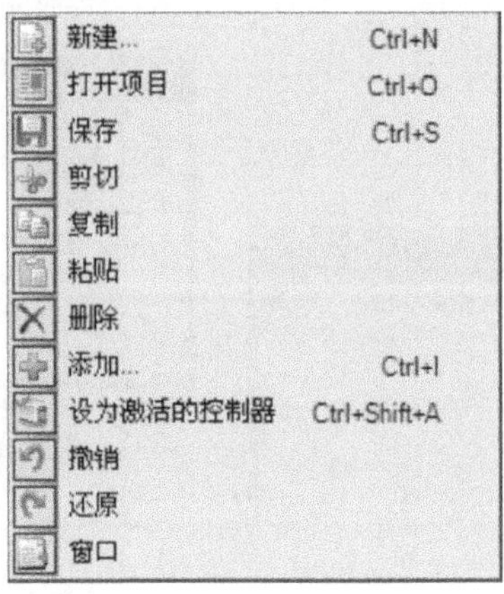

图3-8 菜单栏概览

3.1.2.5 按键

按键意义见表 3-1。

表 3-1 按键意义

序号	按键	意义	说　明
1		新建	打开一个新的空项目
2		打开项目	打开“项目资源管理器”
3		保存项目	
4		剪切	将选定的元素从原先的位置删除并将其复制到剪贴板中
5		复制	将选定的元素复制到剪贴板中
6		粘贴	将剪切或复制的元素粘贴到标记处
7		删除	删除选定的元素
8		打开节点	打开一个窗口，在其中可选择元素并添加到树形结构中。哪些元素可用，取决于在树形结构中选中了什么 只有在窗口“项目结构”的选项卡“设备”或“文件”选定了一个元素时，该按键才激活
9		控制器/控制系统	将一个机器人控制系统设为激活/未激活。按钮仅当在窗口“项目结构”中选中了机器人控制系统时才激活

续表

序号	按键	意义	说　明
10		配置建议	打开一个窗口，在该窗口中“WorkVisual”建议与现有运动系统相匹配的完整硬件配置
11		撤销	撤销上一步动作
12		还原	恢复撤销的动作
13	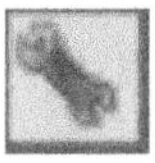	设置	打开具有设备数据的窗口
14		建立与设备的连接	建立与现场总线设备的连接。只有在窗口“项目结构”的选项卡“设备”中选定了现场总线主机时，该按键才激活
15	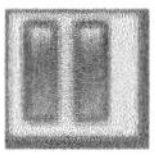	断开与设备的连接	断开与现场总线设备的连接
16		拓扑扫描	对总线进行扫描
17		取消	取消特定的操作，例如总线扫描。该按钮仅当正在进行的动作可以取消时才激活
18		监控	目前未配置功能
19		诊断	目前未配置功能
20	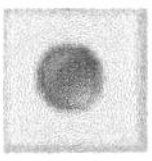	记录网络捕获	WorkVisual 可以记录机器人控制系统接口的通信数据。该按钮打开所属的窗口
21		安装	将项目传输到机器人控制系统中
22		生成代码	
23		工具/基坐标管理	打开用于工具和基坐标管理的图形编辑器
24		接线编辑器	打开输入输出接线窗口
25		安全配置	打开当前机器人控制系统的本机安全配置
26		驱动装置配置	打开用于调整驱动通道的图形编辑器

续表

序号	按键	意义	说　明
27		KRL 编辑器	打开在 KRL 编辑器中选中的文件。 只有在窗口“项目结构”的选项卡“文件”中选定了一个可用 KRL 编辑器打开的文件，该按键才激活
28		长文本编辑器	打开“长文本编辑器”窗口
29		单元配置	打开窗口“单元配置”
30		帮助	打开“帮助”窗口
31		在线系统信息	仅在工作区“编程”和“诊断”中用
32		诊断显示器	
33		测量记录配置	
34		测量记录分析（示波器）	
35		行定义	
36		Log 显示	
37		与实际所用机器人控制系统的工作目录建立连接	
38		恢复实际所用机器人控制系统工作目录的状态	
39		将 WorkVisual 工作目录中的更改传输到实际所用的机器人控制系统上	
40		从机器人控制系统上载入更改	
41		启动调试模式	
42		结束调试模式	
43		启动程序	仅在使用 OPS 时可用
44		停止程序	
45		重置程序	

3.1.2.6　复位操作界面

① 选择菜单序列“窗口”→“复位配置”。

② 结束 WorkVisual 并重新启动。

3.2　WorkVisual 的操作

3.2.1　WorkVisual 的基本操作

3.2.1.1　启动 WorkVisual

① 双击桌面上的 WorkVisual 图标。

② 首次启动 WorkVisual 时 DTM 编目管理将打开。必须在此执行一次编目扫描。

3.2.1.2　打开项目

(1) 方法一

采用该操作步骤打开项目，也可以用于打开旧版 WorkVisual 的项目。为此，WorkVisual 为旧项目建立一个备份，然后转换项目。事先会显示一个查询，用户必须确认转换。

① 选择菜单序列“文件”→“打开项目”，或点击按键“打开项目”。

② 项目资源管理器随即打开，如图 3-9 所示。左侧选出选项卡“打开项目”。将显示一个含有各种项目的列表，选定一个项目并点击“打开”。

③ 将机器人控制系统设为激活。

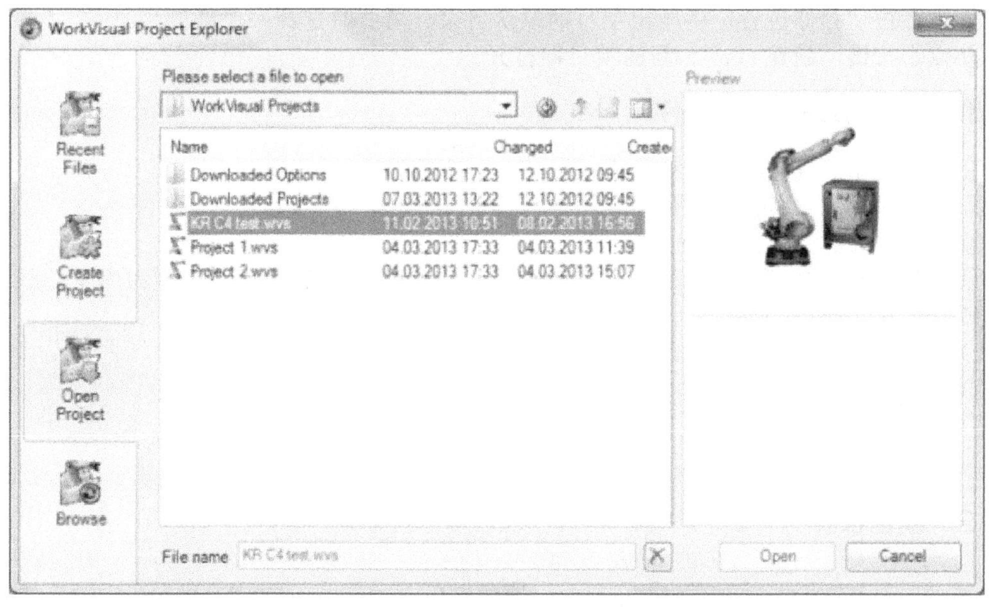

图3-9　项目资源管理器

(2) 方法二

① 选择菜单序列“文件”→“最后一次打开的项目”。一个含有上一次打开过的项目的子菜单打开。

② 选定一个项目。

③ 将机器人控制系统设为激活。

位于机器人控制系统中、尚未保存在该 PC 的项目也可载入 WorkVisual，并在那里打开。

3.2.1.3 创建新项目

(1) 建立一个新的空项目

① 点击按键“新建...”。项目资源管理器随即打开，左侧选出选项卡“创建项目”。

② 选定“空项目模板”。

③ 在栏位“文件名”中给出项目名称。

④ 在栏位“存储位置”中给出项目的默认目录，需要时选择一个新的目录。

⑤ 点击按键“新建...”，一个新的空项目随即打开。

(2) 借助于模板创建项目

① 点击按键“新建...”，项目资源管理器随即打开，左侧选出选项卡“创建项目”。

② 在可用的模板区下选定所需的模板。主要有空项目；KR C4 项目，该项目已包括一个 KR C4 控制器和编目 KRL 模板；VKR C4 项目，该项目已包括一个 VKR C4 控制器和编目 VW 模板。

③ 在栏位“文件名”中给出项目名称。

④ 在栏位“存储位置”中给出项目的默认目录，需要时选择一个新的目录。

⑤ 点击按键“新建...”。新的项目即打开。

(3) 在现有项目基础上创建项目

① 点击按键“新建...”，项目资源管理器随即打开，左侧选出选项卡“创建项目”。

② 在可用项目区下选定所需的项目。

③ 在栏位“文件名”中给出新项目的名称。

④ 在栏位“存储位置”中给出项目的默认目录。需要时选择一个新的目录。

⑤ 点击按键“新建...”。新的项目即打开。

3.2.1.4 导入设备说明文件

① 选择菜单序列“文件”→“导入/导出”。一个窗口自动打开。

② 选择“导入设备说明文件”。并且“点击”→“继续”→“按键”。

③ 点击“查找...”并导航到存放文件的目录。用“继续”→“确认”。

④ 即打开另一个窗口。在栏位“文件类型”中选择所需的类型。必须为库卡总线设备选出 EtherCAT ESI 类型。

⑤ 选定所需导入的文件并用“打开”确认。

⑥ 点击完成。

⑦ 关闭窗口。

3.2.2 编目操作

(1) 更新 DtmCatalog（编目扫描）

按此操作步骤更新编目“DtmCatalog”。一般情况下，您仅需在完成安装或更新之后，首次启动 WorkVisual 时执行。如果已导入了一个 EDS 文件，则以上情况不适用于以太网/IP。必须在启动之后进行编目扫描。

① 窗口“DTM 样本管理”自动打开。必要时也可通过菜单序列“其他”→“DTM 编目管理...”将其打开，如图 3-10 所示。

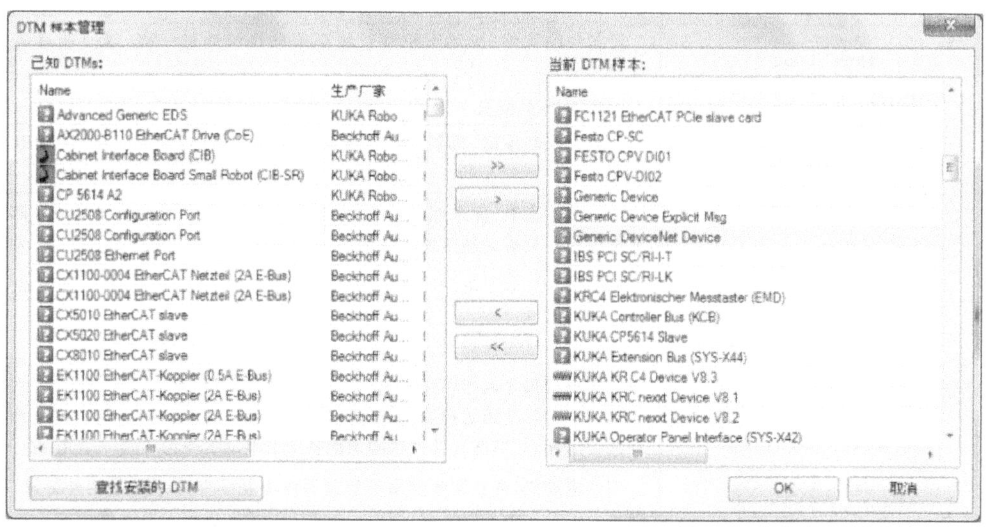

图3-10　DTM 样本编目管理

② 点击查找安装的 DTM 键。WorkVisual 将在 PC 中查找相关的文件。查找结果将被显示。

③ 在区域“已知 DTMs”中选定所需文件并点击按键“>”。若需要应用所有文件，则点击按键“≫”。

④ 所选文件将在区域“当前 DTM 样本”编目中显示。点击“OK”。

(2) 将编目添加到项目中

编目中包括所有生成程序所需的元素。为了能够使用一个编目，必须先将其添加至项目中。

① 选择菜单序列“文件”→“编目管理...”。一个窗口自动打开。

② 在“可用的编目”区域中双击所需的编目。现在在“项目编目”区域中显示编目。

③ 关闭窗口。

(3) 添加编目

通过 WorkVisual 编目编辑器创建的编目可添加至 WorkVisual 的编目中。

① 选择菜单序列“文件”→“编目管理...”，一个窗口自动打开。

② 点击左下方的按键，一个窗口自动打开。

③ 选定所需的编目并点击“打开”。

④ 关闭窗口。现在，在窗口“编目”中可使用此编目。

(4) 将编目从项目中删除

① 选择菜单序列“文件”→“编目管理...”，一个窗口自动打开。

② 在“项目编目”区域中双击需要删除的编目。现在在“可用的编目”区域中显示编目。

③ 关闭窗口。

(5) 编目说明

编目说明见表 3-2。

表 3-2 编目说明

序号	编目	说　明
1	DtmCatalog	设备说明文件，机器人控制系统必须已经激活过一次，以便能够使用该编目
2	KRL Templates	KRL 程序的模板
3	KUKA Controllers	机器人控制系统、机器人控制系统的硬件组件、安全选项、选项“PROCONOS”
4	KUKA External Axes	库卡线性滑轨、库卡双轴转台、外部运动系统模板、非库卡出品的外部运动系统模板。只有运动系统所属的机器参数仅以 XML 文件形式存在，才可使用这些模板
5	KUKA Robots[...]	库卡机器人
6	KUKA Special Robots	库卡特殊应用机器人
7	MGU_Motor-Gear-Unit	库卡电动机→齿轮箱→单元 如果在实际使用的控制系统上使用非库卡出品的外部轴，则可使用此编目中的一个元素，但前提条件是必须配备库卡电动机→齿轮箱→单元
8	Motor_als_Kinematik	库卡电动机，如在实际应用的控制系统上使用非库卡出品的外部轴，则可使用此编目中的一个元素，但前提条件是必须配备库卡电动机
9	VW Templates	VW 程序的模板
		所有已经安装在 WorkVisual 中的选项
1	DtmCatalog	设备说明文件，机器人控制系统必须已经激活过一次才能使用该编目
2	KRL Templates	KRL 程序的模板
3	KUKA Controllers	机器人控制系统、机器人控制系统的硬件组件、安全选项、选项“PROCONOS”
4	KUKA External Kinematics[...]	库卡线性滑轨、库卡定位器
5	KUKA Robots[...]	库卡机器人
6	VW Templates	VW 程序的模板

(6) 将元素添加至项目

① 项目结构

a. 在树形结构中用右键点击在其下应添加元素的节点。点击哪个节点，视具体元素而定。弹出一个菜单。

b. 在弹出菜单中选择选项“添加…”，一个窗口自动打开。

c. 用“添加”或“OK”应用在窗口中选中的所需元素。

② 单元配置

a. 在窗口“单元配置”中用右键点击空的区域，弹出一个菜单。

b. 在弹出菜单中选择选项“添加 …”，含编目的窗口打开。

c. 选定所需元素所在的编目。

d. 标记元素并通过“添加”予以应用。

(7) 从项目中删除元素

① 方法一　用右键点击元素→在弹出菜单中选择→删除。

② 方法二　选择菜单序列“编辑”→“删除”。

③ 方法三　在菜单栏中点击“删除”按钮或在键盘上点击“删除”键。

3.2.3　工业机器人操作

3.2.3.1　添加机器人控制系统

一个项目中可添加一个或多个机器人控制系统。

(1) 项目结构

① 在窗口“项目结构”中选择选项卡“设备”。

② 在编目“KUKA Controllers”中选定所需的机器人控制系统。

③ 将该机器人控制系统用 Drag&Drop 拖放功能拉到选项卡“设备的单元”：设备视图单元。

(2) 单元配置

① 在编目“KUKA Controllers”中选定所需的机器人控制系统。

② 通过 Drag&Drop 拖放功能将机器人控制系统拉入窗口“单元配置”。

如果实际应用的机器人控制系统为 VKR C4 翻新，或正在使用特定选项，则还必须在 WorkVisual 中将其激活。

(3) 将机器人控制系统设置为激活

① 在窗口“项目结构”的选项卡“设备”中双击未激活的机器人控制系统。或者在窗口“单元配置”中双击未激活的机器人控制系统。

② 仅在首次将机器人控制系统设置为激活时：一个窗口自动打开。

固件版本栏：输入安装在实际所用机器人控制系统中的库卡/VW 系统软件的版本，例如“8.2.15”。

输入/输出端数量栏：选择在机器人控制系统上使用的最多输入/输出端数量。

③ 用“OK”保存。

也可不双击而用右键点击机器人控制系统。弹出一个菜单。选择选项设为激活的控制器。

(4) 将机器人控制系统设置为未激活

对于 WorkVisual 中少量的操作，有必要将机器人控制系统设置为未激活。当启动这些操作时，会有信息提示须首先将机器人控制系统设置为未激活。

① 保存项目。

② 在窗口“项目结构”的选项卡“设备”中双击激活的机器人控制系统。或者在窗口“单元配置”中双击激活的机器人控制系统。也可不双击而用右键点击机器人控制系统。弹出一个菜单。选择选项复位已激活的控制系统。

3.2.3.2　更改“固件版本”数值和/或输入/输出端数量

① 保存项目。

② 在窗口“项目结构”的选项卡“设备”中右键点击机器人控制系统。或者在窗口“单元配置”中用右键点击机器人控制系统。

③ 在弹出菜单中选择“控制选项”。窗口“控制选项”自动打开。

④ 在“固件版本”栏中输入新值，例如“8.2.16”。也可以在“输入/输出端数量”中

选择一个其他的数目。

⑤ 用“OK”保存。

3.2.3.3 将机器人配给机器人控制系统

(1) 项目结构

① 在窗口“项目结构”中选择选项卡“设备”。

② 在窗口“编目”的编目 KUKA Robots［...］中选定所需的机器人。

③ 将该机器人通过拖放拉到选项卡“设备”中的机器人控制系统上（不拉到节点未分配的设备上）。

(2) 单元配置

① 在窗口“编目”的编目 KUKA Robots［...］中选定所需的机器人。

② 用 Drag&Drop（拖放）将机器人拉到窗口“单元配置”的机器人控制系统中。机器人即被添加并分配给机器人控制系统。

(3) 激活附加的控制系统设定

① 选择菜单序列“编辑器”→“附加的控制系统设定”，窗口“附加控制系统设定”即自动打开。

② 在所使用的选项处勾选或设定所需数值。

③ 保存项目。

3.2.3.4 制动模式设置

① 在指令末端时，机器人轴的制动器闭合。

激活：在松开移动键时机器人的轴制动器闭合。

未激活：在松开移动键时机器人的轴制动器不闭合。

默认设定：激活。

② 分别打开 / 关闭所有轴的制动器。

激活：机器人的轴制动器在与轴相关的运行时各自打开和闭合。

未激活：机器人的轴制动器共同打开和闭合（所有制动器连接在一个通道上）。

默认设定：未激活。

③ 运动间歇时制动器闭合。

激活：机器人的轴制动器在程序中于运动间歇时始终共同闭合。

未激活：机器人的轴制动器在程序中于运动间歇时不闭合。

默认设定：激活。

④ 独立于机器人轴的打开/闭合附加轴的制动器。

激活：数学上耦合的附加轴如机器人轴一样运行。非数学上耦合的附加轴如果单独受到控制，则不依赖于机器人轴。

未激活：附加轴如机器人轴一样根据其他的制动模式设置运行。

默认设定：未激活。

3.2.3.5 更改工具和基坐标系的数量

① 工具的数量　工具坐标系的数量为 16～128；默认值：16。

② 基坐标数量　基坐标系的数量为 32～128；默认值：32。

3.2.3.6 添加安全选项和/或 PROCONOS

(1) 项目结构

① 在窗口“项目结构”中选择选项卡“设备”。

② 在编目“KUKA Controllers”中展开节点“选项”。

③ 用 Drag&Drop（拖放）将选项拉到选项卡“设备”中的节点“选项”上。如果已经添加该选项，在名称右侧也显示版本号。版本始终与机器人控制系统匹配。

(2) 单元配置

① 在窗口“单元配置”中用右键点击机器人控制系统，在相关菜单中选择选项“添加...”。

② 在选项卡“KUKA Controllers”标记选项并通过添加予以应用。选项被粘贴至窗口“项目结构”。

3.2.3.7 添加硬件组件

(1) 逐个添加组件

① 在窗口“项目结构”中选择选项卡“设备”。

② 在编目“KUKA Controllers”中选定所需的组件。

③ 通过拖放将组件拉到节点“控制系统组件”上的选项卡“设备”中。

(2) 选择配置建议

① 在窗口“项目结构”中选择选项卡“设备”。

② 选中节点“控制系统组件”，然后点击按钮“配置建议...”。如图 3-11 所示。窗口“配置建议”即自动打开，该控制系统及当前运动系统的最常见配置即被显示。

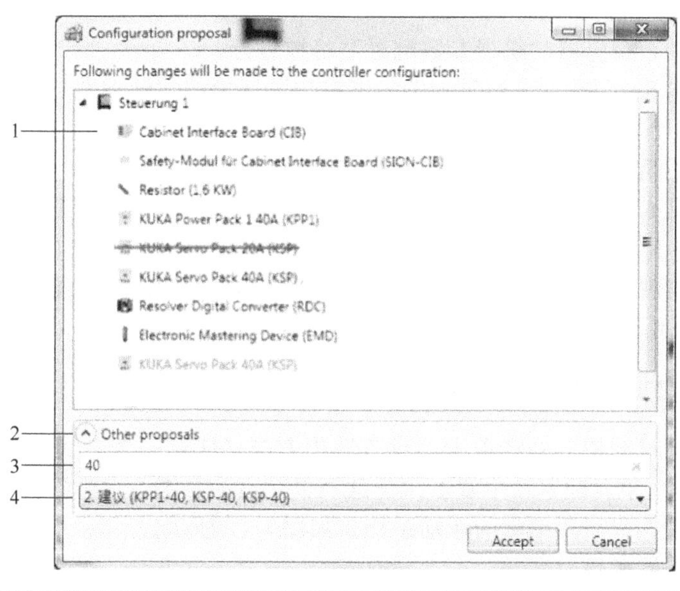

图3-11 配置建议

1—在此显示所选择的建议；2—点击箭头可显示和隐藏项号 3 和 4；3—在此可过滤在项号 4 下所显示的建议；4—将此栏展开

③ 如果该配置与实际配置相符，则点击“应用”加以确认，该配置即被应用到节点控制系统组件中。

在此显示所选择的建议的意义分别为：

黑色字体：在控制系统组件下现有的组件，且如果采纳建议之后可能仍然存在。

绿色字体：可添加的组件。

被划掉的字体：可删除的组件。

3.2.3.8 添加附加轴

(1) 项目结构

① 在窗口“项目结构”中选择选项卡“设备”。

② 在窗口“编目”的编目中选定附加轴。

③ 用 Drag&Drop（拖放）将该附加轴拖到选项卡“设备”的机器人控制系统中（不拖到节点未分配的设备上）。

④ 双击附加轴，编辑器“机器参数配置”将被打开。

⑤ 仅针对版本 8.2：在“一般轴相关机器参数”区域的“轴识别号”栏位中输入实际单元中附加轴配给哪个驱动装置。

⑥ 需要时：编辑其他参数。

⑦ 如果附加轴必须以几何方式与运动系统连接：选择选项卡（几何形状），根据需要用 Drag&Drop（拖放）互相组合运动系统。

(2) 单元配置

① 在窗口“编目”中选定附加轴的编目。

② 选定所需的附加轴。

③ 用 Drag&Drop（拖放）将该附加轴拉到窗口“单元配置”的机器人控制系统中。附加轴即被添加并分配给机器人控制系统。

④ 双击附加轴，编辑器“机器参数配置”将被打开。

⑤ 仅针对版本 8.2：在“一般轴相关机器参数”区域的“轴识别号”栏位中输入实际单元中附加轴配给哪个驱动装置。

⑥ 需要时：编辑其他参数。

⑦ 如果附加轴必须与运动系统连接：点击一个运动系统并按住鼠标键。将鼠标指针拖到另一个运动系统上并松开鼠标键，自动弹出一个窗口。通过这个窗口来确定连接的类型：{运动系统 1} 应当进行 {运动系统 2}：运动关系将 {运动系统 1} 放在 {运动系统 2} 的法兰上：几何关系、几何形状自动调整。

3.2.3.9 编辑附加轴的机器数据

① 在窗口“项目结构”的选项卡“设备”中双击（任意一个）运动系统，编辑器自动打开。或者在窗口“单元配置”中双击（任意一个）运动系统，编辑器自动打开。

② 在编辑器中选择需要编辑的运动系统，如图 3-12 所示。

③ 按需编辑机器参数。

④ 保存项目，以应用更改。

3.2.3.10 编辑机器参数

① 在窗口“项目结构”的选项卡“设备”中双击需要编辑的元素，编辑器自动打开。或者在窗口“单元配置”中双击应编辑的元素，编辑器自动打开。

② 按需编辑机器参数，如图 3-13 所示。

③ 保存项目，以应用更改。

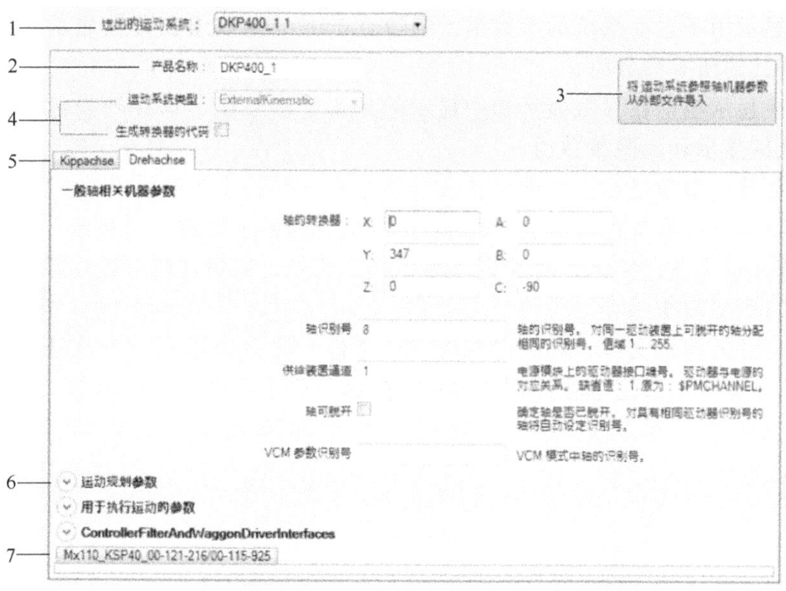

图3-12　编辑器机器参数配置

1—这里选择需要加工的运动系统；2—在此显示所选的运动系统产品名称，无法编辑这个栏位；
3—除了一种例外情况之外，无需按此按键（如果必须导入，则 WorkVisual 将在相关时间点自动执行导入过程）；
4—这些栏位不起作用；5—在此显示所选运动系统的机器参数，按照轴排列；6—点击箭头可显示或隐藏标题所属的数据；
7—电动机数据（通过点击小方框可显示数据）

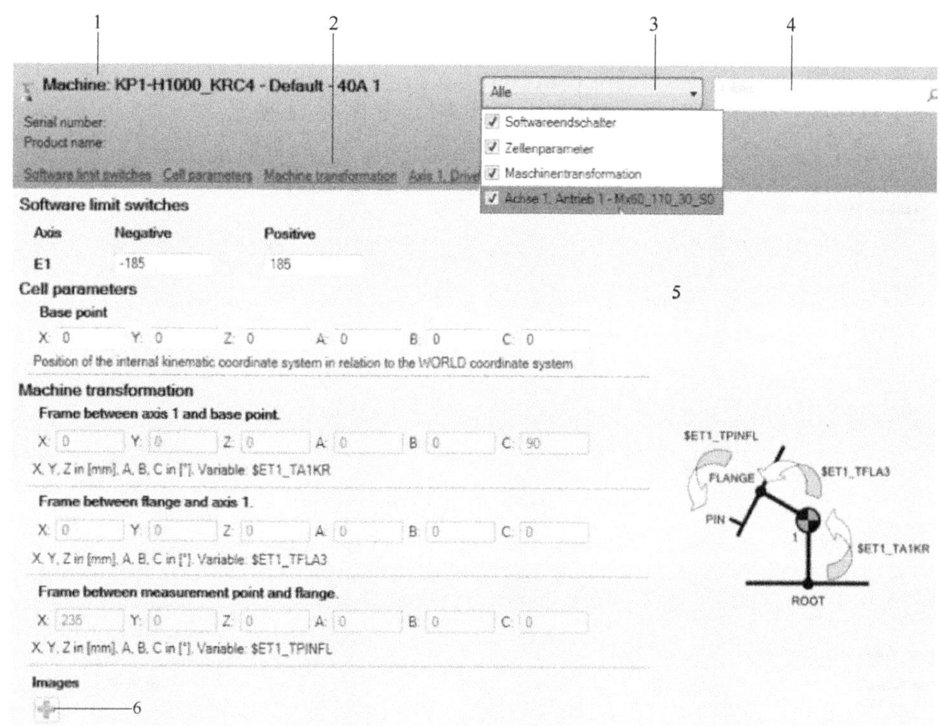

图3-13　编辑机器参数

图 3-13 中：

1—在此显示运动系统的名称。

2—这里显示用于运动系统的参数组。通过点击一个参数组在参数显示器中显示这个参数组并且隐藏其他所有参数组。

3—选择栏显示当前在参数显示器中显示的是哪个参数组。选择列表包含全部现有参数组。通过复选框显示和隐藏参数组。

4—在此可筛选参数显示。此筛选涉及参数名称，不区分大小写。

5—参数显示（具有灰色背景色的区域）。按组分类显示参数，可更改。如果已更改一个参数，则数值显示为蓝色字体，直到更改被保存。此外，编辑器的标签用星号标记（图中未画出），同样直到更改被保存。

6—在此可载入图形文件。如果已载入一个文件，将自动显示一个负号，可通过这个负号重新删除这个文件。该图形在此位置显示，始终只显示一个。如果已载入多个文件，将自动显示一个选择栏，可通过这个选择栏在图形之间切换。文件格式：JPG、JPEG、PNG、BMP。

3.3 编辑工具和基坐标系

3.3.1 打开工具/基坐标管理

(1) 操作步骤

选择菜单序列“编辑器”→“工具/基坐标管理”，如图 3-14 所示。

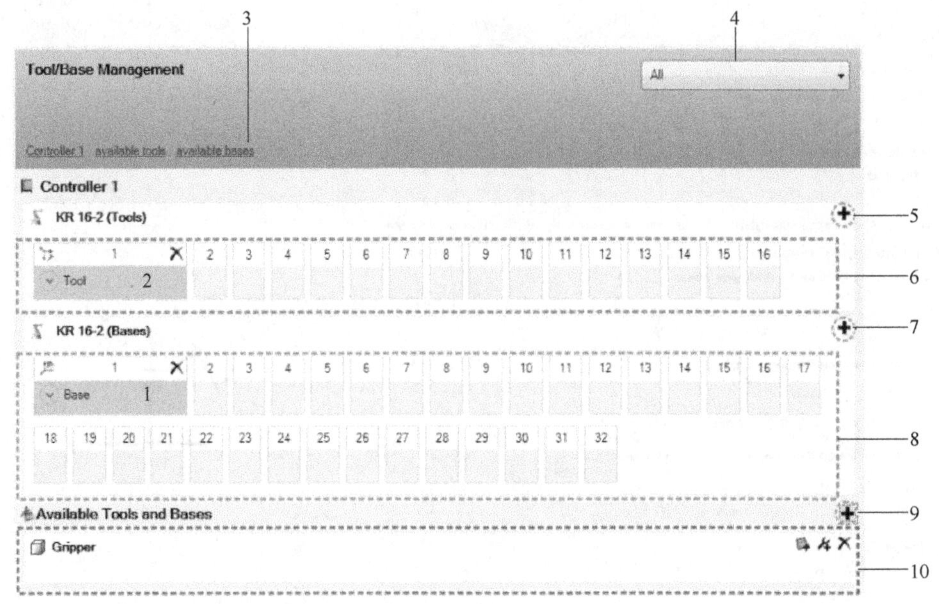

图3-14 工具/基坐标管理

(2) 说明

图 3-14 中：

1—占用的基坐标系。

2—占用的工具坐标系。

3—在此显示项目中现有的工具和基坐标系组。通过点击一个组在显示器中显示这个组并且隐藏其他所有组。

4—选择栏显示当前在显示器中显示的是哪个组。选择列表包含全部现有的组。通过复选框可以显示和隐藏这些组。

5—在该控制系统上创建一个新的工具坐标系。

6—可用工具坐标系的数量。

7—在该控制系统上创建一个新的基坐标系。

8—可用基坐标系的数量。

9—创建一个新项目。一个对象可以包含一个或多个元素。

10—在该项目中创建或导入该项目的对象，对象也可在此进行编辑或删除。

3.3.2 配置工具/基坐标管理

(1) 操作步骤

① 选择菜单序列“工具”→“选项...”。窗口“选项”打开。

② 在窗口左侧的文件夹“工具与基坐标管理”中选中子菜单项“工具基坐标编辑器”。在窗口右侧显示当前相关设定。

③ 进行所需的设置。

④ 用“OK”确认，设置即被应用。

(2) 工具和基坐标系（图 3-15）

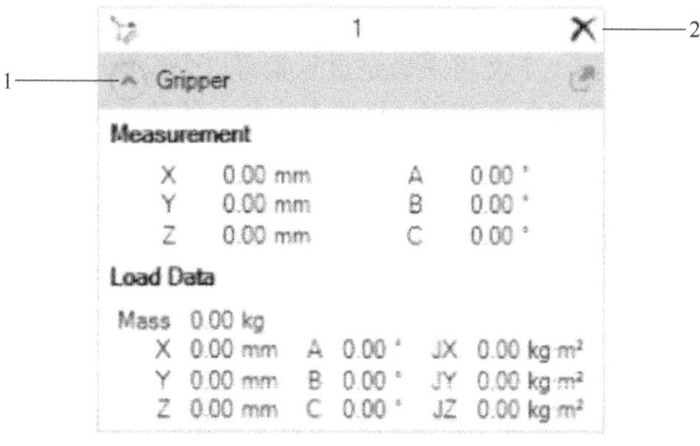

图3-15 工具坐标系

1—显示坐标系数据；2—删除坐标系

① 建立工具或基坐标系

a. 点击按键➕，一个窗口打开。

b. 在栏位“名称”中输入坐标系名称。

c. 如果数据已知，展开栏位“详细信息”并输入测量数据。对于工具坐标系，同时输入负荷数据。

d. 点击“OK”键，数据即被保存。

② 编辑工具或基坐标系

a. 双击坐标系，一个窗口打开。

b. 需要时更改名称和数据。

c. 点击“OK”键，数据即被保存。

③ 删除工具或基坐标系　点击按键✖并用“是”确认信息提示，坐标系即被删除。

3.3.3 对象

如图 3-16 所示，在一个对象中可以创建 Frame 类型的元素（机器人法兰上的基点和工件）和 TCP 类型的元素（机器人法兰上的工具和固定工具）。

图3-16 对象

1—对象；2—TCP 类型的元素；3—Frame 类型的元素；4—用于创建和删除元素的按键；5—创建一个新对象

一个元素的类型及其几何上下文用来确定该元素可以分配给哪个范围。机器人法兰上的工具和固定工具被分配给工具坐标系范围。机器人法兰上的基点和工件被分配给基坐标系范围，如表 3-3 与图 3-17、图 3-18 所示。

表 3-3 基坐标系范围

几何上下文	TCP 类型的元素	Frame 类型的元素	范围分配
FLANGE	机器人法兰上的工具	机器人法兰上的工件	Tool
WORLD	固定工具	基坐标	Base

图 3-18 中虚线内的符号表示该元素来自一个对象。鼠标悬停在该符号上方时，会显示含有对象路径的工具提示。

(1) 建立对象

① 点击按键➕，一个窗口打开。

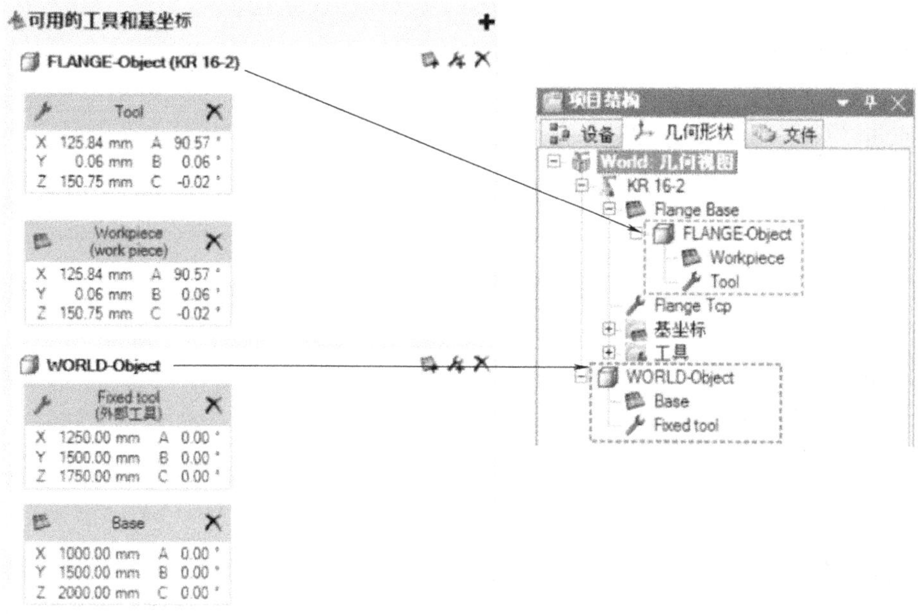

图3-17　几何上下文

图3-18　元素的分配

② 在栏位“对象”中输入对象名称。

③ 点击“OK”键，对象即创建。

(2) 将一个元素添加至对象

① 对于 TCP 类型的元素：点击按键，一个窗口打开。对于 Frame 类型的元素：点击按键，一个窗口打开。

② 在“名称”栏中输入元素名称。

③ 如果数据已知：展开栏位“详细信息”并输入测量数据。此外，对于 TCP 类型的元素，还要输入负载数据。

④ 点击“OK”键，数据即被保存。

(3) 删除对象

点击按键✖，对象即被删除。

(4) 编辑元素

① 双击元素，一个窗口打开。

② 需要时更改名称和数据。

③ 点击“OK”键，数据即被保存。

(5) 删除元素

点击按键✖，元素即被删除。

(6) 将对象导出至编目

① 在窗口“项目结构”的选项卡“几何形状”中用右键点击一个对象（任意一个）并在弹出菜单中选择“导出工具”，一个窗口自动打开。

② 项目中的所有单元和对象即显示在一个树形结构中。在应导出的对象处打钩。用“继续”→“确认”。

③ 为编目选择一个存储位置。默认设置下，选择的是编目 ExportedKinematicsCatalog. afc。

④ 需要时取消“替换本目录中现有的运动系统”处的勾选。

⑤ 点击“完成”，对象被导出。

⑥ 若已成功导出，则将在窗口“导出目录”中的工具中显示以下信息：“成功导出编目”。关闭窗口。

(7) 从编目中导入对象

① 在窗口“项目结构”中选择选项卡“几何形状”。

② 用拖放功能将对象从编目中拖入选项卡“几何形状”，并根据所需的几何上下文拖到世界坐标节点或法兰基础节点上。

③ 所包含的某些元素被直接添加到工具和基坐标系范围内。但是这些元素未被分配，因此显示为红色。用拖放功能为这些元素分配所需编号。

3.4 在线定义单元

3.4.1 打开单元定义

前提是与实际应用的机器人控制系统的网络连接；实际应用的机器人控制系统和 KU-

KA smartHMI 已启动；工作范围是编程和诊断。

① 在窗口“单元视图”中选择所需单元。

② 选择菜单序列“编辑器”→“行定义”。窗口“行定义”自动打开。所需单元即显示并可以接受编辑，如图 3-19 所示。

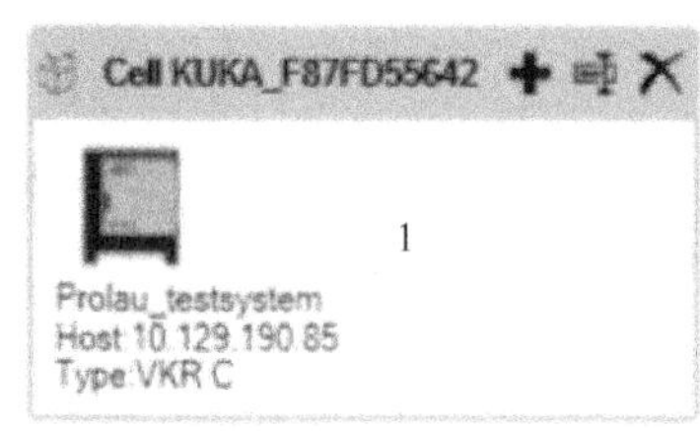

图3-19　行定义

1—带机器人控制系统的单元；2—单元编辑用按键

3.4.2　配置单元定义

① 选择菜单序列“工具”→“选项 ...”。窗口“选项”打开。

② 选定窗口左侧文件夹“在线工作”区域中的子项“单元定义编辑器”。在窗口右侧显示当前相关设定。

③ 进行所需的设置。

④ 用“OK”确认，设置即被应用。

3.4.3　编辑单元

(1) 创建新单元

① 标记单元中的一个机器人控制系统并拉入空的区域，一个窗口自动打开。

② 给出单元名称，并用“OK”确认，带有该机器人控制系统的新单元即被创建。

(2) 为单元添加一个机器人控制系统

① 在单元中点击按键➕，一个窗口自动打开。

② 在列表中选择应添加的机器人控制系统。

③ 点击“OK”键，机器人控制系统添加至单元。

(3) 重新为单元命名

① 在单元中点击按键，一个窗口自动打开。

② 更改单元名称并用“OK”确认，单元即被更名。

(4) 删除单元

在单元中点击按键，单元被删除，这个单元中的机器人控制系统获得一个新的自己的单元。这个单元默认以机器人控制系统的 Windows 名称命名。

(5) 删除单元中的机器人控制系统

① 将鼠标光标放在单元的机器人控制系统上，按钮被显示出来。

② 点击按键。机器人控制系统即被从单元中删除，并获得一个新的自己的单元。这个单元默认以机器人控制系统的 Windows 名称命名。

3.5 备选软件包

3.5.1 在 WorkVisual 中安装备选软件包

① 选择菜单序列“工具”→“备选软件包管理...”。窗口“备选软件包管理”自动打开。

② 点击按键“安装...”。窗口“选择待安装的程序包”自动打开。

③ 导航至存有备选软件包的路径并选定该备选软件包。点击“打开”。

④ 备选软件包即被安装。如果 KOP 文件包含设备说明文件，则窗口更新编目在安装过程中自行打开和关闭。当安装结束时，信息窗口“备选软件包管理”的“已安装的备选软件包”中显示备选安装包。

⑤ 仅当显示提示信息“为了使更改生效，必须重启应用程序”时：点击重启键，重启 WorkVisual；或关闭窗口“备选软件包管理”，稍后重启 WorkVisual。

⑥ 仅当显示上一步所述的提示信息“否”时：关闭窗口“备选软件包管理”。这时可以在“文件”→“编目管理...”中使用备选软件包的编目。如果 KOP 文件包含设备说明文件，现在在 WorkVisual 中可使用这些说明文件。不必执行一次编目扫描。

3.5.2 将备选软件包添加到项目中

(1) 项目结构

① 在窗口“项目结构”中选择选项卡“设备”。

② 用右键点击节点“选项”并选择“添加…”。

③ 一个窗口自动打开。选择编目“选项”。

④ 选定备选软件包并点击按键“添加”。

⑤ 一个窗口自动打开。在窗口中显示添加或更改哪些文件。

⑥ 点击“OK”键，窗口关闭，项目即被保存。此时，备选软件包会显示在节点“选项”中。

(2) 单元配置

① 在窗孔“单元配置”中用右键点击机器人控制系统并选择“添加 ...”。

② 一个窗口自动打开。选择编目“选项”。

③ 选定备选软件包并点击按键“添加”。

④ 一个窗口自动打开。在窗口中显示添加或更改哪些文件。

⑤ 点击“OK”键，窗口关闭，项目即被保存。此时，备选软件包会显示在窗口“项目结构”的节点“选项”中。

3.5.3 给机器人控制系统添加备选软件包中的一个设备

① 在窗口“项目结构”中选择选项卡“设备”。

② 用右键点击机器人控制系统并选择“添加 ...”。

③ 一个窗口自动打开。选择备选软件包的编目。

④ 在列表中选定所需设备，然后点击按键“添加”。

⑤ 如果配置已储存在设备上，则显示一个查询：是否必须将此配置应用到项目中。根据需要选择“是”或“否”。

⑥ 如果已应用与该设备的输入输出接线，则窗口“调整信号连接”自动打开。如果这些信号在当前项目中已连接完毕，且该设备必须根据其预设定连接到这些信号，则在当前冲突区域中进行显示，如图 3-20 所示。

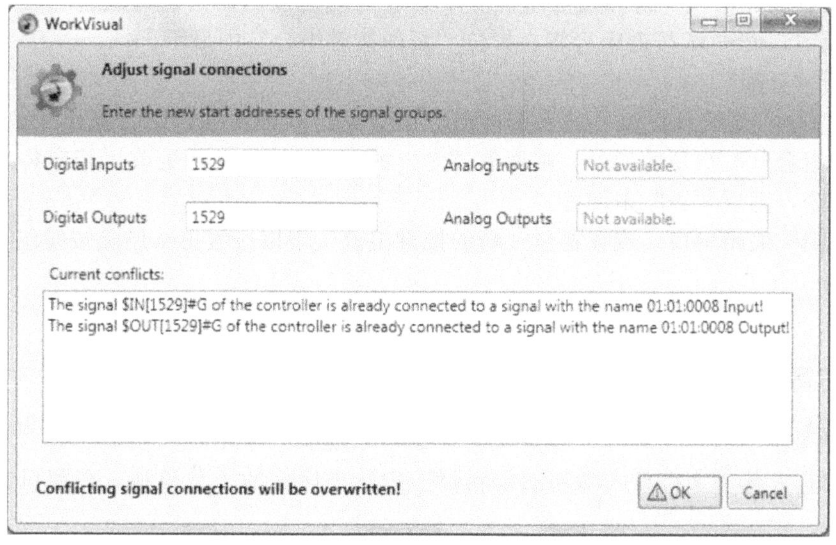

图3-20　调整信号连接——当前冲突

⑦ 如果信号在当前冲突区域中显示：

如有需要，更改各输入/输出端类型的标准地址，直到不再显示冲突。

⑧ 或者点击“OK”键。如果当前冲突区域中还有信号，则新连接现在将覆盖这些信号。在信息窗口对每一条被覆盖的连接均显示一条相应的信息。这使可能出现的后处理工序变得更容易。或者点击“取消”，将设备添加到窗口“项目结构”中，但未应用接线。

该设备现在在机器人控制系统下方显示。

此外，如果已通过设备应用总线配置，当机器人控制系统重新设为激活时，设备也将在节点“总线结构”下显示。

3.5.4 输出部分项目

① 选择菜单序列“文件”→“导入/导出”，一个窗口自动打开。

② 选中输入项“输出部分项目”。窗口此时显示“输出部分项目”，点击“继续”。

③ 所有项目控制系统即被显示。选中应从数据中输出的控制器，并用“继续”键确认。

④ 将显示一个树形结构。勾选树形结构中应被输出的元素，用“继续”键确认。

⑤ 为部分项目选定存储位置并点击“完成”键，此时开始输出部分项目。

⑥ 若已成功输出，则将在窗口“输出部分项目”中显示以下信息：成功进行部分导出。关闭窗口。

3.5.5 配置按键组合

① 选择菜单顺序“其他”→“选项”。窗口“选项”打开。

② 选定窗口左侧文件夹“环境”中的子项“键盘”。在窗口右侧显示当前相关设定。

③ 在栏位“指令”中选定应为其定义或改变按键组合的指令。可过滤栏位“指令”中的内容：在栏位“仅列出具有以下内容的指令”中输入一个关键词。现在，在栏位“指令”中仅显示名字含有该关键词的指令。

④ 将光标放在栏位“新的按键组合”中并在键盘上按所需的按键组合（或单个按键）。示例：F8 或 STRG＋W 按键组合将在栏位“新的按键组合”中显示。

⑤ 点击“分配”。

⑥ 用“OK”键确认更改。如果按键组合已分配给其他用途，则会弹出一个安全询问：若应将按键组合分配给新的指令，则回答“是”并以“OK”确认更改。若应将按键组合留给原先的指令，则以“否”来回答。

用“取消”关闭窗口。或在栏位“新的按键组合”中以按键 Esc 删除按键组合并输入另一个组合。

3.5.6 配置附加编辑器

① 选择菜单序列“工具”→“选项...”，窗口“选项”打开。

② 在窗口左侧的文件夹“附加的编辑器”中选中所要的子菜单项。在窗口右侧显示当前相关设定。

③ 在右上方点击按键“＋”，一个新的程序即被添加。

④ 在“名称”栏输入程序名称。

⑤ 在“文件扩展名”一栏中输入用程序打开的文件格式。

⑥ 在“程序”栏旁点击按键“...”并选择程序的 exe 文件。

⑦ 选项在“参数”栏中输入一个或多个参数。用箭头向右的按键显示参数说明。

⑧ 用“OK”键确认更改。

⑨ 如果应将编辑器用作默认编辑器：用箭头向上的按键将编辑器移至列表的第 1 个位置。

3.6 现场总线配置

可以用 WorkVisual 配置下面的现场总线：

① PROFINET 基于以太网的现场总线。数据交换以主从关系进行。

② PROFIBUS 使不同制造商生产的设备之间无需特别的接口适配即可交流地通用现场总线数据交换以主从关系进行。

③ DeviceNet 基于 CAN 并主要用于自动化技术的现场总线。数据交换以主从关系进行。

④ Ethernet/IP 基于以太网的现场总线。数据交换以主从关系进行。以太网/IP 已安装到机器人控制系统中。

⑤ EtherCAT 基于以太网并适用于实时要求的现场总线。

⑥ VARAN 从站可用于在 VARAN 控制系统和 KR C4 控制系统之间建立通信的现场总线。

3.6.1 建立现场总线

(1) 建立现场总线的步骤

① 在 PC 上安装设备说明文件。

② 将 DTM 编目添加到窗口“编目”。

③ 将现场总线主机粘贴入项目中。

④ 配置现场总线主机。

⑤ 将设备粘贴入总线中，即粘贴入现场总线主机之下。

⑥ 对设备进行配置。

⑦ 编辑现场总线信号。

⑧ 现在可连接总线。

(2) 将现场总线主机粘贴到项目中

① 在窗口“项目结构”的选项卡“设备”中展开树形结构，直到节点“总线结构”可见。

② 在窗口“DTM 编目”中点击并保持在所需的现场总线主机上，并用拖放功能拖到节点树形结构上。

(3) 配置现场总线主机

① 在窗口“项目结构”的选项卡“设备”中用右键点击现场总线主机。

② 在弹出菜单中选择“设置...”，一个含有设备数据的窗口自动打开。

③ 根据需要设定数据，随后用“OK”保存。

注意：默认设置下，以下地址范围仅由机器人控制系统针对内部用途使用。因此，在这范围之内的 IP 地址不允许由用户进行分配。

192.168.0.0...192.168.0.255

172.16.0.0...172.16.255.255

172.17.0.0...172.17.255.255

(4) 将设备手动添加到总线

① 在窗口“项目结构”的选项卡“设备”中展开树形结构，直到现场总线主机可见。

② 在“DTM 编目”中点住所需设备并用 Drag&Drop（拖放）拖到现场总线主机上。

③ 需要时为其他设备重复步骤②。

(5) 配置设备

① 在窗口“项目结构”的选项卡“设备”中用右键点击设备。

② 在弹出菜单中选择“设置...”，一个含有设备数据的窗口自动打开。

③ 根据需要设定数据，随后用“OK”保存。

(6) 将设备自动添加到总线（总线扫描）

① 在窗口“项目结构”的选项卡“设备”中展开机器人控制系统的树形结构。

② 用右键点击现场总线主机。选择选项“拓扑扫描...”，然后选择一个通道。窗口“拓扑扫描助手”打开。

③ 点击“继续”，以启动查找。查找结束后，WorkVisual 在窗口的左侧显示所有找到的设备。每个设备均用一个数字（产品代码）表示。

④ 选定一个设备。WorkVisual 在窗口的右侧显示一个具有相同产品代码的设备说明文件的列表。

⑤ 如果该列表含有多个设备说明文件，则滚动滑过整个列表检查真正使用着设备的文件是否被选定。如果选定了另一个文件，则选择选项“手动选择”并选定正确的文件。

⑥ 为所有显示的设备重复步骤④和⑤。

⑦ 点击“继续”，以确认分配。

⑧ 点击“结束”，以将设备分配给现场总线。

3.6.2 由现场总线设备编辑信号

3.6.2.1 操作步骤

① 在窗口“输入输出接线”的选项卡“现场总线”中选定设备。

② 在窗口“输入输出接线”右下角点击按键“编辑提供器处的信号”。窗口“信号编辑器”打开，显示设备的所有输入端和输出端。

③ 按需编辑信号。

3.6.2.2 信号编辑

信号编辑器左边显示所选设备的输入端，右边显示所选设备的输出端，如图 3-21 所示。

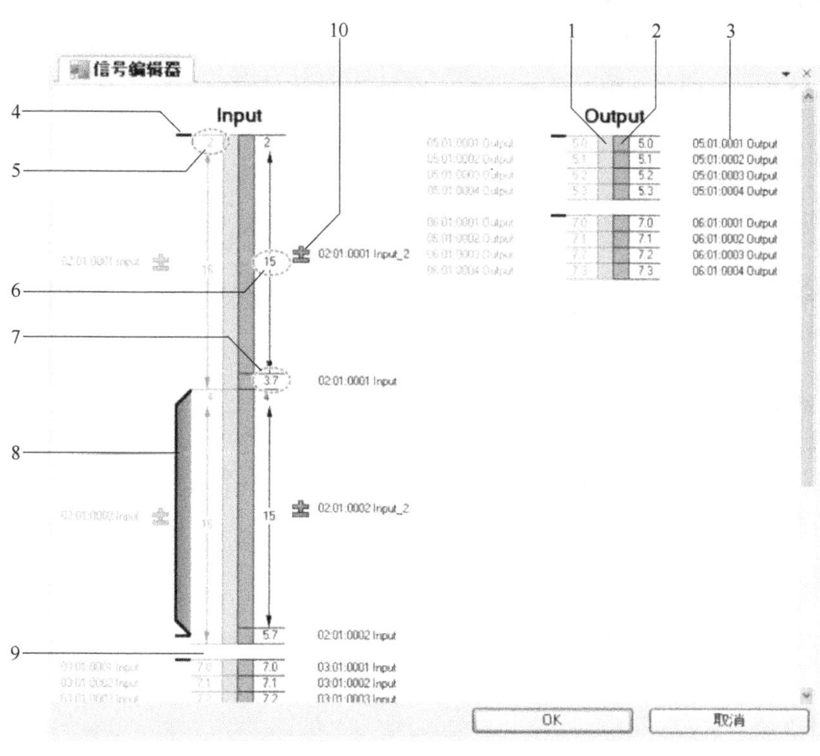

图3-21 信号编辑器

(1) 信号编辑器说明

图 3-21 中：

1—左列显示输入端或输出端的初始配置。每个方框代表 1 位。

2—右列可编辑，并总是显示输入端或输出端的当前配置。每个方框代表 1 位。

3—信号名称。

4—转储的起始标记。

5—该信号开始的地址。

6—信号宽度。

7—该位所属的地址和位数。

8—竖条表示字节顺序已反转。

9—存储器段之间的界限。

10—该信号的数据类型。

(2) 更改信号位宽

① 移动信号极限：

a. 在右列中将鼠标光标放在 2 个信号极限的边界线上。鼠标光标变成一个垂直的双箭头。

b. 点击，按住鼠标键，同时将鼠标光标向上或向下运动。边界线自行移动。

c. 将边界线拉到所需位置，然后松开。用这种方法可将信号缩小到 1 位。

② 信号分解：

a. 在右列中将鼠标光标放在 1 个位上。

b. 点击，按住鼠标键同时将鼠标光标向上或向下运动。在初始位上显示出一条线。

c. 将鼠标光标拉到另一位，然后松开。在该位同样显示一条线。这两条线是新信号的极限。

③ 信号合并：

a. 在右列中将鼠标光标放在一个信号的第一位（或最后一位）上。

b. 点击，按住鼠标键，同时将鼠标光标向下（或向上）运动。

c. 将鼠标光标拉至信号极限以外，并一直拉到另一个信号极限，然后松开。中间的信号极限消失，号便被合并。

(3) 转储信号

① 操作步骤

a. 将鼠标光标放在转储的起始标记上。鼠标光标变成一个垂直的双箭头。

b. 点击并按住鼠标键。将鼠标光标向下移到信号极限。

c. 显示一个竖条。

松开鼠标键，字节顺序现在已被反转。

如果要转储一个较大的区域，则不要松开鼠标光标而继续移动，显示一个较长的竖条。松开鼠标键，字节顺序现在已被反转，显示一个转储的结束标记。

② 撤销转储

a. 将鼠标光标放在转储的结束标记上，鼠标光标变成一个垂直的双箭头。

b. 点击并按住鼠标键，将鼠标光标向上朝起始标记方向移动。

c. 竖条消失，反转即被撤销。

3.6.2.3 更改数据类型

在信号编辑器中数据类型由一个图标显示，见表 3-4。

表 3-4 图标显示

序号	图标	说　明
1		带正负号的 Integer 数据类型(有 SINT、INT、LINT 或 DINT 等几种)
2		不带正负号的 Integer 数据类型(有 USINT、UINT、ULINT 或 UDINT 等几种)
3		数字式数据类型(有 BYTE、WORD、DWORD 或 LWORD 等几种)

更改数据类型的操作步骤如下：

① 在输入端或输出端列的右侧点击正负号图标，图标被更改。

② 不断地点击，直到显示所需图标为止。

3.6.2.4 更改信号名称

① 点击输入端或输出端的右侧名称，名称可编辑。

② 输入所需名称，用输入键确认。名称在信号编辑器的当前视图中必须是唯一的。已更改的名称在窗口“输入输出接线”中显示。

3.6.3　连接总线

3.6.3.1　窗口输入输出

(1) 窗口输入输出接线

窗口输入输出接线如图 3-22 所示。所连接的信号用绿色图标表示。多重连接的信号用双箭头表示：[icon]。选项卡有如下三种。

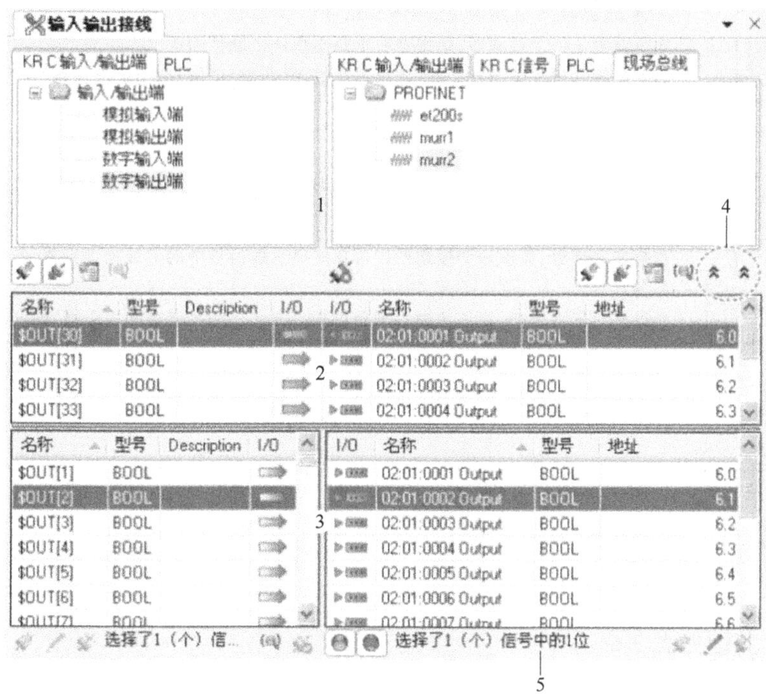

图3-22　窗口输入输出接线

1—显示输入/输出端类型和现场总线设备（通过选项卡从左右选定两个要连接的区域，此处所选中区域的信号在下半部分被显示出来）；2—显示连接的信号；3—显示所有信号（这里可以连接输入/输出端）；4—在此可将两个信号显示窗口单独合上和再展开；5—显示被选定信号包含多少位

① KR C 输入/输出端　此处显示机器人控制系统的模拟和数字输入/输出端。左右各有一个选项卡“KR C 输入/输出端”。这可将机器人控制系统的输入和输出端相互连接。

② 可编程控制器（PLC）　这些选项卡只有在使用 MULTIPROG 时才相关。

③ KR C 信号　此处显示机器人控制系统的其他信号。

④ 现场总线　此处显示现场总线设备的输入/输出端。左侧和右侧各有一个选项卡“现场总线”。左侧选项卡只显示总线输入端，右侧选项卡只显示总线输出端。

(2) 窗口“输入输出接线”中的按键

① 过滤器/查找，其键见表 3-5。

表 3-5 过滤器/查找键

序号	按键	名称/说明
1		输入端过滤器/显示所有输入端：显示、隐藏输入端
2		输出端过滤器/显示所有输出端：显示、隐藏输出端
3		对话筛选器：窗口“信号过滤器”打开。输入过滤选项（文字、数据类型和/或信号范围）并点击按键“过滤器”。显示满足该标准的信号 如果设置了一个过滤器，则按键右下角出现一个绿色的钩 如果要删除所设置的过滤器，则点击按键，并在窗口“信号”中点击按键“复位”，然后点击“过滤器”
4		所显示连接信号上方的按键 查找连接信号：只有当选定了一个连接的信号时才可用
		所有信号显示下方的按键 查找文字部分：显示一个搜索栏。可在所显示的信号中向上或向下搜索信号名称（或名称的一部分） 如果已显示搜索栏，则该按键右下角出现一个叉。如果要隐藏搜索栏，则点击该按键
5		连接信号过滤器/显示所有连接信号：显示、隐藏连接信号
6		未连接信号过滤器/显示所有未连接信号：显示、隐藏未连接信号

② 连接，其键见表 3-6。

表 3-6 连接键

序号	按键	名称/说明
1		断开：断开选定的连接信号。可选定多个连接，一次断开
2		连接：将显示中所有被选定的信号相互连接。可以在两侧选定多个信号，一次连接（只有当在两侧上选定同样数量的信号时才有可能）

③ 编辑，其键见表 3-7。

表 3-7 编辑键

序号	按键	名称/说明
1		在提供器处生成信号，只有当使用 MULTIPROG 时才相关

续表

序号	按键	名称/说明
2		编辑提供器处的信号 对于现场总线信号：打开一个可对信号位的排列进行编辑的编辑器 对于 KRC 的模拟输入/输出端以及对于 MULTIPROG 信号，此处同样有编辑方式可用
3		删除提供器处的信号，只有当使用 MULTIPROG 时才相关

3.6.3.2　连接输入端与输出端

(1) 方法一

① 点击按键“接线编辑器”。窗口“输入输出接线”打开。

② 在窗口左半侧的选项卡“KR C 输入/输出端”中选定需接线的机器人控制系统范围，例如：数字输入端。信号在窗口“输入输出接线”的下半部分显示。

③ 在窗口右半侧的选项卡“现场总线”中选定设备。设备信号在窗口“输入输出接线”的下半部分显示。

④ 将机器人控制系统的信号用 Drag&Drop（拖放）拉到设备的输入或输出端上（或将设备的输入或输出端拉到机器人控制系统的信号上），信号就此连接完毕。

(2) 方法二

选定需连接的信号，然后点击按键“连接”。

(3) 多重接线

可同时选定多个信号（在两侧），一次连接。此外还有以下方法：

① 在一侧上选定多个信号，在另一侧上选定另一个信号。

② 在相关菜单中选择“连续连接”选项。从一个选定的信号开始（向上计数）的信号被连接。

3.6.3.3　将总线输入端与总线输出端通过输入输出接线相连

借助输入输出接线可将总线输入端与（同一根或另一根总线的）总线输出端相连，通过间接连接而实现。为此，总共需要 3 根接线。

① 将总线输入端与机器人控制系统的输入端相连。

② 将机器人控制系统的输入端与机器人控制系统的输出端相连。

③ 将机器人控制系统的输出端与总线输入端相连。

在这种情况下，机器人控制系统的输入端和输出端为多重接线。示意如图 3-23 所示。

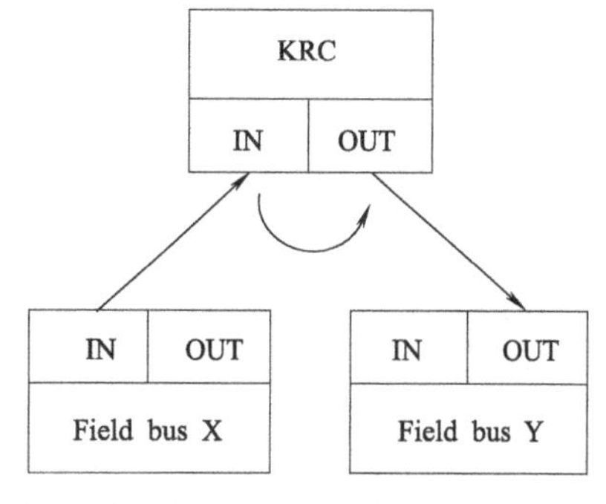

图3-23　总线输入端与总线输出端相连

3.6.3.4　将总线输入端与总线输出端通过传输应用相连

如图 3-24 所示，借助传输应用可将总线输入端直接与（同一根或另一根总线的）一个或多个总线输出端相连。为此在窗口的两侧均使用“现场总线”选项卡。

最多可将 2048 个总线输入端与总线输出端相连。如果将一个总线输入端与多个总线输出端连接，则总线输出端的数量至关重要。

如果要将多于 512 个总线输出端连接到总线输入端上，则必须通过分区段方式进行连接。在采用分区段方式连接时，一个区段中的总线输入端和总线输出端必须相邻，即彼此之间无空隙。此外，区段中的总线输入端和输出端位于插槽内。

例如：PROFINET 现场总线包括插槽信号名称和索引编号。索引编号代表位，即索引编号 0001＝位 1，索引编号 0002＝位 2 等。如果连接同一插槽内的 2 个相邻的位（例如插槽 2 的位 1 和位 2），则产生区块连接。如果连接 2 个不相邻的位或不同插槽的 2 个位（例如插槽 1 的位 4 和插槽 3 的位 5），则不产生区块连接。

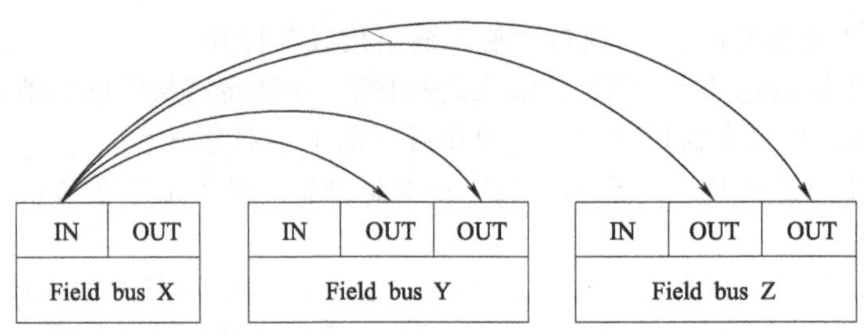

图3-24　总线输入端与总线输出端相连

3.6.3.5　将信号通过输入输出接线进行多重连接或反向连接

借助输入输出接线可将信号进行多重连接。多重连接的信号在窗口“输入输出接线”用一个双箭头表示：。

① 可进行以下多重连接：

如图 3-25 所示，（机器人控制系统的）输入端与（总线）输入端相连，（机器人控制系统的）同一输入端与（机器人控制系统的）一个或多个输出端相连。

如图 3-26 所示，可进行以下反向连接：一个（总线）输出端与一个（机器人控制系统的）输入端相连。

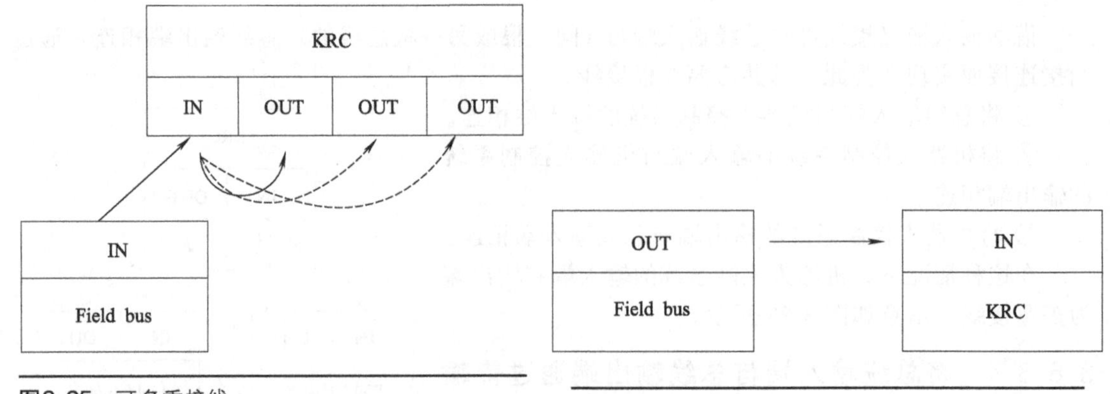

图3-25　可多重接线

图3-26　可反向连接

② 以下多重连接是不可行的：

a. 一个（机器人控制系统的）输入端与（总线）多个输入端相连。

b. 一个（机器人控制系统的）输出端与（总线）多个输入端相连。

3.6.3.6　信号操作

(1) 查找所属信号

① 选定一个连接的信号。

② 在选定信号的半个窗口（左侧或右侧）中，点击按键“查找连接信号”。

一旦信号被连接，所分配的信号便被标出，显示在所有信号的另外半个窗口里。

如果一个信号多重连接，查找信号窗口打开，所有与选定的信号相连的信号均会显示出来。选择一个信号并用“OK”确认，如图 3-27 所示。

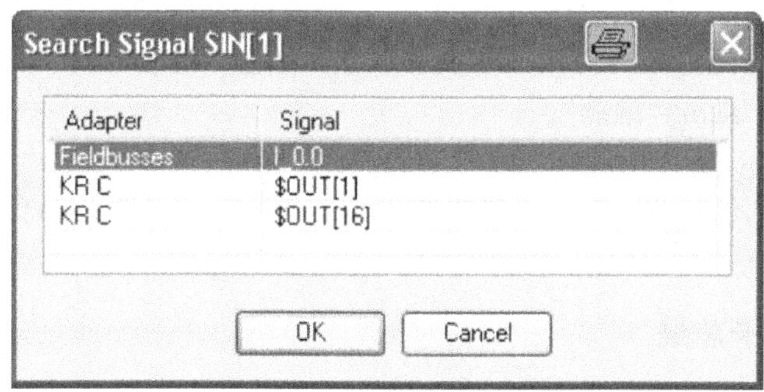

图3-27　多重连接的信号

(2) 给信号编组

机器人控制系统中 8 个数字输入或输出端可编组为一个具有 BYTE 数据类型的信号。编组的信号可从其名称后缀“#G”看出。

① 在选项卡“KR C 输入/输出端”下选定 8 个依次排列的信号并用右键点击，如图 3-28 所示。

② 选择“编组”，如图 3-29 所示。信号便汇总成一个 BYTE 型信号。具有最低索引号的名称即被新的信号应用。

(3) 撤销编组

① 用右键点击带有名称后缀“#G”的信号。

② 选择“撤销编组”。

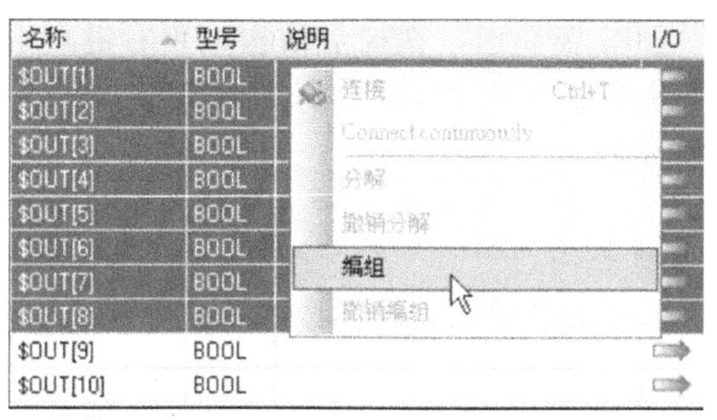

图3-28　信号编组

名称	型号	说明	I/O
$OUT[1]#G	BYTE		
$OUT[9]	BOOL		
$OUT[10]	BOOL		

图3-29　编组的信号

3.6.3.7 编辑模拟 KRC 信号

① 在窗口“输入输出接线”左侧的选项卡“KR C 输入/输出端”中选定模拟信号。可一次选定和编辑多个信号：用 SHIFT＋单击可选定连续的信号；用 CTRL 和单击可选定多个单个信号。

② 在窗口“输入输出接线”左下角点击按键“编辑提供器”处的信号，一个窗口打开。

③ 输入所需的校准系数，并根据需要更改数据类型。

④ 点击“OK”，以保存数据并关闭窗口。

3.6.3.8 导出总线配置

① 选择菜单序列“文件”→“导入/导出”，一个窗口自动打开。

② 选择“将 I/O 配置导出到 . XML 文件”中并点击“继续”。

③ 给出一目录。点击“继续”。

④ 点击“完成”。

⑤ 配置即导出到给定的目录下。成功结束了配置后，将通过一条信息提示来显示。关闭窗口。

3.6.3.9 配置库卡总线

(1) 将设备添加到库卡总线中

① 准备　仅当设备应添加到扩展总线中，并且没有节点的库卡扩展总线（SYS-X44）时：

a. 在窗口“项目结构”的选项卡“设备”中用右键点击节点“总线结构”。

b. 在弹出菜单中选择“添加”，窗口“DTM 选择”随即打开。

c. 选定记录项库卡扩展总线（SYS-X44）并用“OK”确认。

② 操作步骤

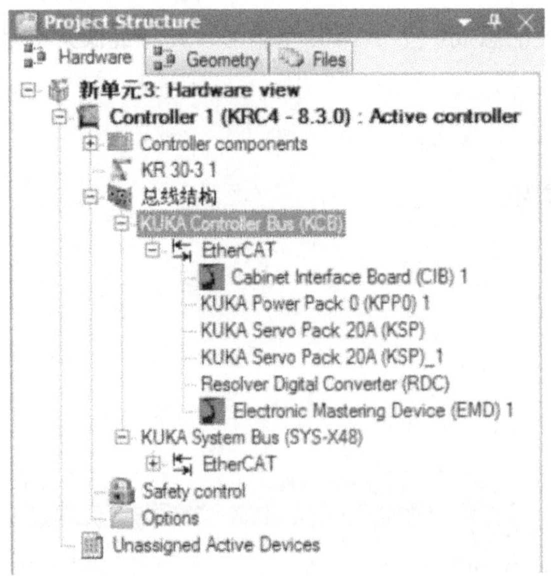

图3-30 控制器总线示例

a. 如图 3-30 所示，在窗口“项目结构”的选项卡“设备”节点“总线结构”中用右键点击库卡总线。

b. 在弹出菜单中选择“添加”。窗口“DTM 选择”随即打开。

c. 选定所用设备并用“OK”确认，该设备即被应用到树形结构中。

d. 需要时，在树形结构中用右键点击设备并在相关菜单中选择“改名”，给设备重命名。

e. 对所有用于实际总线中的设备重复步骤 a～d。

f. 检查设备设置，必要时修改。

g. 检查设备的连接，必要时修改。

h. 只有当控制器总线中的更改涉及到 KPP，或控制器总线完全重新建立，添加

Waggon 驱动程序配置。

(2) 检查设备设置

① 在窗口“项目结构”的选项卡“设备”中用右键点击设备。

② 在弹出菜单中选择“设置...”，窗口“设置...”打开。

③ 选择选项卡“一般设置”，如图 3-31 所示。

④ 检查是否设定了以下设置。若没有，则要修正设置。

检查制造商识别号：激活。

检验产品号：激活。

检查审核编号：OFF（关）。

检查系列号：未激活。

⑤ 用“OK”关闭窗口。

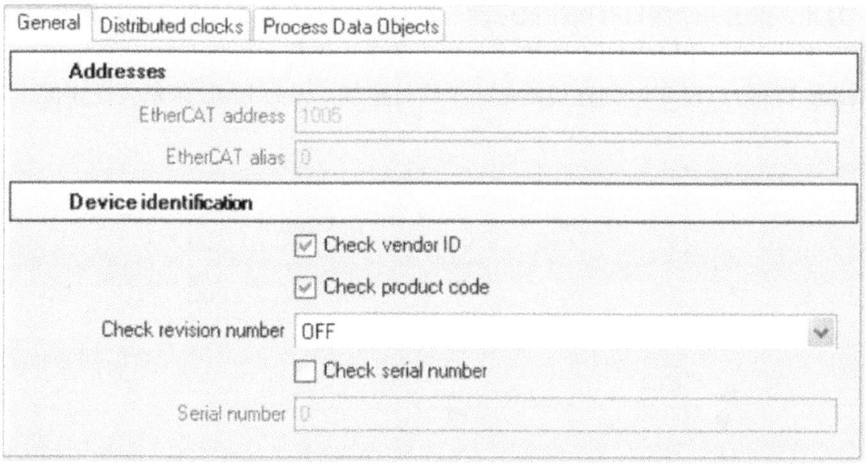

图3-31　一般设置

(3) 将设备并入库卡总线

① 在窗口“项目结构”的选项卡“设备”中用右键点击总线。

② 在弹出菜单中选择“设置...”，窗口“设置...”打开。

③ 选择选项卡“拓扑结构”。

④ 选定无效连接并将其删除。为此，按删除键或点击右键并选择“删除”。

⑤ 添加缺少的连接。为此，点击一个接口并按住鼠标键。将鼠标指针拉到另一个接口并松开鼠标键。

⑥ 标记临时连接。为此，用右键点击连接并在相关菜单中选择可拆开的连接，连接显示为虚线。例如对于控制器总线，与 Electronic Mastering Device（EMD）的连接便是一个临时连接，因为 EMD 未永久性连接。

⑦ 点击地址或 Alias 地址还不正确的设备，一个窗口即显示。输入正确地址。所有临时相连的设备都需要 Alias 地址。对 EMD 必须输入 Alias 地址 2001！

⑧ 需要时，将设备用拖放功能拉到其他位置。由此可使选项卡“拓扑结构”一目了然，对总线全无影响。

⑨ 在右下角点击“OK”。

（4）拓扑结构

总线中的每一个设备都用一个矩形表示。设备编号说明其物理地址。

为了显示一个设备的名称：将鼠标指针移到该设备上，将显示含有设备名称的工具提示。或选定该设备，窗口右侧显示该设备的属性，如图 3-32 所示。

为了显示一个接口的名称：将鼠标指针移到该接口上，将显示含有接口名称的工具提示。线条显示设备间的连接。实线表示永久性连接。虚线表示临时连接。可用 Drag&Drop 将设备拉到其他位置。由此可使选项卡“拓扑结构”一目了然，对总线全无影响。窗口右侧显示选定设备的属性，例如：地址和 Alias 地址。属性部分可变。所有临时相连的设备都需要 Alias 地址。对 EMD 必须输入 Alias 地址 2001！当设备具有一个无效地址或无效 Alias 地址时，图下的信息提示区域便会显示。

编辑连接：选定无效连接并将其删除。为此，按删除键或点击右键并选择“删除”。添加缺少的连接。为此，点击一个接口并按住鼠标键。将鼠标指针拉到另一个接口并松开鼠标键。像这样标记临时连接。为此，用右键点击连接并在相关菜单中选择“可拆开的连接”。例如：与 Electronic Mastering Device（EMD）的连接便是一个临时连接，因为 EMD 未永久性连接。

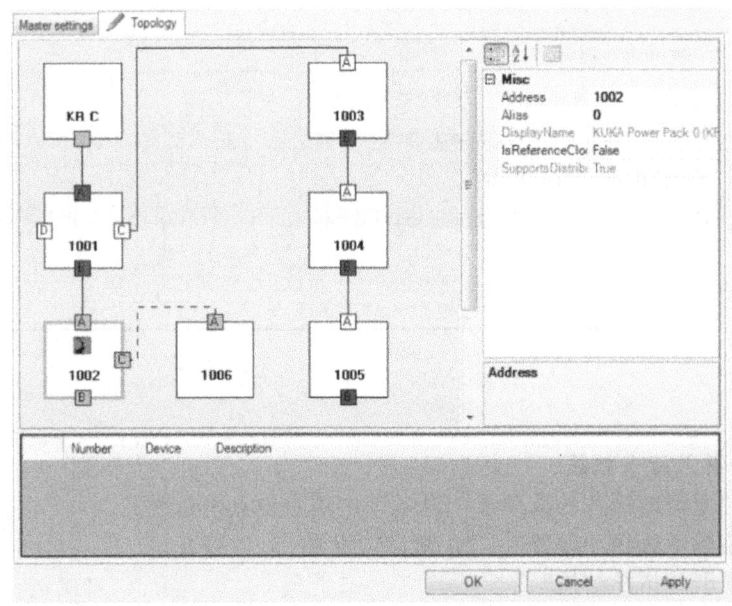

图3-32 “拓扑结构”示例：控制器总线

1001—Cabinet Interface Board（CIB）；1002—Resolver Digital Converter（RDC）；
1003—库卡 2 轴 Power Pack（KPP2）（G1）；1004—KUKA Servo Pack 手轴（KSP）（T1）；
1005—KUKA Servo Pack 基轴（KSP）（T2）；1006—Electronic Mastering Device（EMD）

（5）添加 Waggon 驱动程序配置

当完全新建了控制器总线时或当在控制器总线上进行了涉及 KPP 的改动时，必须将 Waggon 驱动程序配置添加到 WorkVisual 项目中。为此需要 CFCoreWaggonDriverConfig. xml 与 EAWaggonDriverConfig. xml 配置文件。

① 在窗口“项目结构”的选项卡“文件”中展开机器人控制系统的节点。

② 然后，展开下面的节点：“Config”→“User”→“Common”→“Mada”。

③ 只有当 Waggon 驱动程序文件位于目录“Mada”下且必须删除时，才进行以下操作：

a. 用右键点击一个文件并在相关菜单中选择“删除”。

b. 对第二个文件重复该过程。

④ 用右键点击目录“a Mada”（机器数据）并在相关菜单中选择“添加外部文件”。

⑤ 一个窗口自动打开。在栏位“文件类型”中选择记录项“所有文件（*.*）”。

⑥ 导航至存放 Waggon 驱动程序配置文件的目录，选定文件并用“打开”确认。现在，文件将在树形结构中在目录“a Mada”下显示（若不显示，将所有目录合上再展开，以刷新显示）。

3.6.3.10 分配 FSoE 从属设备地址

（1）操作步骤

① 在窗口“项目结构”的选项卡“设备”中双击节点“库卡控制器总线（KCB)”。窗口“设置...”打开。

② 输入准备时确定的 IP 地址（KSI 或 KLI)。点击“OK”键，以应用说明并关闭窗口。

③ 用右键点击节点“库卡控制器总线（KCB)”并在弹出菜单中选择“连接”。这个节点现在以绿色斜体标示。

④ 在节点“库卡控制器总线（KCB)”下方用右键点击相关设备并在弹出菜单中选择“连接”。这个设备名称现在以绿色斜体显示。

⑤ 再次用右键点击该设备并在弹出菜单中选择“功能”→“FSoE-Slave-Adressevergeben...”。窗口“FSoE-Slave-Adressen Vergabe”自动打开，并显示当前设置的 FSoE 地址。

⑥ 输入序列号和新的 FSoE 地址。前面的零可以省去。WorkVisual 识别该序列号是否正确，如果不正确，则在栏位左侧显示红色感叹号。这种情况也出现在输入期间，只要号码尚不完整并且因此错误，将显示感叹号；只要已完整正确输入此号码，红色感叹号即刻消失。

⑦ 如果序列号正确，则点击“应用”，然后点击“OK”，窗口自动关闭。

⑧ 再次右键点击该设备并在弹出菜单中选择“断开”。现在已将数据保存在实际设备上。但实际的控制器总线尚无权限访问设备。

⑨ 用右键点击节点“库卡控制器总线（KCB)”并在弹出菜单中选择“断开”。

⑩ 在实际应用的机器人控制系统上重新配置输入/输出端驱动程序。重新配置完成后，控制器总线可以重新访问其设备和当前地址。

（2）确定 Lenze 公司 KSP/KPP 的序列号

Lenze 公司 KSP/KPP 的序列号如图 3-33 所示。

（3）确定 RDC 的序列号

RDC 在电路板上有一个条形码标签，标签上有加密的序列号。条形码的类型有两种。不同类型的序列号长度也不同，如 RDC 在 RDC 盒中，则必须打开盒子才能看到标签。

RDC 盒及 RDC 上的标签如图 3-34、图 3-35 所示。

图3-33　Lenze 公司 KSP/KPP 上的标签

1—库卡序列号（这是一个重要的号码）；2—序列号（这个号码不重要）

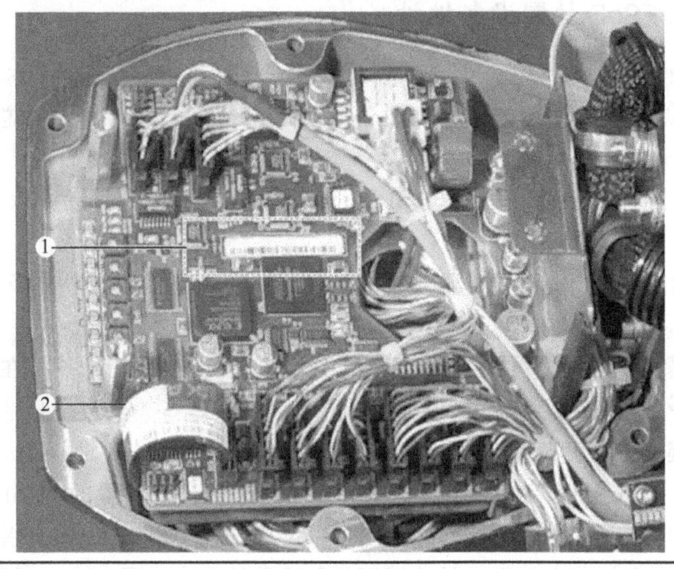

图3-34　RDC 盒

1—相关标签位于电路板中央；2—EDS 内存条上的标签不重要

图3-35　RDC 上的标签

图 3-35 中：

1—最左侧的两个数字标示类型。可以是：

类型 20（示例中）。

类型 26。

2—最右侧的两个数字标示校验码。校验码本身不重要。

3—校验码左侧为序列号。序列号由几位数字组成，取决于类型：

对于类型 20：6 个数字（示例中：012406）。

对于类型 26：7 个数字。

(4) 分配 FSoE 从属设备地址

WorkVisual 电脑的 IP 地址和与其相连的接口（KLI）的 IP 地址位于同一个子网中。实际所用机器人控制系统的网络连接，WorkVisual 中的配置与实际总线结构相同。通过在 WorkVisual 中加载实际应用的机器人控制系统的激活项目，可以最可靠地实现这一点。机器人控制系统已设为激活。相关设备通过软件支持地址分配。

实际应用的机器人控制系统：专家或更高用户群；运行方式为 T1；$USER_SAF== TRUE。$USER_SAF 为 TRUE 的条件取决于控制系统类型和运行方式，见表 3-8。操作步骤如下。

表 3-8 控制系统类型和运行方式

序号	控制系统	运行方式	条件
1	KR C4	T1、T2	确认键被按下
		AUT、AUT EXT	分开的防护装置已合上
2	VKR C4	T1	确认键被按下。E2 已闭合
		T2	确认键被按下。E2 和 E7 已闭合
		AUT EXT	分开的防护装置已合上。E2 和 E7 已打开

① 在窗口“项目结构”的选项卡“设备”中双击节点“库卡控制器总线（KCB)”。窗口“设置...”打开。

② 输入准备时确定的 IP 地址（KLI)。点击“OK”键，以应用说明并关闭窗口。

③ 用右键点击节点“库卡控制器总线（KCB)”并在弹出菜单中选择“连接”。这个节点现在以绿色斜体标示。

④ 在节点“库卡控制器总线（KCB)”下方用右键点击相关设备并在弹出菜单中选择“连接”。这个设备名称现在以绿色斜体显示。

⑤ 再次右键点击该设备并在弹出菜单中选择“功能”→“FSoE-Slave-Adressevergeben...”。窗口“FSoE-Slave-Adressen Vergabe”自动打开，并显示当前设置的 FSoE 地址。

⑥ 输入序列号和新的 FSoE 地址。前面的零可以省去。

WorkVisual 识别该序列号是否正确，如果不正确，则在栏位左侧显示红色感叹号。这种情况也出现在输入期间，只要号码尚不完整并且因此错误，将显示感叹号；只要已完整正确输入此号码，红色感叹号即刻消失。

⑦ 如果序列号正确，则点击“应用”。然后点击“OK”，窗口自动关闭。

⑧ 再次右键点击该设备并在弹出菜单中选择“断开”。现在已将数据保存在实际设备上。但实际的控制器总线尚无权限访问设备。

⑨ 用右键点击节点“库卡控制器总线（KCB)”并在弹出菜单中选择“断开”。

⑩ 在实际应用的机器人控制系统的主菜单中选择“关机”并选择选项“冷启动”和“重新读入文件”。

⑪ 控制系统重新启动。这时控制器总线重新访问其设备和当前地址。

3.7 长文本

3.7.1 显示/编辑长文本

① 选择菜单序列“编辑器”→“长文本编辑器”（图 3-36）。
② 长文本已按照主题排序。在左列中选择要显示哪些长文本，例如：“数字输入端”。
③ 在其他的列中选择应显示的一种或多种语言。
④ 按需编辑长文本。

图3-36 长文本编辑器

3.7.2 导入长文本

可导入以下文件格式：TXT、CSV。
① 选择菜单序列“文件”→“导入/导出”。一个窗口自动打开。
② 选择“导入长文本”并点击“继续”（图 3-37）。

图3-37 导入长文本

③ 选择待导入的文件和包含的长文本的语言。

④ 如果一个信号已有一个名称，而该信号待导入的文件无名称，则可通过删除存在的长文本，存在的长文本选择应如何处理现有名称。激活：删除名称；非激活：保留名称。

⑤ 点击“完成”。

⑥ 若已成功导入，则将以一条信息显示这一结果。窗口关闭。

3.7.3　导出长文本

长文本可以以下文件格式输出：TXT 与 CSV。

① 选择菜单序列“文件”→“导入/导出”。一个窗口自动打开。

② 选择“导出长文本”并点击“继续”。

③ 如图 3-38 所示，确定路径和应生成文件的格式。另请选择语言。点击“完成”。

④ 若已成功导出，则将在窗口中以一条信息显示这一结果。关闭窗口。

图3-38　导出长文本

3.8　RoboTeam 操作

3.8.1　建立 RoboTeam

3.8.1.1　建立新的 RoboTeam 项目

在 WorkVisual 中有模板可供使用，用该模板可建立一个新的包含一个或多个 RoboTeam 的项目。单元配置向导，引导用户完成建立过程，如图 3-39 所示。

(1) RoboTeam 所包含项目的模板

① 一般性 RoboTeam 项目　建立项目，在该项目中由用户确定 RoboTeam 数量和独立机器人数量。用户还确定机器人数和每个 RoboTeam 中附加轴的数量。

② 单一 RoboTeam 项目　建立一个带 1 个 RoboTeam 的项目。RoboTeam 包含 2 个机器人和 1 个附加轴。

③ 包括两个 RoboTeam 的项目　建立一个带 2 个 RoboTeam 的项目。每个 RoboTeam 包含 2 个机器人和 1 个附加轴。此外，该项目还包含一个操作机器人。

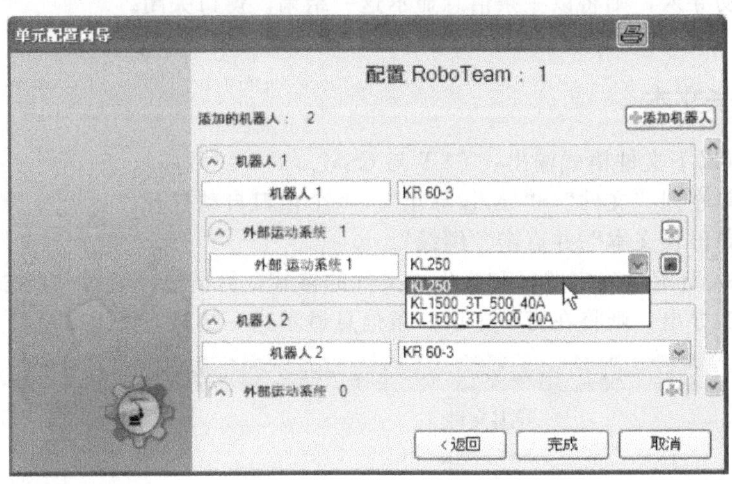

图3-39　单元配置向导

(2) 操作步骤

① 点击按键“新建...”。项目浏览器随即打开。在左侧，已选中选项卡建立项目。

② 在“可用的模板”区域内选定一个用于 RoboTeam 项目的模板。

③ 在栏位“文件名”中给出项目名称。

④ 在栏位“存储位置”中给出项目的默认目录。需要时选择一个新的目录。

⑤ 点击按键“新建...”。单元配置向导打开。

⑥ 在向导中进行所需的设置，例如选择机器人型号。用“继续”键进入下一页。

⑦ 如果已进行所有的设置，则点击“完成”，然后在下一页上点击“关闭”。

⑧ 现在机器人网络在窗口“项目结构”的选项卡“设备”以及窗口“单元配置”中显示。在选项卡“设备”中以树形结构显示机器人网络，如图 3-40 所示。在选项卡“单元配置”中以图形方式显示，如图 3-41 所示。

3.8.1.2　将 RoboTeam 插入现有项目中

(1) 项目结构

① 在窗口“项目结构”的选项卡“设备”中用右键点击单元节点，并在相关菜单中选择选项“添加 RoboTeam”。节点“机器人网络”和子节点“RoboTeam”被插入。节点被按默认方式编号，可以改编号。

② 将所需机器人控制系统数量加入节点“RoboTeam”。

③ 将机器人配给机器人控制系统。

④ 如果需要，则将附加轴配给机器人控制系统。

⑤ 如果需要，则可将另一个 RoboTeam 加入网络。

在此用右键点击节点“机器人网络”，并在相关菜单中选择选项“添加 RoboTeam”，然后重复步骤②～⑤。

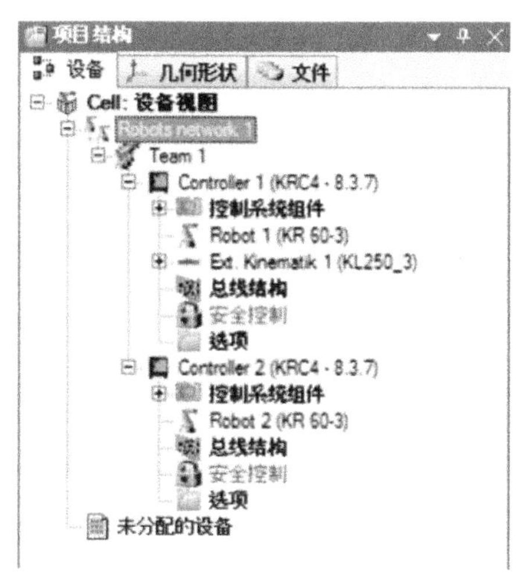

图3-40 设备选项卡中的 RoboTeam

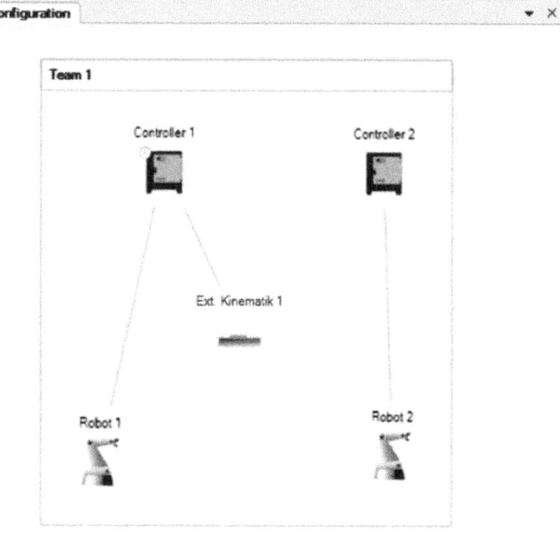

图3-41 “单元配置”窗口中的 RoboTeam

(2) 单元配置

① 在窗口“单元配置”中用右键点击空的区域，在相关菜单中选择选项“添加 RoboTeam”，一个新的 RoboTeam 即被添加。可以更改名称。

② 将所需机器人控制系统数量添加至新 RoboTeam。

③ 将机器人分配给机器人控制系统。

④ 如果需要，则将附加轴分配给机器人控制系统。

⑤ 如果需要，则可将另一个 RoboTeam 加入网络。

为此，用右键点击空的区域，在相关菜单中选择选项“添加 RoboTeam”，然后重复步骤②～⑤。

3.8.2 配置 RoboTeam

3.8.2.1 确定时间主机

在建立机器人网络后，树形结构中的第 1 个机器人控制系统被 WorkVisual 默认确定为时间主机。该规定可以更改。

窗口“单元配置”中，时间主机通过一个模拟时钟标记。每个网络只能有 1 个时间主机。时间主机在实际应用的机器人控制系统中看不到，也不能更改。

① 用右键点击要确定为新的时间主机的机器人控制系统。

② 在弹出菜单中选择“RoboTeam”→“设置为时间管理器”。

现在，新的时间主机通过模拟时钟进行了标记，如图 3-42 所示。前一个时间主机的时钟消失。

3.8.2.2 确定动作主机

① 点击一个运动系统（机器人或附加轴），并按住鼠标键。

② 将鼠标指针拖到另一个运动系统上并松开鼠标键。弹出窗口｛运动系统 1｝应当进行｛运动系统 2｝即自动打开，如图 3-43 所示。

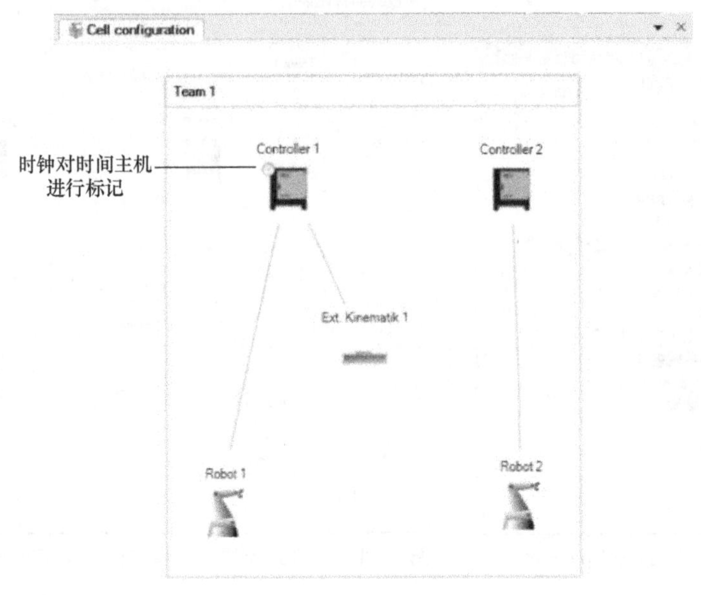

图3-42 时间主机的显示

③ 点击弹出窗口。第一个运动系统现在可以跟上另一个运动系统。具体显示为折弯的箭头。如果基点尚未测量，则箭头为红色。绿色箭头表示基点已经测量。

④ 重复步骤①～③，直到每个运动系统都至少与一个其他运动系统相连。

⑤ 打开编辑器“工具/基坐标管理”，并按照需要分配尚未配属给号码的基坐标系和工具坐标系，如图 3-44 所示。

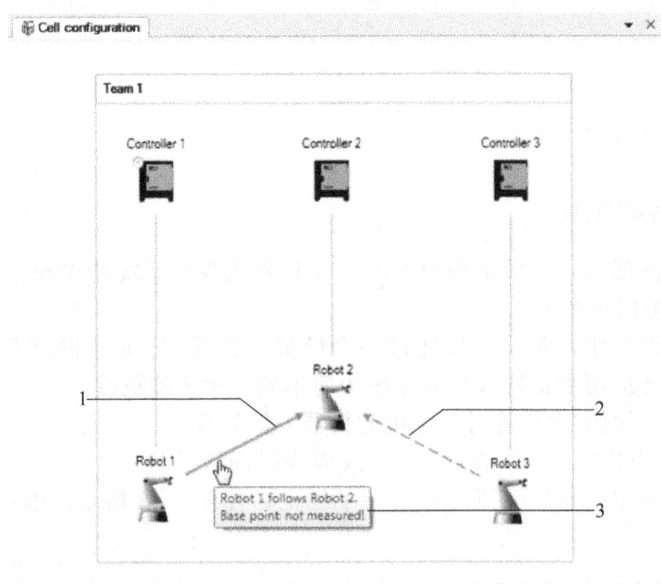

图3-43 动作主机的显示

图 3-43 中：

1—机器人 2 是机器人 1 的动作主机。红色箭头变成了蓝色箭头，因为鼠标光标放在它上面。

2—机器人 2 是机器人 3 的动作主机。

3—将鼠标光标放在另一个箭头上，打开一个信息显示。

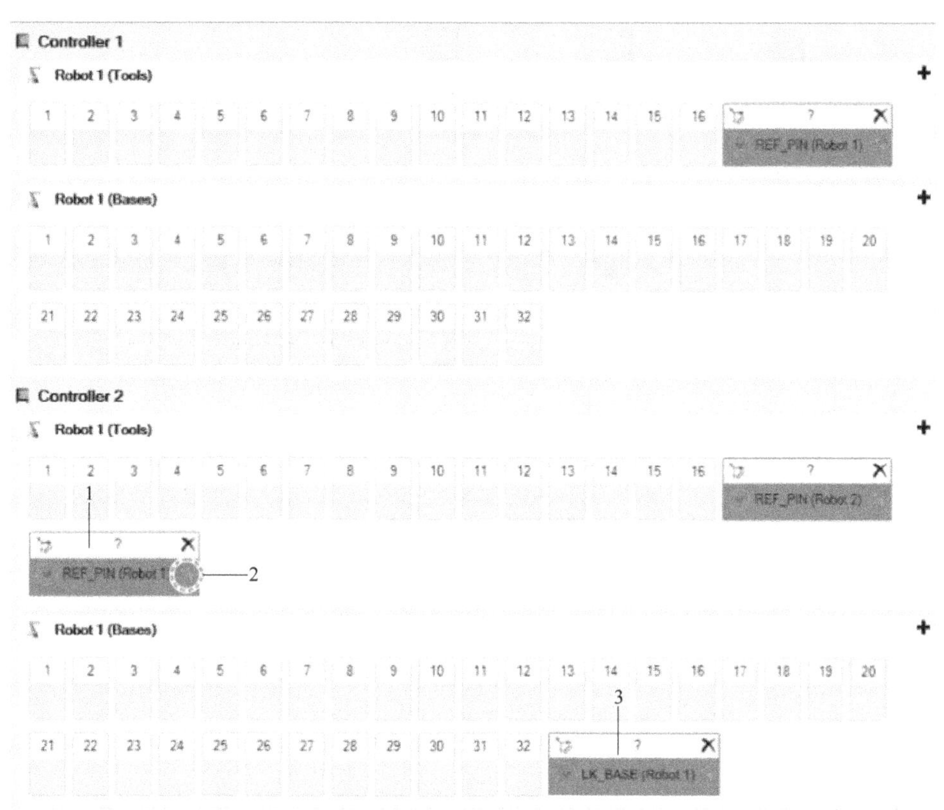

图3-44 RoboTeam 中的工具坐标系和基坐标系

1—未配属给号码的工具坐标系；2—显示坐标系属于两个机器人的连接；3—未配属给号码的基坐标系

3.8.2.3 删除主从连接

① 点击要删除的箭头，箭头变成蓝色。

② 用右键点击并在弹出菜单中选择“删除”，箭头被删除。

3.8.2.4 建立和配置信号量

建立和配置信号量如图 3-45 所示。

① 用右键点击一个机器人控制系统并在相关菜单中选择“RoboTeam”→“创建信号量”。

② 即添加一个信号量。默认名称为“Semaphor [序号]”。默认名称可以更改。

③ 在生成时选择的机器人控制系统具有优先等级 1。优先等级可更改。

a. 针对信号量：点击向下箭头。

b. 在“优先权列表”范围内用箭头确定顺序。

④ 机器人控制系统被确定为信号量主机。信号量主机可以更改。

a. 针对信号量：点击向下箭头。

b. 在栏位“主设备”中选择所需的机器人控制系统。

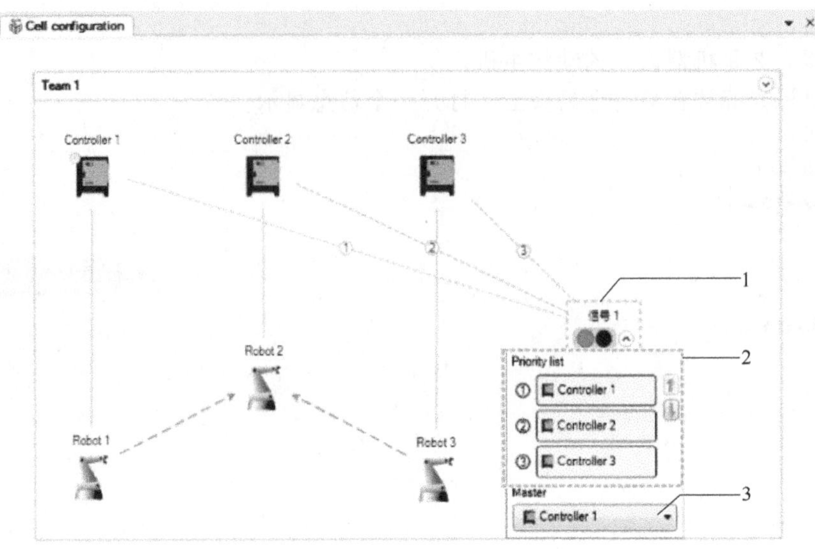

图3-45　配置信号量
1—显示信号量；2—优先权列表（用箭头可更改顺序）；3—信号量主机

3.9　编程

3.9.1　基本操作

(1) 建立程序

如果使用一个 KR C4 控制器：编目 KRL 模板已添加到窗口“编目”中。

如果使用一个 VKR C4 控制器：编目 VW 模板已添加到窗口“编目”中。

① 在窗口“项目结构”的选项卡“文件”中展开机器人控制系统的树形结构。

② 在编目 KRL 模板或 VW 模板中按住所需的模板并用拖放功能拖到树形结构的节点上。程序文件即被添加到树形结构中。

(2) 导入程序

可导入 SRC、DAT、SUB 和 KRL 格式的文件。

① 在窗口“项目结构”的选项卡“文件”中展开机器人控制系统的树形结构。

② 用右键点击应建立程序的节点并在相关菜单中选择“添加外部文件”。

③ 导航至存有待导入的文件的目录。

④ 选定文件并用“打开”确认。文件即被粘贴到树形结构中。

(3) 显示文件的变量说明

在某个特定文件中说明的所有 KRL 变量都能清晰地显示在一个列表中。对于 SRC 文件，也总是显示相关 DAT 文件的变量，反之亦然。

① 只有当尚未显示窗口“变量列表”时，才会通过菜单序列显示“窗口”→“变量列表”。

② 打开 KRL 编辑器中的文件，或者如果已经打开，则点击“文件”选项卡。

③ 现在，变量列表显示模块（SRC 文件和所属的 DAT 文件）中所声明的所有变量。

④ 需要时，可在 KRL 编辑器中按如下步骤选中一个变量：双击搜索结果中的行。

或者用右键点击该行并在相关菜单中选择“定位...”；或者选定行，并点击输入按键。在窗口“变量列表”中可使用一个搜索功能，如图 3-46 所示。用该功能可在当前文件中搜索局部变量，在搜索栏内输入变量名或名称的一部分，查找结果将立即显示。如果光标位于搜索栏内，则可用 Esc 键将其清空。按下键，显示按照文件类型排序（在该排序中还可以按列排序）。

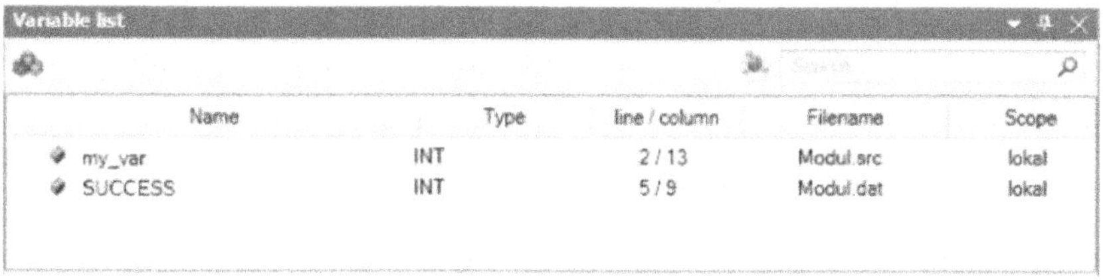

Variable list

Name	Type	line / column	Filename	Scope
my_var	INT	2 / 13	Modul.src	lokal
SUCCESS	INT	5 / 9	Modul.dat	lokal

图3-46 变量列表窗口

(4) 在文件中查找和替换

① 如果需要查找单个文件，则打开该文件。

② 如果需要查找文件中某个区域，则选定该区域。

③ 打开搜索窗“STRG+F”。或者打开用于查找和替换的窗口“STRG+H”。

④ 进行所需的设置并且点击“查找按键”，或点击“替换”或“全部替换”按键。

3.9.2 KRL 编辑器

3.9.2.1 在 KRL 编辑器中打开文件

(1) 打开

① 在窗口“项目结构”的选项卡“文件”中双击一个文件。或者：选中“文件”，然后点击按钮“KRL 编辑器”。或者：选中“文件”，然后选择菜单序列“编辑器”→“KRL 编辑器”。

② 为了关闭文件，点击右上角的“×”。

在“KRL 编辑器”中可同时有多个文件打开。需要时可将其左右或上下排列显示，这样可方便地比较内容。

(2) 并列显示文件

① 在 KRL 编辑器中用右键点击文件的标题。在弹出菜单中选择新的竖直制表符组。

② 重新前后显示文件：在 KRL 编辑器中用右键点击文件的标题。在弹出菜单中选择“向上”或“向下”。

(3) 上下显示文件

① 在 KRL 编辑器中用右键点击文件的标题。在弹出菜单中选择新的水平制表符组。

② 重新前后显示文件：在 KRL 编辑器中用右键点击文件的标题。在弹出菜单中选择“向上”或“向下”。

KRL 编辑器主要用于编辑包含 KRL 代码的文件，SRC、DAT、SUB 除外。用 KRL 编辑器也可编辑以下格式的文件：ADD、BAT、CONFIG、CMD、DEL、INI、KFD、KXR、LOG、REG、TXT、XML。

3.9.2.2 KRL 编辑器操作

配置 KRL 编辑器的操作如下：

只有想看到设定如何起作用的预览时，才有必要在“KRL 编辑器”中打开一个文件。

① 选择菜单顺序“其他”→“选项”，窗口“选项”打开。

② 打开窗口左侧文件夹“文本编辑器”。在文件夹中选定子项。在窗口右侧显示当前相关设定。

③ 进行所希望的更改。

如果同时在 KRL 编辑器中打开一个文件，即刻就能看到更改（例如：在空格显示或隐藏时）。

④ 用“OK”键确认，改动即被应用，或用“取消”键取消更改。

可将颜色设定随时重新复位到默认值。按键“复位”位于窗口“选项”的相关页中（位于页面下方，需要滚动页面）。

3.9.2.3 KRL 编辑器操作界面

KRL 编辑器操作界面如图 3-47 所示。

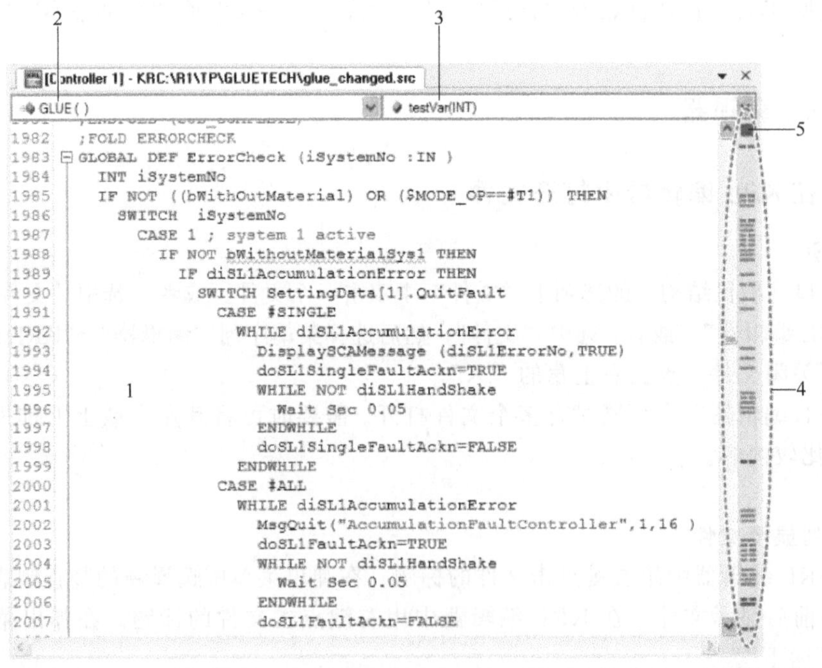

图3-47 KRL 编辑器的操作界面

图 3-47 中：

1—程序区域：在此输入或编辑代码。KRL 编辑器可提供大量协助程序员编程的功能。

2—该文件中的子程序列表：为了进入某个子程序，要在列表中选择该子程序，光标跳向该子程序的 DEF 行。文件不含子程序时，列表为空。

3—变量声明列表：该列表始终以在子程序列表中当前选择的子程序为基础。为了进入某个声明，要在列表中选择变量，光标跳向有该变量声明的行中。没有变量声明时，列表为空。

4—分析条：标记显示代码中的错误或不一致。鼠标悬停在标记上方时，显示具有该出错说明的工具提示。通过点击标记，光标跳到程序中的相关位置，某些错误/不一致会被自动更正。

5—正方形显示错误的颜色：没有错误时，正方形为绿色。

3.9.2.4　放大/缩小视图

① 点击 KRL 编辑器的任意位置。

② 按住 Ctrl 键并滚动鼠标滚轮进行放大与缩小。

3.9.3　编辑功能

(1) 变量重命名

① 在任意一处选定所需的变量。

② 用右键点击并在弹出菜单中选择“重命名”。

③ 一个窗口自动打开。更改名称并用“OK”确认。

(2) KRL 指令的快速输入

开始点击代码时，完整列表会自动显示。通常，所希望的指令已被选中。

① 按下回车键，以应用完整列表中所选中的指令，如图 3-48 所示。

② KRL 句法自动添加。第一个变量位具有蓝色背景。输入所需值，如图 3-49 所示。

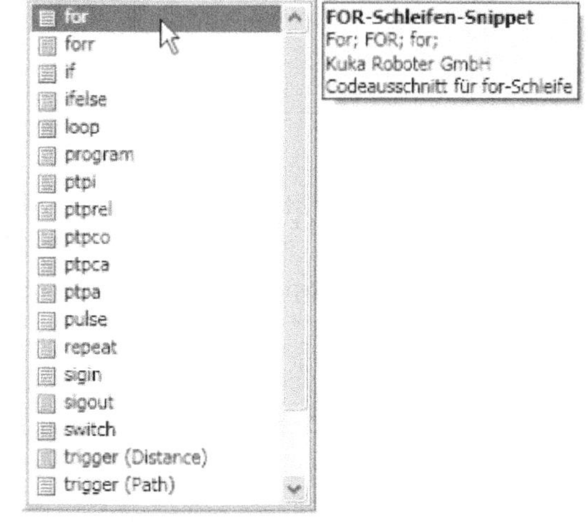

图3-48　通过回车键应用或双击

```
FOR counter = start TO stop STEP 1

ENDFOR
```

图3-49　KRL 句法自动添加

③ 用 Tab 键跳到下一个变量位置，输入所需值。

④ 对所有变量位置重复步骤③。

⑤ 按下回车键，以结束编辑。

也可单独调出代码片段列表：用右键点击并在相关菜单中选择选项插入代码片段。

此外，可通过下列方法输入一个代码片段：输入缩写并按 Tab 键（调出带有代码片断的列表便可确定缩写，选定指令，工具提示自动显示，在第 2 行中含有可能的缩写）。

如图 3-50、图 3-51 所示，KRL 编辑器的内容可以像标准型 KRL 程序一样用折叠夹来结构化。

```
[+] OUTPUTS
```

图3-50　关闭的折叠夹

```
[-] ;fold outputs
    $OUT[1]=true
    $OUT[2]=true
    $OUT[3]=true
    ;endfold (outputs)
```

图3-51　打开的折叠夹

(3) 显示变量的所有应用

① 只有尚未显示窗口“找到应用”时，才选择菜单序列“窗口”→“找到应用”。

② 将光标置于变量名称中，或者直接置于最前面的几个字母之前或者最后面的几个字母之后。

③ 点击右键并在弹出菜单中选择“找到应用”。在窗口“找到应用”中显示名为“［变量名］应用”的选项卡。所有应用均详细列在该处（文件及路径、行号等）。

④ 需要时双击列表中的一行，在程序中即选中相应的位置。

(4) Quickfix 修正

代码中的波浪线和分析条中的标记提示代码中的错误或不一致。这些错误/不一致的一部分会被自动更正（Quickfix）。快速修复（Quickfix）小灯自动显示，如图 3-52 所示。用户可通过小灯旁边的箭头键显示不同的解决方案并且选择一个方案。

图3-52　快速修复（Quickfix）小灯

① 修正未声明的变量或自动声明　未声明的变量显示如下：在代码中通过红色的波浪线标出，在分析条中通过红色线条标出，但红色也可以表示其他错误。如果是未声明的变量，则在鼠标悬停在波浪线/线条上时显示以下工具提示：“未找到变量［名称］声明”。

a. 将光标置于标出波浪线的名称中，或者直接置于最前面的几个字母之前或者最后面的几个字母之后。在分析条中点击线条，这时在变量名旁显示 Quickfix 小灯。

b. 检查是否因疏忽而写错变量名称（与声明时所用的不同）。如果是则改正，红色波浪线/线条消失。无需其他步骤！如果不是，继续进行下一步。

c. 将鼠标指针移到 Quickfix 小灯上。在小灯旁显示了一个箭头，点击该箭头，将显示下列选项："声明本地变量""在数据列表中声明变量"。

d. 点击所需的选项。

e. 仅在"在数据列表中声明变量"时，数据列表自动打开。打开折叠夹"BASISTECH EXT"。

f. 变量声明代码片段已被自动添加。估计的数据类型用蓝色加以强调。声明后面是"注释:"该变量表示"..."。根据需要保留或更改数据类型。用 Tab 键调至注释，根据需要编辑注释。

② 删除未使用的变量　未使用的变量显示如下：在代码中通过蓝色的波浪线标出；在分析条中通过蓝色线条标出。鼠标悬停在波浪线或线条上时，显示具有说明的工具提示。

a. 将光标置于标出波浪线的名称中，或者直接置于最前面的几个字母之前或者最后面的几个字母之后。在分析条中点击线条，这时在变量名旁显示 Quickfix 小灯。

b. 将鼠标指针移到 Quickfix 小灯上。在小灯旁显示了一个箭头，点击该箭头，将显示下列选项："去除声明""注释声明"。

c. 点击所需的选项。

(5) 创建用户自定义的片段

用户可以创建自己的片段。为此，必须将所需的属性保存在片段格式的文件中，然后必须将该文件导入 WorkVisual。然后就可以在 KRL 编辑器中使用片段。

如果已生成代码片段文件，必须通过下列操作步骤导入：

① 选择菜单序列"其他"→"从文件导入代码片段..."。一个窗口自动打开。

② 导航至存有代码片段文件的目录并选定该文件，点击"打开"。

此时，在"KRL 编辑器"中的代码片段可供使用。例如，图 3-53 所示生成一个代码片段用以导入以下代码结构。代码片段应在代码片段列表中显示为"User"（用户），并且工具提示应含有此处显示的信息，如图 3-54 所示。有的仅针对<Snippet>（代码片段）区域，如图 3-55 所示。

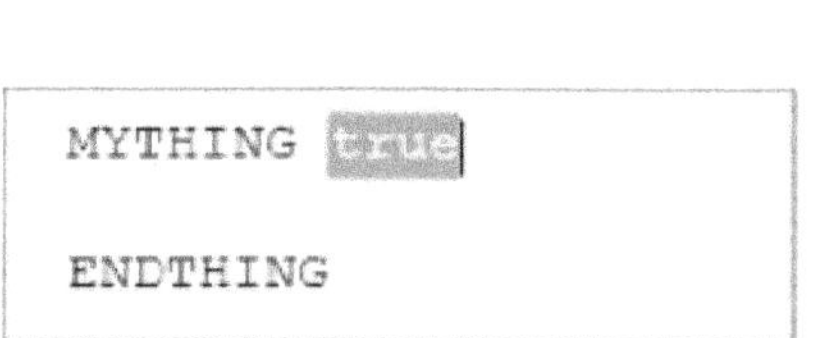

图3-53　通过代码片段添加

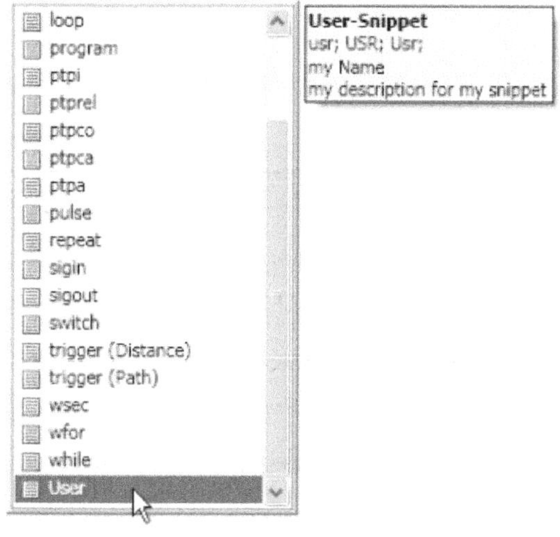

图3-54　所需的代码片段

```
FOR counter = start TO stop STEP 1

ENDFOR
```

图3-55　编码通过代码片段添加

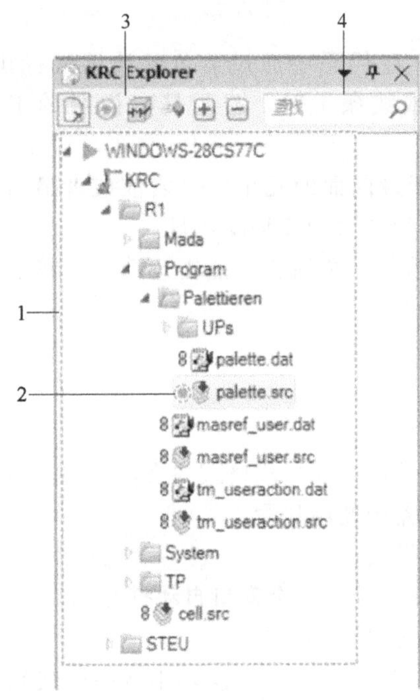

图3-56　KRC 浏览器操作界面

3.9.4　用 KRC 浏览器在线工作

3.9.4.1　配置 KRC 浏览器

① 选择菜单序列“工具”→“选项...”，窗口“选项”打开。

② 选定窗口左侧文件夹“在线工作区域”中的子项“KRC Explorer”。在窗口右侧显示当前相关设定。

③ 选出应默认保存工作目录的文件夹。

④ 用“OK”确认，设置即被应用。

3.9.4.2　KRC 浏览器操作界面

KRC 浏览器操作界面如图 3-56 所示。

图 3-56 中：

1—机器人控制系统的工作目录。

2—图标显示文件夹或文件的当前状态。鼠标悬停在图标上方时，显示具有状态说明的工具提示。在某些状态下会显示额外信息。例如当文件已被移除时，在工具提示中显示原始路径。

3—按键栏。

4—在搜索栏中可以搜索文件名与文件夹名。

① KRC 浏览器中的按键栏见表 3-9。

表 3-9　KRC 浏览器中的按键栏

序号	按键	说　明
1		显示或隐藏已删除的文件和文件夹
2		监控机器人控制系统文件系统上的更改。文件更改后，该图标显示在文件名的后面
3		模块视图：显示 SRC 和 DAT 文件如何在机器人控制系统上合并到一个模块中
4		显示工作目录中某个模块的所有子程序。双击子程序时，在编辑器中显示定义子程序的位置

续表

序号	按键	说明
5		展开选定的节点和所有子节点
6		合上选定的节点和所有子节点

② KRC 浏览器中的图标见表 3-10。

表 3-10 KRC 浏览器中的图标

序号	按键	说明
1		文件已被更改
2		含有一个 SRC 和/或一个 DAT 文件的模块
3		SRC 文件中的子程序
4		文件或文件夹未更改
5		文件或文件夹已重命名
6		文件已被重命名和更改
7		文件或文件夹已被移除。文件在移除前或后已被重命名时也显示该图标
8		文件或文件夹已被删除。无法更改已经删除的文件
9		文件或文件夹已被添加至工作目录中。文件在添加后已被更改、重命名或移除时也显示该图标
10		文件已被更改
11		文件已被移除和更改

③ 模块视图中的图标见表 3-11。

表 3-11 模块视图中的图标

序号	按键	说明
1		模块已被更改和移除

续表

序号	按键	说　明
2		模块已被更改和重命名
3		SRC 或 DAT 文件已被更改，其他各个文件已被删除
4		SRC 或 DAT 文件已被更改，其他各个文件未被更改
5		SRC 或 DAT 文件已被删除，其他各个文件未被更改
6		SRC 或 DAT 文件已被移除，其他各个文件未被更改
7		SRC 或 DAT 文件已被重命名，其他各个文件未被更改
8		SRC 或 DAT 文件已被更改，其他各个文件已被重命名和更改
9		SRC 或 DAT 文件已被更改和重命名，其他各个文件未被更改

④ 调试模式中的图标见表 3-12。

表 3-12　调试模式中的图标

序号	按键	说　明
1		程序已关联
2		程序未选定
3		程序已选定并且已结束
4		程序已选定并且正在执行
5		程序已选定并且已停止
6		程序已选定并且已重置

3.9.4.3　在 KRC 浏览器中打开工作目录

实际应用的机器人控制系统的网络已连接，实际应用的机器人控制系统和 KUKA smartHMI 已启动。

① 点击按键“创建连接”。或者在 KRC 浏览器中用右键点击空白区域并在快捷菜单中

选择“创建连接”。

② 选择所需的机器人控制系统并用“OK”确认。机器人控制系统的工作目录即被载入并显示在 KRC 浏览器中。

3.9.4.4　用模板新建文件

① 在工作目录中用右键点击应创建文件的文件夹。

② 在快捷菜单中选择“添加...”。窗口“选择模板”自动打开。

③ 选定所需的模板。模板可以从库卡模板、已安装备选软件包的模板以及当前机器人控制系统的模板中选取。

④ 在“名称”栏中输入命名并用“OK”确认。

3.9.4.5　将更改传输给机器人控制系统

通过该操作步骤可将 WorkVisual 工作目录中的全部更改或仅选出的更改传输给实际所用的机器人控制系统。

实际所用的机器人控制系统的网络已连接，实际应用的机器人控制系统和 KUKA smartHMI 已启动。专家用户组、运行方式 T1 或 T2。

① 传输所有更改：选定工作目录的根节。传输所选的更改：选定文件或应传输的文件夹。

② 点击按键“将更改传输到控制器”，或者点击右键并在弹出菜单中选择“传送改动”。检查更改有无冲突。如果有冲突，会显示一条信息。冲突必须解决，否则不能传输更改。如果没有冲突，则显示更改概览。

③ 如果并不是传输所有显示的更改：在相应更改的复选框中取消勾选。

④ 用“OK”确认。KUKA smartHMI 显示安全询问“用户［...］请求远程访问本控制系统。是否允许远程访问?”。

⑤ 点击“是”确认询问，更改即被传输。smartHMI 显示信息“用户［...］请求远程访问本控制系统”。在用“撤销”对信息确认之前，始终可以访问。

3.9.4.6　从机器人控制系统载入更改

① 用右键点击工作目录的根节并选择“从控制器加载文件”。在概览中显示所有更改。或者用右键点击工作目录中的一个文件夹并选择“从控制器加载文件”。所选的文件及其更改的文件夹显示在概览中。

② 按照需要勾选更改项的复选框并用“OK”确认，所选的更改即被执行。

3.9.4.7　恢复机器人控制系统的状态

① 用右键点击工作目录的根节并选择“创建控制器状态”。

② 用“是”回答安全询问。实际所用机器人控制系统的状态即被恢复，所有更改即被覆盖。

3.9.5　调试程序

调试模式如图 3-57 所示，其指针说明见表 3-13，按键说明见表 3-14。

图3-57 调试模式

1—调试模式中的工作目录；2—调试模式中正在运行的程序；3—语句指针的当前位置；4—预进指针的当前位置；5—监控窗口；6—调试窗口

表 3-13 指针说明

序号	指针	说明
1		语句指针，移至目标点
2		预进指针
3		语句指针位于子程序中
4		语句指针和预进指针在同一行中。已经以精确暂停到达目标点
5		语句指针和预进指针在同一行中。移至目标点
6		语句指针，已经以精确暂停到达目标点
7		语句指针位于程序上端

续表

序号	指针	说　明
8		语句指针位于程序下端
9		语句指针位于子程序中。当前程序行位于程序上端
10		语句指针位于子程序中。当前程序行位于程序下端

表 3-14　按键说明

序号	按键	说　明	备注
1		启动调试模式	
2		结束调试模式	
3		启动程序	仅在使用 OPS 时可用
4		停止程序	
5		重置程序	

3.9.5.1　启动调试模式

① 只有当尚未显示窗口“调试”时，该窗口才通过菜单序列“窗口”→“调试”加以显示，如图 3-58 所示。按键说明见表 3-15。

② 在 KRC 浏览器中用右键点击工作目录并选择“启动调试”，或者点击按键 。

③ 在 smartHMI 上选出并启动所要的程序。

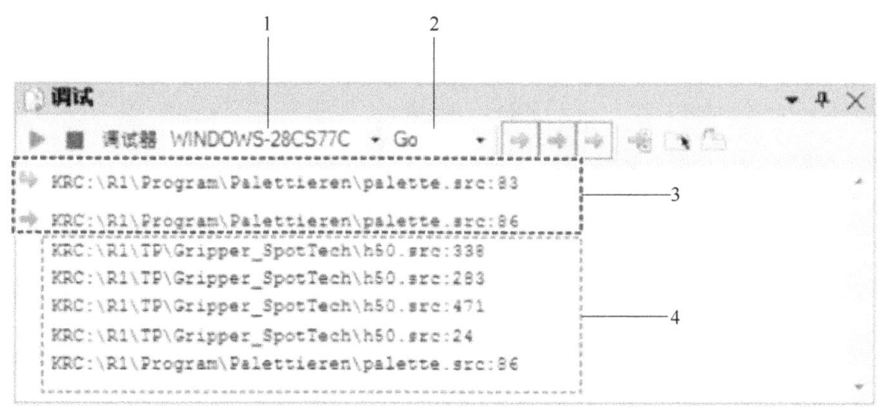

图3-58　窗口“调试”

图 3-58 中：

1—此处显示工作目录已经载入 WorkVisual 的机器人控制系统。

2—此处显示当前的程序运行方式。可选择另一种程序运行方式。该设置仅在使用 OPS 时相关。

3—该行显示语句指针和预进指针当前位于哪个程序的哪一行中。

4—调用列表。该行显示调用哪些程序或程序内的哪些函数。双击某行时，直接跳转至程序中的相应位置。

表 3-15 按键说明

序号	按键	说明
1		启动调试模式
2		结束调试模式
3		显示编辑器中的语句指针
4		显示编辑器中的预进指针
5		当语句指针位于子程序中时显示在编辑器中
6		自动滚动至语句指针所在的程序位置上
7		语句指针在已经打开的子程序中时在前台显示该子程序
8		为每个调用的子程序打开一个编辑器

3.9.5.2 监控变量

① 监控窗口通过菜单序列“窗口”→“1 监控窗口 1”或“2 监控窗口 2”加以显示，如图 3-59 所示。按键与图标说明见表 3-16。

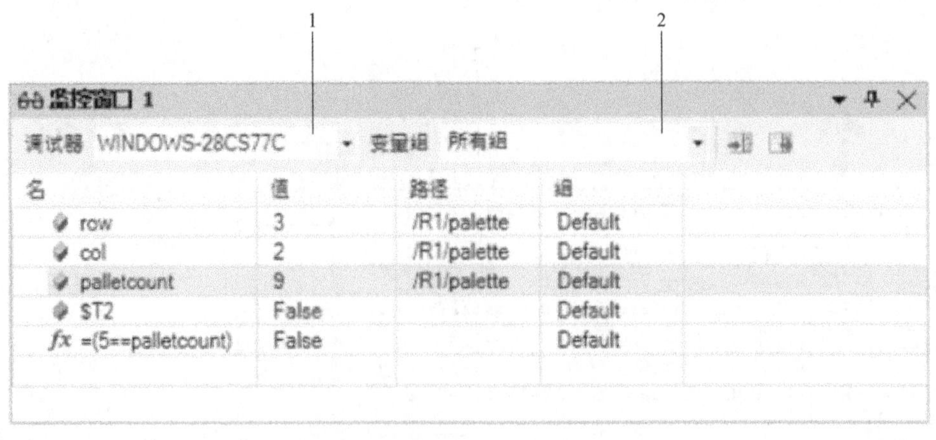

图3-59 监控窗口

② 在程序中用右键点击所需的变量并选择“监控”。或者在“名”列中点击空行，并输入所需变量的名称。输入时会推荐在当前程序中的变量或全局定义的变量。

图 3-59 中：

1—该行显示语句指针和预进指针当前位于哪个程序的哪一行中。

2—调用列表。该行显示调用哪些程序或程序内的哪些函数。双击某行时，直接跳转至程序中的相应位置。

表 3-16　按键与图标说明

序号	按键/图标	说　明	备注
1		以 ConfigMon. INI 格式载入变量	按键
2		以 ConfigMon. INI 格式保存变量	
3		已在 DAT 文件或 SRC 文件中定义的变量	图标
4		信号(例如输入端和输出端)	
5	fx	数学计算和表达式	

3. 9. 5. 3　结束调试模式

在 KRC 浏览器中用右键点击“工作目录”并选择“停止调试”，也可以点击按键■。

3. 10　项目传输和激活

在将一个项目传输到机器人控制系统时，总是先生成代码。选择菜单序列“其他”→“生成代码”，代码即生成。当过程结束时，信息窗口中显示以下信息提示：编译了项目<“{0}”V{1}>。结果见文件树，如图 3-60 所示。代码在窗口“项目结构”的选项卡“文件”中显示。自动生成的代码显示为浅灰色。

3. 10. 1　钉住项目

从 WorkVisual 钉住：

① 选择菜单序列“文件”→“查找项目”，项目资源管理器随即打开。左侧选出了选项卡“查找”。

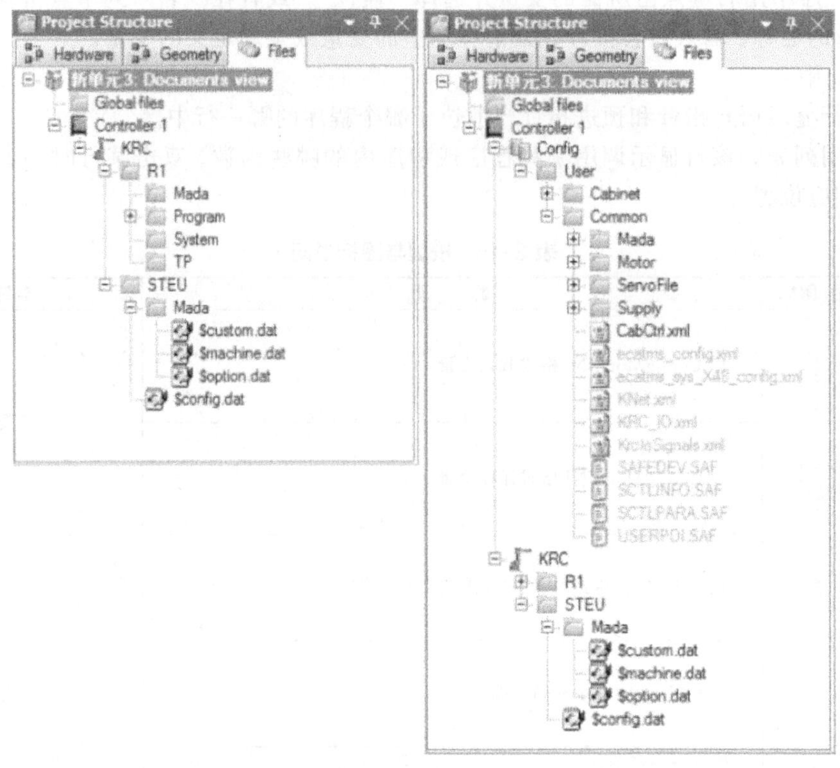

图3-60 生成代码

② 在“可用的单元区域”展开所需单元的节点。该单元的所有机器人控制系统均显示出来。

③ 展开所需机器人控制系统的节点，显示所有项目。被钉住的项目以大头针图标标示。

④ 选定所需项目，并点击按键“钉住项目”。项目就此钉住（固定），在项目列表中用一个大头针图标标示。

3.10.2 将机器人控制系统配给实际应用的机器人控制系统

用该操作步骤可将项目中的每个机器人控制系统分配给一个实际应用的机器人控制系统。然后，项目可从 WorkVisual 传输到实际应用的机器人控制系统中。

在 WorkVisual 中已添加了一个机器人控制系统。实际所用机器人控制系统的网络已连接，实际应用的机器人控制系统和 KUKA smartHMI 已启动。

① 在菜单栏中点击按钮“安装...”。窗口“WorkVisual 项目传输”自动打开。在左侧显示项目中的虚拟机器人控制系统，在右侧显示目标控制系统。如果尚未选择控制系统，则控制系统是灰色的。

② 在左侧通过复选框激活虚拟单元。现在必须给该单元分配一个实际应用的机器人控制系统，如图 3-61 所示。

③ 点击按钮“...”，一个窗口自动打开。筛选器已自动设置，使得只显示与虚拟控制系统具有相同类型和版本的控制系统。该设置可以更改，如图 3-62 所示。

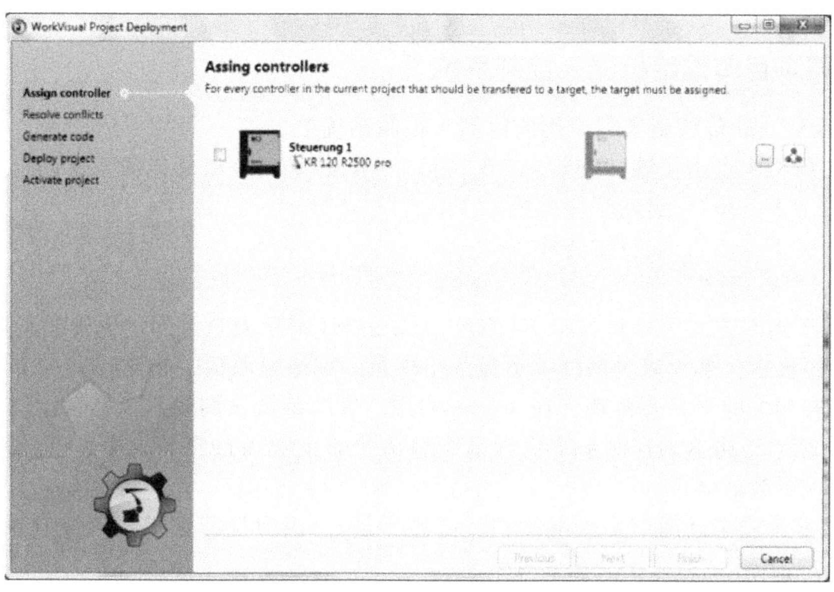

图3-61 将机器人控制系统分配给单元

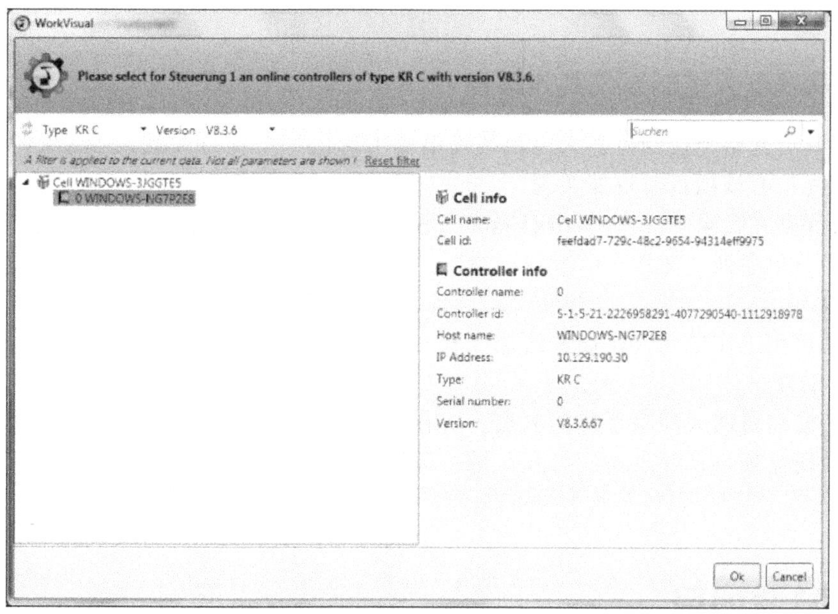

图3-62 将实际应用的机器人控制系统分配给虚拟系统

④ 如果项目有多个机器人控制系统，则为其他机器人控制系统重复步骤②和③。

⑤ 点击“继续”，即检查分配是否有冲突。如果有冲突，会显示一条信息。冲突必须解决，否则不能传输项目。如果没有冲突，将自动生成代码。

⑥ 该项目现在可被传输给机器人控制系统。

项目也可在以后某时进行传输。为此，点击“退出”：分配被保存，窗口“WorkVisual 项目传输”自动关闭。

3.10.3 将项目传输给机器人控制系统

从 WorkVisual 传输到实际应用的机器人控制系统中。

① 在菜单栏中点击按键“安装 ...”。窗口“WorkVisual 项目传输”自动打开。

② 点击“下一步”。启动程序生成。

③ 点击“下一步”。项目被传输。

④ 点击“下一步”。

⑤ 仅限于运行方式 T1 和 T2：KUKA smartHMI 显示安全询问“允许激活项目 [...] 吗?”。另外还显示：是否通过激活以覆盖一个项目；如果是的话，指定是哪一个?

如果没有相关的项目要覆盖：在 30min 内用“否”确认该询问。

⑥ 显示相对于机器人控制系统仍激活项目而进行的更改的概览。通过复选框详细信息可以显示相关更改的详情。

⑦ 概览显示安全询问“是否继续?”。回答“是”。该项目即在机器人控制系统中激活。对此在 WorkVisual 中即显示一条确认信息。

⑧ 点击“结束”按钮关闭窗口“WorkVisual 项目传输”。

⑨ 如果未在 30min 内回答机器人控制系统的询问，则项目仍将传输，但在机器人控制系统中不激活。该项目可单独激活。

3.10.4 从机器人控制系统载入项目

在每个具有网络连接的机器人控制系统中都可选出一个项目并载入 WorkVisual 中。即使该电脑里尚没有该项目时也能实现。

该项目保存在目录“... \ WorkVisual Projects \ Downloaded Projects”之下。

① 选择菜单序列“文件”→“查找项目”，项目浏览器自动打开。在左侧，已选中选项卡“查找”。

② 在“可用工作单元”栏展开所需工作单元的节点。该工作单元的所有机器人控制系统均被显示出来。

③ 展开所需机器人控制系统的节点，所有项目均将显示。

④ 选中所需项目，并点击“打开”键，项目将在 WorkVisual 里打开。

3.11 激活项目

项目可在机器人控制系统上从 WorkVisual 激活与可直接在机器人控制系统中激活。从 WorkVisual 激活项目步骤如下。

① 选择菜单序列“文件”→“查找项目”，项目浏览器随即打开。在左侧，已选中选项卡“查找”。

② 在“可用工作单元”区展开所需工作单元的节点。该工作单元的所有机器人控制系统均被显示出来。

③ 展开所需机器人控制系统的节点，所有项目均将显示。激活的项目以一个绿色的小

箭头标示。

④ 选定所需项目并点击按键“激活项目”，窗口“项目传输”自动打开。

⑤ 点击“继续”。

⑥ 仅限于运行方式 T1 和 T2：KUKA smartHMI 显示安全询问“允许激活项目[...] 吗?”。

⑦ 在 KUKA smartHMI 上显示与机器人控制系统中尚激活的项目相比较所作更改的概览。通过“详细信息”复选框可以显示相关更改的详情。

⑧ 概览显示安全询问“您想继续吗?”。用“是”回答。该项目即在机器人控制系统中激活。对此在 WorkVisual 中即显示一条确认信息。

⑨ 在 WorkVisual 中用“结束”关闭窗口“项目传输”。

⑩ 在项目资源管理器中点击“更新”。激活的项目以一个绿色的小箭头标示（若先前项目已激活，则绿色小箭头消失）。

3.12 诊断

3.12.1 项目分析与测量记录

用户界面右下角的图标显示项目分析状态，见表 3-17。如果图标为红色或黄色，则窗口“WorkVisual 项目分析”自动打开。或者点击图标，以打开窗口“WorkVisual 项目分析”。该窗口显示一段简短的错误说明。一个或多个修正方法通常在说明下方显示。点击所需的修正建议，如图 3-63 所示。

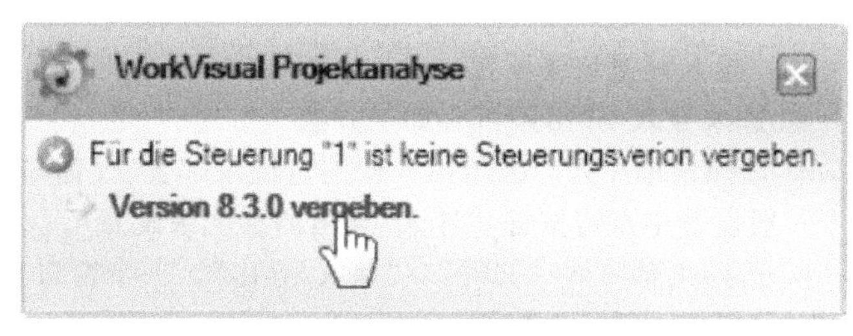

图3-63 WorkVisual 项目分析

表 3-17 在用户界面右下角的图标显示项目

序号	按键/图标	颜色	说明
1		绿色	WorkVisual 未发现错误
2		黄色	WorkVisual 发现一处差错。差错并不影响项目在实际应用的机器人控制系统上的运转性能。估计该差错非用户有意所致或不符合其愿望
3		红色	WorkVisual 发现一个错误。在该状态下，项目在实际应用的机器人控制系统中无法运行。在编码生成时或最迟在实际应用的机器人控制系统中可能出现错误
4		灰色	此分析已关闭

(1) 配置项目分析

① 选择菜单顺序“其他”→“选项”，窗口“选项”打开。

② 选定窗口左侧文件夹“项目分析”。在窗口右侧显示当前相关设定。

③ 进行所需的设置。用“OK”键确认。

“分析功能接通”若勾选，则持续分析项目。如果发现错误或不一致，则在窗口“WorkVisual 项目分析”中进行显示。

“启用自动通知”若勾选，如果已发现一处错误或不一致，则窗口“WorkVisual 项目分析”每次将自动打开。

(2) 配置并启动测量记录

① 选择菜单序列“编辑器”→“测量记录配置”。窗口“测量记录配置”自动打开。

② 在选项卡“一般设置”中选择一配置或建立新的配置。按需编辑配置。

③ 在窗口“单元视图”中选择应接收配置的机器人控制系统。

④ 在选项卡“一般设置”中点击按键“将配置保存到控制系统上”。

⑤ 用“是”来回答是否应激活配置的安全询问。

⑥ 点击按键“开始测量记录”，以启动记录。将根据定义的触发器而启动记录，或者按触发器，将立即启动记录。栏位“状态”将从 # T _ END 跳到 # T _ WAIT 或 # TRIGGERED。

⑦ 当栏位“状态”重新显示值 # T _ END 时，记录结束。

(3) 导入测量记录配置

① 进入导入/导出条目有如下方法：

a. 选择菜单序列“编辑器”→“测量记录配置”。窗口“测量记录配置”自动打开。在选项卡一般设置中点击按键“导入/导出测量记录配置”。

b. 选择菜单序列“文件”→“导入/导出”，一个窗口自动打开。选择“导入/导出记录配置”并且点击“继续”按键。

② 选择选项“导入”。

③ 若在栏位“源目录”中未显示所需的目录，则点击“查找...”并导航到存放配置的目录。选定目录并用“OK”确认，在该目录中包含的配置即被显示。

④ 选择是否应覆盖现有数据。

⑤ 点击“完成”。

⑥ 数据被导入。若已成功导入，则将在窗口中以一条信息显示这一结果。窗口关闭。

(4) 导出测量记录配置

① 导入/导出的方法如下：

a. 选择菜单序列“编辑器”→“测量记录配置”。窗口“测量记录配置”自动打开。在选项卡“一般设置”中点击按键“导入/导出测量记录配置”。

b. 选择菜单序列“文件”→“导入/导出”，一个窗口自动打开。选择“导入/导出记录配置”并且点击“继续”按键。

② 选择选项“导出”。所有局部存在的配置均将显示。

③ 若在栏位“目标目录”中未显示所需的目录，则点击“查找...”并导航到所需目

录。选定目录并用“OK”确认。

④ 选择是否应覆盖现有数据。

⑤ 点击“完成”。

⑥ 数据被导出。若已成功导出，则将在窗口中以一条信息显示这一结果。窗口关闭。

3.12.2　显示机器人控制系统的信息和系统日志

(1) 步骤

① 在窗口“单元视图”中通过勾选选取所需机器人控制系统。也可选择多个控制系统。

② 选择菜单序列“编辑器”→“Log 显示”。窗口“Log 显示”自动打开。为每个所选机器人控制系统显示一个条目。

③ 点击一个记录项，以将其展开。现在显示以下选项卡，“MessageLogs”：显示机器人控制系统的信息；“SystemLogs”：显示机器人控制系统的日志记录项。

(2) 选项卡“MessageLogs”

① 诊断显示器。打开诊断显示器。生成信息的设备已在模块概览中自动选出。

② 设备的在线诊断。该链接将出错的设备设为“已连接 ”，打开窗口“诊断 ...”，并且显示选项卡“设备诊断”。

③ 工业以太网设备列表。该链接将工业以太网节点设为“已连接”，打开窗口“设备列表”和“工业以太网名称 ...”，并且显示选项卡“可用设备”。

带选项卡“MessageLogs”的 Log 显示如图 3-64 所示，说明见表 3-18。

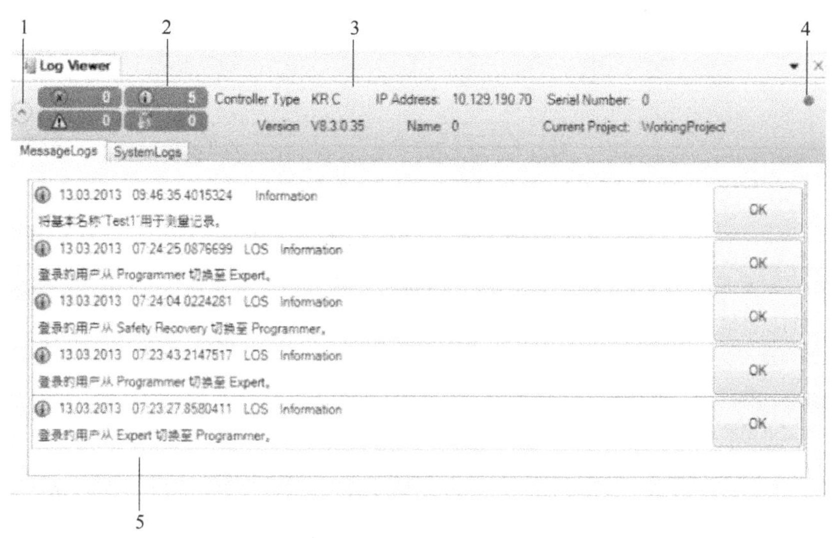

图3-64　带选项卡“MessageLogs”的 Log 显示

表 3-18　MessageLogs 图标说明

序号	说　明
1	在此点击（或在灰色区域点击任意位置），以展开或合上条目 如果展开条目，可以看见选项卡“MessageLogs”和“SystemLogs”

续表

序号	说　明
2	提示信息计数器 提示信息计数器显示每种提示信息类型各有多少条提示信息
3	机器人控制系统和激活项目的信息 在建立与机器人控制系统的连接期间，激活项目名称旁的小灯闪烁。有了连接后，小灯即会消失
4	小灯的状态： 绿色：与实际应用的机器人控制系统有连接 红色：与实际应用的机器人控制系统的连接中断
5	在这里显示信息窗口在 smartHMI 上所显示的信息 如果在信息窗口确认一条信息，则也在“MessageLogs”中确认该信息 如果在“MessageLogs”中确认一条信息，则在信息窗口不确认该信息 信息提示中可包含诊断链接

(3) 选项卡“SystemLogs”

选项卡“SystemLogs”如图 3-65 所示，说明见表 3-19。

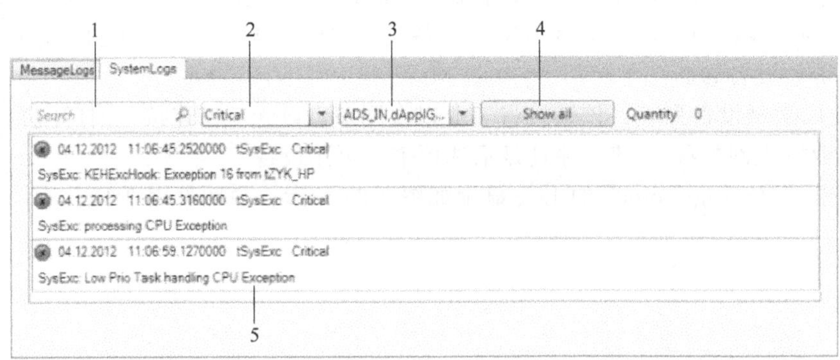

图3-65　SystemLogs

表 3-19　SystemLogs 图标说明

序号	说　明
1	这里可以根据一个或几个关键词搜索系统日志。不区分大/小写 关键词输入搜索框的顺序无关紧要。不必搜索完整单词
2	过滤器：记录项的重要程度 为选定或删除过滤器，展开选择栏并且进行勾选或取消勾选
3	过滤器：记录项的原点 为选定或删除过滤器，展开选择栏并且进行勾选或取消勾选
4	无显示：删除所有过滤器。全部显示：选定所有过滤器。该按键对搜索框不起作用
5	机器人控制系统的系统日志

3.12.3　显示机器人控制系统的诊断数据

用诊断功能可显示一个机器人控制系统众多软件模块的各种各样的诊断数据。显示的参数与所选模块有关。例如，可显示状态、故障计数器、信息提示计数器等。例如：Kcp3 驱动程序（=smartPAD 的驱动程序），网络驱动程序。小灯显示参数的状态等，绿色：状态正常；黄色：状态危险，可能有错；红色：错误。

(1) 操作步骤

① 在窗口“单元视图”中通过勾选选取所需机器人控制系统，也可选择多个控制系统。

② 选择菜单序列“编辑器”→“诊断监视器”。窗口“诊断显示器”自动打开。

③ 为每个所选机器人控制系统显示一个条目。点击一个记录项，以将其展开。现在显示以下选项卡：“模块视图”“信号波形”。

④ 在“模块视图”下选定一个模块。针对选定模块显示诊断数据。

(2) 选项卡“模块视图”

选项卡“模块视图”如图 3-66 所示，说明见表 3-20，诊断数据见表 3-21，传输应用模式的诊断数据见表 3-22。

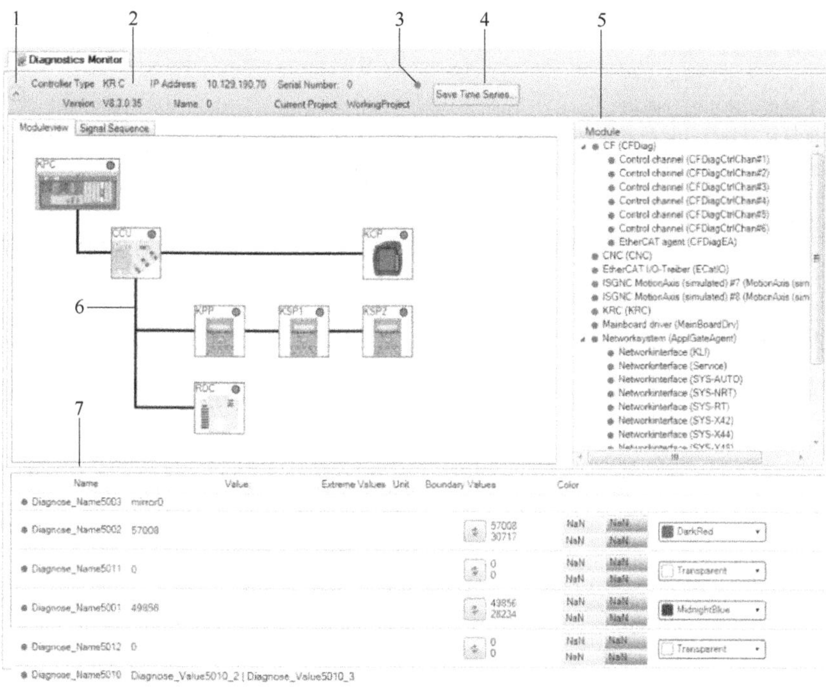

图3-66 模块视图

表 3-20 模块视图说明

序号	说　明
1	在此点击(或在灰色区域点击任意位置),以展开或合上条目。如果展开记录项,可以看见选项卡“模块视图”(图 3-66)和“信号波形”(图 3-67)
2	机器人控制系统和激活项目的信息:在建立与机器人控制系统的连接期间,激活项目名称旁的小灯闪烁。有了连接后,小灯即会消失

续表

序号	说　明
3	该小灯显示机器人控制系统的状态： 红色：当至少一个模块处于红色状态时 黄色：当至少一个模块处于黄色状态而无模块为红色状态时 绿色：当所有模块处于绿色状态时
4	可将值的时间进程输出到一个 LOG 文件（日志文件）。这些值是按照时间戳记分类的 时间戳记以打开诊断显示器的时刻开始
5	模块概览。小灯显示模块的状态： 红色：当至少一个参数处于红色状态时 黄色：当至少一个参数处于黄色状态且无参数为红色状态时 绿色：当所有参数处于绿色状态时 提示：如果显示针对的是带系统软件 8.2 的机器人控制系统，则模块概览不会按层级结构划分
6	图示下列总线的拓扑结构：控制器总线、KUKA Operator Panel Interface（库卡操作面板接口）。若设备在实际应用的机器人控制系统中不存在，则其旁边的小灯呈灰色
7	所选中模块的诊断数据。小灯显示参数的状态： 红色：当数值超出“极限值”栏中红色小方框里的规定范围时 黄色：当数值超出“极限值”栏中黄色小方框里的规定范围时 绿色：当数值处于“极限值”栏中黄色小方框里的规定范围时

表 3-21　诊断数据

列	说　明
名	诊断的参数
值	诊断参数的当前值
极值	上限值：最大的诊断值 下限值：最小的诊断值 极值针对自打开诊断窗口以来的时段，除非点击按键“更新”（绿色双箭头）：随即重新计算极值
单位	如果参数有一个所属单位，将在此显示。部分单位可切换（例如：从秒切换到毫秒）
极限值	这一列包括部分默认值。这些值可由用户更改/确定 黄色小方框： 上限值：若超出此值，则参数标记为黄色；下限值：若低于此值，则参数标记为黄色 红色小方框： 上限值：若超出此值，则参数标记为红色；下限值：若低于此值，则参数标记为红色
颜色	在选项卡“信号波形”中曲线的颜色

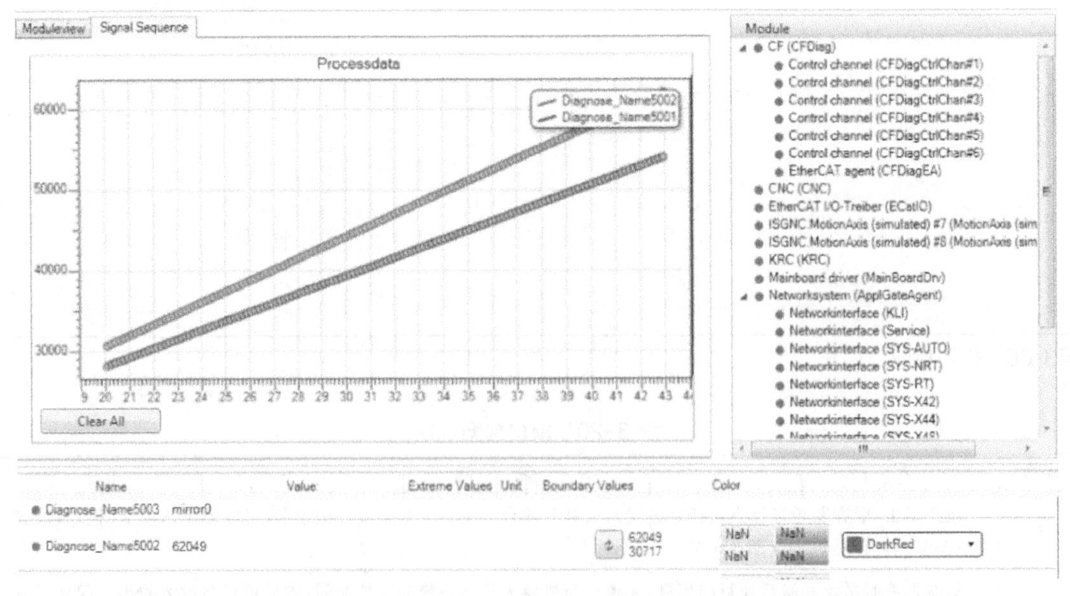

图3-67　信号波形

表 3-22　传输应用模式的诊断数据

序号	名称	说　明
1	已初始化	是：传输应用已与所有已连接的现场总线相连，数据被交换 否：不存在已配置的现场总线设备
2	所传输的位的数量	已配置的位的数量
3	传输数据的循环时间/ms	传输应用的当前节拍时间
4	处理器负载/%	由于传输应用导致的中央处理器利用率
5	驱动程序名	驱动程序名称
6	总线名称	现场总线名称
7	总线状态	正常：状态正常；错误：现场总线故障
8	总线已连接	是：与现场总线的连接已建立；否：与现场总线无连接

3.12.4　显示在线系统信息

窗口“在线系统信息”如图 3-68 所示，说明见表 3-23。按键“全部存档”创建存档：打开窗口“创建存档”。

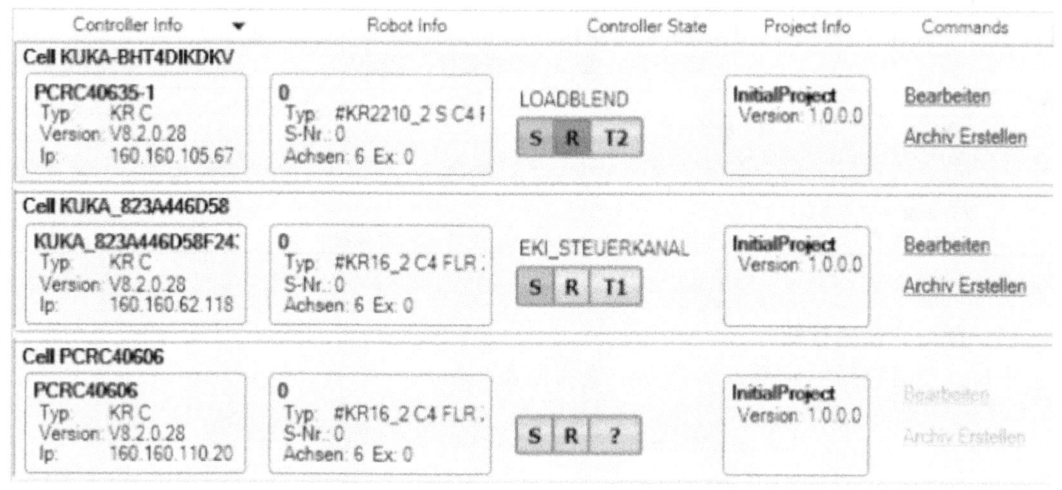

图3-68　窗口“在线系统信息”

表 3-23　窗口“在线系统信息”说明

列	说　明
控制系统信息	此处显示有关机器人控制系统的信息
机器人信息	此处显示有关机器人的信息
控制系统状态	显示提交解释器和机器人解释器以及运行方式的状态。状态显示相应于 KUKA smartHMI 的状态显示。相关信息可在库卡系统软件（KSS）的操作及编程指南中找到
项目信息	此处显示有关当前项目的信息
指令	加工：打开窗口设备属性 创建存档：打开窗口“创建存档”（现在可以对该机器人控制系统的数据进行存档）

（1）操作步骤

① 在窗口“单元视图”中通过勾选选取所需机器人控制系统，也可选择多个控制系统。

② 选择菜单序列“编辑器”→“系统信息编辑器”。窗口“在线系统信息”自动打开。为每个所选机器人控制系统显示一个条目。

(2) 窗口“设备属性”

窗口“设备属性”如图 3-69 所示，说明见表 3-24。

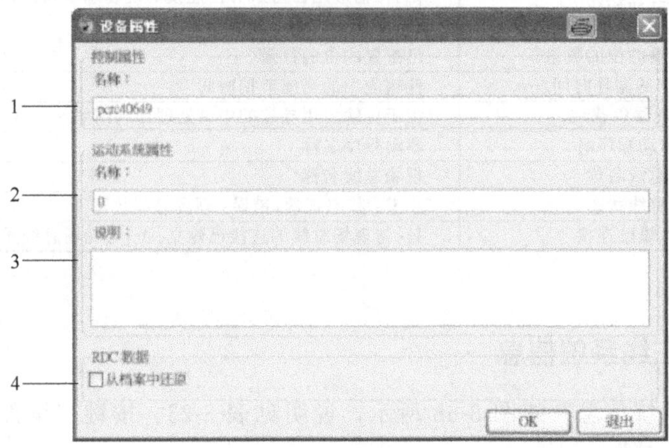

图3-69 窗口“设备属性”

表 3-24 窗口“设备属性”说明

序号	说　明
1	在此可改变机器人控制系统的名称
2	在此可改变机器人的名称
3	此处可输入随意一条说明以给出信息。该说明将在窗口“项目传输”中显示在以下部位：在信息区；激活时在带有进度条的下部窗口中
4	激活：按了“OK”后，RDC 数据将从 D:\BackupAll.zip 传到 RDC 存储器中

(3) 窗口“创建存档”

窗口“创建存档”如图 3-70 所示，说明见表 3-25。

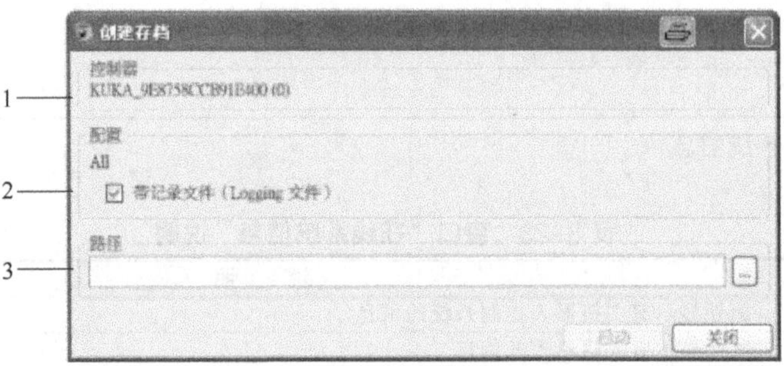

图3-70 窗口“创建存档”

表 3-25 窗口“创建存档”说明

序号	说　明
1	在此可显示机器人控制系统的名称 若用按键“全部存档”打开了窗口，则此处将显示在窗口“单元视图”中选出的所有机器人控制系统
2	激活：记录数据将被一同存档 未激活：记录数据不存档
3	在此可选择一个存档的目标目录 将为每个机器人控制系统建立一个 ZIP 文件作为档案。ZIP 文件的名称中始终包含机器人名称和机器人控制系统的名称

第4章 KUKA工业机器人的运输与安装

4.1 工业机器人的运输

4.1.1 工业机器人的组成

如图 4-1 所示，工业机器人由机械部分（机械手等）、机器人控制系统、手持式编程器、连接电缆、软件及附件等组成。机器人一般采用 6 轴式节臂运动系统设计，机器人的结构部件一般采用铸铁结构，如图 4-2 所示。

(1) 机器人腕部

机器人配有一个 3 轴式腕部。腕部包括轴 A4～轴 A6，由安装在小臂背部的 3 个电动机通过连接轴驱动。机器人腕部有一个连接法兰用于加装工具。腕部的齿轮箱由 3 个隔开的油室供油。

(2) 小臂

小臂是机器人腕部和大臂之间的连杆。它固定轴 A4～轴 A6 的手轴电动机以及轴 3 的电动机。小臂通过轴 A3 的两个电动机驱动，这两个电动机通过一个前置级驱动小臂和大臂之间的齿轮箱。允许的最大摆角采用机械方式分别由一个正向和负向的挡块加以限制。所属的缓冲器安装在小臂上。

如要运行铸造型机器人，则应使用相应型号的小臂。该小臂由压力调节器加载自压缩空气管路供应的压缩空气。

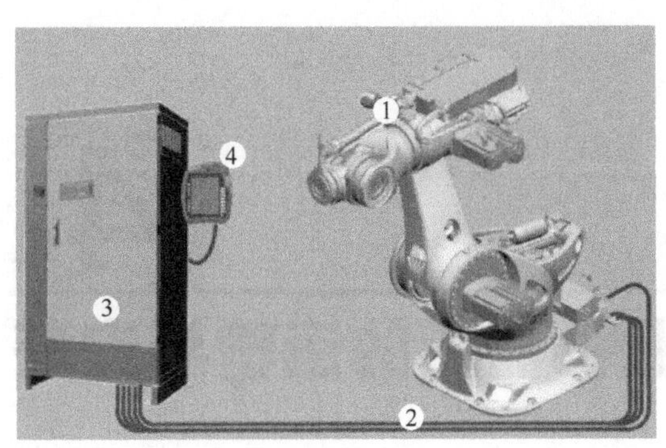

图4-1 工业机器人示例
1—机械手；2—连接电缆；3—控制柜；KR C4；
4—手持式编程器库卡 smartPAD

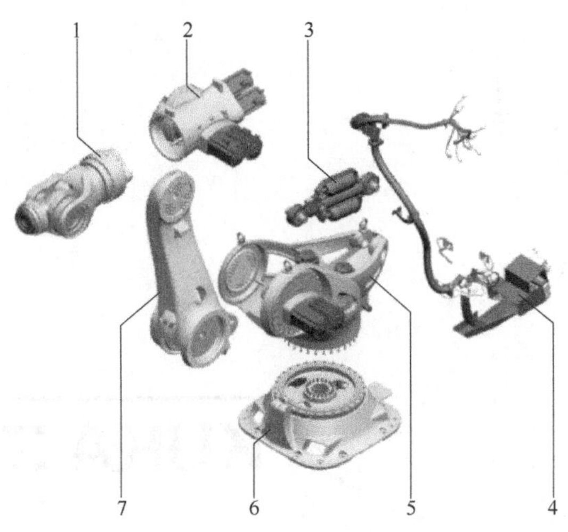

图4-2 KR 1000 titan 的主要组件
1—机器人腕部；2—小臂；3—平衡配重；4—电气设备；5—转盘；6—底座；7—大臂

(3) 大臂

大臂是位于转盘和小臂之间的组件。它位于转盘两侧的两个齿轮箱中，由 2 个电动机驱动。这两个电动机与一个前置齿轮箱啮合，然后通过一个轴驱动两个齿轮箱。

(4) 转盘

转盘固定轴 A1 和轴 A2 的电动机。轴 A1 由转盘转动。转盘通过轴 A1 的齿轮箱与底座拧紧固定。在转盘内部装有用于驱动轴 A1 的电动机。背侧有平衡配重的轴承座。

(5) 底座

底座是机器人的基座。它用螺栓与地基固定。在底座中装有电气设备和拖链系统（附件）的接口。底座中有两个叉孔可用于叉车运输。

(6) 平衡配重

平衡配重属于一套装于转盘与大臂之间的组件，在机器人停止和运动时尽量减小加在 2 号轴周围的转矩。因此采用封闭的液压气动系统来实现此目的。该系统包括了 2 个隔膜蓄能器和 1 个配有所属管路、1 个压力表和 1 个安全阀的液压缸。

大臂处于垂直位置时，平衡配重不起作用。沿正向或负向的摆角增大时，液压油被压入两个隔膜蓄能器，从而产生用于平衡力矩的所需反作用力。隔膜蓄能器内装有氮气。

(7) 电气设备

电气设备包含了用于轴 A1～轴 A6 电动机的所有电动机电缆和控制电缆。所有接口均采用插头结构，可以用来快速、安全地更换电动机。电气设备还包括 RDC 接线盒和三个多功能接线盒 MFG。配有电动机电缆插头的 RDC 接线盒和 MFG 安装在机器人底座的支架上。这里通过插头连接来自机器人控制系统的连接电缆。电气设备也包含接地保护系统。

(8) 选项

机器人可以配有和运行诸如轴 A1～轴 A3 的拖链系统、轴 A3～轴 A6 的拖链系统或轴范围限制装置等不同的选项。

4.1.2　机器人本体的运输

运输前将机器人置于运输位置（图 4-3）。运输时应注意机器人是否稳固放置。只要机器人没有固定，就必须将其保持在运输位置。在移动已经使用的机器人时，将机器人取下前，应确保机器人可以被自由移动。事先将定位针和螺栓等运输固定件全部拆下。事先松开锈死或粘接的部位。如要空运机器人，必须使平衡配重处于完全无压状态（油侧或氮气侧）。

(1) 运输位置

在能够运输机器人前，机器人必须处于运输位置（图 4-3）。表 4-1 是某品牌工业机器人运输时各轴的位置。图 4-4 是某型号工业机器人显示的装运姿态，这也是推荐的运送姿态。

表 4-1　某品牌机器人运输时各轴的位置

轴	A1	A2	A3	A4	A5	A6
角①	0°	−130°	+130°	0°	+90°	0°
角②	0°	−140°	+140°	0°	+90°	0°

①机器人的轴 A2 上装有缓冲器。
②机器人的轴 A2 上没有缓冲器。

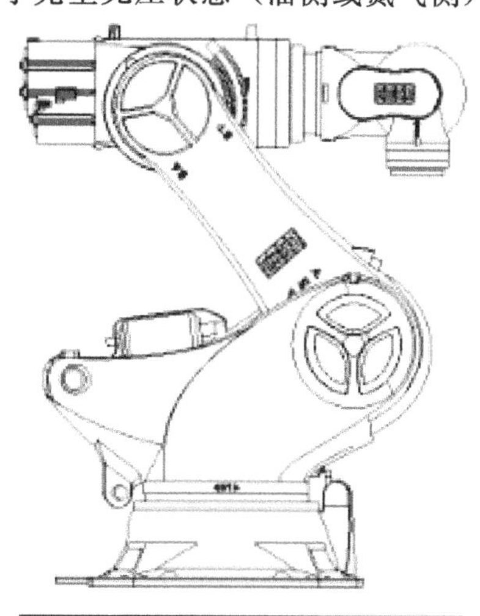

图4-3　运输位置

(2) 运输尺寸

工业机器人的运输尺寸要比实际尺寸略大一些，图 4-5 是某种型号工业机器人的运输尺寸。重心位置和重量视轴 A2 的配备和位置而定。给出的尺寸针对没有加装设备的机器人。

(3) 运输

机器人可用叉车或者运输吊具运输，使用不合适的运输工具可能会损坏机器人或导致人员受伤。只可使用符合规定的具有足够负载能力的运输工具。

① 用叉车运输　有的工业机器人底座中浇铸了两个叉孔。叉车的负载能力必须大于 6t，而有的工业机器人采用叉举设备组与机器人的配合，其方式如图 4-6 所示。如图 4-7 所示，用叉车运输时应避免可液压调节的叉车货叉并拢或分开时造成叉孔过度负荷。

② 用圆形吊带吊升机器人　将机器人姿态固定为运送姿态，如图 4-4 所示，图 4-8 显示了如何将圆形吊带与机器人相连。所有吊索用 G1～G3 标出。

机器人在运输过程中可能会翻倒，有造成人员受伤和财产损失的危险。如果用运输吊具运输机器人，则必须特别注意防止翻倒的安全注意事项，采取额外的安全措施。禁止用起重机以任何其他方式吊起机器人！如果机器人装有外挂式接线盒，用起重机运输机器人会有少许的重心偏移。

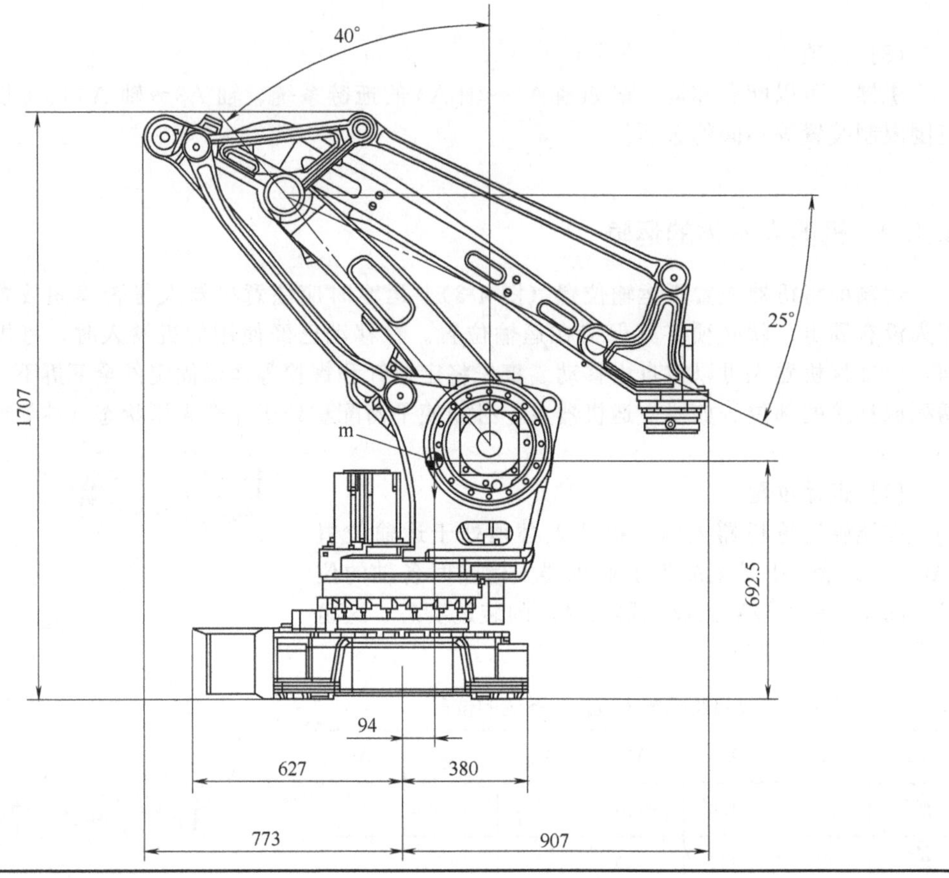

图4-4 装运姿态

m—重心

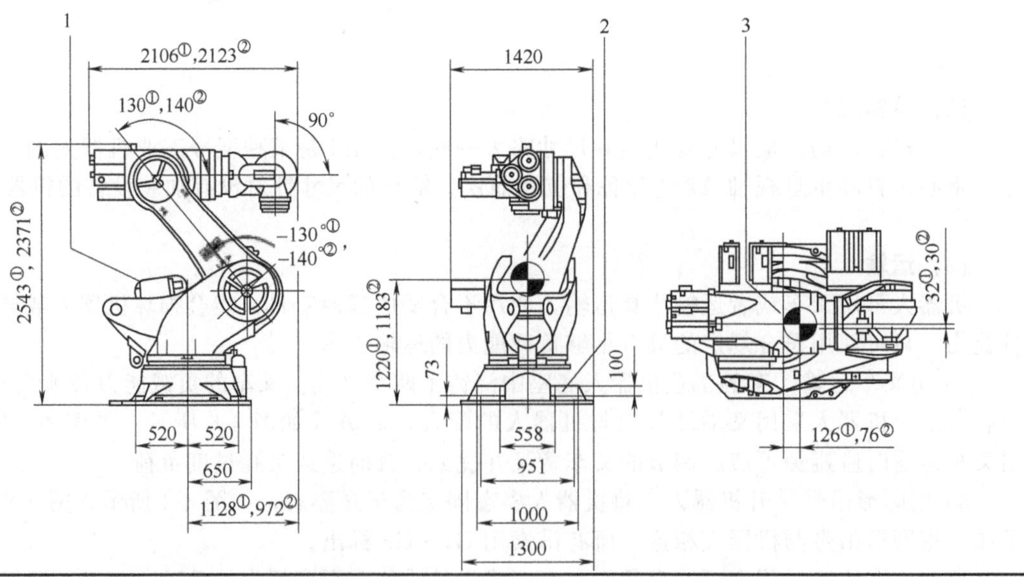

图4-5 带机器人腕部 ZH1000 时的运输尺寸

1—机器人；2—叉孔；3—重心

①针对普通运输。

②用于轴 A2 的缓冲器在负位被拆下的情况。

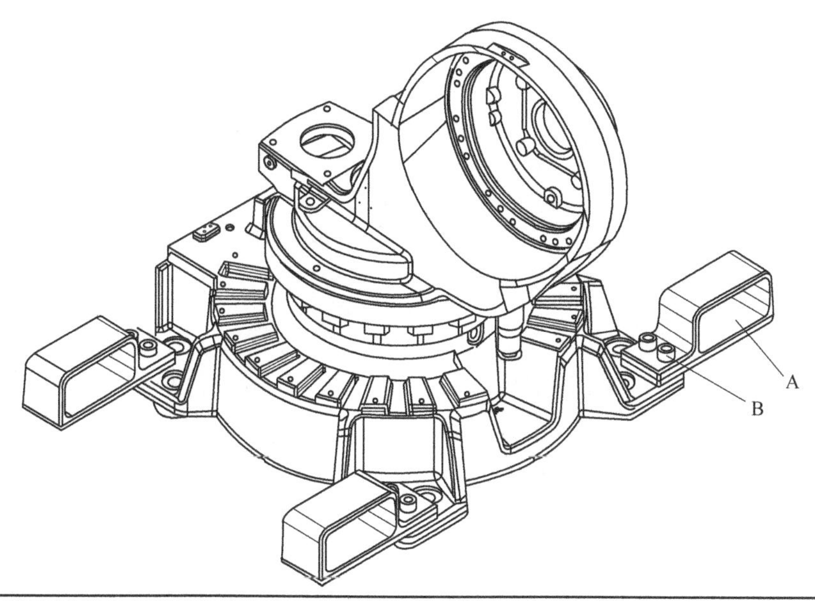

图4-6　叉举设备组与机器人的配合
A—叉举套；B—连接螺钉 M20×60（质量等级 8.8）

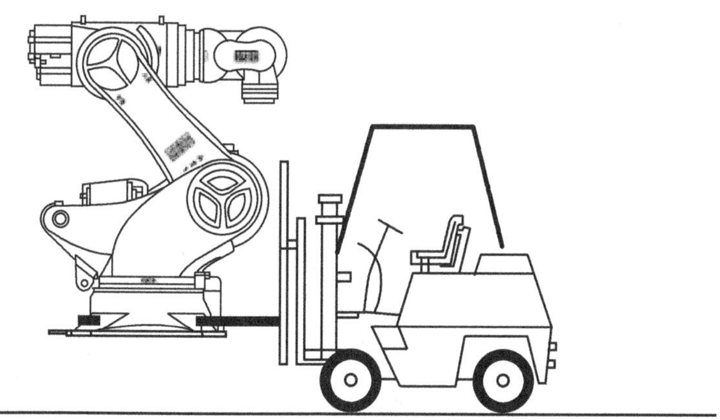

图4-7　叉车运输

③ 用运输架运输　如运输时超出在运输位置允许的高度，则可以在其他位置运输机器人。因此必须用所有固定螺栓将机器人固定到运输架上。然后可以移动轴 A2 和轴 A3，从而使总高度低一点。图 4-9 是 ZH 1000 型工业机器人在运输架上的情况，在运输架上可以用起重机或叉车运输机器人。在允许用运输架运输该型号机器人之前，机器人的轴必须处于表 4-2 所示位置。

表 4-2　机器人用运输架运输时轴位置

轴	A1	A2	A3	A4	A5	A6
支架	0°	−16°	+145°	0°	0°	−90°
支架①	0°	−16°	+145°	+25°	+120°	−90°

① 机器人腕部 ZH 750 的角度。

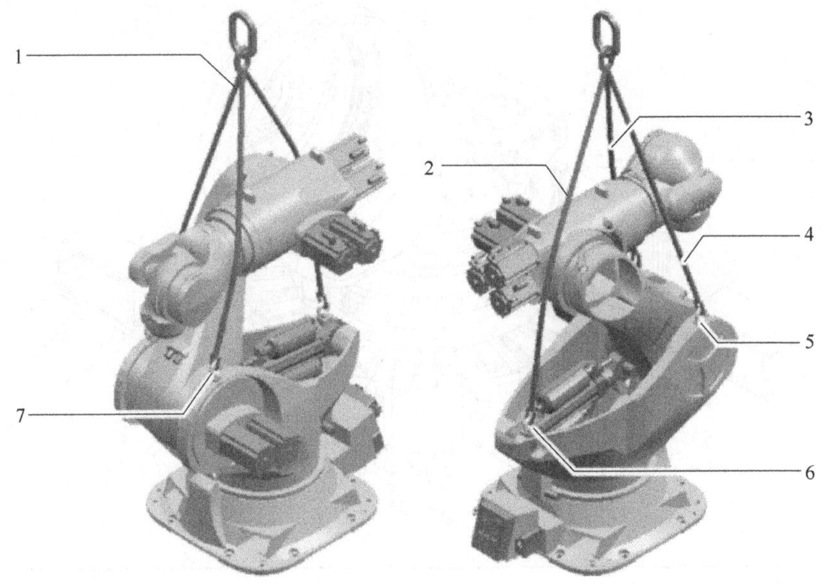

图4-8　用运输吊具运输

1—整套运输吊具；2—吊索 G1；3—吊索 G3；4—吊索 G2；
5—转盘的右侧环首螺栓；6—转盘的后侧环首螺栓；7—转盘的左侧环首螺栓

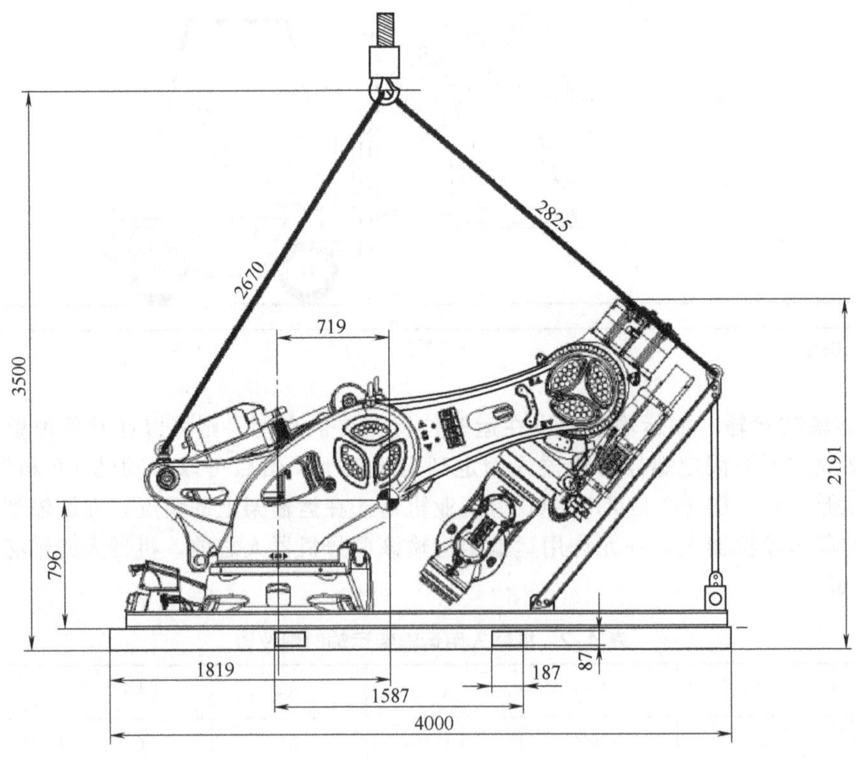

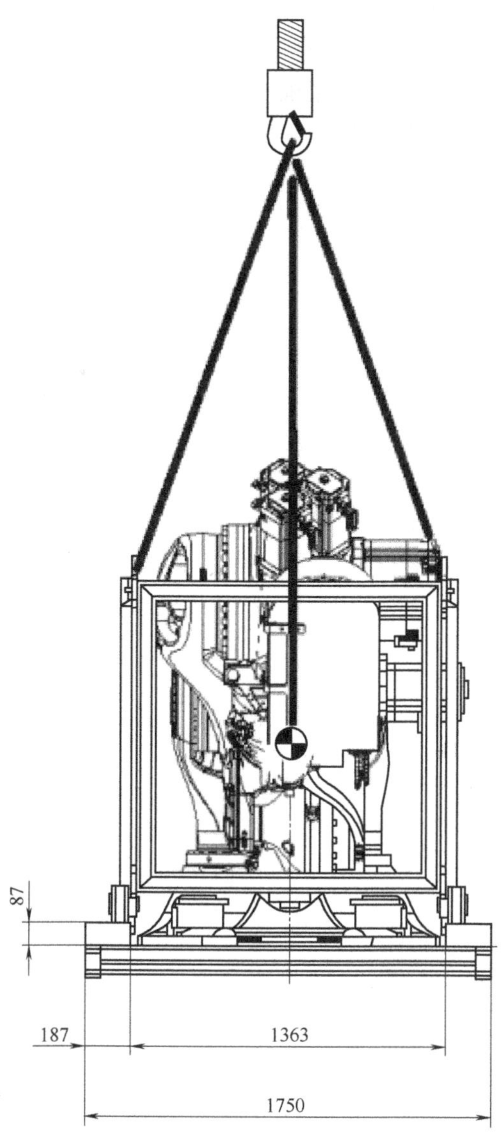

图4-9　机器人腕部 ZH 1000 的运输架

4.1.3　机器人控制柜的运输

（1）用运输吊具运输

① 首要条件　机器人控制系统必须处于关断状态；不得在机器人控制系统上连接任何线缆；机器人控制系统的门必须保持关闭状态；机器人控制系统必须竖直放置；防翻倒架必须固定在机器人控制系统上。

② 操作步骤（图 4-10）

a. 将环首螺栓拧入机器人控制系统中。环首螺栓必须完全拧入并且完全位于支承面上。

b. 将带或不带运输十字固定件的运输吊具悬挂在机器人控制系统的 4 个环首螺栓上。

c. 将运输吊具悬挂在载重吊车上。

d. 缓慢地抬起并运输机器人控制系统。

e. 在目标地点缓慢放下机器人控制系统。

f. 卸下机器人控制系统的运输吊具。

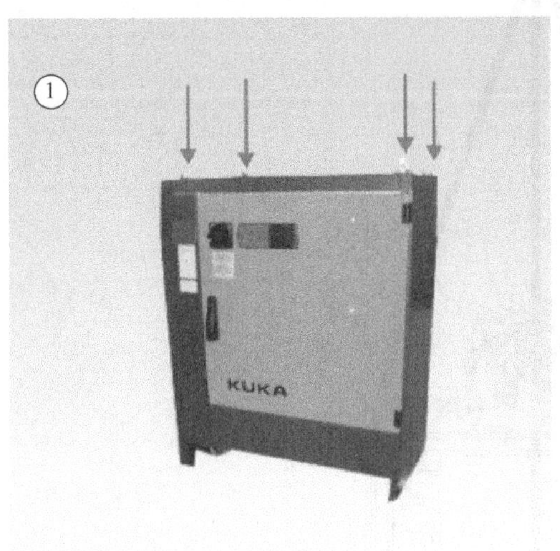

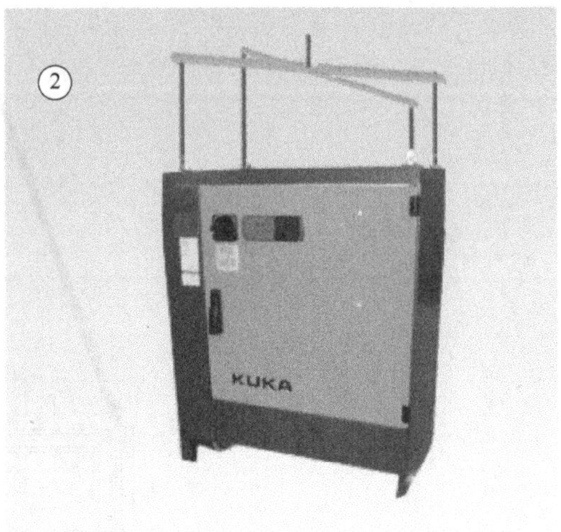

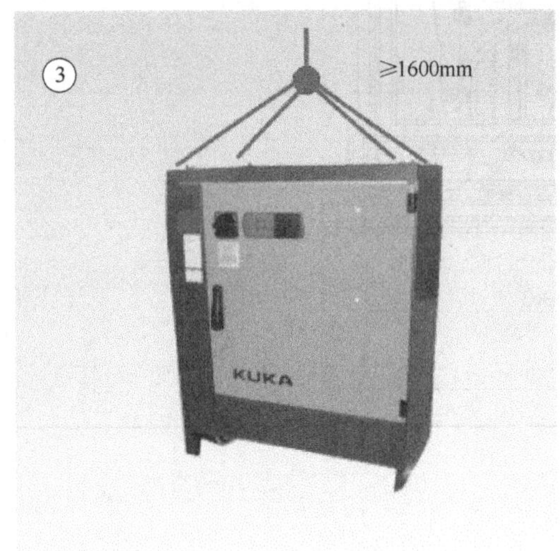

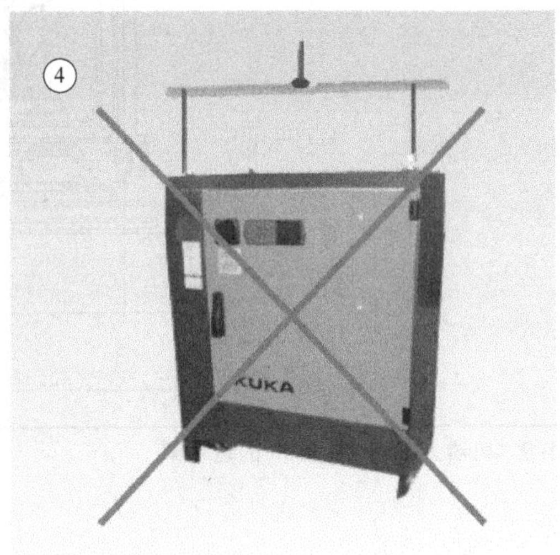

图4-10 用运输吊具运输

(2) 用叉车运输

如图 4-11 所示，可用叉车输送不同的机器人控制系统。

(3) 用电动叉车进行运输

机器人控制系统及防翻倒架如图 4-12 所示。

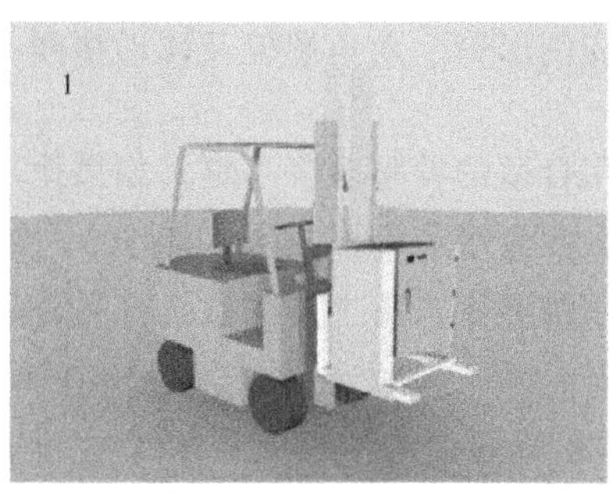

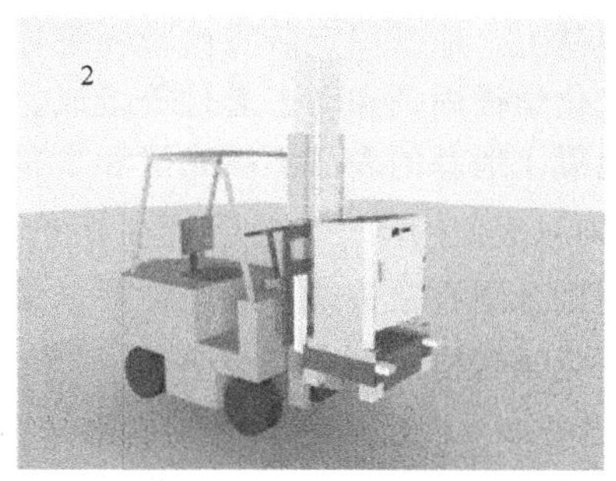

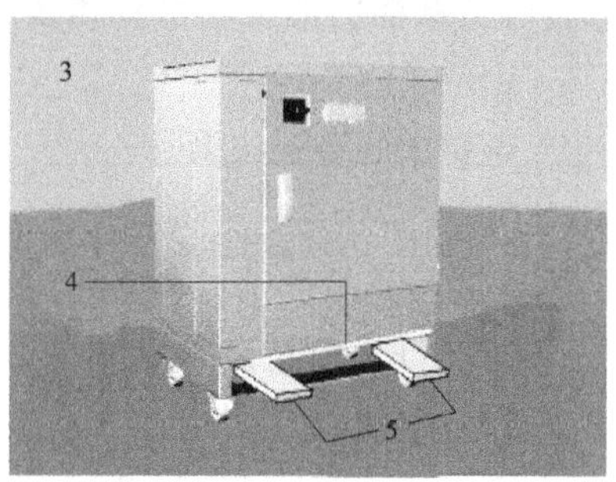

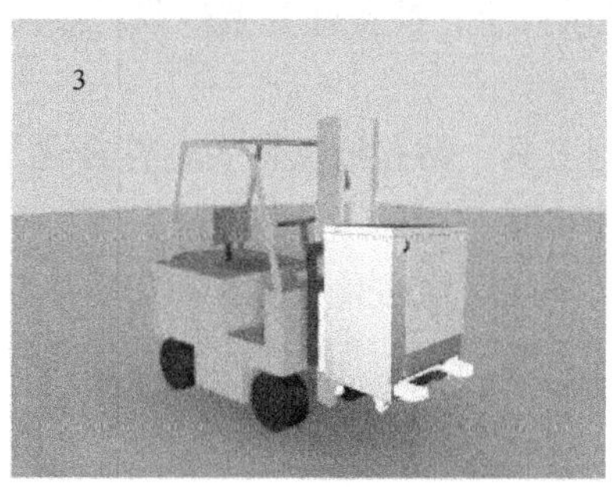

图4-11　用叉车运输

1—带叉车带的机器人控制系统；2—带变压器安装组件的机器人控制系统；
3—带滚轮附件组的机器人控制系统；4—防翻倒架；5—用叉车叉取

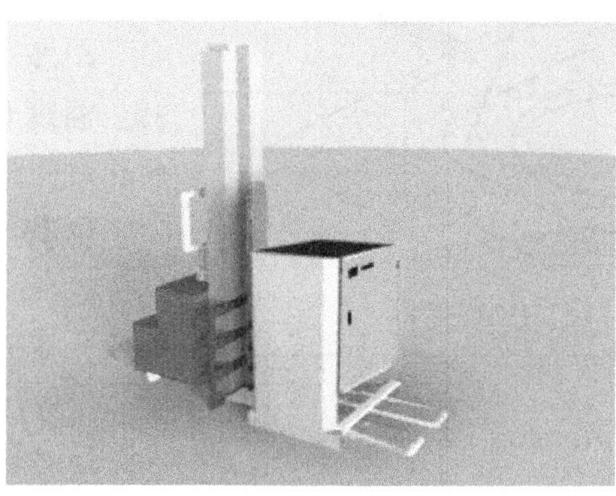

图4-12　用电动叉车进行运输

4.2　工业机器人的安装

4.2.1　工业机器人本体的安装

(1) 安装地基固定装置

针对带定中装置的地基固定装置型，通过底板和锚栓（化学锚栓）将机器人固定在合适的混凝土地基上。地基固定装置由带固定件的销和剑形销、六角螺栓及碟形垫圈、底板、锚栓、注入式化学锚固剂和动态套件等组成。

如果混凝土地基的表面不够光滑和平整，则用合适的补整砂浆平整。如果使用锚栓（化学锚栓），则只应使用同一个生产商生产的化学锚固剂管和地脚螺栓（螺杆）。钻取锚栓孔时，不得使用金刚石钻头或者底孔钻头，最好使用锚栓生产商生产的钻头。另外还要注意遵守有关使用化学锚栓的生产商说明。

① 前提条件　混凝土地基必须有要求的尺寸和截面；地基表面必须光滑和平整；地基固定组件必须齐全；准备好补整砂浆；必须准备好符合负载能力的运输吊具和多个环首螺栓备用。

② 专用工具　钻孔机及钻头；符合化学锚栓生产商要求的装配工具。

③ 操作步骤

a. 用叉车或运输吊具 1（图 4-13）抬起底板。用运输吊具吊起前拧入环首螺栓。

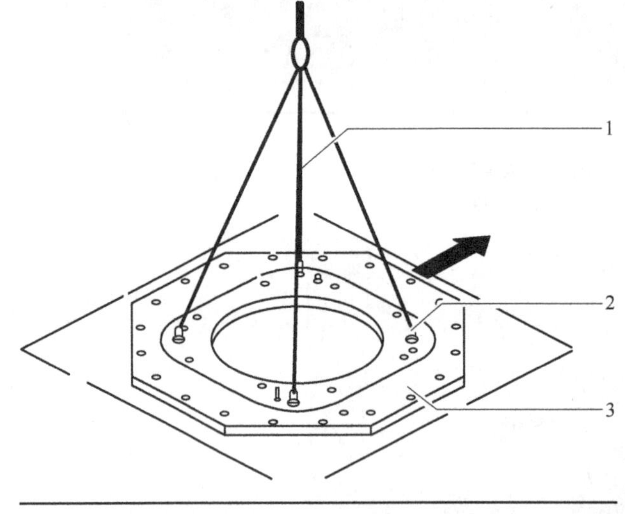

图4-13　底板运输

1—运输吊具；2—环首螺栓 M30；3—底板

b. 确定底板相对于地基上工作范围的位置。

c. 在安装位置将底板放到地基上。

d. 检查底板的水平位置。允许的偏差必须<3°。

e. 安装后，让补整砂浆硬化约 3h。温度低于 293K（＋20℃）时，硬化时间延长。

f. 拆下 4 个环首螺栓。

g. 通过底板上的孔将 20 个化学锚栓孔 5（图 4-14）钻入地基中。

h. 清洁化学锚栓孔。

i. 依次装入 20 个化学锚固剂管。

j. 为每个锚栓执行以下工作步骤。

• 将装配工具与锚栓螺杆一起夹入钻孔机中，然后将锚栓螺杆以不超过 750r/min 的转速拧入化学锚栓孔中。如果化学锚固剂混合充分，并且地基中的化学锚栓孔已完全填满，则锚栓螺杆就座。

• 让化学锚固剂硬化，见生产商表格或者说明。如下数值是参考值。

若温度≥293K（＋20℃），则硬化 20min；若 293K（＋20℃）≥温度≥283K（＋10℃），则硬化 30min；若 283K（＋10℃）≥温度≥273K（0℃），则硬化 1h。

• 放上锚栓垫圈和球面垫圈。

• 套上六角螺母，然后用转矩扳手对角交错拧紧六角螺母；同时应分几次将拧紧转矩增加至 90N·m。

• 套上并拧紧锁紧螺母。

• 将注入式化学锚固剂注入锚栓垫圈上的孔中，直至孔中填满为止。注意并遵守硬化时间。

这时，地基已经准备好用于安装机器人。

注意：

① 如果底板未完全平放在混凝土地基上，则可能会导致地基受力不均或松动。用补整砂浆填住缝隙。为此将机器人再次抬起，然后用补整砂浆充分涂抹底板底部。然后将机器人重新放下和校准，清除多余的补整砂浆。

② 在用于固定机器人的六角螺栓下方区域必须没有补整砂浆。

③ 让补整砂浆硬化约 3h。温度低于 293K（+20℃）时，硬化时间延长。

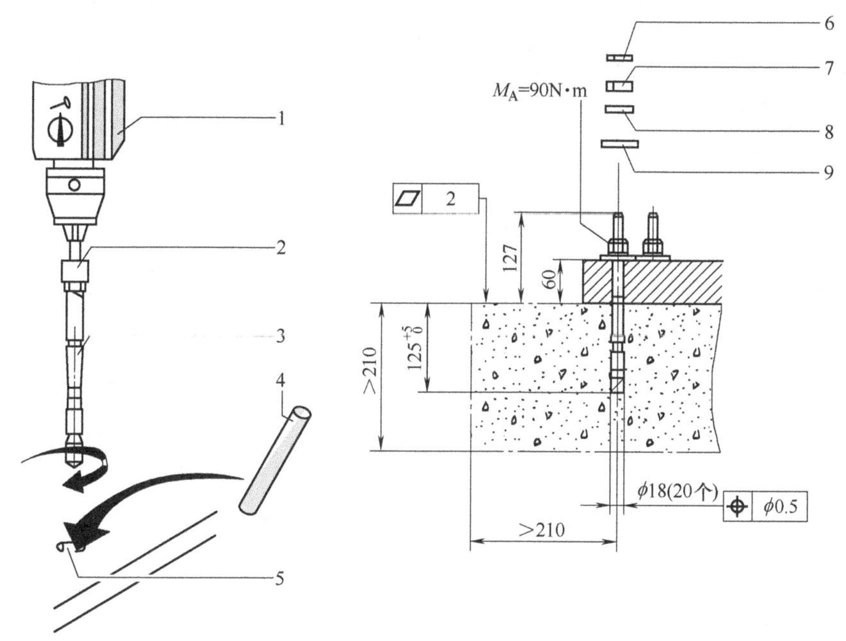

图4-14　安装锚栓

1—钻孔机；2—装配工具；3—锚栓螺杆；4—化学锚固剂管；5—化学锚栓孔；6—锁紧螺母；7—六角螺母；8—球面垫圈；9—锚栓垫圈

(2) 安装机架固定装置

安装机架固定装置包括带固定件的销栓（图 4-15）、带固定件的剑形销、六角螺栓及碟形垫圈。图 4-16 所示为关于地基固定装置以及所需地基数据的所有信息。

① 前提条件　已经检查好底部结构是否足够安全；机架固定装置组件已经齐全。

② 安装步骤

a. 清洁机器人的支承面。

b. 检查补孔图。

c. 在左后方插入销，并用内六角螺栓 M8×65-8.8 和碟形垫圈固定。

d. 在右后方插入剑形销，并用内六角螺栓 M8×80-8.8 和碟形垫圈固定。

e. 用扭矩扳手拧紧两个内六角螺栓 M8×55-8.8，M_A=23.9N·m。

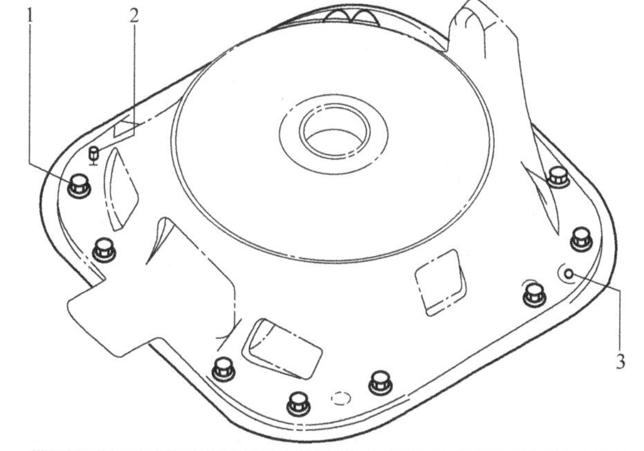

图4-15　机器支座固定

1—六角螺栓（12 个）；2—剑形销；3—销

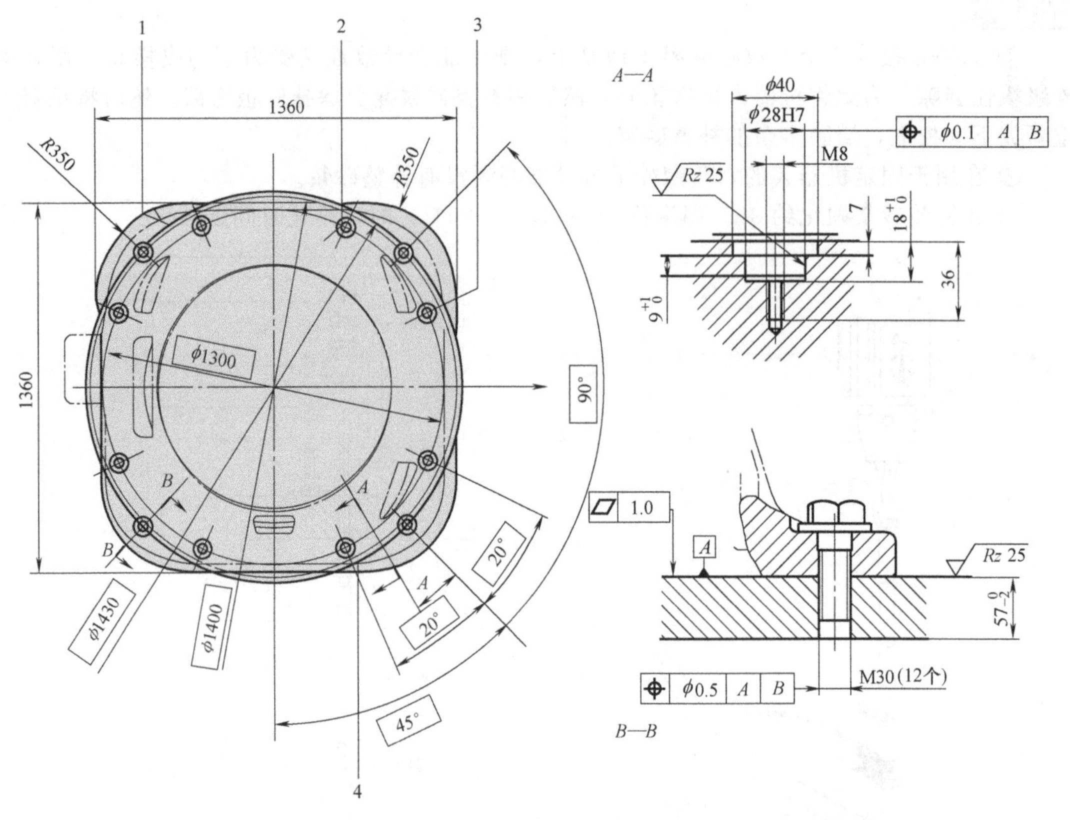

图4-16 机架固定装置尺寸

1—剑形销；2—支承面（已加工）；3—六角螺栓；4—销

f. 准备好 12 个内六角螺栓 M30×90-8.8-A2K 及碟形垫圈。

这时，地基已经准备好用于安装机器人。

(3) 安装机器人

在用地基固定组件将机器人固定在地面时的安装工作，用 12 个六角螺栓固定在底板上，有 2 个定位销定位。

① 前提条件　已经安装好地基固定装置；安装地点可以行驶叉车或者起重机可以进入。负载能力足够大；已经拆下会妨碍工作的工具和其他设备部件；连接电缆和接地线已连接至机器人并已装好；在应用压缩空气的情况时，机器人上已配备压缩空气气源；平衡配重上的压力已经正确调整好。

②操作步骤

a. 检查定中销和剑形销（图 4-17）有无损坏、是否固定。

b. 用起重机或叉车将机器人运至安装地点。

c. 将机器人垂直地放到地基上。为了避免定中销损坏，应注意位置要正好垂直。

d. 拆下运输吊具。

e. 装上 12 个六角螺栓 M30×90-8.8-A2 及碟形垫圈。

f. 用转矩扳手对角交错拧紧 12 个六角螺栓 1。分几次将拧紧转矩增加至 1100N·m。

g. 检查轴 2 的缓冲器是否安装好，必要时装入缓冲器。只有安装好轴 2 的缓冲器后才允许运行机器人。

h. 连接电动机电缆。

i. 平衡机器人和机器人控制系统之间、机器人和设备之间的电势。连接电缆<25m 时，必须由设备运营商提供电势平衡导线。

j. 按照 VDE 0100 和 EN 60204-1 检查电位均衡导线。

k. 将压缩空气气源连接至压力调节器，将压力调节器清零，仅 F 型。

l. 打开压缩空气气源，并将压力调节器设置为 0.01MPa（0.1 bar），仅 F 型。

m. 如有，装上工具并连接拖链系统。

注意：如要加装工具，则法兰在工具上以及连接法兰在机械手上必须进行非常精确的相互校准，否则会损坏部件。

工具悬空加装在起重机上时可以大大方便加装工作。

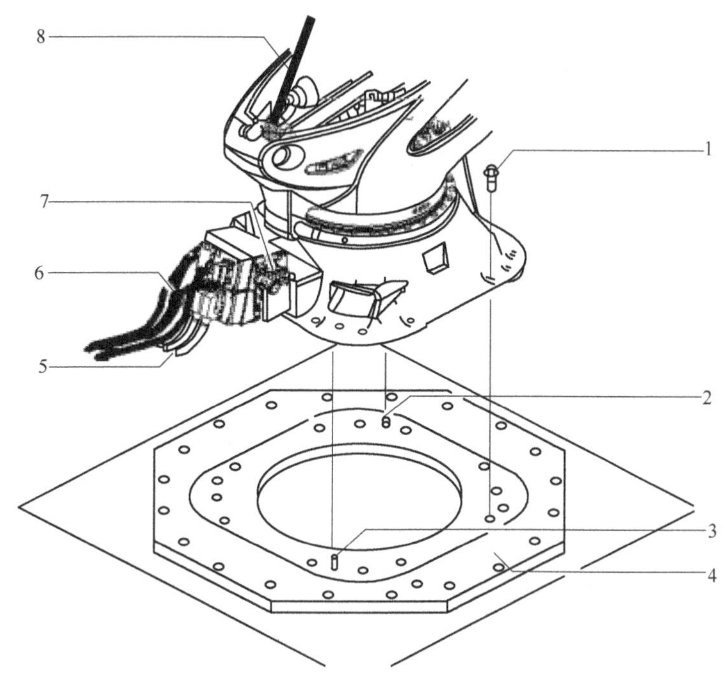

图4-17　机器人安装

1—六角螺栓（M12×5）；2—定中销；3—剑形销；4—底板；
5—电动机导线；6—控制电缆；7—拖链系统；8—运输吊具

⚠警告：地基上机器人的固定螺栓必须在运行 100h 后用规定的拧紧力矩再拧紧一次。

注意：设置错误或运行时没有压力调节器可能会损坏机器人（F 型）。因此仅当压力调节器设置正确和连接了压缩空气气源时才允许运行机器人。

4.2.2　安装上臂信号灯

上臂信号灯的位置如图 4-18 所示，信号灯位于倾斜机壳装置上，如图 4-18 所示。信号灯套件（IRB 760 上的信号灯套件如图 4-19 所示）。

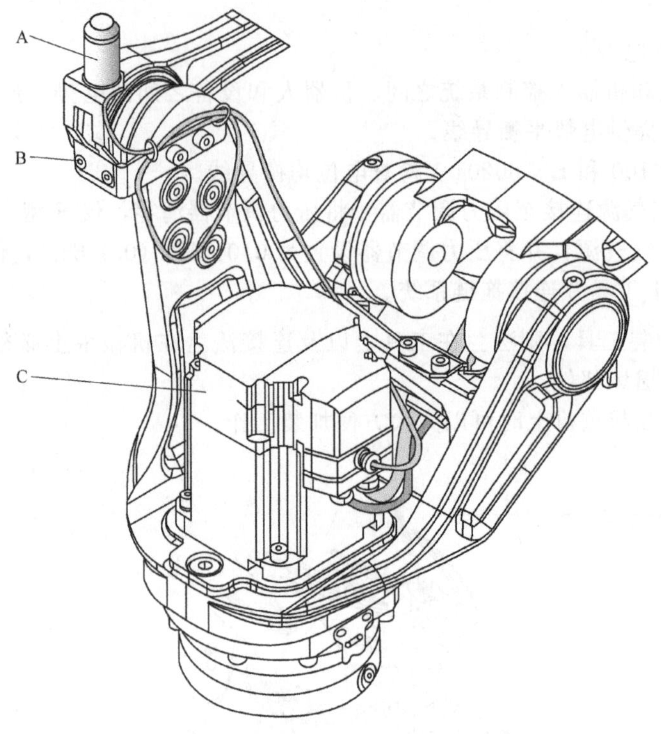

图4-18 上臂信号灯位置

A—信号灯；B—连接螺钉，M6×8（2个）；C—电动机盖

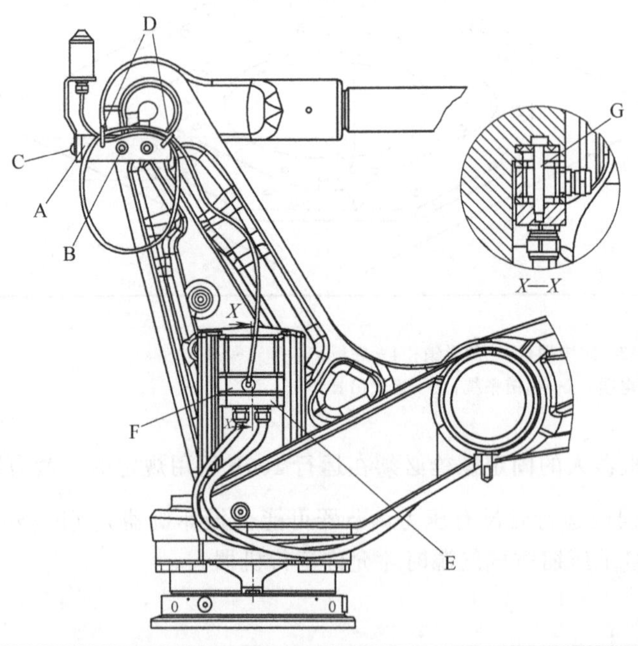

图4-19 信号灯套件

A—信号灯支架；B—支架连接螺钉，M8×12（2个）；C—信号灯的连接螺钉（2个）；
D—电缆带（2个）；E—电缆接头盖；F—电动机适配器（包括垫圈）；G—连接螺钉，M6×40（1个）

4.2.3 机器人控制箱的安装

如图 4-20 所示，脚轮套件用于装在机器人控制系统的控制箱支座或叉孔处，有助于脚轮套件方便地将机器人控制系统从柜组中拉出或推入。

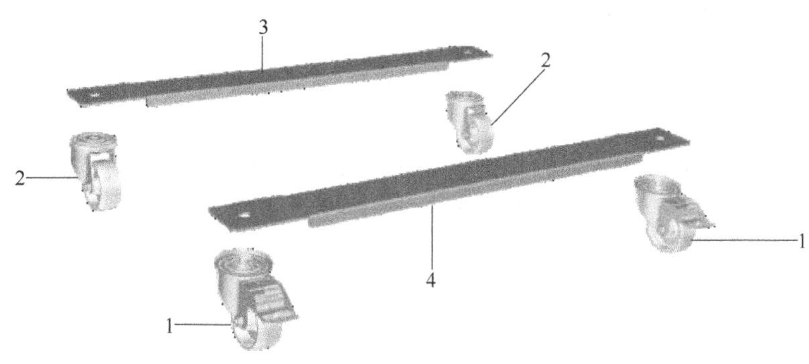

图4-20　脚轮套件

1—带刹车的万向脚轮；2—不带刹车的万向脚轮；3—后横向支撑梁；4—前横向支撑梁

如果重物固定不充分或者起重装置失灵，则重物可能坠落并由此造成人员受伤或财产损失。检查吊具是否正确固定并仅使用具备足够承载力的起重装置；禁止在悬挂重物下停留。其操作步骤如下。

① 用起重机或叉车将机器人控制系统至少升起 40cm。

② 在机器人控制系统的正面放置一个横向支撑梁。横向支撑梁上的侧板朝下。

③ 将一个内六角螺栓 M12×35 由下穿过带刹车的万向脚轮、横向支撑梁和机器人控制系统。

④ 从上面用螺母将内六角螺栓连同平垫圈和弹簧垫圈拧紧（图 4-21）。拧紧转矩：86N·m。

⑤ 以同样的方式将第二个带刹车的万向脚轮安装在机器人控制系统正面的另一侧。

⑥ 以同样的方式将两个不带刹车的万向脚轮安装在机器人控制系统的背面（图 4-22）。

⑦ 将机器人控制系统重新置于地面上。

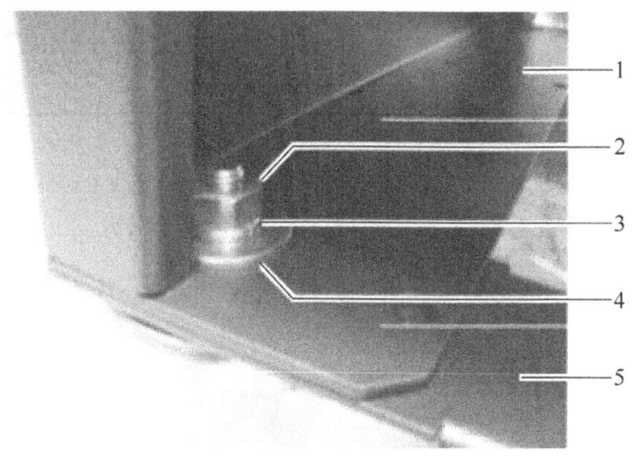

图4-21　脚轮的螺纹连接件

1—机器人控制系统；2—螺母；3—弹簧垫圈；4—平垫圈；5—横向支撑梁

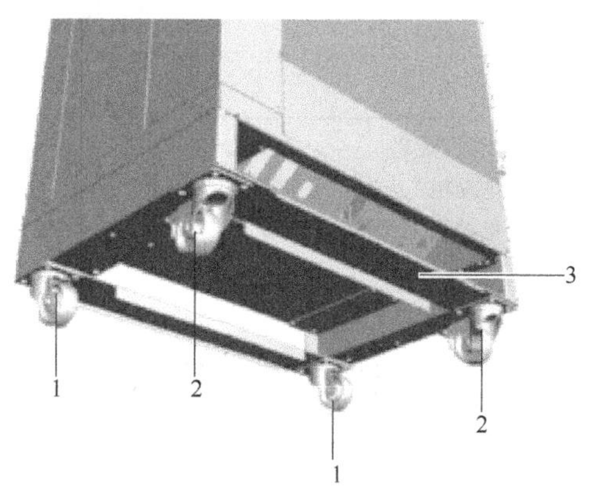

图4-22　脚轮套件

1—不带刹车的万向脚轮；2—带刹车的万向脚轮；3—横向支撑梁

4.3 工业机器人电气系统的连接

以 KR C4 工业机器人的电气系统的连接为例来说明，机器人的电气设备由电缆束、电动机电缆的多功能接线盒（MFG）、控制电缆的 RDC 接线盒等部件组成。

电气设备（图 4-23）含有用于为轴 1～轴 6 的电动机供电和控制的所有电缆。电动机上的所有接口都是用螺栓拧紧的连接器。组件由两个接口组、电缆束以及防护软管组成。防护软管可以在机器人的整个运动范围内实现无弯折的布线。连接电缆与机器人之间通过电动机电缆的多功能接线盒（MFG）和控制电缆的 RDC 接线盒连接。插头安装在机器人的底座上。

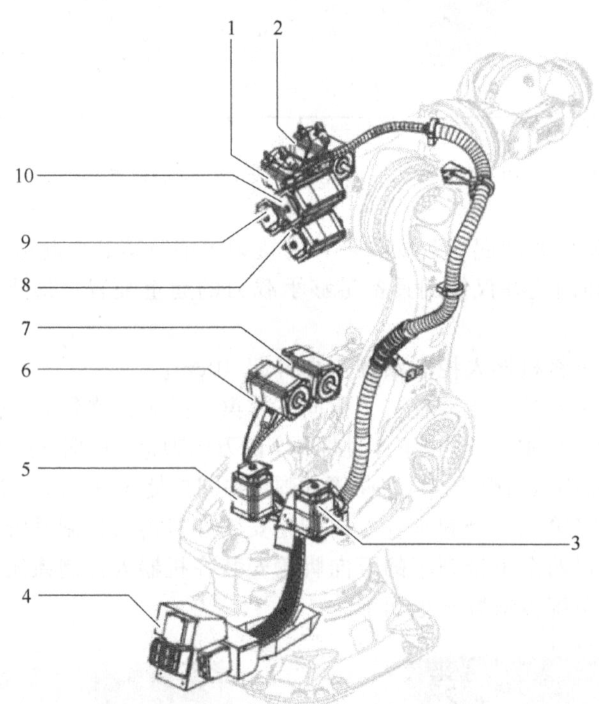

图4-23 电气设备

1—轴 3 的电动机（从动）；2—轴 3 的电动机（主动）；3—轴 1 的电动机（从动）；4—插口；5—轴 1 的电动机（主动）；6—轴 2 的电动机（从动）；7—轴 2 的电动机（主动）；8—轴 6 的电动机；9—轴 4 的电动机；10—轴 5 的电动机

4.3.1 工业机器人电气系统的布线

工业机器人电气系统的布线如图 4-24 所示。

4.3.2 工业机器人的外围设施的电气连接

① 防护门的电气连接见图 4-25。

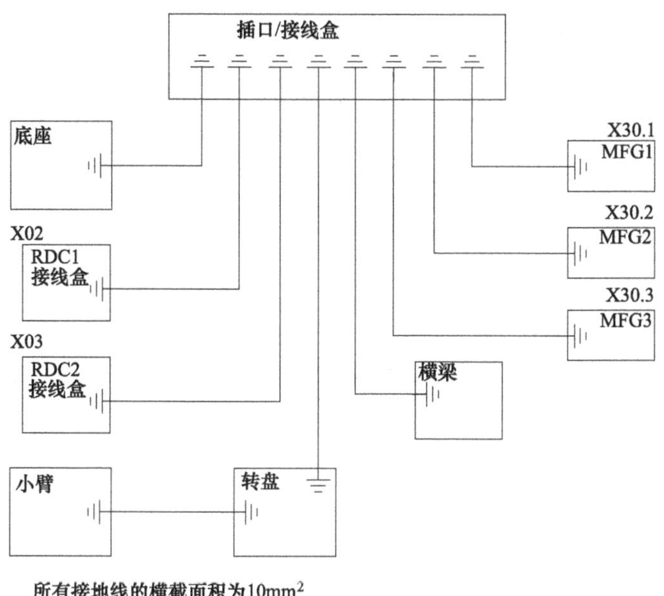

图4-24　KR C4 接地保护系统的布线图

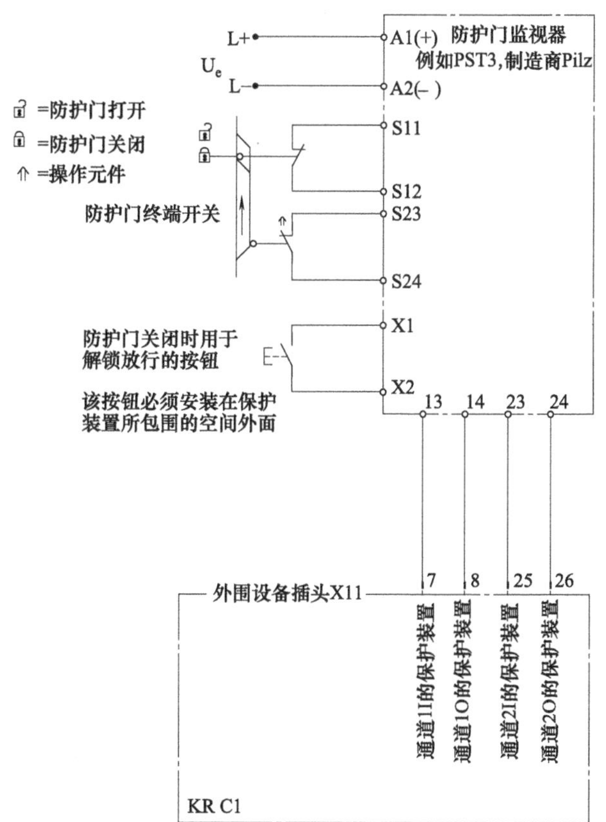

图4-25　防护门的电气连接

② 静电保护的连接见图 4-26。

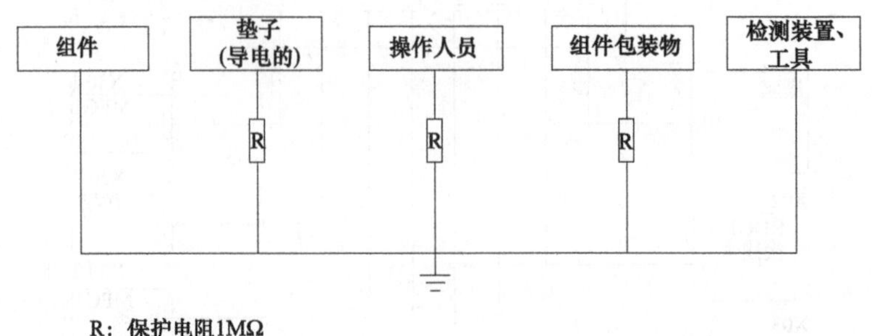

图4-26 静电保护的连接

第5章

KUKA工业机器人的调整与保养

5.1 工业机器人的调整

每个机器人都必须进行调整。机器人只有在调整之后方可进行笛卡儿运动并移至编程位置。机器人的机械位置和电子位置会在调整过程中协调一致。为此必须将机器人置于一个已经定义的机械位置，即调整位置（图5-1）。然后，每个轴的传感器值均被储存下来。

所有机器人的调整位置都相似，但不完全相同。精确位置在同一型号的不同机器人之间也会有所不同。在以下情况必须对机器人进行零点标定。

① 在投入运行时；

② 在进行维护操作之后，如更换了电动机或者RDC，机器人的零点标定值丢失；

③ 若机器人在无机器人控制系统操控的情况下运动（例如借助自由旋转装置）；

④ 更换传动装置后；

⑤ 以高于250mm/s的速度上行移至一个终端止挡之后；

⑥ 在碰撞后。

在进行新的零点标定之前必须删除旧的零点标定数据！通过手动轴去掉零点来删除零点标定数据。

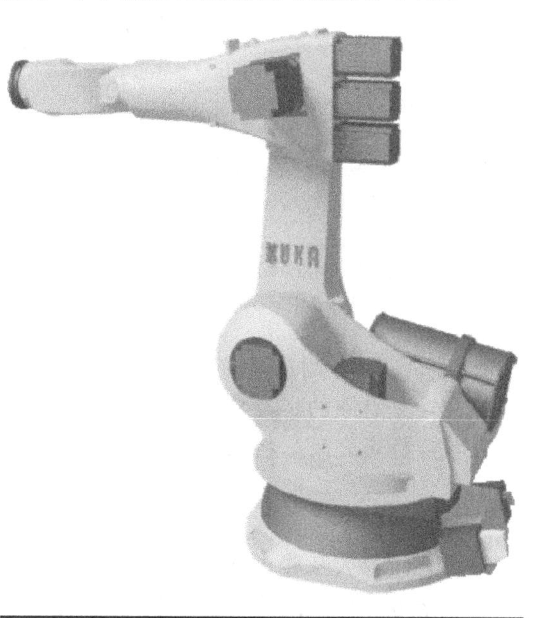

图5-1 调整位置（大概位置）

5.1.1 调整方法

不同的零点标定应用不同的测量筒，不同的测量筒其防护盖的尺寸有所不同。如SEMD（standard electronic mastering device）的测量筒其防护盖配M20的细螺纹；MEMD（mikro electronic mastering device）的测量筒防护盖配M8的细螺纹。

（1）包含SEMD和MEMD的零点标定组件

包含SEMD和MEMD的零点标定组件有如图5-2所示的多种，主要包括零点标定盒、用于MEMD的螺丝刀（螺钉旋具）、MEMD、SEMD、电缆等。图5-2中细电缆是测量电缆，将SEMD或MEMD与零点标定盒相连接。粗电缆是EtherCAT电缆，将零点标定盒与机器人上的X32连接起来。在使用SEMD零点标定时，机器人控制系统自动将机器人移动至零点标定位置。先不带负载进行零点标定，然后带负载进行零点标定。可以保存不同负载的多次零点标定。主要应用在首次调整的检查；如首次调整丢失（如在更换电动机或碰撞后），则还原首次调整。由于学习过的偏差在调整丢失后仍然存在，所以机器人可以计算出首次调整。

图5-2 包含SEMD和MEMD的零点标定组件

1—零点标定盒；2—用于MEMD的螺丝刀；3—MEMD；4—SEMD；5—电缆

注意：让测量电缆插在零点标定盒上，并且要尽可能少地拔下。传感器插头M8的可插拔性是有限的。经常插拔可能会损坏插头。

在零点标定之后，将EtherCAT电缆从接口X32上取下；否则会出现干扰信号或导致损坏。

（2）将轴移入预零点标定位置

在每次零点标定之前都必须将轴移至预零点标定位置（图5-3）。移动各轴，使零点标定标记重叠。图5-4显示零点标定标记位于机器人上的位置。由于机器人的型号不同，位置会与插图稍有差异。

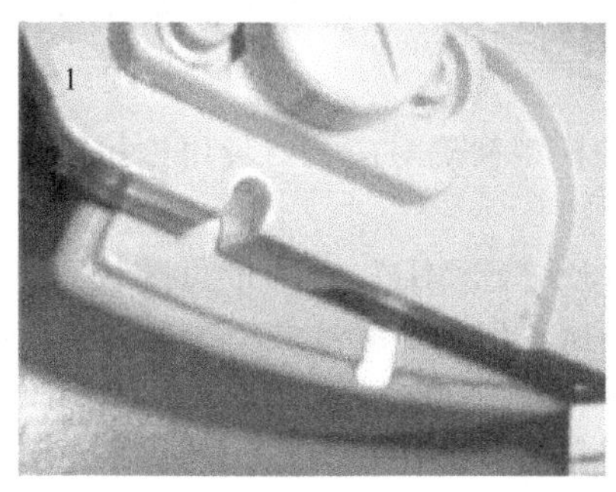

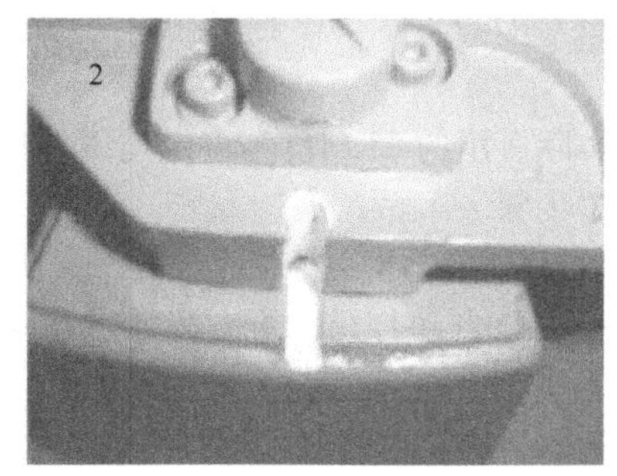

图5-3　将轴运行到预调位置

① 前提条件

a. 运行模式“运行键”已激活。

b. 运行方式为 T1。

注意：在轴 A4 和轴 A6 进入预零点标定位置前，必须确保供能系统（如果有的话）应处在正确位置，不得翻转 360°。

i：用 MEMD 进行零点标定的机器人，对于轴 A6 无预零点标定位置。只需将轴 A1～轴 A5 移动到预零点标定位置。

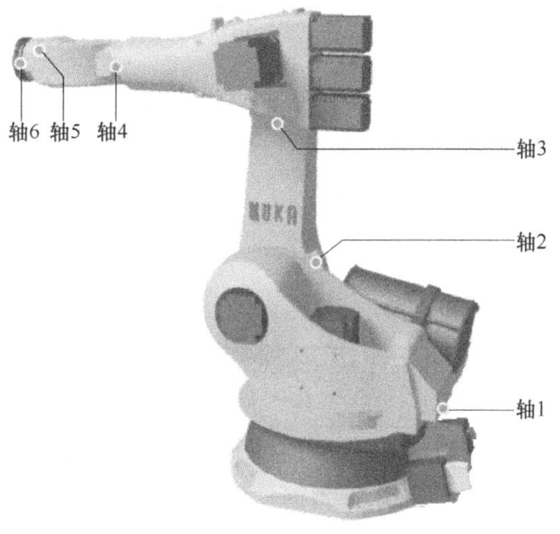

图5-4　机器人上的调整标记

② 操作步骤

a. 选择轴作为移动键的坐标系。

b. 按住确认开关。在移动键旁边将显示轴 A1～轴 A6。

c. 按下正或负移动键，以使轴朝正方向或反方向运动。

d. 从轴 A1 开始逐一移动各个轴，使零点标定标记相互重叠（在借助标记线对轴进行零点标定的机器人上的轴 A6 除外）。

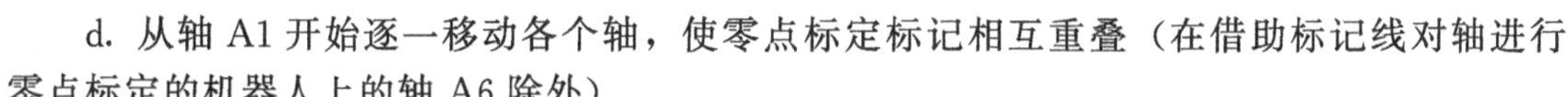

注意：在轴 A4 和轴 A6 进入预零点标定位置前，必须确保供能系统（如果有的话）应处在正确位置，不得翻转 360°。

i：用 MEMD 进行零点标定的机器人，对于轴 A6 无预零点标定位置。只需将轴 A1～轴 A5 移动到预零点标定位置。

(3) 进行首次零点标定（用 SEMD）

① 用 SEMD 进行首次零点标定的前提

a. 机器人没有负载。也就是说，没有安装工具或工件和附加负载。

b. 所有轴都处于预调位置。

c. 没有选择程序。

d. 运行方式为 T1。

注意：始终将 SEMD 不带测量导线拧到测量筒上，然后方可将导线接到 SEMD

上；否则导线会被损坏。

同样在拆除 SEMD 时也必须先拆下 SEMD 的测量导线，然后才将 SEMD 从测量筒上拆下。

i：实际所用的 SEMD 不一定与图中所述的模型精确对应。二者用途相同。

② 操作步骤

a. 在主菜单中选择“投入运行”→“调整”→“SEMD”→“带负载校正”→“首次调整”。一个窗口自动打开。所有待零点标定轴都显示出来。编号最小的轴已被选定。

b. 取下接口 X32 上的盖子（图 5-5）。

c. 将 EtherCAT 电缆连接到 X32 和零点标定盒上（图 5-6）。

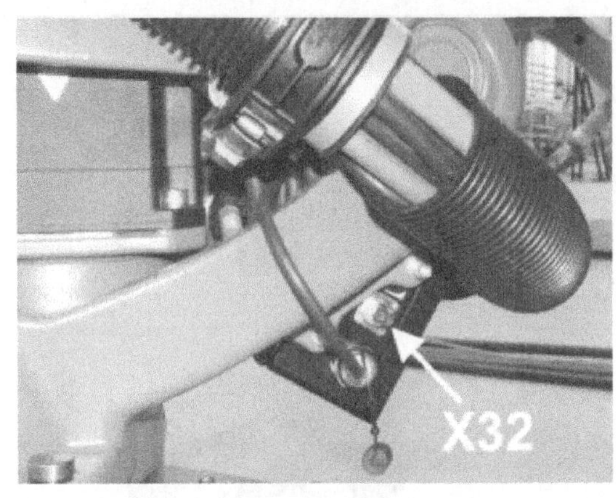

图5-5 取下 X32 上的盖子

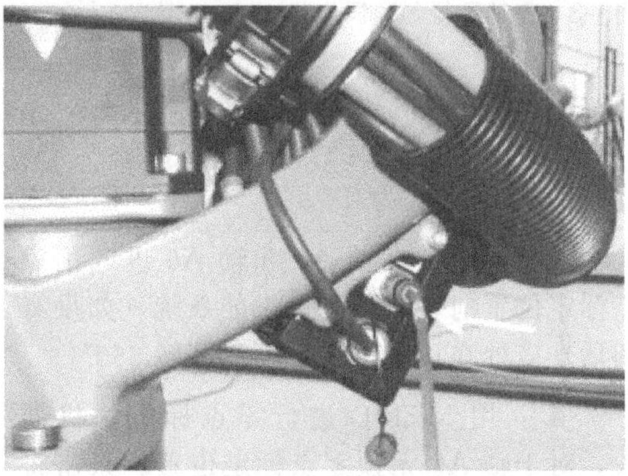

图5-6 将 EtherCAT 电缆连接到 X32 上

d. 从窗口中选定的轴上取下测量筒的防护盖（图 5-7）（翻转过来的 SEMD 可用作螺丝刀）。

e. 将 SEMD 拧到测量筒上（图 5-8）。

图5-7 取下测量筒的防护盖

图5-8 将 SEMD 拧到测量筒上

f. 将测量导线接到 SEMD 上（图 5-9）。可以在电缆插座上看出导线应如何绕到 SEMD 的插脚上。

g. 如果未进行连接，则将测量电缆连接到零点标定盒上。

h. 点击“校正”。

i. 按下确认开关和启动键。如果 SEMD 已经通过了测量切口，则零点标定位置将被计算。机器人自动停止运行。数值被保存。该轴在窗口中消失。

j. 将测量导线从 SEMD 上取下，然后从测量筒上取下 SEMD，并将防护盖重新装好。

k. 对所有待零点标定的轴重复步骤 d～j。

l. 关闭窗口。

m. 将 EtherCAT 电缆从接口 X32 和零点标定盒上取下。

注意：让测量电缆插在零点标定盒上，并且要尽可能少地拔下。传感器插头 M8 的可插拔性是有限的。经常插拔可能会损坏插头。

图5-9　将测量导线接到 SEMD 上

(4) 偏量学习（用 SEMD）

偏量学习带负载进行。与首次零点标定的差值被储存。如果机器人带各种不同负载工作，则必须对每个负载都执行偏量学习。对于抓取沉重部件的夹持器来说，则必须对夹持器分别在不带部件和带部件时执行偏量学习。

① 前提

a. 与首次调整时的环境条件（温度等）相同。

b. 负载已装在机器人上。

c. 所有轴都处于预调位置。

d. 没有选择任何程序。

e. 运行方式为 T1。

② 操作步骤

注意：始终将 SEMD 不带测量导线拧到测量筒上，然后方可将导线接到 SEMD 上；否则导线会被损坏。

同样在拆除 SEMD 时也必须先拆下 SEMD 的测量导线，然后才将 SEMD 从测量筒上拆下。

a. 在主菜单中选择“投入运行”→“调整”→“SEMD”→“带负载校正”→“偏量学习”。

b. 输入工具编号。用工具“OK”确认。一个窗口自动打开。所有未学习工具的轴都显示出来。编号最小的轴已被选定。

c. 取下接口 X32 上的盖子。将 EtherCAT 电缆连接到 X32 和零点标定盒上。

d. 从窗口中选定的轴上取下测量筒的防护盖（翻转过来的 SEMD 可用作螺丝刀）。

e. 将 SEMD 拧到测量筒上。

f. 将测量导线接到 SEMD 上。在电缆插座上可看出其与 SEMD 插针的对应情况。

g. 如果未进行连接，则将测量电缆连接到零点标定盒上。

h. 点击“学习”。

i. 按下确认开关和启动键。如果 SEMD 已经通过了测量切口，则零点标定位置将被计算。机器人自动停止运行。一个窗口自动打开。该轴上与首次零点标定的偏差以增量和度的形式显示出来。

j. 用按键“OK”确认。该轴在窗口中消失。

k. 将测量导线从 SEMD 上取下。然后从测量筒上取下 SEMD，并将防护盖重新装好。

l. 对所有待零点标定的轴重复步骤 d～k。

m. 关闭窗口。

n. 将 EtherCAT 电缆从接口 X32 和零点标定盒上取下。

注意：让测量电缆插在零点标定盒上，并且要尽可能少地拔下。传感器插头 M8 的可插拔性是有限的。经常插拔可能会损坏插头。

(5) 检查带偏量的负载零点标定（用 SEMD）

① 应用范围

a. 首次调整的检查。

b. 如果首次调整丢失（如在更换电动机或碰撞后），则还原首次调整。由于学习过的偏差在调整丢失后仍然存在，所以机器人可以计算出首次调整。

c. 对某个轴进行检查之前，必须完成对所有较低编号的轴的调整。

② 前提条件

a. 与首次零点标定时的环境条件（温度等）相同。

b. 在机器人上装有一个负载，并且此负载已进行过偏量学习。

c. 所有轴都处于预零点标定位置。

d. 没有选定任何程序。

e. 运行方式为 T1。

③ 操作步骤

a. 在主菜单中选择“投入运行”→“调整”→“SEMD”→“带负载校正”→“负载校正”→“带偏量”。

b. 输入工具编号。用工具“OK”确认。一个窗口自动打开。所有已用此工具对其进行了偏量学习的轴都显示出来。编号最小的轴已被选定。

c. 取下接口 X32 上的盖子。将 EtherCAT 电缆连接到 X32 和零点标定盒上。

d. 从窗口中选定的轴上取下测量筒的防护盖（翻转过来的 SEMD 可用作螺丝刀）。

e. 将 SEMD 拧到测量筒上。

f. 将测量导线接到 SEMD 上。可以在电缆插座上看出导线应如何绕到 SEMD 的插脚上。

g. 如果未进行连接，则将测量电缆连接到零点标定盒上。

h. 点击“检验”。

i. 按住确认开关并按下启动键。如果 SEMD 已经通过了测量切口，则零点标定位置将被计算。机器人自动停止运行。与“偏量学习”的差异被显示出来。

j. 需要时，使用“备份”来储存这些数值。旧的零点标定值从而会被删除。

如果要恢复丢失的首次零点标定，必须保存这些数值。

i：轴 A4～轴 A6 以机械方式相连。即：当轴 A4 数值被删除时，轴 A5 和轴 A6 的数值也被删除；当轴 A5 数值被删除时，轴 A6 的数值也被删除。

k. 将测量导线从 SEMD 上取下。然后从测量筒上取下 SEMD，并将防护盖重新装好。

l. 对所有待零点标定的轴重复步骤 d～k。

m. 关闭窗口。

n. 将 EtherCAT 电缆从接口 X32 和零点标定盒上取下。

(6) 使用千分表进行调整

采用测量表调整时由用户手动将机器人移动至调整位置（图 5-10）。必须带负载调整。此方法无法将不同负载的多种调整都储存下来。

① 前提条件

a. 负载已装在机器人上。

b. 所有轴都处于预调位置。

c. 移动方式“移动键”激活，并且轴被选择为坐标系统。

d. 没有选定任何程序。

e. 运行方式为 T1。

② 操作步骤

a. 在主菜单中选择“投入运行”→“调整”→“千分表”。一个窗口自动打开。所有未经调整的轴均会显示出来。必须首先调整的轴被标记出。

图5-10　测量表

b. 从轴上取下测量筒的防护盖，将千分表装到测量筒上。用内六角扳手松开千分表颈部的螺栓。转动表盘，直至能清晰读数。将千分表的螺栓按入千分表直至止挡处。用内六角扳手重新拧紧千分表颈部的螺栓。

c. 将手动倍率降低到 1%。

d. 将轴由“+”向“−”运行。在测量切口的最低位置即可以看到指针反转处，将千分表置为零位。如果无意间超过了最低位置，则将轴来回运行，直至达到最低位置。至于是由“+”向“−”还是由“−”向“+”运行，则无关紧要。

e. 重新将轴移回预调位置。

f. 将轴由“+”向“−”运动，直至指针处于零位前约 5～10 个分度。

g. 切换到增量式手动运行模式。

h. 将轴由“+”向“−”运行，直至到达零位。

i：如果超过零位：重复步骤 e～h。

i. 点击“零点标定”。已调整过的轴从选项窗口中消失。

j. 从测量筒上取下千分表，将防护盖重新装好。

k. 由增量式手动运行模式重新切换到普通正常运行模式。

l. 对所有待零点标定的轴重复步骤 b～k。

m. 关闭窗口。

5.1.2　附加轴的调整

KUKA 附加轴不仅可以通过测头进行调整，还可以用千分表进行调整。非 KUKA 出品的附加轴则可使用千分表调整。如果希望使用测头进行调整，则必须为其配备相应的测量筒。

附加轴的调整过程与机器人轴的调整过程相同。轴选择列表上除了显示机器人轴，现在也显示所设计的附加轴（图 5-11）。

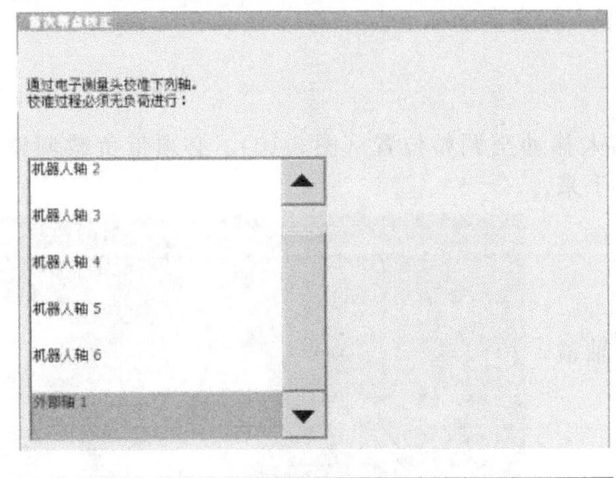

图5-11　待调整轴的选择列表

i：带 2 个以上附加轴的机器人系统的调整：如果系统中带有多于 8 个轴的，则必须注意，必要时要将测头的测量导线连接到第二个 RDC 上。

5.1.3　参照调整

⚠：此处说明的操作步骤不允许在机器人投入运行时进行。

参照调整适用于对正确调整的机器人进行维护并由此导致调整值丢失时进行。如更换 RDC，更换电动机。

机器人在进行维护之前将移动至位置＄MAMES。之后，机器人通过参照调整重新被赋予系统变量的轴值。这样，机器人便重新回到调整值丢失之前的状态。

已学习的偏差会保存下来。不需要使用 EMD 或千分表。在参照调整时，机器人上是否装有负载无关紧要。参照调整也可用于附加轴。

(1) 准备

在进行维护之前将机器人移动至位置＄MAMES。为此给 PTP＄MAMES 点编程，并移至此点。此操作仅可由专家用户组进行！

⚠ 警告：机器人不得移动至默认起始位置来代替＄MAMES 位置。＄MAMES 位置有时但并非总是与默认起始位置一致。只有当机器人处于位置＄MAMES 时才可通过基准零点标定正确地进行零点标定。如果机器人没有处于＄MAMES 位置而处于其他位置，则在进行基准零点标定时可能造成受伤和财产损失。

(2) 前提条件

① 没有选定任何程序；

② 运行方式为 T1；

③ 在维护操作过程中机器人的位置没有更改；

④ 如果更换了 RDC，则机器人数据已从硬盘传输到 RDC 上（此操作仅可由专家用户组进行）。

(3) 操作步骤

① 在主菜单中选择“投入运行”→“调整”→“参考”。选项窗口“基准零点标定”自动打开。所有未经零点标定的轴均会显示出来。必须首先进行零点标定的轴被选出。

② 点击“零点标定”。选中的轴被进行零点标定并从选项窗口中消失。

③ 对所有待零点标定的轴重复步骤②。

5.1.4　用 MEMD 和标记线进行零点标定

在使用 MEMD 进行零点标定时，机器人控制系统自动将机器人移动至零点标定位置。

先不带负载进行零点标定，然后带负载进行零点标定。可以保存不同负载的多次零点标定。

如果机器人的轴 A6 上没有常规的零点标定标记，而采用标记线，则在没有 MEMD 的情况下对 A6 进行零点标定。如果机器人的轴 A6 上有零点标定标记，则如同其他轴那样对轴 A6 进行零点标定。

① 首次调整：进行首次零点标定时不加负载。

② 偏量学习：偏量学习即带负载进行，保存与首次零点标定之间的差值。

③ 需要时：检查有偏差的负载零点标定，以已针对其进行了偏量学习的负载来执行。应用范围是首次调整的检查。如果首次调整丢失（如在更换电动机或碰撞后），则还原首次调整。由于学习过的偏差在调整丢失后仍然存在，所以机器人可以计算出首次调整。

（1）将轴 A6 移动到零点标定位置（使用标记线）

如果机器人的轴 A6 上没有常规的零点标定标记，而采用标记线，则在没有 MEMD 的情况下对轴 A6 进行零点标定。

在零点标定之前，必须将轴 A6 移至零点标定位置（图 5-12）（所指的是在总零点标定过程之前，而不是直接在轴 A6 自身的零点标定前）。为此，轴 A6 的金属上刻有很精细的线条。

为了将轴 A6 移至零点标定位置上，这些线条要精确地相互对齐。

i：在驶向零点标定位置时，须从前方正对着朝固定的线条看，这一点尤其重要。如果从侧面朝固定的线条看，则可能无法精确地将运动的线条对齐。后果是没有正确地标定零点。

零点标定装置用于在 KR AGILUS 上的轴 A6 零点标定，可作为选项选用此装置。在零点标定时，使用此装置可达到更高的精确度和重复精度。

图5-12　轴 A6 的零点标定位置（正面俯视图）

（2）进行首次零点标定（用 MEMD）

① 首要条件

a. 机器人无负载。即没有装载工具、工件或附加负载。

b. 这些轴都处于预零点标定位置。

c. 如果轴 A6 有标记线，则属于例外：轴 A6 位于零点标定位置。

d. 没有选定任何程序。

e. 运行方式为 T1。

② 操作步骤

a. 在主菜单中选择“投入运行”→“调整”→“MEMD”→“带负载校正”→“首次调整”。一个窗口自动打开。所有待零点标定的轴都显示出来。编号最小的轴已被选定。

b. 取下接口 X32 上的盖子（图 5-13）。

c. 将 EtherCAT 电缆连接到 X32 和零点标定盒上（图 5-14）。

d. 从窗口中选定的轴上取下测量筒的防护盖（图 5-15）。

e. 将 MEMD 拧到测量筒上（图 5-16）。

f. 如果未进行连接，则将测量电缆连接到零点标定盒上。

g. 点击“零点标定”。

h. 按下确认开关和启动键。

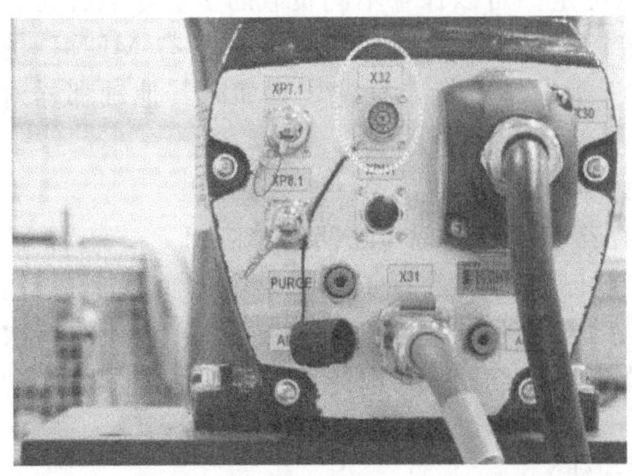

图5-13 无盖子的 X32

图5-14 将导线接到 X32 上

图5-15 取下测量筒的防护盖

图5-16 将 MEMD 拧到测量筒上

如果 MEMD 已经通过了测量切口，则零点标定位置将被计算。机器人自动停止运行。数值被保存。该轴在窗口中消失。

i. 从测量筒上取下 MEMD，将防护盖重新盖好。

j. 对所有待零点标定的轴重复步骤 d～i。例外：如轴 A6 有标记线，则不适用于轴 A6。

k. 关闭窗口。

l. 仅当轴 A6 有标记线时才执行：

· 在主菜单中选择“投入运行”→“调整”→“参考”。选项窗口“基准零点标定”自动打开。轴 A6 即被显示出来，并且被选中。

· 点击“零点标定”。轴 A6 即被标定零点并从该选项窗口中消失。

· 关闭窗口。

m. 将 EtherCAT 电缆从接口 X32 和零点标定盒上取下。

注意：让测量电缆插在零点标定盒上，并且要尽可能少地拔下。传感器插头 M8 的可插拔性是有限的。经常插拔可能会损坏插头。

(3) 偏量学习（用 MEMD）

偏量学习带负载进行。与首次零点标定的差值被储存。如果机器人带各种不同负载工作，则必须对每个负载都执行偏量学习。对于抓取沉重部件的夹持器来说，则必须对夹持器分别在不带部件和带部件时执行偏量学习。

① 首要条件

a. 与首次零点标定时的环境条件（温度等）相同。

b. 负载已装在机器人上。

c. 这些轴都处于预零点标定位置。如果轴A6有标记线，则属于例外：轴A6位于零点标定位置。

d. 没有选定任何程序。

e. 运行方式为T1。

② 操作步骤

a. 在主菜单中选择“投入运行”→“零点标定”→“MEMD”→“带负载校正”→“偏量学习”。

b. 输入工具编号。用“工具OK”确认。一个窗口自动打开。所有未学习工具的轴都显示出来。编号最小的轴已被选定。

c. 取下接口X32上的盖子。

d. 将EtherCAT电缆连接到X32和零点标定盒上。

e. 从窗口中选定的轴上取下测量筒的防护盖。

f. 将MEMD拧到测量筒上。

g. 如果未进行连接，则将测量电缆连接到零点标定盒上。

h. 按下“学习”。

i. 按下确认开关和启动键。如果MEMD已经通过了测量切口，则零点标定位置将被计算。机器人自动停止运行。一个窗口自动打开。该轴上与首次零点标定的偏差以增量和度的形式显示出来。

j. 用“确定”键确认。该轴在窗口中消失。

k. 从测量筒上取下MEMD，将防护盖重新盖好。

l. 对所有待零点标定的轴重复步骤e～k。例外：如轴A6有标记线，则不适用于轴A6。

m. 关闭窗口。

n. 仅当轴A6有标记线时才执行：

· 在主菜单中选择“投入运行”→“调整”→“参考”。选项窗口“基准零点标定”自动打开。轴A6即被显示出来，并且被选中。

· 点击“零点标定”。轴A6即被标定零点并从该选项窗口中消失。

· 关闭窗口。

o. 将EtherCAT电缆从接口X32和零点标定盒上取下。

注意：让测量电缆插在零点标定盒上，并且要尽可能少地拔下。传感器插头M8的可插拔性是有限的。经常插拔可能会损坏插头。

(4) 检查带偏量的负载零点标定（用MEMD）

① 应用范围

a. 首次调整的检查。

b. 如果首次调整丢失（如在更换电动机或碰撞后），则还原首次调整。由于学习过的偏差在调整丢失后仍然存在，所以机器人可以计算出首次调整。

c. 对某个轴进行检查之前，必须完成对所有较低编号的轴的调整。

d. 如果机器人上的轴A6有标记线，则对于此轴不显示测定的值。即无法检查轴A6的首次零点标定。但可以恢复丢失的首次零点标定。

② 首要条件

a. 与首次零点标定时的环境条件（温度等）相同。

b. 在机器人上装有一个负载，并且此负载已进行过偏量学习。

c. 这些轴都处于预零点标定位置。如果轴 A6 有标记线，则属于例外：轴 A6 位于零点标定位置。

d. 没有选定任何程序。

e. 运行方式为 T1。

③ 操作步骤

a. 在主菜单中选择“投入运行”→“调整”→“MEMD”→“带负载校正”→“负载零点标定”→“带偏量”。

b. 输入工具编号。用工具“OK”确认。一个窗口自动打开。所有已用此工具学习过偏差的轴都将显示出来。编号最小的轴已被选定。

c. 取下接口 X32 上的盖子。

d. 将 EtherCAT 电缆连接到 X32 和零点标定盒上。

e. 从窗口中选定的轴上取下测量筒的防护盖。

f. 将 MEMD 拧到测量筒上。

g. 如果未进行连接，则将测量电缆连接到零点标定盒上。

h. 按下“检查”。

i. 按住确认开关并按下启动键。如果 MEMD 已经通过了测量切口，则零点标定位置将被计算。机器人自动停止运行。与偏量学习的差异被显示出来。

j. 需要时，使用“备份”来储存这些数值。旧的零点标定值从而会被删除。

如果要恢复丢失的首次零点标定，必须保存这些数值。

i：轴 A4～轴 A6 以机械方式相连。即当轴 A4 的数值被删除时，轴 A5 和轴 A6 的数值也被删除；当轴 A5 的数值被删除时，轴 A6 的数值也被删除。

k. 从测量筒上取下 MEMD，将防护盖重新盖好。

l. 对所有待零点标定的轴重复步骤 e～k。例外：如轴 A6 有标记线，则不适用于轴 A6。

m. 关闭窗口。

n. 只有当轴 A6 有标记线时才可执行：

• 在主菜单中选择“投入运行”→“调整”→“参考”。选项窗口“基准零点标定”自动打开。轴 A6 即被显示出来，并且被选中。

• 按下“零点标定”，以便恢复丢失的首次零点标定。轴 A6 从该选项窗口中消失。

• 关闭窗口。

o. 将 EtherCAT 电缆从接口 X32 和零点标定盒上取下。

注意：让测量电缆插在零点标定盒上，并且要尽可能少地拔下。传感器插头 M8 的可插拔性是有限的，经常插拔可能会损坏插头。

5.1.5 手动删除轴的零点

可将各个轴的零点标定值删除。删除轴的零点时轴不动。

i：轴 A4～轴 A6 以机械方式相连。即当轴 A4 的数值被删除时，轴 A5 和轴 A6 的数值也被删除；当轴 A5 的数值被删除时，轴 A6 的数值也被删除。

注意：对于已去调节的机器人，软件限位开关已关闭。机器人可能会驶向极限卡位的缓冲器，由此可能使其受损，以至必须更换。尽可能不运行已去调节的机器人，或尽量减少手动倍率。

(1) 前提条件

① 没有选定任何程序。

② 运行方式为 T1。

(2) 操作步骤

① 在主菜单中选择“投入运行”→“调整”→“取消调整”。一个窗口打开。

② 标记需进行取消调节的轴。

③ 请按下“取消调节”。轴的调整数据被删除。

④ 对于所有需要取消调整的轴重复步骤②和③。

⑤ 关闭窗口。

5.1.6 更改软件限位开关

有两种更改软件限位开关的方法，分别是手动输入所需的数值、限位开关自动与一个或多个程序适配。

在此过程中，机器人控制系统确定在程序中出现的最小和最大轴位置。得出的这些数值可以作为软件限位开关来使用。

(1) 前提条件

① 专家用户组。

② 运行方式为 T1、T2 或 AUT。

(2) 操作步骤

手动更改软件限位开关：

① 在主菜单中选择“投入运行”→“售后服务”→“软件限位开关”。窗口“软件限位开关”自动打开。

② 在“负”和“正”两列中按需要更改限位开关。

③ 用“保存”键保存更改。

将软件限位开关与程序相适配：

a. 在主菜单中选择“投入运行”→“售后服务”→“软件限位开关”。窗口“软件限位开关”自动打开。

b. 按下“自动计算”。显示以下提示信息：“自动获取进行中”。

c. 启动与限位开关相适配的程序。让程序完整运行一遍，然后取消选择。在窗口“软件限位开关”中即显示每个轴所达到的最大和最小位置。

④ 更换与另外软件限位开关与之相适配的程序，重复步骤③。

在窗口“软件限位开关”中即显示每个轴所达到的最大和最小位置，而且以执行的所有程序为基准。

⑤ 如果所有需要的程序都执行过了，则在窗口“软件限位开关”中按下“结束”。

⑥ 按下“保存”，以便将确定的数值用作软件限位开关。

⑦ 需要时还可以手动更改自动确定的数值。

i：建议将确定的最小值减小 5°，将确定的最大值增加 5°。在程序运行期间，这一缓冲区可防止轴达到限位开关，以避免触发停止。

⑧ 用“保存”键保存更改（图 5-17、图 5-18）。

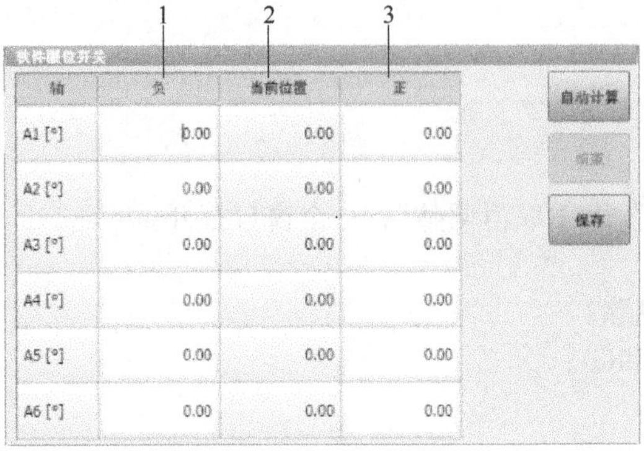

软件限位开关

轴	负	当前位置	正
A1 [°]	0.00	0.00	0.00
A2 [°]	0.00	0.00	0.00
A3 [°]	0.00	0.00	0.00
A4 [°]	0.00	0.00	0.00
A5 [°]	0.00	0.00	0.00
A6 [°]	0.00	0.00	0.00

图5-17 在自动确定前

1—当前的负向限位开关；2—轴的当前位置；3—当前的正向限位开关

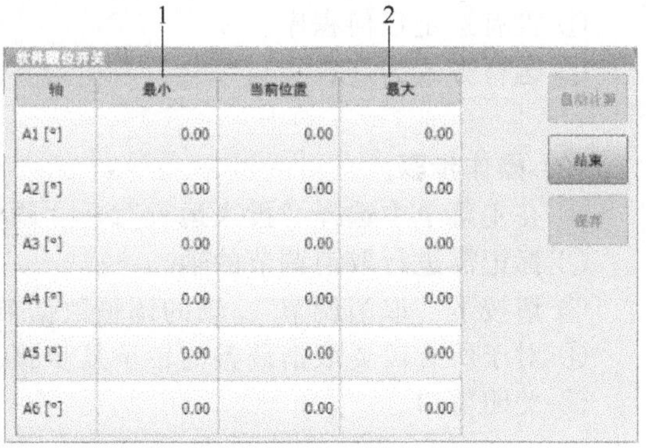

软件限位开关

轴	最小	当前位置	最大
A1 [°]	0.00	0.00	0.00
A2 [°]	0.00	0.00	0.00
A3 [°]	0.00	0.00	0.00
A4 [°]	0.00	0.00	0.00
A5 [°]	0.00	0.00	0.00
A6 [°]	0.00	0.00	0.00

图5-18 在自动确定期间

1—自启动计算以来，相应轴所具有的最小位置；2—自启动计算以来，相应轴所具有的最大位置

5.2 工业机器人的保养

5.2.1 工业机器人机器部分的保养

不同的工业机器人，保养工作是有差异的，现以库卡机器人为例来介绍。设备交付后，要按照规定的保养期限或者每 5 年进行一次润滑。例如，保养期限为运行 1 万小时（运行时间）时，要在运行 1 万小时或者最迟于设备交付 5 年（视哪个时间首先达到）后，进行首次保养（换油）。其保养工作见图 5-19，保养周期见表 5-1。当然，不同的工业机器人有不同的保养期限。如果机器人配有拖链系统（选项），则还要执行附加的保养工作。

注意：只允许使用库卡机器人有限公司许可的润滑剂。未经批准的润滑材料会导致组件提前出现磨损和发生故障。如果运行中油温超过 333K（60℃），则要相应缩短保养期限，为此，必须与库卡机器人有限公司协商。

i：排油时要注意，排出的油量与时间和温度有关。必须测定放出的油量。只允许注入同等油量的油。给出的油量是首次注入齿轮箱的实际油量。若流出的量少于所给油量的 70%，则用测定的排出油量的油冲洗齿轮箱，然后再加注相当于放出油量的油。在冲洗过程中，以手动移动速度在整个轴范围内运动轴。

（1）前提条件

① 保养部位必须能够自由接近。

② 如果工具和辅助装置阻碍保养工作，则将其拆下。

⚠警告：在执行以下作业时机器人必须在各个工作步骤之间多次移动。

在机器人上作业时，必须始终通过按下紧急停止装置锁定机器人。

机器人意外运动可能会导致人员受伤及设备损坏。若要在一个接通的、有运行能力的机器人上作业，则只允许机器人以运行方式 T1（慢速）运行。必须时刻可通过按下紧急停止装置停住该机器人。运行必须限制在最为必要的范围内。在投入运行和移动机器人前应向参与工作的相关人员发出警示。

(2) 保养图标

换油。

用油脂枪润滑。

用刷子润滑。

拧紧螺栓、螺母。

检查构件，目检。

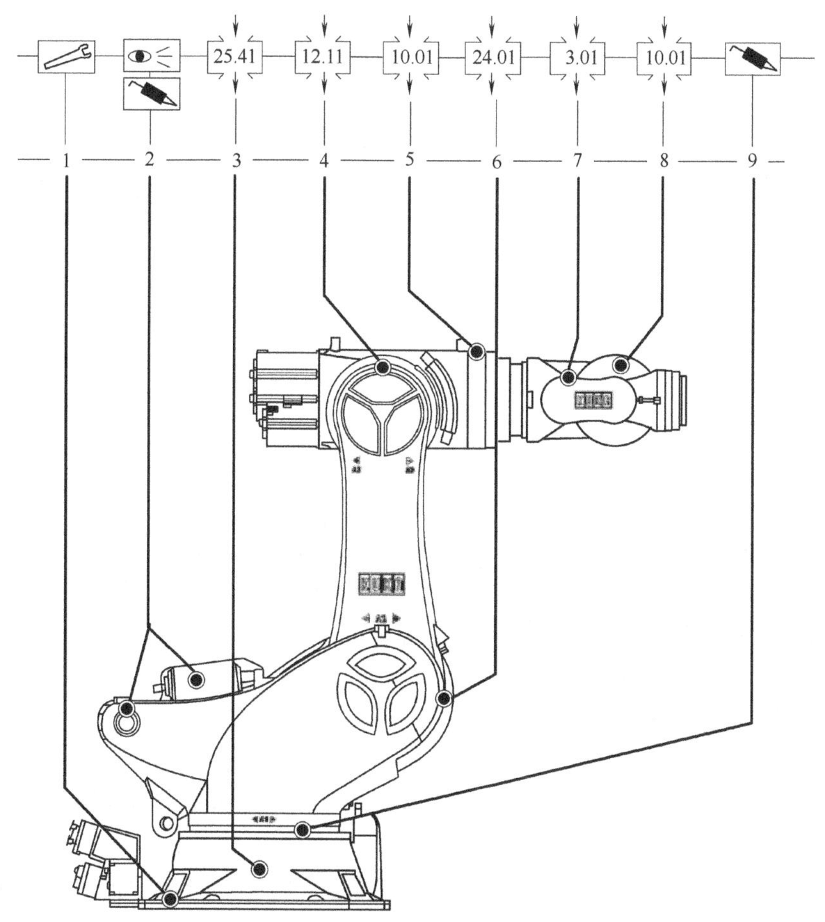

图5-19　保养工作

表 5-1 保养周期

序号	周期	任务	润滑剂
1	100h	在投入运行 100h 后，再次拧紧锚栓的固定螺栓和螺母	
2	每 6 个月	检查压力，必要时进行调整 极限值：油压低于额定值 5bar（$1bar=10^5Pa$）	Hyspin ZZ 46 货号 83-236-202 油量根据需要
	每 6 个月	平衡配重，目检状态	
	每 5000h 或 12 个月	润滑 在大臂和转盘的轴承上各一个注油嘴	润滑脂 LGEV2 货号 00-111-652 每个注油嘴 50g
3	每 2000h	给轴 1 换油	嘉实多 Optigear Synthetic RO320 货号 00-101-098 油量 25.40L
4	每 2000h	给轴 3 换油	嘉实多 Optigear Synthetic RO150 货号 00-144-898 油量 12.10L
5	每 2000h①	给轴 4 换油	嘉实多 Optigear Synthetic RO150 货号 00-144-898 油量 10.00L
6	每 2000h	给轴 2 换油	嘉实多 Optigear Synthetic RO150 货号 00-144-898 油量 24.00L
7	每 2000h	给轴 5 换油	嘉实多 Optigear Synthetic RO150 货号 00-144-898 油量 3.00L
8	每 2000h①	给轴 6 换油	嘉实多 Optigear Synthetic RO150 货号 00-144-898 油量 10.00L
9	每 2500h 或 6 个月	润滑 主轴承圆周上的 4 个注油嘴。通过轴 1 在 0°、+30°、+60°位置上的 4 个注油嘴均匀注入润滑脂	润滑脂 LGEP2 货号 00-156-893 润滑脂量：$12\times8cm^3=96cm^3$

①10000h（F 型）：给出的油量是首次注入齿轮箱的实际油量。

（3）更换轴 1 的齿轮箱油

① 前提条件

a. 机器人所处的位置（−90°）应可以让人接触到轴 1 齿轮箱上的维修阀。

b. 齿轮箱处于暖机状态。

⚠小心：如果要在机器人停止运行后立即换油，则必须考虑到油温和表面温度可能会导致烫伤。戴上防护手套。

⚠警告：机器人意外运动可能会导致人员受伤及设备损坏。如果在可运行的机器人上作业，则必须通过触发紧急停止装置锁定机器人。在重新运行前应向参与工作的相关人员发出警示。

② 排油步骤

a. 拧下维修阀 4（图 5-20）上的密封盖。

b. 将排油软管 1 的锁紧螺母拧到维修阀 4 上。拧上锁紧螺母时会打开维修阀，油可以流出。通过缺口可以接触到维修阀，它位于转盘 5 下方。

c. 将集油罐 2 放到排油软管 1 下。

d. 旋出电动机塔上的 2 个排气螺栓 6。

e. 排油。

f. 测定排出的油量，以适当的方式存放或清除油。

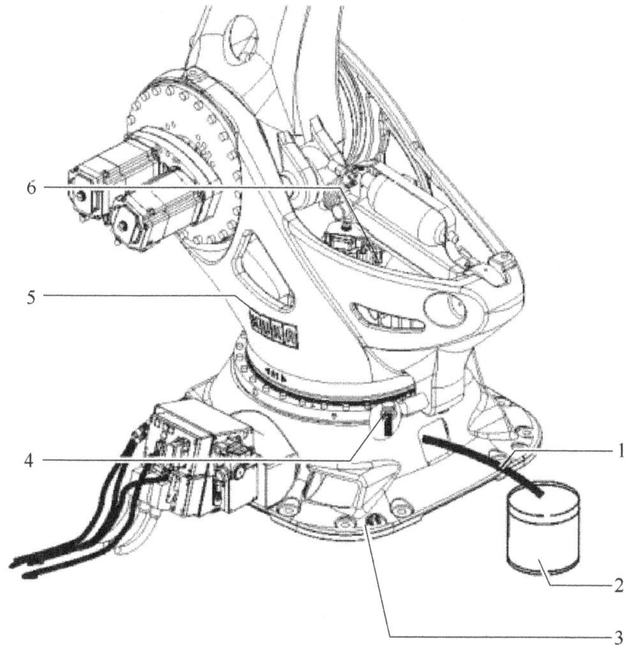

图5-20　排放轴 1 的油

1—排油软管；2—集油罐；3—底座；4—维修阀；5—转盘；6—排气螺栓

③ 加油步骤

a. 拆下排油软管并将油泵（库卡货号 00-180-812）连接至维修阀。

b. 运行油泵，并通过排油软管加入规定的油量。

c. 装上并拧紧 2 个排气螺栓 1（图 5-21）。

d. 在油位指示器 2 上检查两个刻度中间的油位。

e. 5min 后重新检查油位，必要时加以校正。

f. 拧开并拆下维修阀上的油泵。

g. 拧上维修阀上的密封盖。

h. 检查维修阀是否密封。

(4) 更换轴 2 的齿轮箱油

① 前提条件

a. 机器人所处的位置应可以让人接触到轴 2 的油管。

图5-21　轴 1 的油位指示器
1—排气螺栓；2—油位指示器；3—轴

b. 轴 2 位于－105°位置。

c. 齿轮箱处于暖机状态。

② 排油步骤

a. 拧下排油软管的锁紧螺母 1、6（图 5-22）。

b. 将流出的油排放到集油罐 4。

c. 以适当的方式存放或清除排出的油。

③ 加油步骤

a. 通过两个排油软管加油，直至油从两个螺纹管接头 2、5 处流出。

b. 5min 后检查油位，必要时进行添加。

c. 装上并拧紧排油软管的锁紧螺母 1、6。

d. 检查锁紧螺母 1、6 是否密封。

(5) 更换轴 3 的齿轮箱油

在维修阀上连接透明软管有助于排油和加油。通过这些软管可以排油、加油以及检查油。

① 前提条件

a. 机器人所处的位置应可以让人接触到轴 3 的齿轮箱。

b. 轴 3 的位置与水平位置的夹角为－25°。

c. 齿轮箱处于暖机状态。

② 排油步骤

a. 拧下维修阀 2、3（图 5-23）上的密封盖。

b. 将排油软管 1、4 的锁紧螺母拧到维修阀 2、3 上。拧上锁紧螺母时会打开维修阀，油可以流出。

c. 将集油罐 5 放到排油软管 4 下。

d. 排油。

e. 以适当的方式存放或清除排出的油。

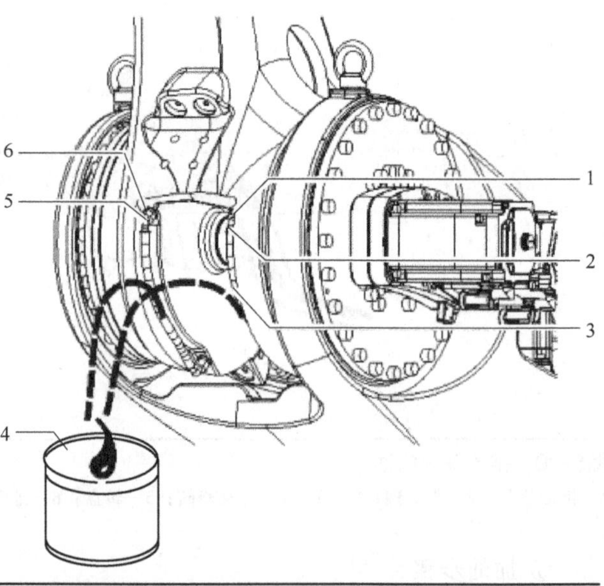

图5-22　给轴 2 换油
1,6—锁紧螺母；2,5—螺纹管接头；3—轴；4—集油罐

③ 加油步骤

a. 通过排油软管 4 加油，直至可以在维修阀 2 上看到油位为止。

b. 5min 后重新检查油位，必要时加以校正。

c. 从维修阀上拧下排油软管 1、4 的锁紧螺母，然后将密封盖拧到维修阀上。

d. 检查维修阀 2、3 是否密封。

(6) 更换手腕的齿轮箱油

在轴 4～轴 6 的齿轮箱上换油。机器人腕部具有 3 个油室。在排油孔上连接透明软管有

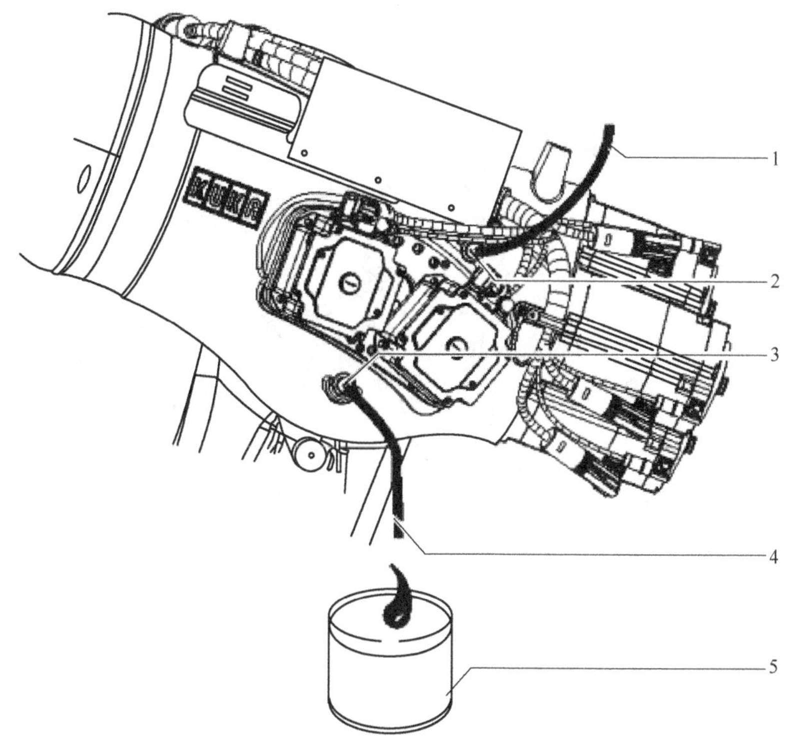

图5-23　更换轴 3 的油

1,4—排油软管；2,3—维修阀；5—集油罐

助于排油和加油。通过该软管也可以重新加油。

① 前提条件

a. 机器人所处的位置应可以让人接触到机器人腕部的齿轮箱。

b. 机器人腕部处于水平位置。

c. 所有手轴都处于 0°位置。

d. 齿轮箱处于暖机状态。

② 排油步骤

a. 旋出磁性螺塞 6（图 5-24），然后旋入排油软管 8。

b. 将集油罐 7 放到排油软管下。

c. 旋出磁性螺塞 1，然后收集流出的油。

d. 测定排出的油量，以适当的方式存放或清除油。

e. 检查磁性螺塞 1、6 有无金属残留物，然后进行清洁。

f. 旋出磁性螺塞 5，然后旋入排油软管 8。

g. 将集油罐 7 放到排油软管下。

h. 旋出磁性螺塞 2，然后收集流出的油。

i. 检查磁性螺塞 2、5 有无金属残留物，然后进行清洁。

j. 在轴 6 的齿轮箱上执行工作步骤 f～j。为此旋出磁性螺塞 3、4。

③ 加油步骤

a. 按照排油量重新通过排油软管加油。

b. 拧上磁性螺塞 1（M27×2），然后用 30N·m 的转矩拧紧。

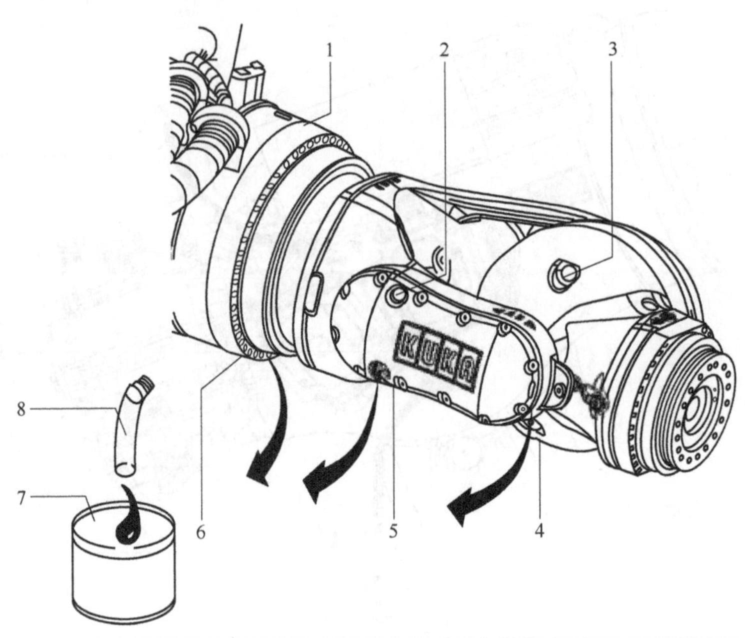

图5-24 手轴的换油

1～6—磁性螺塞；7—集油罐；8—排油软管

c. 旋出排油软管 8 并拧上磁性螺塞 6（M27×2），然后用 30N·m 的转矩拧紧。

d. 通过排油软管在轴 5 上加油，直至从上面的孔上流出。

e. 5min 后重新检查油位，必要时加以校正。

f. 旋出排油软管并拧上磁性螺塞 5（M27×2），然后用 30N·m 的转矩拧紧。

g. 拧上磁性螺塞 2（M27×2），然后用 30N·m 的转矩拧紧。

h. 通过排油软管在轴 6 上加油，直至从上面的孔上流出。

i. 5min 后重新检查油位，必要时加以校正。

j. 拧上磁性螺塞 3（M27×2），然后用 30N·m 的转矩拧紧。

k. 旋出排油软管并拧上磁性螺塞 4（M27×2），然后用 30N·m 的转矩拧紧。

l. 检查所有磁性螺塞的密封性。

(7) 检查平衡配重

① 前提条件

a. 机器人已经准备就绪，可以以手动移动速度运动。

b. 不会因设备部件或其他机器人而产生危险。

c. 要直接在机器人上作业时，机器人已被锁住。

② 检查步骤（表 5-2）

压力容器应按照现行的国家规定进行内部检查。检查期限为平衡配重使用 10 年之后。

表 5-2 检查步骤

任务	额定状态	故障排除
检查液压系统。开动机器人并检查液压油的压力	压力表上的读数必须对应于以下数值 大臂在－90°位置，液压油压力为 130bar 大臂在－45°位置，液压油压力为 150bar	调整平衡配重

续表

任务	额定状态	故障排除
检查蓄能器安全阀的铅封是否正常	铅封不得有损坏或缺失 蓄能器安全阀不得有损坏或脏污	更换蓄能器安全阀 清洁蓄能器安全阀
检查附件有无损坏、是否清洁和密封	附件不得有损坏或不密封	清洁平衡配重、查明并排除泄漏。必要时更换平衡配重
检查皮碗的状态	皮碗不得有损坏或脏污	清洁或更换皮碗

(8) 清洁机器人

① 注意事项　清洁机器人时必须注意和遵守规定的指令，以免造成损坏。这些指令仅针对机器人。清洁设备部件、工具以及机器人控制系统时，必须遵守相应的清洁说明。

使用清洁剂和进行清洁作业时，必须注意以下事项：

a. 仅限使用不含溶剂的水溶性清洁剂。

b. 切勿使用可燃性清洁剂。

c. 切勿使用强力清洁剂。

d. 切勿使用蒸汽和冷却剂进行清洁。

e. 不得使用高压清洁装置清洁。

f. 清洁剂不得进入电气或机械设备部件中。

g. 注意人员保护。

② 操作步骤

a. 停止运行机器人。

b. 必要时停止并锁住邻近的设备部件。

c. 如果为了便于进行清洁作业而需要拆下罩板，则将其拆下。

d. 对机器人进行清洁。

e. 从机器人上重新完全除去清洁剂。

f. 清洁生锈部位，然后涂上新的防锈材料。

g. 从机器人的工作区中除去清洁剂和装置。

h. 按正确的方式清除清洁剂。

i. 将拆下的防护装置和安全装置全部装上，然后检查其功能是否正常。

j. 更换已损坏、不能辨认的标牌和盖板。

k. 重新装上拆下的罩板。

l. 仅将功能正常的机器人和系统重新投入运行。

5.2.2 调节平衡配重

5.2.2.1 给平衡配重调整

(1) 前提条件

① 必须有微测软管和收集箱。

② 必须有配有减压器的氮气瓶。最低压力为 120bar。

③ 必须有蓄能器充气装置。

④ 必须有液压泵。

（2）操作步骤

① 将大臂移至垂直位置，然后用起重机锁住（图 5-25）。排放液压油后不得移动大臂。

② 取下螺盖 1（图 5-26），然后将软管 3 连接到排气阀 2 上。

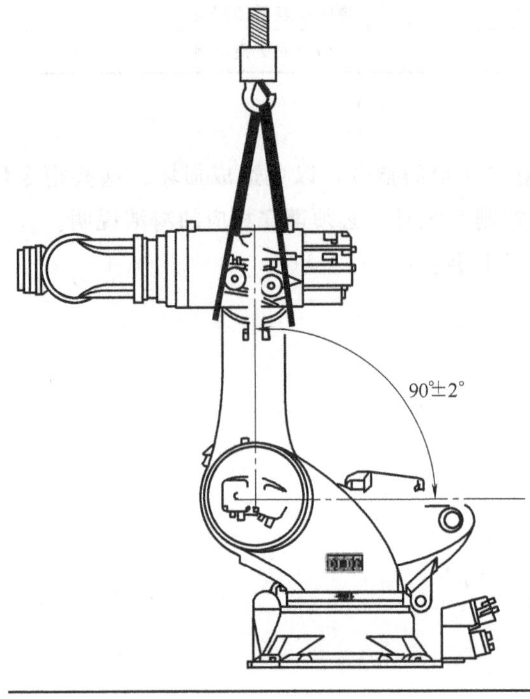

图5-25　锁住大臂

③ 将收集箱 4 放到软管下方收集液压油。

④ 排油，直至压力表 5 上的压力显示为零。这表示气囊式蓄能器油侧已被卸压，可以在随后的气侧充气时排气。

⑤ 通过软管 7 和一个减压器将用于气囊式蓄能器的充气和检测装置（附件）（图 5-27）连接到市售的氮气瓶 9 上。

⑥ 将减压器设置为 120bar。

⚠警告：为了安全起见，在没有连接充气及检测装置的情况下，蓄能器上的内六角螺栓不得松开 1/4r 以上。在没有连接充气及检测装置的情况下，严禁调节蓄能器的压力。

⑦ 拆下气囊式蓄能器 1 上的防护盖 2，然后略微松开内六角螺栓 3（仅无转矩，最多 1/4r）。不得有气体逸出。尽管非常小心但仍有气体逸出（漏气声音）时，必须更换内六角螺栓 3 的密封环。只允许在气囊式蓄能器完全卸压的情况下更换。

⑧ 将充气和检测装置连接到气囊式蓄能器 1 气体接口上。逆时针旋转气门杆 6，从而通过内六角螺栓 3 打开气体接口，压力表 4 的指针开始偏转后旋转一整圈。

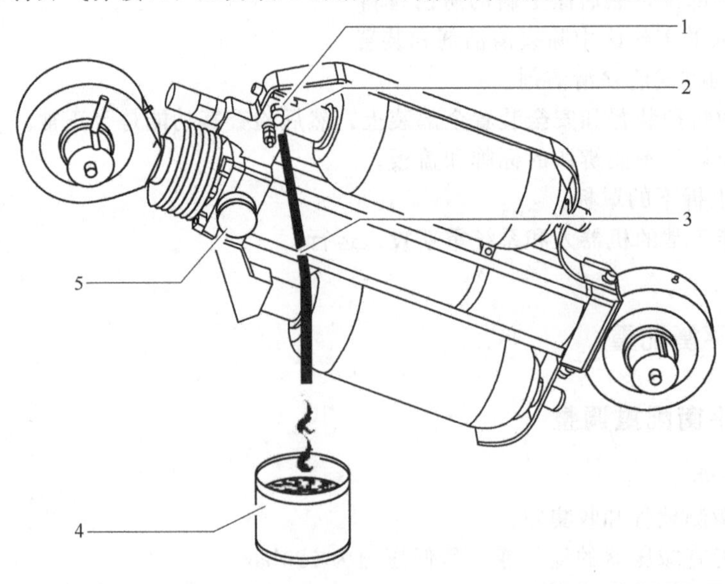

图5-26　排出液压油

1—螺盖；2—排气阀；3—软管；4—收集箱；5—压力表

压力表 4 显示气囊式蓄能器 1 中的氮气压力。如果氮气压力大于 100bar，执行工作步骤⑨。如果氮气压力过低，则执行工作步骤⑩～⑪。然后再继续执行工作步骤⑫。

⑨ 打开卸压阀 5，将氮气压力卸至规定值 100bar 为止。2～3min 后重新检查压力表 4 的读数，必要时校正氮气压力。

⑩ 打开氮气瓶 9 上截止阀 8，将氮气压力提高至 120bar。

⑪ 关闭截止阀 8。

⑫ 打开卸压阀 5，将氮气压力卸至规定值 100bar 为止。2～3min 后重新检查压力表 4 的读数，必要时校正氮气压力。

⑬ 通过气门杆 6 顺时针旋转内六角螺栓 3，然后拧紧。然后打开卸压阀 5，排出软管 7 中的剩余压力。

⑭ 从气囊式蓄能器上拧下充气和检测装置。仅当通过气门杆 6 拧紧内六角螺栓 3 后才允许拧下充气和检测装置。

⑮ 拧紧内六角螺栓 3（拧紧力矩 M_A＝20N·m）。

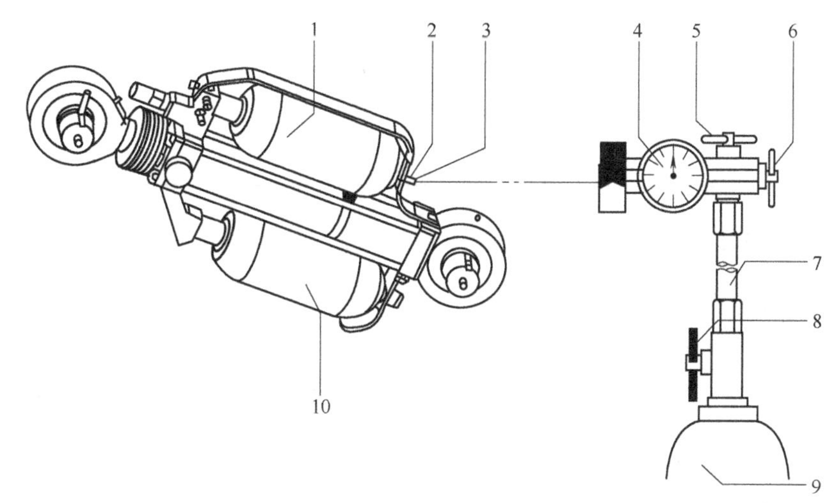

图5-27　更改气体压力

1,10—气囊式蓄能器；2—防护盖；3—内六角螺栓；4—压力表；
5—卸压阀；6—气门杆；7—软管；8—截止阀；9—氮气瓶

⑯ 装上防护盖 2。

⑰ 在另一个气囊式蓄能器上执行工作步骤⑦～⑯。

⑱ 松开并拔下氮气瓶 9 上的软管 7。

⑲ 拧下注油管接头 2（图 5-28）上的防护帽，然后连上液压软管 6。

⑳ 拧下排气管接头 1 的防护帽，如果在完成之前的工作后仍然没有连着微测软管，则连上微测软管 3。

㉑ 将微测软管 3 浸没到收集箱 4 的液体中。

㉒ 略微打开排气管接头 1 上的阀（排气阀），运行液压泵 5 并将液压油流到收集箱 4 中，直至没有气泡出现。液压泵 5 的备用油箱只能添加经过过滤的液压油 Hyspin ZZ 46（过滤精度 3μm）。

㉓ 关闭排气管接头 1 上的排气阀。

㉔ 继续运行液压泵 5，直至液压油压力高于规定值 130bar 约 10bar。然后将泵压降至 0。

㉕ 约 10min 后检查液压油压力并通过打开排气阀将其降低至 130bar。

㉖ 拧下液压软管 6 并将防护盖拧到注油管接头 2 上。

㉗ 拧下微测软管 3 并将防护盖拧到排气管接头 1 上。

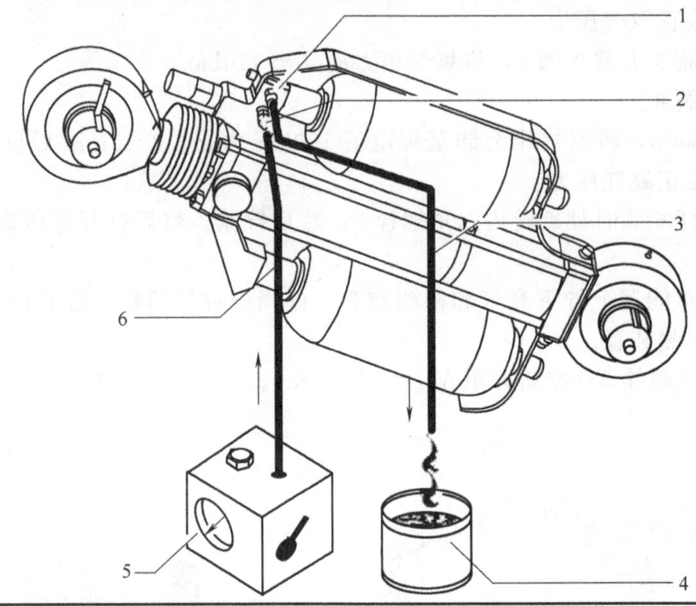

图5-28 添加液压油

1—排气管接头；2—注油管接头；3—微测软管；4—收集箱；5—液压泵；6—液压软管

㉘ 检查平衡配重是否密封。

㉙ 移开起重装置和起重机。

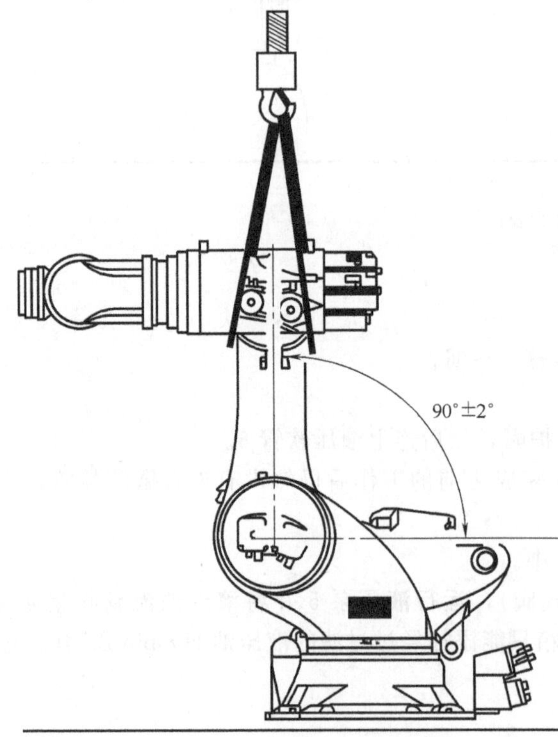

图5-29 卸压

5.2.2.2 给平衡配重卸压

必须有 Minimess 测压软管和收集容器，操作步骤如下。

① 将大臂（图 5-29 中）移至垂直位置，然后用起重机锁住。排油后不得移动大臂。

② 取下螺盖 1（图 5-30），然后将软管 3 连接到排气阀 2 上。

③ 将液压油排放到收集容器 4 中。显示油压的压力表 5 显示为压力为零且不再有油流入收集容器中时，排油过程结束。

④ 按照规定存放排出的液压油，然后按照环保规定加以废弃处理。

5.2.3 电气系统的保养

控制系统的保养见图 5-31 与表 5-3。

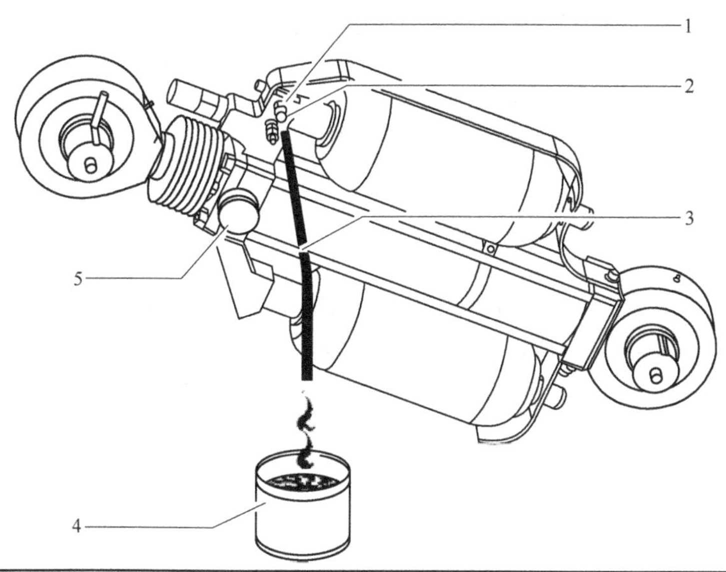

图5-30　排出液压油

1—螺盖；2—排气阀；3—软管；4—收集容器；5—压力表

① 保养图标

：换油。

：用油脂枪润滑。

：用刷子润滑。

：拧紧螺栓、螺母。

：检查构件，目检。

：清洁构件。

：更换电池/蓄电池。

② 前提　如图 5-31 所示。

a. 机器人控制器必须保持关断状态，并做好保护，防止未经许可的意外重启。

b. 电源线已断电。

c. 按照 ESD 准则工作。

表 5-3　保养周期

周期	项号	任　　务
6 个月	8	检查使用的 SIB 和/或 SIB 扩展型继电器输出端功能是否正常
最迟 1 年	5	根据装配条件和污染程度，用刷子清洁外部风扇的保护栅栏
最迟 2 年	1	根据安置条件和污染程度，用刷子清洁换热器
	2，10	根据安置条件和污染程度，用刷子清洁内部风扇
	4	根据安置条件和污染程度用刷子清洁 KPP、KSP 的散热器和低压电源件
	5	根据安置条件和污染程度，用刷子清洁外风扇

续表

周期	项号	任　　务
5年	6	更换主板电池
5年（三班运行情况下）	3	更换控制系统PC机的风扇
	5	更换外部风扇
	2	更换内部风扇
根据蓄电池监控的显示	9	更换蓄电池
压力平衡塞变色时	7	视安置条件及污染程度而定。检查压力平衡塞外观：白色滤芯颜色改变时须更换

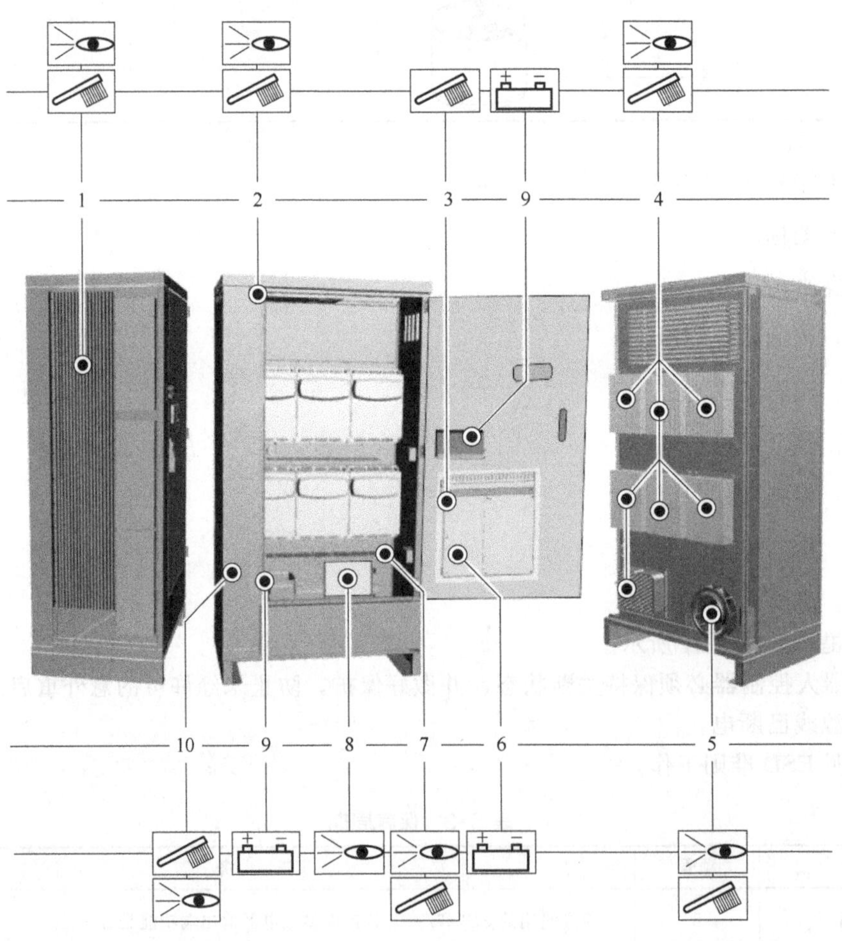

图5-31　保养位置

执行保养清单中某项工作时，必须根据以下要点进行一次目视检查：检查保险装置、接触器、插头连接及印刷线路板是否安装牢固；检查电缆是否损坏；检查接地电位均衡导线的连接；检查所有设备部件是否磨损或损坏。

参 考 文 献

[1] 张培艳. 工业机器人操作与应用实践教程. 上海：上海交通大学出版社，2009.
[2] 邵慧，吴凤丽. 焊接机器人案例教程. 北京：化学工业出版社，2015.
[3] 韩建海. 工业机器人. 武汉：华中科技大学出版社，2009.
[4] 董春利. 机器人应用技术. 北京：机械工业出版社，2015.
[5] 于玲，王建明. 机器人概论及实训. 北京：化学工业出版社，2013.
[6] 余任冲. 工业机器人应用案例入门. 北京：电子工业出版社，2015.
[7] 杜志忠，刘伟. 点焊机器人系统及编程应用. 北京：机械工业出版社，2015.
[8] 叶晖，管小清. 工业机器人实操与应用技巧. 北京：机械工业出版社，2010.
[9] 肖南峰. 工业机器人. 北京：机械工业出版社，2011.
[10] 郭洪江. 工业机器人运用技术. 北京：科学出版社，2008.
[11] 马履中，周建忠. 机器人与柔性制造系统. 北京：化学工业出版社，2007.
[12] 闻邦椿. 机械设计手册（单行本）：工业机器人与数控技术. 北京：机械工业出版社，2015.
[13] 魏巍. 机器人技术入门. 北京：化学工业出版社，2014.
[14] 张玫. 机器人技术. 北京：机械工业出版社，2015.
[15] 王保军，滕少峰. 工业机器人基础. 武汉：华中科技大学出版社，2015.
[16] 孙汉卿，吴海波. 多关节机器人原理与维修. 北京：国防工业出版社，2013.
[17] 张宪民. 工业机器人应用基础. 北京：机械工业出版社，2015.
[18] 李荣雪. 焊接机器人编程与操作. 北京：机械工业出版社，2013.
[19] 郭彤颖，安冬. 机器人系统设计及应用. 北京：化学工业出版社，2016.
[20] 谢存禧，张铁. 机器人技术及其应用. 北京：机械工业出版社，2012.
[21] 芮延年. 机械人技术及其应用. 北京：化学工业出版社，2008.
[22] 张涛. 机器人引论. 北京：机械工业出版社，2010.
[23] 李云江. 机器人概论. 北京：机械工业出版社，2011.
[24] 兰虎. 工业机器人技术及应用. 北京：机械工业出版社，2014.
[25] 蔡自兴. 机械人学基础. 北京：机械工业出版社，2009.
[26] 王景川，陈卫东，[日] 古平晃洋. PSoC3 控制器与机器人设计. 北京：化学工业出版社，2013.
[27] 兰虎. 焊接机器人编程及应用. 北京：机械工业出版社，2013.
[28] 胡伟. 工业机器人行业应用实训教程. 北京：机械工业出版社，2015.
[29] 杨晓钧，李兵. 工业机器人技术. 哈尔滨：哈尔滨工业大学出版社，2015.
[30] 叶晖. 工业机器人典型应用案例精析. 北京：机械工业出版社，2013.
[31] 叶晖. 工业机器人工程应用虚拟仿真教程. 北京：机械工业出版社，2014.
[32] 汪励，陈小艳. 工业机器人工作站系统集成. 北京：机械工业出版社，2014.
[33] 蒋庆斌，陈小艳. 工业机器人现场编程. 北京：机械工业出版社，2014.
[34] 刘伟. 焊接机器人离线编程及传真系统应用. 北京：机械工业出版社，2014.
[35] 肖明耀，程莉. 工业机器人程序控制技能实训. 北京：中国电力出版社，2010.
[36] 陈以农. 计算机科学导论：基于机器人的实践方法. 北京：机械工业出版社，2013.
[37] 李荣雪. 弧焊机器人操作与编程. 北京：机械工业出版社，2015.
[38] 杜祥瑛. 工业机器人及其应用. 北京：机械工业出版社，1986.
[39] 中华人民共和国国家标准 GB/T 16977—2005 工业机器人 坐标系和运动命名原则.
[40] 刘极峰，丁继斌. 机器人技术基础. 2 版. 北京：高等教育出版社，2012.
[41] 吴振彪，王正家. 工业机器人. 2 版. 武汉：华中科技大学出版社，2006.
[42] 张建民. 工业机器人 . 北京：北京理工大学出版社，1988.
[43] 郑笑红，唐道武. 工业机器人技术及应用. 北京：煤炭工业出版社，2004.